KB023458

동물들처럼

METHUSELAH'S ZOO

동물들처럼

스티븐 어스태드 지음 | 김성훈 옮김

Methuselah's Zoo

진화생물학으로 밝혀내는
늙지 않음의 과학

윌북

일러두기

1. 주요 생물의 이름에는 영어를 병기했고, 라틴어 학명을 병기한 경우는 이탤릭체로 처리하였다.
2. 생물의 이름은 우리나라에서 통용되는 일반 명칭이 없는 경우 영문명을 그대로 옮기거나, 우리말로 번역했다. 예를 들어 '뼈먹는콧물꽃the bone-eating snot flower'은 영어를 우리말 표현으로 번역한 경우다.
3. 단행본 도서는 『 』, 짧은 문서나 논문 등은 「 」, 잡지, 신문 등은 《 》, 영화, 방송, 프로그램 등은 〈 〉로 표기했다.
4. †는 옮긴이 주이다.

나를 이해해주는 사람,
베로니카에게 이 책을 바칩니다.

추천의 글

⁑

600만 년 전 공통조상에서 갈려 나온 다음 우리 인간은 침팬지와 보노보보다 훨씬 장수하는 동물이 되었다. 최근 150년 동안에는 비교적 잘 사는 나라의 기대수명이 10년마다 2년 반씩 늘어났다. 하루에 6시간씩 늘어나고 있는 셈이다.

그리고 우리는 조만간 거의 150세까지 살게 될지 모른다. 문제는 건강수명이 받쳐주지 못한다는 데 있다. 이런 추세가 계속 이어져 공중보건체계의 붕괴와 같은 사회적 재앙으로 불거질 가능성을 간과해서는 안 된다. 비만을 직시했듯, 노화를 질병으로 규정하고 건강하게 오래 살아갈 방도를 얼른 찾아야만 한다. 초파리와 생쥐 같이 수명이 짧은 실험실 동물 종을 대상으로 하는 연구로는 부족하다.

스티븐 어스태드는 노화를 진화생물학적으로 분석하는 우리 시대 최고의 생물학자이자 노화학자다. 40년 가까이 동물들의 삶을 파고든 베테랑 과학자답게 건강하게 오래 사는 동물들을 향한 꼼꼼하고 흥미로운 분석이 이 책에 고스란히 담겨 있다. 우리보다 체중이 50배에서 100배 정도 무거워 암으로 변할 잠재력이 있는 세포가 그만큼 더 많은데도 건강하게 살아가는 코끼리의 비결은 무엇일까? 앞으로 새, 박쥐, 벌거숭이두더지쥐, 동굴도롱뇽붙이, 붉은성게, 관벌레, 백합조개, 그린란드 상어를 연구해야 하는 이유는 무엇일까?

숨을 다하는 순간까지 젊음을 유지하는 것처럼 보이는 그들의 삶을 모두 주의 깊게 들여다봐야 할 때다.

최재천 | 이화여자대학교 에코과학부 석좌교수, 생명다양성재단 이사장

차례

추천의 글 * 6

들어가며 * 10

서론 | 더넷 박사의 풀머갈매기 * 16

1부 하늘의 오래 사는 동물들

1장 | 비행의 기원 * 38

2장 익룡 | 하늘을 난 최초의 척추동물 * 54

3장 새 | 가장 오래 산 공룡 * 66

4장 박쥐 | 가장 오래 산 포유류 * 89

2부 땅의 오래 사는 동물들

5장 땅거북과 투아타라 | 섬의 장수 생물들 * 118

6장 개미 | 일생을 여왕으로 살기 * 144

7장 두더지쥐, 휴먼피시 | 터널, 동굴에서의 분투 * 161

8장 코끼리 | 거대한 동물의 생 * 181

9장 영장류 | 뇌 크기와 수명의 관계 * 207

3부 바다의 오래 사는 동물들

10장 | 성게, 관벌레, 백합조개 * 246

11장 | 물고기와 상어 * 277

12장 | 고래 이야기 * 302

4부 인간의 장수

13장 | 인간의 수명 이야기 * 336

14장 | 므두셀라 동물들의 미래 * 367

부록 | 등장하는 동물들의 최대 장수기록 * 376

주석 * 378

들어가며

⁑

내 마음을 사로잡은 것은 9번 주머니쥐였다. 나는 베네수엘라 중부 사바나 지역에 자리한 생물학 연구기지에서 친구이자 동료인 멜 선퀴스트Mel Sunquist와 함께 프로젝트를 진행하고 있었다. 프로젝트는 주머니쥐의 출산에(말하자면 대부분 수컷을 낳을지 혹은 암컷을 낳을지) 영양 상태가 어떤 영향을 미치는지를 조사하는 것이었다.

9번 암컷 주머니쥐는 처음 태그를 부착했을 때만 해도 고작 꿀벌만 한 크기에 털도 없고, 아직 눈도 뜨지 못한 채 어미의 육아낭 속에서 젖을 빨던 새끼 쥐였다. 1년 후 나는 완전한 성체로 자란 이 9번 주머니쥐의 목에 무선송신기를 달아준 다음, 매달 포획하여 생을 다할 때까지 상태를 확인했다. 생후 15개월에 포획했을 때 주머니쥐는 건강 상태가 매우 좋아 보였고, 육아낭 속에 새끼 여덟 마리를 거느리고 다니는 씩씩한 어미가 되어 있었다. 하지만 3개월 후에 다시 살펴보았을 때 나는 충격을 받았다. 주머니쥐의 양쪽 눈에 백내장이 생긴 걸 발견한 것이다. 체중 또한 줄어 있었고, 옆구리를 따라 있는 근육도 눈에 띌 정도로 여위어 있었다. 다시 풀어주었을 때 이 친구는 다른 주머니쥐보다 느린 속도로 비틀거리며 걸어갔으며 그 후 한 달이 채 못 돼서 죽었다. 불과 석 달 만에 어떻게 그렇게 극적으로 늙어버릴 수 있단 말인가?

그때까지만 해도 나는 이런 문제에 대해 별로 생각해본 적이 없었다. 그저 주머니쥐의 몸집이 집고양이만 하니까 늙는 것도 그와 비슷할 거라고만 생각했다. 나는 평생 반려동물을 키워왔고 고양이도 적잖이 길러보았는데 고양이의 경우, 적어도 10년에서 15년 정도는 건강과 활력을 유지하는 편이다. 그런데 주머니쥐는 태어난 지 고작 1년 반밖에 안 됐는데도 폭삭 늙어버린 모습과 행동을 보였다. 그 후로 몇 년이 지났을 즈음에는 태어나서 죽을 때까지 추적한 주머니쥐가 백 마리가 넘었는데 그중에 만 2년을 채운 개체는 드물었고, 3년을 채운 개체는 아예 없었다. 나는 주머니쥐의 수명에 대한 견해들이 궁금해서 별로 많지도 않은 과학문헌을 열심히 뒤져보았다. 찾아본 문헌에는 야생 주머니쥐가 적어도 7년을 산다고 나와 있었다. 내가 수많은 주머니쥐를 거의 태어난 날부터 죽는 날까지 추적하고 관찰하면서 알게 된 내용과 문헌에서 주장하는 내용은 매우 달랐다.

그러다가 결국 이유를 찾을 수 있었다. 스미스소니언 국립 자연사 박물관에서 소장한 주머니쥐 머리뼈들을 오래전에 어떤 사람이 측정했던 모양이다. 주머니쥐는 그때까지 평생 자란다고 알려져 있었기에 그는 그중에서도 제일 큰 머리뼈가 적어도 만 일곱 살짜리 주머니쥐일 거라고 계산했다. 베네수엘라에서 미국으로 돌아온 나는 하버드대학교에서 조교수 자리를 얻어 주머니쥐의 수명에 관한 대규모 연구를 진행했다. 관찰을 해보니 북미 지역의 주머니쥐 역시 2년도 채 안 돼서 늙는 것으로 보였다. 그런데 무선송신기를 장착하고 관찰한 주머니쥐 중 어떤 한 마리는 동네 식당에서 음식물 쓰레기를 내다버리는 쓰레기통 근처에서 자랐는데, 매일 밤마다 그 음식물 쓰레기를 뒤져서 먹다 보니 내가 연구하는 같은 나이의 다른 주머니쥐들보다 몸집이 거의 두 배나 됐다. 이러한 발견 덕에 나는 스미스소니언 박물관에 있는 유별나게 큰 머리뼈 때문에 누군가가 오해를 하게 된 정황을 비로소 이해할 수 있었다.

베네수엘라 야생에서 9번 주머니쥐와 만난 지 오래지 않아 나는 프로젝트의 목적이었던 주머니쥐의 출산과 새끼의 성별에 영양 상태가 미치는 영향을 조사하는 문제에 관해서는 흥미를 잃어버렸다. 그 대신 노화 과정에서 무슨 일이 일어나는지에 대해 관심을 두기 시작했다. 어째서 어떤 종은 빨리 늙어 빨리 죽고, 겉보기에는 비슷해 보이는 다른 종은 늦게 늙어 늦게 죽을까? 자연은 수정란을 건강한 개구리, 물고기, 흰담비 성체로 바꾸어 놓는 거의 기적 같은 일을 매일 밥 먹듯이 해낸다. 그에 비하면 성체의 건강을 유지하는 일은 훨씬 쉬울 것 같은데 어째서 그건 못하는 걸까? 야생 동물들의 실제 삶에 대해 알게 되면 노화라는 이 신비로운 과정에 대해서도 더 잘 이해할 수 있지 않을까? 주머니쥐의 수명에 관한 정보가 잘못되었음을 밝혀내고 나니 우리 자신을 비롯해 다른 종에 관한 잘못된 정보들에 대해서도 호기심이 생겨났다.

이 모든 이야기가 거의 40년 전의 일이고 그동안 나는 동물이 어떻게 늙고, 왜 늙는지에 관한 연구에 푹 빠져들었다. 동물이 야생에서 얼마나 오래 살 수 있는지에 대한 관심도 이어졌다. 하지만 노화의 생물학을 이해하기 위한 나와 동료들의 연구는 대부분 노화 과정에 성공적으로 대응하지 못하는 실험실 동물을 이용해서 이루어졌다. 이 동물들은 모두 정신없이 빨리 흘러가는 삶을 살다가 일찍 죽었고 우리는 그들 종의 노화 과정을 늦추는 여러 가지 방법을 발견했다.

그런데 인간은 이미 우리 실험실의 어느 동물보다도 노화 속도가 훨씬 느리다. 과연 몇 주나 몇 달, 길어야 몇 년밖에 못 사는 동물을 연구해서 인간의 건강수명과 관련된 문제의 실마리를 건질 수 있을까? 혹시 노화의 침탈을 늦추는 데 인간보다 훨씬 성공적으로 진화한 종들이 살고 있는 야생의 실험실을 살펴보면 꼬마선충, 초파리, 길들여진 생쥐 같은 실험실 동물로부터는 결코 배울 수 없는 무언가를 찾을 수 있지 않을까?

이런 궁금증이 이 책의 시작을 불러왔다. 자연사에 대한 나의 열정과, 인간의 건강을 연장할 새로운 방법을 발견하고픈 전문가적 관심사를 결합해서 야생에서 만난 특출한 장수 동물에 대해 자세한 부분까지 탐험하고 싶었다. 더 깊게 파고들면서 객관적 사실과 막연한 추측 혹은 희망적 사고를 그 누구보다도 철저하게 구분하고 싶었다. 진실을 취할 때 비로소 자연은 우리를 앞으로 이끌어줄 것이다.

많은 사람의 관대한 도움이 없었다면 이 책은 세상에 나올 수 없었을 것이다. 나는 오랫동안 존경했던 생물학자들을 만나 그들이 전문적으로 다루는 종들에 대한 조언을 원 없이 들을 수 있었다. 그들을 소개하자면, 개미, 흰개미, 기타 곤충들에 관해서는 캐롤 보그스Carol Boggs, 베르트 횔도블러Bert Hölldobler, 로랑 켈러Laurent Keller, 바바라 손Barbara Thorne, 그리고 박쥐에 관해서는 엠마 틸링Emma Teeling과 제리 윌킨슨Jerry Wilkinson, 바다거북과 땅거북에 관해서는 테인 위벨스Thane Wibbels, 투아타라에 관해서는 린지 헤이즐리Lindsey Hazley 등으로부터 도움을 받았다. 하워드 스넬Howard Snell은 갈라파고스의 온갖 동물 종에 관한 통찰을 전해주었다. 켄 다이얼Ken Dial, 제프 힐Geoff Hill, 밥 리클레프스Bob Ricklefs는 오랫동안 새에 관한 전문적 지식을 제공해주었다. 스탠 브러드Stan Braude와 셸리 버펜스타인Shelly Buffenstein은 벌거숭이두더지쥐에 관한 정보를 제공해주었다. 코끼리에 관한 최신 정보에 대해서는 다니엘라 추시드Daniella Chusyd, 미르카 라덴페라Mirkka Lahdenperä, 필리스 리Phyllis Lee에게 감사드린다. 침팬지에 대해서는 스티브 로스Steve Ross와 멜리사 에머리 톰슨Melissa Emery Thompson이 너무도 값진 정보를 제공해주었다. 어류와 상어의 노화에 관한 정보는 앨런 히아 앤드류스Allen Hia Andrews, 그레그 카일리에트Greg Cailliet, 스티브 캄파나Steve Campana에게 감사드린다. 돌고래와 고래에 관해서는 알레타 혼Aleta Hohn, 자넷 만Janet Mann, 토드 로벡Todd Robeck, 피터 타이약Peter Tyack, 랜디 웰스Randy Wells가 제공해준 정보와 의견이 특히나 큰 도움이 됐다. 그리고 가장 장수하는 동물 집단인 쌍각류bivalve mollusk를 소개해준 크리스 리처드슨Chris Richardson과 이언 리지웨이Iain Ridgway에게 감사드린다. 또한 수천 마리의 사육 동물에 대해 기록하고 있는 분들에게도 감사를 표한다. 특히 샌디에고 동물원의 베스 오틴Beth Autin과 멜로디 브룩스Melody Brooks, 뉴질랜드 사우스랜드 박물관 미술관의 린지 헤이즐리, 브룩필드동물원의 데비 존슨Debbie Johnson, 링컨파크 동물원의 스티브 로스, 휴스턴동물원의 조안 왓슨Joann Watson 등에게 많은 빚을 졌다. 이 책에 혹여 어떤 오류가 있다면 그것은 전적으로 나의 책임이다.

노화 연구 분야 자체에 관해서는 주앙 페드루 드 마갈량이스João Pedro de Magalhães에게 감사드린다. 그는 수십 년 동안 내가 기록한 내용을 가져다가 자신이 기록한 내용을 추가하고, 모든 것을 짜임새 있게 정리한 다음, 최신 정보로 계속 업데이트했다. 그리고 동물의 수명에 관한 자신의 탁월한 웹사이트 AnAge를 통해 공개하여 정보를 검색할 수 있도록 만들었다. 또한 오랜 세월 함께 생각을 나누고 우정을 쌓아온 니르 바르질라이Nir Barzilai, 턱 핀치Tuck Finch, 케이트 피셔Keyt Fischer, 짐 커클랜드Jim Kirkland, 조지 마틴George Martin, 리처드 밀러

Richard Miller, 제이 올샨스키Jay Olshansky, 알란 리처드슨Arlan Richardson, 펠리페 시에라Felipe Sierra, 딕 스프롯Dick Sprott 그리고 노화의 분자생물학 우즈 홀Woods Hole 여름 강의에서 파트너였던 게리 러브컨Gary Ruvkun에게 감사드린다. 또한 이 책을 읽고 검토해준 많은 분들께도 감사드리며, 특히 게리 도슨Gary Dodson, 제시카 호프만Jessica Hoffman, 베로니카 키클레비치Veronika Kiklevich에게 감사드린다. 릭 볼킨Rick Balkin은 전반적으로 아주 값진 조언을 많이 해주었다. 그리고 에이전트 앤서니 아노브Anthony Arnove, MIT 출판부의 편집자 밥 프라이어Bob Prior에게도 감사드리고 싶다. 이들의 도움이 없었다면 이 책은 세상에 나오지 못했을 것이다. 마지막으로 이 책을 쓰고 연구하면서 오랜 시간 비워둔 내 자리를 인내해준 아내 베로니카 키클레비치와 두 딸 마리카와 몰리에게 고마움을 전한다.

서론

⁑

더넷 박사의 풀머갈매기

나는 지금 스코틀랜드의 조류학자 조지 더넷George Dunnet의 사진 두 장을 바라보고 있다. 첫 번째 사진에서 그는 검은 곱슬머리에 반짝이는 눈을 가진 호리호리한 스물세 살의 젊은이다. 모은 두 손 안에 새 한 마리가 들어 있다. 잘 모르는 사람이 보면 일반 갈매기와 구분이 가지 않을 것이다. 하지만 조류 애호가라면 이 새가 북방 풀머갈매기 *Fulmarus glacialis*임을 알아볼 것이다. 이 조류는 알바트로스의 친척으로 번식기가 되면 북대서양의 해안 절벽과 섬을 따라 둥지를 튼 모습을 볼 수 있다. 번식기가 아닌 때는 육지에서 멀리 떨어진 공해空海 위를 솟구쳐 날아오르며 시간을 보낸다.

첫 번째 사진은 1951년에 촬영한 것으로 더넷이 섬에 무리 지어 있는 북방 풀머갈매기를 막 연구하기 시작한 때였다. 그는 남은 일생 계속해서 이 풀머갈매기를 연구하게 된다. 그리고 두 번째 사진은 35년 후에 촬영한 것이다. 이제 58세가 된 이 사내는 다른 사람들과 마찬가지로 세월의 흐름 속에 참 많이도 변한 모습이다. 몸집도 더 불고, 머리도 희끗해지고, 풍파에 시달린 모습이다. 예전에는 연구 장소인 영국 오크니의 아인할로우 섬Eynhallow Island 절벽을 겁도 없이 뛰어다니던 그였지만, 이 사진 속에서는 이제 그럴 나이는 아닌 듯싶다. 두 번째 사진에서도 그는 새를 한 마리 들고 있다. 그렇다. 바로 첫 번째 사진과 같은 새다. 그런데 어째 전혀 변한 것 같지가 않다. 새는 사람의 눈으로 보기에 여전히 젊어 보일 뿐만 아니라 더넷의 보고에 따르면 여느 때처럼 왕성하게 번식활동을 이어가고 있었다. 분명 더넷 자신은 사정이 그렇지 못했을 것이다. 그런데 이 새는 수십 년 동안 그래왔듯이 여전히 1년에 새끼를 한 마리씩 치고 있었다. 심지어 그로부터 9년이 지나 더넷이 세상을 뜬 이후에도 계속 그랬을 것이다. 이 새는 또한 여전히 꽁지 빠지게 일할 수 있는 능력이 있다. 북방 풀머갈매기는 번식에 성공하려면 계속해서 먹이를 구하러 다녀야 한

조류학자 조지 더넷이 만 23세였던 1951년과 58세였던 1986년에 각각 촬영한 사진. 양쪽 사진에 나온 새는 동일한 새다. 이 새는 더넷이 사망한 다음 해에 마지막으로 목격됐다.
출처: 아우터 헤브리디스 자연사학회Outer Hebrides Natural History Society

다. 어떤 개체는 바다 위로 무려 수천 킬로미터씩 날아다니기도 한다. 그렇게 해서 자라는 새끼들에게 먹일 물고기, 오징어, 새우 등을 뱃속에 든든하게 채운 후에야 둥지로 돌아온다.

몇몇 조류는 수명이 아주 길다. 뒤에서 살펴보겠지만 어떤 것은 이 풀머갈매기보다도 수명이 더 길다. 그런데 이들의 긴 수명보다 훨씬 더 놀라운 것은 따로 있다. 이 새들이 고령의 나이가 되어서도 장거리 바다 비행 등 삶을 이어가는 데 필요한 엄청난 에너지 요구량을 계속해서 채울 수 있다는 점이다. 야생의 새들은 어쩐 일인지 생명이 다하는 순간까지 육체적 건강을 유지해나가는 것처럼 보인다. 사람도 그럴 수 있다면 정말 좋지 않을까?

자연 수명에 관하여

이 책에서는 장수하는 야생 동물에 관해 다룰 것이다. 장수는 야생에서 보기 드문 특성이지만 그래도 동물계 전반에서 폭넓게 발견된다. 다양한 생물들이 어디서, 어떻게 장수를 누리는지 살펴보고, 이들이 누리는 장수의 비밀을 생물학적으로 이해해서 우리 또한 오래 건강하게 살아갈 수 있는 방법을 배워볼 수 있다.

자연에는 일반적으로 장수를 가로막는 두 가지 장애물이 있는데 대부분의 종은 이를 극복하기 어렵다. 그중 하나는 환경적 위험으로, 포식자, 기근, 폭풍우, 가뭄, 독물, 오염, 사고, 감염성 질환 같이 생명을 위협하는 외부적 요인을 말한다. 동물원, 가정, 실험실 등에서 사람들의 보살핌과 보호를 받으며 사는 동물의 수명과 야생 동물의 수명을 비교해보면 환경적 위험이 미치는 영향을 추정해볼 수 있다.

이런 측면에서 보잘것없는 집쥐*Mus musculus*에 대해 생각해보자. 야생에서 집쥐의 기대수명은 3개월 내지 4개월이다. 이 집쥐를 가축화한 것이 의학연구의 기둥이 되어준 실험실 생쥐다. 야생 집쥐가 늑대라면 실험실 생쥐는 푸들이다. 잘 관리되는 실험실 환경에서 생쥐는 2년에서 3년 정도 산다. 야생에서보다 8~12배 더 오래 사는 것이다. 자신을 보호할 힘이 거의 없는 작은 생쥐에게 자연은 위험투성이다. 하지만 쥐보다 위험 회피 능력이 훨씬 뛰어난 동물에게도 자연은 마찬가지로 심각한 도전 거리를 던진다. 일례로 까마귀는 여러 유형의 위험으로부터 날아서 달아날 수 있을 것이다. 허나 이런 까마귀도 잡아서 보호하며 키우면 야생에서 사는 경우보다 3배 정도 더 오래 산다. 이쯤에서 야생에서도 장수하는 동물이라면, 분명 환경적 위험을 회피하거나 극복해내는 데 탁월한 능력을 지녔을 거라고 짐작해볼 수 있다.

장수를 가로막는 또 다른 장애물은 내부에서 온다. 우리는 이런 위험을 노화라고 부른다. 이 책에서 말하는 노화는 단순히 시간의 흐름을 지칭하는 것이 아니라 시간이 지나면서 신체 기능과 방어능력이 점진적으로 약화되고 그와 함께 우리 모두를 괴롭히는 질병에 점점 취약해지는 것을 의미한다. 이런 의미에서 보면 노화는 생명 전반에서 거의 보편적인 현상이다.

그런데 노화는 동물 종에 따라 다른 속도로 일어난다. 우리의 노화 속도를 반려동물이랑 비교해봐도 알 수 있다. 개와 고양이에 비하면 우리 인간의 노화, 즉 약화는 천천히 일어난다. 하지만 개와 고양이의 노화는 여러 면에서 우리의 노화와 닮아 있다. 시간이 지나면서 기운과 지구력이 약해지고, 털도 희끗희끗해지고, 백내장과 관절염이 생기고, 청력도 약해진다. 개와 고양이는 장기부전을 일으키는 내부의 오류로 더 빠르게 고통받기 시작한다. 내 첫 번째 반려 강아지 스팟에게도 이런 일이 일어나는 것을 지켜보았다.

우리 집에 스팟을 들여왔을 때만 해도 스팟과 나는 모두 어렸다. 나는 막 학교에 다니기 시작한 나이였다. 그러다 내가 고등학교에 들어갈 때가 되니 스팟의 움직임이 느려지기 시작했고 대학에 갈 무렵 스팟은 세상을 떠났다. 물론 우리에게도 그와 비슷한 변화가 일어나지만 훨씬 느리게 찾아온다. 흔히들 사람의 1년은 개의 7년과 같다고들 한다. 그렇지만 일부 종에 비하면 인간도 빨리 늙는 편이다. 환경적 위험을 피하는 능력과 더불어 천천히 늙는 것은 야생에서 장수하기 위한 필수 조건이며 아예 늙지 않는다면 더 좋다.

1992년에 『상어는 암에 걸리지 않는다Sharks Don't Get Cancer』라는 제목의 책이 나왔다.[1] 이 책의 제목은 엄청난 주장을 하고 있다. 당연히 이는 거짓 주장이지만 눈길을 사로잡는 건 분명하다. 상어도 물론 암에 걸린다. 생쥐도 걸리고, 개도, 고양이도, 코끼리도 암에 걸린다. 장수하는 앵무새와 땅거북도 암에 걸린다. 관찰해보면 포유류, 조류, 파충류, 어류 등 거의 모든 종이 암에 걸린다. 암은 주로 노화로 야기되는데, 거의 모든 종은 환경적 요인으로 먼저 죽지 않는다 해도 결국에는 노화를 맞기 때문이다.[2]

모두들 잘 알고 있듯이 세포가 통제를 받지 않고 미친 듯이 분열하는 것이 바로 암이다. 전부는 아니어도 우리 몸의 조직 대부분은 낡고, 손상되고, 폐기된 세포를 교체할 새로운 세포를 지속적으로 공급받아야 한다. 그리고 이 새로운 세포는 기존의 세포가 자라고 분열해서 만들어진다. 예를 들면 창자의 안쪽 벽을 두르고 있는 세포들은 이틀에서 나흘마다 새로운 세포들로 완전히 교체된다. 피부세포는 1개월, 적혈구는 4개월마다 교체된다. 사실 몸속에서 일어나는 이 모든 세포 교체를 따라잡으려면 여러분이 이 책을 읽고 앉아 있는 동안에도 초당 3200킬로미터만큼의 새로운 DNA가 생산되어야 한다.

다시 말하자면, 우리 몸은 세포가 폐기되면서 그와 함께 사라지는 DNA를 교체하기 위해서만 초당 3200킬로미터라는 기적 같은 길이의 DNA를 생산하고 있다! 하지만 세포가 분열하고, 새로운 세포를 위해 새로운 DNA가 합성될 때마다 DNA 복제 오류가 생길 수 있다. 이것을 돌연변이라고 한다. 이런 중요한 돌연변이가 세포의 DNA에 축적되다가, 엄격하게 조절되는 복제 일정에 대한 통제력을 세포가 상실하게 되면 비로소 암이 발생한다. 통제력 상실이 미미할 경우에는 없던 곳에 작은 덩어리나 혹이 생기는 데서 그치지만 세포들이 통제력을 완전히 상실하면 무제한으로 분열을 이어가고, 결국에는 주변 조직으로 침범해 들어가거나 혈류를 타고 다른 신체 부위로 퍼지기도 한다.

이 책이 장수에 관한 이야기라는 점을 고려하면 참 역설적인 이야기지만, 정상적인 세포라도 몸에서 떼어내어 배양접시에서 키우면 특정 횟수만큼만 분열하고 영구적으로 분열을 멈춘다. 반면 암세포는 불멸이다. 일례로 헨리에타 랙스Henrietta Lacks라는 여성의 자궁경부암에서 채취한 세포는 1951년에 실험실 접시에서 처음 배양되었는데, 그 후로 지금까지 계속 세포분열을 하고 있다. 랙스의 생검 조직에서 기른 세포의 총 무게가 이제 20톤이 넘는다고 한다. 헨리에타 랙스의 성과 이름 첫 글자들을 따서 명명한 이 헬라HeLa 세포는 1950년대에 실험실에서 소아마비바이러스를 배양하는 데 사용됐다. 여기서 1954년에 나온 것이 소크 소아마비 백신이다. 그러나 암세포의 이 활력이 살아 있는 신체에는 악하게 작용한다.

암은 궁극적으로 최초의 '변절자 세포renegade cell' 하나에서 일어난 손상에서 비롯된다. 변절자 세포는 연구자 로버트 와인버그Robert Weinberg가 붙인 이름이다. 이 세포는 일련의 돌연변이를 통해 통제 불가능한 복제 기계가 된다. 나이 든 동물의 몸은 젊은 동물보다 더 여러 번 분열해서 만들어진 세포로 이루어져 있다. 따라서 나이 든 동물의 세포에는 더 많은 돌연변이가 축적되어 있을 것이다. 세포가 DNA 돌연변이 복제 오류에 제일 취약한 순간이 바로 세포분열을 할 때이기 때문이다. 분열을 할수록 돌연변이도 많아지고, 그러다 보면 결국에는 복제에 대한 통제 능력을 상실하게 된다.

소아암에 대해서도 많이 들어봤을 테니 앞서 암이 주로 노화에 의해 생긴다고 한 말이 의외로 다가올 수 있다. 소아암이 끔찍한 비극이라는 것은 두말할 필요도 없지만, 쏟아지는 관심에 비하면 발병률은 생각보다 드물다. 암으로 인한 사망이 만 25세 이하에서 일어나는 경우는 200건 중 1건도 안 된다. 25세 이후로는 암으로 인한 사망률이 거의 8년마다 두 배로 높아진다. 그래서 만 85세 정도가 되면 암으로 인한 사망 가능성이 만 25세 미만이었을 때보다 300배 이상 높아진다.[3] 우리가 정보를 갖고 있는 모든 종에서 암 발병률은 나이가 들면서 점진적으로 증가한다.

거의 모든 종이 노화하고, 또 모든 종이 세포분열에 의지해서 자신의 몸을 고치지만, 그렇다고 이 두 가지 사실만으로 모든 종이 암에 비슷하게 취약하다는 의미가 되는 것은 아니다. 사실 우리는 암에 대한 저항성이 대단히 뛰어난 종들을 알고 있다. 일부 종이 놀라울 정도로 오래 사는 이유를 파고들어 보면 암에 대한 저항성, 그리고 노화 전반에 대한 비슷한 저항성이 큰 부분을 차지하고 있다.

우리는 왜 늙는가?

거의 모든 생물이 건강한 젊음을 영원히 유지하지 못하고 늙는 이유는 생물학의 풀리지 않는 수수께끼 중 하나다. 진화생물학자 조지 윌리엄스George Williams는 진화가 '하나의 수정란으로부터 개, 비둘기, 돌고래 등 수조 개의 세포로 이루어진 건강한 젊은 성체를 만들어내는 건 아주 손쉽게 하면서, 일단 만들고 난 후에 그 성체를 건강하게 유지하는 일에는 이상하게 재주가 없어 보인다'는 말로 이 수수께끼를 요약했다. 만들어내는 것보다 유지하는 쪽이 훨씬 쉬워 보이는데도 말이다.

일부 종은 급속하게 노화해서 며칠, 몇 주 만에 늙어 죽는 반면, 어떤 종은 몇 년, 몇십 년, 심지어 몇백 년을 사는데 이 또한 마찬가지로 당혹스럽다. 내가 '모든'이 아니라 '거의 모든' 생명체가 노화를 겪는다고 한 점에 유념하자. 왜냐하면 몇몇 종은 늙지 않는 듯이 보이기 때문이다. 자연이 온갖 꾀를 내어 우리에게 만들어 놓은 노화의 속도를 늦추는 핵심 열쇠가 무엇인지 고민할 때는 이런 종에 특별히 관심이 간다.

사실 자연이 노화를 멈출 능력이 없어 보이는 이유에 대해서는 대략적으로 밝혀낸 상태다. 일부 종에서는 노화가 급속히 일어나고, 일부 종에서는 느리게 일어나는 이유도 대략적으로는 이해할 수 있게 되었다. 이 책에서 동물계 안에 특출한 장수 능력이 어떻게 분포되어 있는지 살펴보면서 그에 대해 설명해주겠다.

앞서 말했듯 야생에서 장수하기 위해서는 외부의 위험과 내부의 위험을 모두 극복해야 한다. 하지만 이 위험을 극복하는 데 실패한 결과는 극적으로 다를 수 있다. 환경적 위험을 극복하는 데 실패하면 수명은 짧아지겠지만 죽을 때까지 전반적으로 건강한 삶을 살다 가게 된다. 다시 보잘것없는 집쥐에 대해 생각해보자. 야생의 집쥐는 노화가 몸에 큰 피해를 입히기 전에 이미 추위, 포식자, 부상, 스트레스, 질병, 탈진, 굶주림 등으로 죽게 된다. 그래서 죽는 순간에도 근육은 튼

튼하고, 감각은 날카롭고, 정신이 맑다. 반면 환경적 위험으로부터 보호받으며 실험실에서 자연사한 생쥐는 내부의 고장으로 죽게 된다. 이 죽음은 아주 다른 모습으로 찾아온다. 실험실에서 늙은 생쥐는 죽을 즈음이면 눈도 귀도 멀고 근력은 없어지고, 관절에는 염증이 도지고, 몸 한구석은 마비되고, 몸 곳곳에 암 덩어리가 여기저기 퍼진 상태가 된다.

비록 쥐에게는 해당되지 않는 얘기지만 자연은 많은 종에게 외부의 위협을 피하거나 물리칠 수 있는 다양한 수단을 주었다. 하지만 노화라는 내부의 위협에 대처할 방법이 없다면 그것은 반쪽의 성공에 불과하다. 수명이 길어질 수는 있지만 적어도 말년에 가서는 노화로 황폐해진 비참한 삶이 될 가능성이 높다. 이것이 현재 우리 인간이 처해 있는 상황이다.

20세기 동안에 전 세계 경제 선진국에서는 기대수명이 30년 정도 늘어났다.[4] 하지만 생물학적 노화 속도는 바꾸지 못했다. 그저 나날이 공중보건이 개선되고 의료 기술이 발전하면서 더 살기 좋은 환경으로 바뀌었을 뿐이다. 1900년 이전의 인류는 야생의 쥐와 비슷해서 크게 쇠약해지기 전에 대부분 사고나 감염으로 죽었다. 반면 요즘의 우리는 실험실 생쥐와 비슷해서 이른 나이에 죽는 경우가 드물다. 사실 요즘 미국에서는 만 50세 이전에 죽는 사람이 20명당 1명 정도에 불과하다. 대다수의 사람은 암, 심장질환, 알츠하이머병, 뇌졸중, 신부전, 폐부전 같은 노인성 질환으로 사망한다. 설사 이런 치명적인 질병을 피한다고 해도 우리의 말년은 만성 통증, 시력 상실, 청력 상실, 신체 쇠약 등으로 점철되곤 한다. 인간의 수명은 건강수명보다 더 빠른 속도로 증가했다. 이런 추세가 계속 이어진다면 그 앞에는 사회적 재앙이 기다리고 있다. 질병을 치료하듯 노화 자체를 치료할 방법을 찾아내지 않는다면 병약해진 노인을 돌봐야 하는 부담으로 공중보건체계가 붕괴할지도 모른다. 이 책에서 다루는 일부 종은 노화를 피해가는 데는 이미 인간보다 더 큰 성공을 거두고 있다. 이런 종이 노화를 피할 수 있는 과학적 접근법으로 우리를 이끌어줄지도 모른다.

어떤 종은 인간의 노화에 대해서는 별반 가르쳐줄 것이 없을 테지만 그 자체로 흥미롭다. 나는 아름다운 깃털을 가진 새나 특출한 운동 능력을 가진 포유류에도 흥미를 느끼지만, 개인적으로는 특출한 장수를 자랑하는 동물에 대해서도 마찬가지로 본질적인 흥미를 느낀다. 일부 종은 외부의 위협과 내부의 위협 모두를 극복하는 데 성공했다. 그들은 오래 사는 데서 그치지 않고 대단히 건강하게 산다. 이런 동물들을 나는 '므두셀라 동물원'의 구성원들이라고 부른다. 우리는 이 생물종에 초점을 맞추려고 한다. 이들에게 배울 점이 있을지 모르기 때문이다. 므두셀라Methuselah는 『성경』, 「창세기」에서 족장의 자식으로 언급된 사람들 중 가장 오래 산 사람이다. 『성경』의 주장에 따르면 969년을 살았다고 한다. 게다가 187세에 첫 아이인 아들을 두었다고 하니 또한 놀라운 일이다. 아마도 그 시절에는 청소년기가 요즘에 비해 민망할 정도로 길었나 보다.

그럼 우선은 다른 장수 동물들의 생물학에 대해 탐구한 후에 궁극적으로 인간의 수명에 대해 세세하게 살펴보겠다. 하지만 먼저 장수가 무엇인지 정의할 필요가 있다. 그래야 장수하는 것을 보고 장수하는지를 알 수 있을 테니까 말이다. 그런데 이것이 생각처럼 간단한 문제가 아니다.

장수란 무엇인가?

아리스토텔레스는 약 2500년 전 서로 다른 종들 사이의 수명 패턴을 규명해보려한 최초의 인물이다. 현대적인 관점에서 이것은 한 가지만 빼면 아주 우수한 분석이었다. 아리스토텔레스는 여러 동물들의 실제 수명에 대해 거의 아무것도 몰랐고, 그가 안다고 생각하는 것도 잘못된 경우가 많았다. 예를 들면 그는 오징어, 달팽이, 조개의 연체동물이 1년밖에 못 살고(몇백 배나 틀렸다), 수명이 제일 긴 동물은 발이 달린 동물들(구체적으로 말하자면 사람이나 코끼리)이라고 생각했다. 다 틀린 생각이었다. 하지만 종의 수명에 대해 이렇게 원시적이고 오류가 많은 지식을 갖고 있었음에도 그는 아주 실질적인 두 가지 주요 패턴을 파악했다.

첫째, 1년밖에 못 사는 식물이 많기는 하지만(이를 한해살이라고 한다) 어떤 식물은 그 어떤 동물보다도 오래 산다는 것을 파악했다. 아리스토텔레스가 염두에 둔 식물은 나무였다. 물론 이제 우리는 나이테를 만드는 나무의 습성 덕분에 몇백 년 사는 나무 종도 많고, 어떤 것은 몇천 년을 살기도 한다는 것을 안다. 어린 시절 북부캘리포니아의 삼나무 숲을 찾아갔다가 오래된 나무로 만든 거대한 목재판이 전시되어 있는 것을 보고 마음을 빼앗긴 기억이 난다. 그 목재판의 나이테에는 예수의 탄생, 로마 제국의 멸망, 대헌장 서명, 아메리카 대륙으로 향한 콜럼버스의 첫 항해, 미국 남북전쟁의 시작 등 다양한 역사적 사건의 날짜가 표시되어 있었다. 적어도 계절이 존재하는 지역에서 자라는 나무에는 나이테가 존재하기 때문에 우리는 나무의 수명에 대해 많은 것을 배울 수 있다.

그러나 이 책에서는 나무를 비롯한 식물의 장수에 대해서는 얘기하지 않으려 한다. 다음과 같은 이유로 나무의 수명이 의미하는 바를 이해하기 어려울 때가 많기 때문이다. 세상에 알려진 나이가 제일 많은 나무 중 하나는 올드 티코Old Tjikko다. 이 나무는 18미터짜리 독일가문비나무로, 위치가 실전되었다가 결국 스웨덴의 한 산에서 다시 찾아냈다고 한다. 올드 티코는 마지막으로 셌을 때의 수령이 9558세였는데 그 굵기는 별 어려움 없이 양팔로 감싸 안을 수 있을 정도다.

거의 만 살이나 되는데 키가 고작 18미터에, 그 둘레를 사람이 양팔로 감싸 안을 수 있다고? 뭔가 잘못됐다는 생각이 든다. 비교를 위해 캘리포니아에 서식 중인 현존하는 가장 오래된 세쿼이아나무, 제

세상에 알려진 가장 오래된 나무인 올드 티코가 듬성듬성 자란 가지 사이로 듬성듬성한 영광을 자랑하며 서 있다. 올드 티코가 이렇게 장수했음에도 불구하고 건강한 노화에 대해 가르쳐줄 것이 많지 않은 이유를 다음 장에서 말해주겠다. 출처: 피터 라이백Petter Ryback

너럴 셔먼General Sherman을 떠올려보자. 이 나무는 2500세니까 나이로 만 따지면 상대적으로 애송이에 불과하다. 하지만 키가 무려 84미터에 이르고, 직경은 11미터나 된다. 이 나무를 감싸 안으려면 프로 농구선수 16명이 손을 잡고 둘러싸야 한다.

이 두 나무에는 중요한 차이가 있다. 제너럴 셔먼은 하나의 개별 나무로 생각할 수 있는 존재이지만, 올드 티코는 좀 다르다는 것이다. 올드 티코에서 몸통, 가지, 솔잎, 솔방울 등 눈에 보이는 부분들은 사실 그리 오래되지 않았다. 어쩌면 겨우 몇백 년밖에 안 됐을지도 모른다. 독일가문비나무는 다른 많은 나무들과 마찬가지로 복제수clonal tree다. 그러니까 진짜 오래된 부분은 땅속에 들어 있다는 의미다. 이 뿌리 시스템이 몇 에이커의 땅에 걸쳐 퍼져 있을 수도 있다. 이 뿌리 시스템이 수십 개에서 수백 개까지 싹을 틔워 올리면 우리 눈에는 그 하나하나가 별개의 나무로 보이겠지만 사실 이는 동일한 뿌리 시스템에서 돋아난 유전적으로 동일한 클론 줄기들이다. 올드 티코도 그런 종류의 나무다. 이 '나무'는 죽을 수도 있지만 뿌리 시스템은 계속 살아남아 다른 싹, 즉 또 다른 나무들을 틔워 올린다. 만약 올드 티코를 잘라서 몸통에 있는 나이테를 세어보면 몇백 년밖에 안 된 나무라고 생각하게 될 것이다. 특정 식물이 아니라 특정 줄기만을 따진다면 틀린 얘기도 아니다.

올드 티코의 가지 하나를 잘라서 다른 곳 어디쯤에 찔러 넣으면 뿌리가 나와 자기만의 새로운 뿌리 시스템을 개시하게 된다는 점도 마찬가지로 혼란스럽다. 그럼 이 식물의 나이를 몇 살로 쳐야 할까? 애초에 이 식물을 싹 틔워 올린 뿌리 시스템의 나이로 쳐야 할까, 아니면 이 가지를 잘라냈던 싹의 나이로 쳐야 할까? 탄소-14로 연대측정을 해서 나이가 거의 만 년으로 측정된 존재는 기존에 존재하던 올드 티코의 뿌리 시스템이다. 북미대륙의 북미사시나무quaking aspen도 이런 유형의 나무다. 한 유전적 개체가 아주 넓은 땅을 뒤덮을 수 있고, 그 뿌리 시스템이 몇천 살이 될 수도 있다.

이것이 과학적 관점에서 흥미롭지 않다는 말은 아니다. 하지만 생쥐, 인간, 제왕나비 같은 개별 동물의 수명과는 아주 다른 개념이다. 식물의 영양생식과 부위별 수명 간의 관계 같은 문제는 그 자체로 물론 흥미로우나 내가 제일 관심 있는 부분은 동물이 내외의 위협이라는 문제를 어떻게 풀어가느냐는 문제다. 그리고 동물의 경우에는 식물처럼 과연 이것을 하나의 개체라 생각할 수 있는지, 그 개체가 정말로 나이가 많은 건지 아닌지 고민할 필요가 없어서 편하다. 그래서 이 책에서는 동물에 대해서만 다루겠다. 개, 벌, 오징어, 조개, 박쥐처럼 명확한 개체로 존재하는 동물들 말이다. 산호초를 이루는 동물들도 일단 피하겠다. 이런 동물은 수명을 어떻게 정의해야 할지 몰라 밤새 뒤척이게 만드는 올드 티코와 비슷한 존재다.

아리스토텔레스가 파악한 또 다른 패턴은 몸집이 큰 동물이 작은 동물보다 일반적으로 더 오래 산다는 것이었다. 이는 실제로 자연에서 널리 발견되는 믿을 만한 패턴 중 하나로 밝혀졌다. 특히 포유류의 경우 이 부분이 꽤 직관적으로 다가온다. 일상에서 동물들을 지켜본 사람이라면 누구든 짐작할 만한 사실이다. 고래가 말보다 오래 산다는 사실에 놀랄 사람은 없을 것이다. 그리고 말은 개보다 오래 살고, 개는 생쥐보다 오래 산다. 의외일지도 모르지만 새에서도 동일한 패턴이 존재한다. 갈매기는 찌르레기보다 오래 살고, 찌르레기는 참새보다 오래 산다. 파충류도 마찬가지고, 양서류, 심지어 조개류도 패턴은 동일하다. 허나 이것이 일반적인 패턴일 뿐 법칙은 아니라는 점을 명심하자. 예외가 꽤 많다. 어떤 종은 체구에 비해 엄청나게 오래 살고 사람도 그중 하나다. 어떤 종은 체구에 비해 엄청나게 단명한다. 생쥐가 거기에 해당한다. 조금 비약을 하자면 티라노사우루스도 일반적인 체구-수명 법칙의 예외에 해당한다. 우리의 영장류 친척들도 그렇다. 그 밖에도 특히나 극적인 몇몇 예외 종들이 있다.

따라서 이런 전반적인 체구 효과 때문에 장수를 정확히 어떻게 정의할 것이냐는 문제가 생겨난다. 이를테면 절대적 수명(실제로 산 수명)에 초점을 맞출 것인가, 상대적 수명(동일한 체구의 다른 동물과 비교한 수명)에 초점을 맞출 것인가 같은 문제다. 생쥐와 체구는 비슷하지만 열 배나 더 오래 사는 벌거숭이두더지쥐를 므두셀라 동물원의 일원으로 생각해야 할까? 이 동물은 거의 40년을 살지만, 사람은 말할 것도 없고 원숭이보다도 수명이 짧다.

사실 이 경우에는 체구를 고려하는 것이 합리적이다. 사람이나 말에 비해 생쥐의 엔진은 회전 속도가 훨씬 높다. 즉 생쥐의 세포들 각각은 에너지를 태우는 대사율이 말의 세포보다 15배 정도 높다. 오랫동안 대사율은 노화에서 중요한 역할을 담당하는 것이 오랜 믿음이다. 하지만 체구가 대사율하고만 관련이 있는 것은 아니다. 소형 동물은 여러 면에서 삶의 속도가 더 빠르다. 더 빠른 속도로 성체 크기로 자라서 번식을 시작한다. 심장도 더 빨리 뛴다. 그리고 호흡 속도도 빠르다. 근육도 더 빠르게 수축한다. 먹이도 창자를 더 빨리 통과한다. 혈액세포와 피부세포도 더 빨리 교체된다. 콩팥도 몸속 폐기물을 더 빨리 처리한다. 이만하면 이제 무슨 말인지 이해할 것이다. 대형 동물에 비해 소형 동물에서는 생리학적 시간이 더 빨리 흐른다.

체구가 작으면 환경적 위협에서 오는 위험도 커진다. 소형 동물은 자기를 잡아먹을 수 있는 포식자가 더 많다. 대형 종에 비해 상대적으로 에너지 요구량이 크기 때문에 더 자주 먹고 마셔야 한다. 따라서 대형 동물보다 굶주림과 탈수에 더 취약하다. 작은 얼음 조각이 큰 얼음 덩어리보다 더 빨리 얼고 녹는 것과 같은 이유로 소형 동물은 체온이 더 신속하게 오르락내리락한다. 따라서 극단적 온도에 더 취약하다.

작은 체구로 인해 생기는 한계를 모두 극복한 종은 그래서 더욱 주목할 만하다. 이들이 그런 도전을 어떻게 극복했는지 이해하면 우리에게도 소중한 무언가를 배울 수 있을지 모른다. 그전에 우리에게는 그것을 측정할 방법이 필요하다. 체구의 차이를 고려하여 서로 다른 종끼리 비교할 수 있는 방법 말이다.

1991년에 내가 지도했던 대학원생 케이트 피셔와 나는 다소 조잡하긴 해도 이를 신속하고 쉽게 측정할 수 있는 방법을 고안했다.[5] 장수지수longevity quotient다. 장수지수의 작동방식은 다음과 같다. 땃쥐에서 코끼리에 이르기까지 다양한 체구의 포유류 수백 종의 장수 기록을 모아서 간단하게 계산해보면, 각 체구의 포유류가 환경적 위험으로부터 보호받는 조건에서 평균적으로 얼마나 오래 사는지 알 수 있다. 이것이 중요한 포인트다. 한 종의 장수지수는 보호받는 조건 아래서 측정한 수명이다. 그 이유는 단순하다. 수백 종 포유류의 수명 데이터를 얻을 데가 그런 조건에서밖에 없기 때문이다. 이 자리를 빌어 전 세계 동물원 관계자 분들께 감사드린다.[†]

---

† 체구가 비슷한 동물끼리 장수 기록을 모아서 평균을 내보면, 해당 체구의 동물이 갖는 평균 장수 기록을 알 수 있을 것이다. 그 평균을 1로 잡고, 각 종의 장수 기록을 상대적으로 비교해서 장수지수를 산출한다. 예를 들어 체구가 서로 비슷한 개, 늑대, 노루의 장수 기록을 살펴보니 각각 20년, 30년, 10년이 나왔다고 가정해보자. 이것을 평균 내면 20년이 나오고 따라서 개, 늑대, 노루의 장수지수는 각각 1, 1.5, 0.5가 된다. 야생의 동물은 수명을 확인할 길이 없기 때문에 동물원이나 가정에서 출생과 사망의 기록이 있는 동물을 대상으로 장수 기록을 측정한다.

이를 바탕으로 이 책에서는 동물 전반에 대해, 포유류의 장수지수를 기준으로 사용할 것이다. 정의에 따라 평균적인 포유류의 체구 기반 수명은 장수지수 1.0이다. 개의 장수지수는 거의 정확하게 1.0이 나온다. 장수라는 관점에서 보면 개는 아주 평균적인 포유류다. 한 종이 같은 체구의 포유류 평균보다 2배 더 오래 산다면 장수지수는 2.0이 된다. 만약 수명이 평균에 비해 절반이라면 장수지수는 0.5다. 생쥐의 장수지수는 0.7 정도다. 생쥐 정도 크기의 포유류 평균과 비교할 때, 보호받는 조건에서의 수명이 70퍼센트 정도라는 의미다. 야생 생쥐의 장수지수는 0.17 정도다. 이 차이는 야생의 위험한 조건에서 살기 때문에 생긴다. 사람은 절대적 시간으로나, 체구 기준으로나 오래 사는 포유류에 해당한다. 사람의 장수지수는 미묘한 요소를 다양하게 포함하고 있는데 이 부분은 뒤에서 살펴보겠다. 여기서는 사람의 장수지수가 일부 포유류에는 못 미치지만 큰 편이라는 것만 알고 넘어가자. 하지만 포유류라는 경계를 벗어나면 인간의 수명은 절대적 기준으로 보나 상대적 기준으로 보나 점점 더 시시해진다.

동물 나이의 정확성

동물들의 장수에 관한 여정을 시작하기 전에 마지막으로 장수 기록의 정확성에 대해 덧붙이려 한다. 동물의 장수를 두고 잘못된 주장을 펼친 경우가 아리스토텔레스 같은 옛날 사람만 있는 것은 아니다. 20세기에 들어 기록 관리가 널리 일상화되기 전에는 동물이 얼마나 오래 사는지에 관해서 신뢰할 만한 정보가 거의 없었다. 사람도 마찬가지다. 사람의 생년월일 기록은 현대에 들어서야 생겨난 현상이다.

예를 들어 토머스 파Thomas Parr라는 사람은 그런 기록이 없었던 덕에 유명해졌다. 파는 16세기 영국의 시골뜨기였다. 그는 눈곱만 한 증거도 없이 자기가 152세라고 주장했는데 사람들이 그 말을 곧이곧대로 믿어주는 바람에 유명인이 됐다. 그는 런던으로 불려가 영국 왕 찰스 1세를 알현한 지 얼마 안 돼서 사망했다. 그리고 영국에서 제일 유명한 역사적 인물들과 나란히 웨스트민스터 사원에 영웅으로 묻혔다. 지금도 그곳에 가면 그의 무덤을 볼 수 있다. 나이를 과장하면 유명인이 될 수 있다!

사람이든 동물이든 나이에 관한 과장은 사라지지 않았다. 소위 믿을 만한 언론에도 이에 관한 엉터리 주장이 올라오는 것을 거의 매주 본다. 이 점에 관해서는 내 책 『인간은 왜 늙는가』에서 광범위하게 다룬 바 있다. 특출하게 장수한 사람들에 대해 다루는 마지막 장에서 이런 주장과 좀 더 최근의 주장들을 다시 살펴보도록 하겠다. 지금 당장은 다음의 사실만 알고 있어도 충분하다. 노화를 다루는 전문 인구통계학자들 사이에서 최고의 장수 비결로 잘 알려진 방법이 있다. 외딴 지역, 이왕이면 산악 지역의 작은 마을에서 태어나서 평생 열심히 육체노동을 하고, 강력한 사회적 지지의 네트워크 속에서 살며, 특히 문맹이 흔하고 신뢰할 만한 출생기록이 '없는' 곳에 살아야 한다는 것이다.

동물의 나이에 대한 과장은 훨씬 더 만연해 있을 것이다. 동물의 출생날짜를 체계적으로 기록해두는 경우가 드물기 때문이다. 전 세계 어디든 동물원에서 코끼리거북[†]이 죽기만 하면 동물원 관계자는

---

† 뭍에 사는 대형 땅거북을 모두 일컫는 용어. 갈라파고스땅거북도 여기에 해당한다.

그 거북이가 적어도 175세는 됐고, 찰스 다윈이 갈라파고스 섬에서 돌아오는 도중에 자기네 동물원에 들러 기증해준 것이라고 보고하는 듯 하다. 이런 주장을 하면서도 그 코끼리거북이 실제로 갈라파고스 땅거북인지, 그 동물원이 다윈이 실제로 방문했던 지역에 위치해 있기는 한지 따위는 신경도 쓰지 않는다. 아주 오래 산 동물의 나이를 따질 때는 그냥 몇 세대를 입에서 입으로 전해져 온 이야기 혹은 동물원 서류철에 박아둔 색 바랜 기록지에 적혀 있는 내용 말고는 별 다른 기록이 없는 경우가 많다. 사실 나이 과장이 흔한 것이 놀랄 일은 아니다. 특히 나이가 많은 동물, 장수하는 반려동물에 대해 알리고 자랑하면 동물원이나 주인이 인기나 경제적 이득을 얻는 경우가 많다. 장수하는 동물들은 호기심과 매력의 대상이고, 해당 동물원이나 반려동물의 주인이 동물을 잘 돌보았다는 의미도 함께 전해진다.

때로는 이 허위 장수 기록들의 뒷이야기가 실제 기록만큼이나 흥미로운 경우도 있다. 일찍이 동물의 장수 기록을 편찬했던 스탠리 플라워Stanley Flower는 157년이나 산 것으로 알려진 리틀 프린세스Little Princess라는 유명한 코끼리가 살아 있는 동안 아프리카코끼리에서 아시아코끼리로 탈바꿈했다는 것을 알아냈다. 어쩌면 157년을 산 것보다도 이것이 더 대단한 능력으로 보인다.

또 내가 좋아하는 이야기가 하나 있다. 찰리라는 암컷 마코앵무새 이야기다(사실 앵무새는 암수를 구분하기가 아주 어렵다). 찰리는 '욕쟁이 찰리'라고도 불렸다. 찰리의 주인은 2004년에 찰리가 한때 윈스턴 처칠의 앵무새였다고 공개적으로 주장을 해서 국제적인 관심을 받았다. 전시에 영국의 수상을 역임한 그 유명한 윈스턴 처칠 말이다. 찰리의 주인은 윈스턴 처칠이 찰리에게 자기 목소리를 흉내 내서 'F****** 나치'라고 소리 내도록 가르쳤다고 주장했다. F로 시작하는 욕설이 들어가는 말이다. 이 주장이 사실이라면 찰리는 이 글을 쓰고 있는 지금까지도 살아 있으니 적어도 116세가 넘었다는 얘기다. 그런데 문제는 당시 처칠의 집에 살았던 사람 중에 마코앵무새를 키웠다는 걸 기억하는 사람이 그 누구도 없다는 것이다. 찰리가 윈스턴 경과 함께 찍은 사진도 한 장 나오지 않았고, 찰리의 주인 말고는 아무도 찰리가 나치나 다른 누군가에게 욕을 하는 소리를 들어보지 못했다. 처칠의 딸 메리는 이 이야기가 완전히 터무니없는 소리라고도 했다. 하지만 이 이야기는 찰리의 화원 사업에 기적을 일으켰다. 처칠의 앵무새를 보기 위해 먼 데서까지 사람들이 찾아온 것이다.

우리 부부는 헥터라는 이름의 앵무새를 키우고 있다. 머리가 노란 아마존앵무새인데 나이가 70세일 수도 있고 아닐 수도 있다. 우리가 헥터를 키운 지는 35년 정도 됐다. 헥터를 준 사람의 말로는 당시 헥터 나이가 35세라고 했다. 그러나 우리는 원래 소유자로부터 이를 입증할 증거 서류를 요구한 적이 없다. 그 사람이 최초의 소유자였는지도 확실치 않다. 우리가 일흔 살 먹은 앵무새의 소유자라고 자랑스럽게 주장할 수도 있겠지만, 정확한 나이는 사실 잘 모른다. 물리학자 리처드 파인만은 이렇게 얘기했다. "안다고 생각했다가 틀리느니 차라리 모르고 말겠다."

이 책의 나머지 부분에서는 특별히 관심이 가는 동물의 실제 나이를 어떻게 알 수 있었느냐는 의문을 자주 제기할 것이다. 여정을 시작하기 전에 더넷 박사의 풀머갈매기를 잊지 말고 기억해보자. 더넷이 1995년에 세상을 떠난 후 나는 그의 친구들이 그를 애도할 수 있게 기다렸다가 시일이 조금 지나 애버딘대학교의 폴 톰슨Paul Thompson에게 연락해보았다. 그는 북방 풀머갈매기 연구를 이어받은 사람이다. 조지가 젊은 시절에 함께 사진을 찍고, 노인이 되어 다시 찍었던 그 유명한 풀머갈매기가 여전히 살아 있는지 묻자 그렇다고 했다. 그 갈매기는 조지보다 적어도 1년을 더 산 다음 영원히 사라져버렸다. 아마도 바다에서 길을 잃었을 것이다. 당시 그 새의 나이는 적어도 48세였다.

북방 풀머갈매기는 장수하는 새지만, 새 자체가 원래 장수하는 집단이며 박쥐도 그런 것으로 밝혀졌다. 이유가 뭘까? 날아다니는 행위 자체로 인해 장수하는 것일까? 오직 네 가지의 동물 집단만 하늘을 나는 능력을 진화시켰다. 그렇다면 이들이 모두 장수하도록 진화했는지부터 알아보자.

1부

하늘의 오래 사는 동물들

1장

⁑

비행의 기원

물이 넘쳐 늪처럼 변한 루이지애나 주의 컴컴한 습지는 키 높은 사이프러스 사이로 햇살이 가늘게 비추어 들어오는 동안에도 시커멓게 고여 있는 물이 굉장히 위협적으로 느껴진다. 그런 곳에서 노를 젓거나 장대로 밀면서 배를 타 본 사람이라면, 3억 8000만 년 전에 석탄기 숲에서 떠다니는 것이 어떤 기분인지를 알 수 있을 것이다. 요즘의 습지림에서는 눈에 보이지 않게 도사리고 있는 악어들이 위협적인 존재로 다가온다. 석탄기의 습지에서는 물 아래 숨어든 사람 크기의 전갈 혹은 도룡뇽 비슷하게 생긴 육식성 포유류가 그런 역할을 했다.

고대의 숲은 아주 적막했다. 지저귀는 새도, 합창하는 개구리도, 꽥꽥거리며 우는 포유류도 없었다. 진화가 아직 이런 동물들을 만들어내지 않았을 때였다. 또한 초록색, 회색, 갈색의 숲을 밝게 빛나게 해줄 꽃도 아직 진화하지 않은 상태였다. 그런 중에 이 칙칙하고 조용한 세상에서 생명의 역사상 가장 중대한 사건 중 하나가 일어났다. 동물이 최초로 하늘로 날아오른 것이다. 이 사건은 훗날 생명 전반, 특히 동물의 수명에 폭넓은 영향을 미치게 된다.

하늘로 먼저 솟아오른 것은 식물이었다. 식물들이 일단 맨땅을 담요처럼 뒤덮고 나니 위쪽 말고는 더 이상 갈 곳이 없어졌다. 그래서 처음에는 무릎 높이, 다음에는 허리 높이 그 다음에는 가슴 높이로 점점 올라갔다. 식물은 지질학적으로는 눈 깜짝할 사이에 30미터짜리 나무고사리 숲을 쏘아 올렸다. 생명을 불어넣는 에너지원인 햇빛을 차지하려는 경쟁 때문에 식물은 점점 더 하늘을 향해 솟아올랐다. 이끼처럼 땅에 착 달라붙어 사는 식물들이 제일 먼저 땅을 뒤덮었지만 그 후로는 식물을 더 높이 쏘아 올리는 것이기만 하면 그 어떤 진화적 혁신이라도 경쟁에서 유리해졌다. 키 큰 식물은 태양에너지를 먼저 가로챌 수 있었고, 그 아래 그늘에 가려진 키 작은 이웃 식물들은 태양에너지를 박탈당했다. 이는 빛을 차지하기 위한 키 높이 경주였다.

식물이 가는 곳에는 동물이 재빨리 뒤따라갔다. 동물들은 땅 위 높은 곳에 생긴 새로운 먹이공급원을 찾아내기 위해 나무줄기를 타고 올랐다. 나무는 또한 지상의 천적들을 피할 쉼터도 제공해주었다. 숲이 커짐에 따라 높은 나무 위에 사는 이런 초기 교목성 동물arboreal animal들은 나무 꼭대기에 있는 이파리들을 뚫고, 빨고, 갉고, 씹어서 먹었다. 나무에 사는 동물 종의 숫자가 급속하게 늘어났고, 제일 작은 교목성 동물은 식물의 표면에서 자라는 세균이나 곰팡이를 먹고 살았다. 그리고 그보다 큰 포식동물들은 이 작은 동물들을 먹고 살았다.

이 초기 숲에 사는 동물은 노래기, 지네, 전갈, 개벌레, 전갈부치류, 거미, 그리고 기고 뛰는 다양한 곤충 등 절지동물이 주류를 이루었다. 곤충은 그 후로 세상을 지배하는 집단이 된다. 노래기 같은 벌레가 코모도 도마뱀 크기로 커진다면 기어 다니는 벌레에 질색하는 사람들에게는 한 편의 공포영화나 다름없을 것이다. 식물이 처음으로 땅을 장악하기 시작하자 곧이어 곤충들이 물에서 나왔다. 땅을 덮는 식물, 위로 크는 식물, 관목, 덩굴, 나무 등으로 육상식물 공동체가 구조적으로 더 복잡해지면서 곤충들도 그에 따라 함께 다양해졌다.

체구와 최초의 비행 간의 상관관계

처음 하늘로 날아오른 곤충은 체구가 작았다. 작은 물체는 중력이 약하게 작용하기 때문이다. 체구가 수명을 비롯해 생물학의 거의 모든 측면에 영향을 미치는 이유를 이해하는 것이 장수가 어떻게 진화해왔는지 알아보는 데 핵심이기 때문에, 살짝 옆으로 새서 체구가 비행의 기원에 어떻게 영향을 미쳤는지 간단하게 짚고 넘어가는 것이 좋겠다. 당신이 지금 뉴욕 엠파이어스테이트 빌딩에서 바람이 부는 86층 야외 전망대 위에 서 있다고 상상해보라. 이는 세상에서 제일 높은 열대우림보다도 몇 배나 높은 높이다. 당신은 날개가 없는 작은 파리들이 들어 있는 병을 손에 쥐고 있다. 이제 당신은 병뚜껑을 열어 파리들을 아래로 떨어뜨린다. 과연 어떻게 될까?

그 결과는 모두 직관적으로 알고 있다. 파리들은 포탄, 동전, 자동차 열쇠처럼 땅을 향해 곤두박질치지 않는다. 파리는 작고 가볍기 때문에 떨어져도 아주 부드럽게 떨어진다. 살짝 상승기류가 불어주면 한동안은 오히려 더 높이 떠올라 몇 킬로미터를 떠다니다가 땅 위로 가볍게 내려앉을 수도 있다.

날개 없는 작은 곤충이 천천히 떨어지거나 약한 바람에 실려 오히려 더 높이 날아오를 수 있는 이유는 작고 가벼운 덕에 체중에 비해 표면적이 넓기 때문이다. 표면에 대한 공기의 저항이 낙하 속도를 늦춘다. 바람 부는 날에 연이 하늘을 날고, 깃털이 떠다니는 이유도 이와 같다. 연과 깃털은 무게에 비해 표면이 극단적으로 넓어지는 형태와 재료로 이루어졌기 때문에 쉽게 바람을 타고 움직일 수 있다.

체구가 작으면 체중 대비 표면적의 넓이가 확실히 커지기 때문에 작은 동물에게는 중력이 별다른 위협이 되지 못한다. 간단하게 기하학적으로 비교해봐도 음료수에 들어가는 한 변의 길이가 1센티미터인 각얼음은 한 변의 길이가 1미터인 얼음 덩어리와 비교하면 무게 대비 표면적의 넓이가 수백 배에 이른다. 모양과 재료가 똑같은데도 그렇다. 따라서 크기가 작아지면 무게 대비 표면적의 비율이 늘어난다. 이 비율은 물체가 떨어지는 속도에만 영향을 미치지 않고, 환경과의 상호작용에도 다른 측면에서 영향을 미친다. 예를 들면 열은 표면을 가로질러 전달된다. 따라서 작은 각얼음은 부피에 비해 표면적이 상대적으로 넓기 때문에 커다란 얼음 덩어리에 비해 빨리 녹고, 빨리 언다. 그와 마찬가지로 소형 동물은 극단적인 온도에 더 취약한 반면, 대형 동물은 잘 저항한다.

다시 중력의 문제로 돌아가면 그 역도 성립한다. 추락을 할 때는 동물이 커질수록 중력은 더 중요해지고, 공기저항은 덜 중요해진다. 생물학자 J. B. S. 홀데인Haldane은 이런 기하학이 현실 세계에서 어떤 결과로 나타나는지 생생하게 기록했다. "생쥐를 1000야드(약 914미터) 수직갱도에서 떨어트리면, 바닥에 떨어지는 순간 살짝 충격만 받고 그냥 걸어간다. 하지만 그보다 몸집이 큰 집쥐는 죽는다. 사람은 박살이 난다. 그리고 말은 산산조각 나서 물 튀기듯 흩어져버린다."[1] 홀데인은 어린 시절에 아버지의 광산사고 조사를 도운 적이 있는데 어쩌면 이것은 그때 직접 체험했던 일을 묘사했는지도 모른다.

다시 최초의 비행에 관하여

그래서 30미터 높이의 나무고사리 꼭대기에 도달한 최초의 작은 곤충들은 나뭇가지에서 나뭇가지로, 나무에서 나무로 뛰어넘다가 실수를 하더라도 상대적으로 위험이 덜했을 것이다. 추락이 안타까운 일은 될 수 있을지언정, 재앙은 아니었다.

곤충 비행의 첫 단계는 아마도 이렇게 고대 숲의 무성한 나무꼭대기 사이로 뛰어넘는 방식으로 시작됐을 것이다. 제일 멀리 뛰고, 제일 정확하게 착지할 수 있는 개체들은 날렵하지 못한 개체들에 비해 포식자도 잘 피하고, 아무도 가보지 않은 먹이터에도 신속하게 가볼 수 있고, 짝을 찾고 자손을 남기는 일에도 성공적이었을 것이다. 이것을 비행 진화의 낙하산 단계라 생각해도 좋겠다. 작은 체구 자체가 추락 속도를 늦추는 낙하산처럼 작용해준 덕분에 용감한 개체들은 공중으로 어느 정도의 거리를 떠다니다가 내려앉을 수 있었다.

다음 단계의 비행이 어떻게 진화했는지, 이것이 곤충의 수명에 어떻게 영향을 미쳤는지 이해하려면 곤충의 삶에서 나타나는 다양한 궤적을 고려해봐야 한다. 곤충은 각피로 크기와 모양이 결정된다. 각피는 몸을 감싸서 구조적으로 지지해주는 껍질 혹은 외골격을 말한다. 골격이 몸속에 들어 있는 우리와 달리 곤충의 골격은 갑옷처럼 몸을 바깥에서 덮어준다. 외골격은 내부의 장기를 보호해주는 장점이 있지만 성장을 제한하는 단점이 있다. 아서 왕의 원탁의 기사 중 한 명이었던 란슬롯Lancelot 경도 어릴 때 입던 갑옷을 어른이 되어서도 입을 수는 없었을 것이다. 곤충은 새로운 각피를 만든 후에 그 위를 덮고 있던 오래된 각피를 탈피하면서 성장한다. 오래된 각피를 벗어내고 새로운 각피가 건조되면서 딱딱해지는 짧은 시간 동안 몸이 팽창할 수 있다. 즉 자랄 수 있다는 말이다. 새로운 각피는 기존의 것과 모양이 다를 수도 있다. 성장만 하는 것이 아니라 형태를 바꿀 수도 있다는 의미다. 이렇게 성장하고 형태를 바꾸는 능력 덕분에 이들은 새로운 환경에 적응하거나, 동일한 환경 속에서 다르게 적응할 수 있었다. 우리가 애벌레라고 부르는 나비나 나방의 미성숙 개체는 성체와 모양과 행동이 아주 다르다. 일단 성체가 되어 비행 능력을 갖추게 되면 곤충은 더 이상 탈피하지 않는다. 그래서 성체가 된 곤충은 더 이상의 성장과 변화가 불가하다.

다시 3억 8000만 년 전 습지림으로 돌아와보자. 곤충 성체의 외골격 강도를 희생시키지 않으면서 거기에 작게 돋아난 돌기를 더 길거나 납작하게 만드는 돌연변이가 생긴다면 그로 인해 표면적이 증가했을 것이다. 그럼 이것이 양력판airfoil으로 작용해서 그냥 뛰는 것보다 더 멀리 활공할 수 있었을 것이다. 이 외골격 돌기가 결국에는 길어지고, 납작해지고, 가벼워져서 나중에 가동성 날개로 변했는데 이 외골격 돌기의 정체가 오랫동안 논란의 대상이었다. 익룡, 새, 박쥐에서 동력비행이 진화한 세 번의 경우와 달리 곤충의 비행은 기존에 있던 팔다리가 날개로 용도 변경되어 이루어진 것이 아니었기 때문이다. 이 경우는 다리가 여섯 개 달린 곤충의 기본 체제에 날개가 추가됐다. 이 제일 초기 단계를 비행 진화의 패러세일링 단계라 생각할 수 있다.

각피 돌기를 더 길고 납작하게 만들거나, 강도를 희생하지 않으면서 가볍게 만들어 더 효율적인 양력판으로 만들어주는 이러한 돌연변이가 자연선택에 유리하게 작용했을 것이다. 아울러 이 돌기를 기울이고 회전하면서 조정할 수 있게 해주는 돌연변이도 마찬가지로 자연선택에 유리했다. 그리고 결국 이 길어지고, 가벼워지고, 움직일 수 있게 된 돌기가 체벽과 만나는 곳에서 복합관절을 진화시키고, 그 관절을 움직일 근육이 생겨났다(이 시기에는 화석기록이 희박하기 때문에 이런 변화가 정확히 언제 어느 곤충 집단에서 생겼는지는 알 수 없다). 그럼 이제 동력비행을 진화시키는 데 더 필요한 것으로 날개를 움직일 동력을 제공할 에너지 전달장치만 남았다(동력비행은 돛처럼 중력의 영향을 최소화하는 데 그치지 않고 중력을 이기고 날아오를 수 있는 비행 방식이다).

날개의 에너지 전달장치

날개에 동력을 공급하려면 에너지 전달장치가 필요하다. 동력비행 혹은 날개를 퍼덕이는 비행은 낙하산 비행이나 활공 비행과 달리 동물이 수행하는 활동 중 에너지 요구량이 가장 많은 활동이다. 하지만 다른 이동 수단에 비해 먼 거리를 신속하게 커버할 수 있는 동력비행의 장점이 그런 단점을 상쇄해준다. 따라서 이동 거리로 따지면 에너지 비용이 그리 비싸지 않다.

곤충 비행의 에너지 비용은 얼마나 될까? 사람이 전력 질주로 계단을 오르는 것을 생각해보자. 이는 인간이 할 수 있는 일 중 에너지 비용이 제일 높은 것 중 하나로 보통 책을 읽으며 앉아 있는 것보다 에너지 사용이 7배에서 14배 정도 높아진다. 이것을 곤충의 비행과 비교해보자. 곤충은 비행할 때 날개를 보통 초당 100회 이상 움직이고, 어떤 종에서는 무려 초당 1,000회 움직이기도 하는데 이때 같은 곤충이 쉬고 있을 때보다 50배에서 150배 정도 에너지 사용이 증가한다. 비행에 동력을 공급하는 에너지 전달시스템은 외골격 속에 있는 크고 효율 좋은 비행 근육으로 이루어져 있다. 이 근육으로 연료와 산소가 대단히 빠른 속도로 전달되어야 한다. 날아다니는 곤충의 날개 젓는 속도를 벌새와 비교해보자. 벌새는 한 자리에 떠 있을 때('한 자리 떠 있기'는 새의 비행 형태 중 가장 힘들다) 초당 80회 날개를 젓는다. 이 정도면 곤충의 날개 젓기 속도 중에서는 제일 낮은 쪽에 가깝다.

곤충의 비행용 근육은 아주 커서 체중에서 무려 80퍼센트를 차지한다. 이 비행용 근육은 유산소 근육aerobic muscle이다. 단기간의 폭발적 활동보다는 지구력 운동에 특화되어 있다는 의미다. 유산소 근육은 말 그대로 지속적인 산소 공급이 필요하다.

근육세포 수준에서 유산소의 의미는 거의 모든 에너지를 미토콘드리아가 공급한다는 것이다. 미토콘드리아는 음식에 들어 있는 화학적 결합을 산소로 깨트려 에너지를 방출하는 세포소기관이다. 미토콘드리아와 관련해서 우리가 생물학 교과서에서 보아왔던 동물세포 그림들은 오해의 소지를 안고 있다. 그 그림에는 세포 하나에 미토콘드리아가 기껏해야 몇 개 정도 그려져 있는데 실제로 세포 하나에는 그 세포의 에너지 요구량에 따라 미토콘드리아가 몇백 개에서 몇천 개씩 들어 있다. 예를 들어 발달 중인 사람의 수정란에는 5억 개 정도의 미토콘드리아가 들어 있다. 곤충의 비행용 근육 세포에도 미토콘드리아가 가득 차 있어서 세포의 전체 부피 중 무려 40퍼센트를 차지한다. 미토콘드리아는 에너지를 생산하는 과정에서 해로운 유리기free radical를 동시에 생산하기 때문에 노화 및 수명과 관련해서 특히나 중요하다. 유리기는 다른 생물분자와 상호작용해서 손상을 입히는 분자다. 그 결과 비행을 위해서는 미토콘드리아의 활성을 높여야 하고, 그에 따라 비행 근육에 의해 생산되는 유리기의 양도 막대하게 늘어나게 됐다. 이런 유리기 때문에 근육세포가 손상을 입으면 시간이 지나면서 그 세포들이 퇴화하게 되고, 날지 않아 에너지 요구량이 적은 곤충 종에 비해 날아다니는 곤충의 수명이 짧아지게 된다.

에너지의 전달과 사용 그리고 그에 따른 산소 유리기의 생산은 수명에서 핵심적인 요소다. 앞으로 나올 장에서 이 내용을 여러 번 다시 접하게 될 것이다.

날아다니는 곤충의 수명

동력비행은 곤충이 지구를 지배하는 데 엄청난 이점을 제공해주었다. 종의 숫자, 그리고 개체의 총 숫자로 따져도 곤충은 그 어떤 동물 집단보다도 많다. 이것은 지금까지도 변함없는 사실이다. 일부 추정치에 따르면 1에이커(4046제곱미터)의 땅마다 곤충이 무려 4억 마리나 존재한다고 한다. 더욱 놀라운 것도 있다. 곤충학자들이 최근에 계산한 바에 따르면 지구에서 사람 한 명당 파리목 생물의 숫자가 1700만 마리나 된다고 한다. 그냥 파리목만 그 정도다. 지구에 사는 모든 파리목의 총 무게는 모든 인류의 총 무게보다 크다. 그리고 파리목은 곤충의 주요 집단 30개 중 하나에 불과하다.

뒤에서 보겠지만 조류와 포유류 사이에서 나는 능력은 특출한 장수와 밀접하게 관련되어 있다. 그렇다면 파리, 벌, 말벌, 나비, 잠자리처럼 날아다니는 곤충(사실상 대부분의 곤충)은 좀벌레처럼 날지 않거나 날개를 진화시켜 본 적이 없는 곤충보다 오래 살까? 또 벼룩이나 대벌레 등 선조들은 날개가 있었지만 진화 과정에서 날개를 잃어버린 곤충보다 더 오래 살까?

간단히 대답하자면 '아니오'다. 날아다니는 곤충은 특출한 장수와 관련이 없다. 그 이유를 살펴보면 특출한 장수를 위해 필요한 것이 무엇인지에 대해 많은 것을 알 수 있다. 본질적인 이유는 곤충이 날아다니는 생명체가 아니기 때문일지도 모른다. 곤충은 날아다니는 생명체라기보다는 날 수 있는 생명체라고 해야 맞다. 이게 무슨 소리인가 하면, 하루살이를 보면 명확하게 알 수 있다. 하루살이는 봄이나 가을에 개울물에서 엄청난 숫자로 발견되다가 며칠 만에 사라져버린다. 역사적으로 하루살이는 수명이 짧은 동물의 대명사로 여겨졌다. 아리스토텔레스도 하루살이의 짧은 수명을 지적한 바 있다. 로마의 백과사전 저술가 플리니우스Pliny the Elder는 그의 책 『박물지』에서 하루살이의 목숨은 하루를 넘기지 못한다고 주장했다. 제한된 의미로 보면 몇몇 종에서 이는 사실이다. 심지어 하루살이가 속한 곤충목의 이름인 하루살이목*Ephemeroptera*도 짧은 수명을 의미한다.

하지만 하루살이는 곤충으로서의 작은 체구와 나약함에 비해 수명이 특별히 짧은 것은 아니다. 하루살이는 잠자리나 강도래 같은 다른 곤충들처럼 성충이 되기 전에는 날개가 없는 수생유충으로 개울물 속에서 보낸다. 그리고 연이어 탈피를 하면서 더 큰 유충 단계로 자라다가 마침내 하늘을 나는 성충이 되어 물 밖으로 나온다.[2] 여기에 하루살이에 관한 가장 중요한 사실이 들어 있다. 이들은 유충 상태로 개울물 속에서 몇 년을 산다. 성충으로서의 삶만 짧은 것이다. 몇 년을 산다면 곤충치고는 짧은 삶이 아니다. 오히려 긴 편에 속한다. 전통적으로 성체가 된 후의 삶에만 초점을 맞추는 바람에 수많은 곤충의 수명에 대해 우리가 오해하고 있었던 것이다.

곤충은 성체가 되어서야 비로소 나는 능력을 획득한다는 점에서도 다른 모든 나는 동물과 차이가 있다. 내가 곤충은 날아다니는 생명체가 아니라 날 수 있는 생명체라고 말한 것도 바로 그런 의미다. 일부 곤충은 날개가 성체기간 내내 달려 있지도 않다. 예를 들어 여왕개미는 성체가 된 후에 잠시 날개를 갖고 있지만 일단 혼인비행을 해서 짝짓기를 마치고 나면 일부러 날개를 떼어낸 후에 땅을 파고 들어가 자신의 무리를 구축하기 시작한다.

곤충의 유충은 모두 땅이나 물에서 산다. 따라서 곤충의 삶 중 상당 부분에서 비행은 큰 의미가 없으며 곤충의 생존에 결정적인 역할을 하지도 않는다. 곤충은 대부분의 삶을 유충 상태로 보낸다. 성체는 날개를 갖고 있을 수 있지만 대부분의 삶을 날개 없이 흙 속에 묻혀 있거나, 이파리 위를 기어 다니거나, 개울 자갈 사이에 숨어서 보내기 때문에 날개는 그들의 수명에 거의 기여하지 않는다.

주기매미periodic cicada가 곤충의 수명에 관해서는 가장 유명한 사례가 아닐까 싶다. 주기매미는 몇 년마다 북미대륙 동부에서 충격적인 숫자로 동시에 등장한다. 나무에 매달린 수컷 매미들이 귀청이 떨어질 정도로 크게 울어대는데, 지나는 기차소리보다도 클 정도다. 하지만 이 귀청 떨어지는 소리는 몇 주밖에 가지 못한다. 성체 매미가 몇 주밖에 못 살기 때문이다. 이 매미들은 이렇게 대량으로 출현하기 전에는 유충 상태로 땅 밑에서 나무뿌리 수액을 빨아먹으며 무려 17년을 보낸다. 전체적으로 보면 이 매미의 수명은 거의 20년에 가깝다. 이는 곤충 중에서도 가장 장수하는 편에 속한다. 우리 눈에 보이는 수명만 짧을 뿐이다.

어떤 동물이 유충으로서의 삶은 길고 성체로서의 삶은 짧다면, 노화 속도와 관련해서 이것이 무슨 의미가 있을까? 노화와 수명은 긴밀하게 연관되어 있지만 동일한 개념은 아니다. 사람들은 자기가 얼마나 오래 살지도 신경 쓰지만 어떻게 늙을지, 즉 나이가 들면서 육체적으로, 정신적으로 어떻게 약해져갈지에 대해서도 적지 않게 신경을 쓴다. 티토노스Tithonos처럼 노쇠한 모습으로 오래 살기를 바라는 사람은 없다. 티토노스는 그리스 신화에 나오는 남성으로 제우스의 저주 때문에 죽지는 못하고 시간의 흐름 속에서 점점 늙고 나약해져만 갔다.

대부분 동물의 생활사는 성장과 변화의 발달기와 그 뒤로 따라오는 성체기로 구성되어 있다. 발달기 동안에는 보통 노화와 반대로 나이가 들수록 신체 기능이 개선된다. 인간 아이가 두 살일 때와 열 살일 때를 비교해보자. 열 살 때는 두 살 때보다 거의 모든 측면에서 신체능력이 뛰어나며 생존 능력도 더 강하다. 성체기는 보통 생식, 그리고 신체기능 퇴화 혹은 내가 여기서 사용하는 용어를 빌자면 노화와 관련되어 있다.

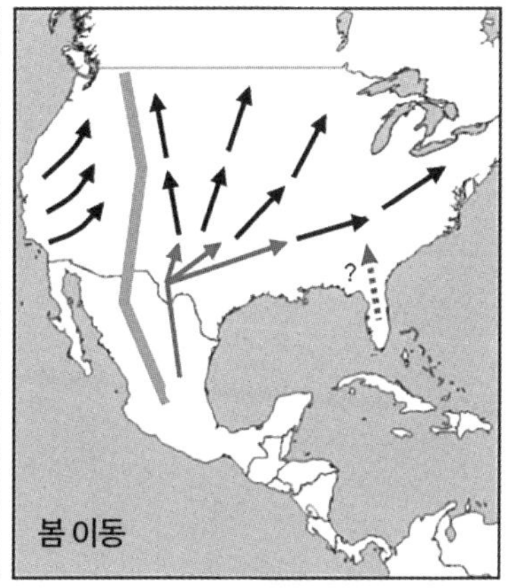

수명과 제왕나비*Danaus plexippus*의 이동. 철새처럼 규칙적으로 양방향 이동을 하는 곤충은 사실상 없다. 하지만 미국 동부 지역의 제왕나비는 예외다. 이 예외가 흥미로운 수명 패턴을 잘 보여준다. 제왕나비는 멕시코 중심부에서 수백만 마리씩 모여 겨울을 난 후에 여러 세대를 거치며 북쪽으로 이동을 시작한다. 겨울을 난 세대는 텍사스와 오클라호마에서 알을 낳고 죽는다. 새로 태어난 세대는 북쪽으로 계속 이동하며 두 달 정도를 살다 알을 낳고 죽으며 바통을 다음 세대에 넘긴다. 이렇게 태어난 세대도 계속 북쪽으로 이동하며 알을 낳고, 부모 세대와 마찬가지로 짧게 2개월 정도를 살고 죽는다. 다만 이번에 낳은 알은 다르다. 다른 세대들은 성체로 사는 기간이 2개월에 불과한 반면, 이번 세대는 무려 8개월이나 살면서 몇천 킬로미터를 날아 다시 멕시코로 돌아와 겨울을 나고, 다시 봄이 되면 북쪽으로 향한다. 놀라울 정도로 오래 사는 이 세대의 핵심적인 특성은 성체의 삶 중 첫 6개월 정도는 호르몬을 통해 번식 활동을 중단하는 것이다. 이들의 수명을 제한하는 것은 번식인 것 같다. 유충 호르몬juvenile hormone이라는 물질의 존재여부가 생식과 노화의 스위치를 켜고 끈다. 출처: W. S. Herman and M. Tatar, "Juvenile Hormone Regulation of Longevity in the Migratory Monarch Butterfly," *Proceedings of the Royal Society B: Biological Sciences* 268, no. 1485 (2001): 2509–2514. *Journal of Experimental Biology*로의 허락을 받아 그림을 수정했다.

곤충에서는 탈피가 멈추자마자 노화 혹은 퇴화가 시작된다. 하루살이 같은 일부 곤충 종에서는 퇴화가 엄청나게 빨리 진행된다. 또 어떤 종에서는 몇 년, 혹은 몇십 년에 걸쳐 점진적으로 진행된다. 이렇듯 곤충에서는 탈피가 있어서 이런 삶의 단계를 구분하기 쉽다. 미성숙한 유충 단계에서는 탈피를 여러 차례 거칠 수 있지만 일단 성체가 되고 나면 탈피는 영원히 중단된다.

곤충의 수명에 관한 보고서들은 대부분 성체에만 초점을 맞춘다. 하지만 이 책의 목적에 부합하려면 수정란에서 무덤으로 갈 때까지 동물의 삶 전체를 이해해야 한다. 그리고 이런 관점에서 보면 날아다니는 곤충과 날지 않는 곤충을 비교했을 때 수명이 길고, 짧아지는 뚜렷한 패턴은 보이지 않는다. 엄청나게 다양한 곤충의 생활사를 보면 날아다니는 종에서 수명이 짧은 것도 있고, 긴 것도 있지만 그런 차이는 대부분 성체가 얼마나 오래 살아남느냐의 문제가 아니라 성체가 될 때까지 얼마나 시간이 오래 걸리느냐의 문제다.

잠자리, 나비, 파리 같이 능동적으로 날아다니는 곤충 중에 성체가 된 이후에도 특별히 오래 사는 종은 없다. 사실상 모두 불과 몇 주, 기껏해야 몇 달 정도를 살 뿐이다. 야생에서 1년을 넘게 사는 종은 아마도 없을 것이다. 예를 들어 캘리포니아대학교 데이비스 캠퍼스 짐 캐리Jim Carey의 지도 아래 성체 곤충의 수명에 초점을 맞추어 이루어진 최대 규모의 현장연구에서 연구자들은 우간다 서부의 키발레 국립공원Kibale Forest National Park에서 거의 4년에 걸쳐 3000마리 이상의 나비에 표식을 했다.[3]

세상 어디에서든 장수하는 성체 곤충이 발견될 곳이 있다면 그곳은 아마도 춥고 먹이도 찾기 힘든 겨울이 없는 열대우림일 것이다. 연구자들은 표식이 된 개체를 다시 발견할 때마다 기록을 남겨 놓았다. 이 모든 노력에도 불구하고 표식한 시기와 개체가 마지막으로 목격된 시기 사이에서 시간적으로 가장 큰 간격은 메돈네발나비 widespread forester butterfly, *Euphaedra medon*의 약 10개월 정도였다. 연구자들은 다른 나비들도 600마리 넘게 채집해서 대형 옥외 우리에 넣고 포식자로부터 보호하며 키워보기도 했다. 하지만 그중 3개월 넘게 살아남은 개체는 없었다. 나는 많은 현장 곤충학자들에게 물어보았지만 뒤에 나오는 장에서 설명할 몇 가지 예외적인 경우 말고는 야생에서 곤충이 성체가 된 후에 1년 넘게 사는 것으로 보고된 경우를 들어본 적이 없었다.

불과 성체에 국한된 것일지언정 비행이 새와 박쥐에서는 장수와 관련이 있지만 곤충에서는 그렇지 않다면 그 이유가 대체 무엇일까? 아마 곤충에서 정교한 비행 장치는 진화했지만, 특별히 성능이 좋은 수명 연장 장치는 진화하지 않았기 때문인지도 모른다. 성공적인 수명 연장 장치에서 핵심적인 요소는 손상받은 부위를 고치거나 교체하는 능력이다. 능동적으로 날아다니는 곤충(사실상 거의 모든 곤충)은 성충이 되고난 후에는 손상된 날개, 구기, 다리를 고치거나 교체할 수 없다. 일단 탈피를 마무리하고 나면 곤충은 날개를 포함해서 각피를 수리할 수 있는 능력이 극히 제한된다. 살아 있는 조직인 척추동물의 뼈와 달리 곤충의 각피(외골격의 바깥층)는 생명이 없는 재료로 이루어져 있다. 피부보다는 손톱에 더 가까운 것이다.

생명이 없는 재료가 손상을 받으면, 손상된 상태로 그냥 남는다. 손톱이 부러져 본 사람은 잘 알 것이다. 곤충의 유충은 탈피하는 동안 손상 부위를 고칠 수 있다. 낡은 각피를 떨구면서 새로운 각피가 굳기 전에 손상 부위를 교체하는 부분이 돋아날 수 있기 때문이다. 그래서 개울에서 헤엄치는 하루살이 유충이나 나무뿌리를 먹고 사는 매미

유충은 잃어버린 다리나 더듬이를 탈피하면서 교체할 수 있다. 하지만 날개는 성충이 되어 탈피가 마무리된 후에야 나타나기 때문에 수선이 불가능하다. 야생에서 날개가 손상을 받으면 그 곤충의 삶은 한계에 부딪힐 가능성이 높다.

그리고 날개의 손상은 필연적인 부분이다. 날아오를 때마다 날개가 초당 백 번에서 천 번 정도 공중을 가르면서 생기는 단순한 마모만 생각해봐도 그렇다. 잠자리채를 가지고 밖으로 나가 눈에 보이는 날개를 달고 날아다니는 곤충을 아무것이나 잡아보면 거의 모든 개체가 날개에 베이고, 금이 가고, 부러진 자국이 남아 있을 것이다. 내가 '눈에 보이는 날개'를 가진 종이라고 말한 점에 주목하자. 날개가 지속적으로 노출되어 있는 나비, 잠자리, 파리 같은 곤충을 말하는 것이다. 딱정벌레 대부분 그리고 노린재목true bug 중 일부는 날지 않을 때는 연약한 비행용 날개를 겉날개라는 두꺼운 껍질 아래 보호한다. 그래서 비행용 날개를 살펴보기가 쉽지 않다.

날개가 손상을 받으면 비행에 문제가 생기기 때문에 곤충이 포식자에게 잡아먹히기 쉽고, 넓은 지역을 돌며 먹이를 구할 수도 없게 된다. 그래서 날아다니는 곤충의 성충은 장수하지 못하고 대부분 야생에서 기껏해야 몇 주에서 몇 달 정도 사는 것이 고작이지만, 그래도 비행용 날개를 잘 보호하고 있고, 상대적으로 잘 날지 않는 딱정벌레가 그나마 제일 오래 사는 것으로 보인다.

이런 비행 능력 손상의 취약성 때문에 산소 유리기 발생처럼 해로운 세포과정으로부터 몸을 보호해줄 효율적인 내부 방어기제를 발전시켜 봤자 그에 따르는 진화적 장점을 제대로 누릴 기회가 제한됐을 것이다. 따라서 결론적으로 비행이 특출한 장수 능력과 관련된 경우가 많다고 하더라도 곤충에게는 해당되지 않는 얘기다. 제일 장수하는 곤충은 하늘이 아니라 다른 곳에서 발견될 것이다.

2장 익룡

⁑

하늘을 난 최초의 척추동물

1억 년 넘게 하늘은 곤충의 독차지였다. 그리하여 곤충은 널리 퍼지며 다양화되고, 수를 늘리면서 수천, 수만 종의 새로운 종을 형성할 수 있는 둘도 없는 기회를 잡을 수 있었다. 곤충이 초창기에 누렸던 이런 장점이 곤충이 거의 모든 면에서 지구에서 가장 크고 성공적인 동물 집단이 될 수 있었던 이유인지도 모른다. 하지만 이렇게 큰 기회가 열려 있었던 시기에도 곤충들은 물에서 완전히 해방될 기회를 잡지 못했다.

물은 곧 생명이다. 생명에 동력을 공급하는 화학반응들은 우리 몸속의 물에서 일어난다. 다른 행성에서 생명을 찾을 때도 물을 먼저 찾아본다. 동물이 물에서 뭍으로 오를 때 직면했던 가장 큰 위험은 탈수였다. 곤충 그리고 거미, 전갈, 노래기 같은 절지동물들은 견고한 각피를 갖고 있어서 내부 조직으로부터 수분이 손실되는 것을 막는 데 도움이 됐다. 하지만 이들의 알은 크기가 작았기 때문에(부피 대비 표면적의 비율이 높기 때문에) 증발에 의한 탈수에 특히나 취약했다. 그래서 알은 습한 곳, 즉 물속이나 그 근처에 낳아야 했다. 하지만 거대한 곤충, 노래기, 양서류 사이에서 잘 드러나지도 않던 작고 수수한 도마뱀 비슷한 생명체가 증발에는 강하지만 공기는 통하는 가죽 같은 껍질로 알을 싸는 방법을 고안해서 물을 완전히 벗어날 방법을 찾아냈다. 석탄기의 습지가 붕괴하면서 더 시원하고, 건조하고, 개방적인 숲이 남게 되자 탈수에 강한 혁신적인 알과 비늘로 몸을 덮어 방수를 할 수 있게 된 파충류가 육지에서 자기만의 생태적 지위를 찾아냈다.

하지만 그 앞에는 재앙이 기다리고 있었다. 약 2억 5000만 년 전의 페름기말 대멸종은 지구 위 생명을 멸종시킨 것으로 알려진 그 어떤 사건 못지않게 큰 사건이었다. 해양 생물종의 95퍼센트 이상, 육지 생물종의 70퍼센트가 사라졌고, 곤충의 과 중 절반 이상이 사라졌다. 대멸종의 원인은 확실치 않고, 여러 가지 원인이 작용했을 가능성이

익룡은 가장 큰 종까지도 모두 하늘을 날 수 있었던 것으로 보인다. 그 중 가장 큰 익룡은 하체곱테릭스Hatzegopteryx(가운데)와 아람보우르기아니아Arambourgiania(오른쪽)였다. 크기 비교를 위해 기린과 사람도 함께 그렸다. 그림 출처: 마크 위튼Mark Witton

높다. 거대한 화산 활동이 있었고, 아마도 거대한 외계천체(소행성이나 혜성)와의 충돌이 있었을 수도 있고, 어쩌면 일시적으로 바다와 대기를 독성으로 바꾸어 놓은 화학적 재앙이 있었는지도 모른다. 이런 원인들이 복합적으로 작용했을 수도 있다. 그러나 생명은 결국 회복되었고, 그 과정에서 파충류가 육지를 지배하게 됐다.

그리고 머지않아 파충류 안에서 생명의 역사에서 두 번째로 동력비행이 진화해 나왔다. 하늘을 나는 파충류 집단을 익룡이라고 부른다. 소만 한 크기의 하늘을 나는 파충류(익수룡pterodactyl이라고 한다)의 완벽한 화석 골격이 18세기 말에 남부 독일의 유명한 졸른호펜 석회암층Solnhofen limestone deposit에서 발견됐다. 석회암에 묻혀 잘 보존되어 있던 이 익룡 골격은 현존하는 그 어떤 동물이나 기존의 화석 동물과도 너무도 달랐기 때문에 프랑스의 해부학자 조르주 퀴비에George Cuvier도 몇십 년이 지나서야 이것이 날개 달린 파충류라는 것을 알아차렸다.

요즘에는 익룡이 놀라울 정도로 풍부하고 다양한 화석 기록으로 나와 있다. 백 개 이상의 종이 확인됐는데 이는 익룡의 호시절이었던 공룡시대에는 그보다 훨씬 많은 종이 살았다는 의미다. 어떤 익룡은 찌르레기만큼 작았고, 어떤 것은 기린만큼 키가 커서 날개를 펼치면 소형 비행기 크기였다. 이들 모두 널리 퍼져 있었다. 익룡의 잔해는 남극대륙을 제외하고는 모든 대륙에서 발견되었고, 남극대륙에도 살았다는 데 의심의 여지가 거의 없다. 다만 화석이 몇킬로미터 두께의 얼음 속에 묻혀 있어 찾지 못할 뿐이다. 고생물학자들은 화석화된 뼈에서 그치지 않고 잘 보존된 3차원 익룡 표본, 큰 연조직 잔해, 잘 보존된 피부 자국, 잘 보존된 알과 그 안에 잘 보존되어 있는 배아까지도 찾아냈다. 심지어 익룡의 발자국도 찾아냈다. 그래서 이들이 앉다리 날개를 나는 용도뿐만 아니라, 걷고 달리는 용도로도 사용했음을 알아냈다. 익룡은 실제로 그전과 그 후로 보았던 어떤 생명체와도 닮지 않았다. 한 가지 예외라면 인기 드라마 〈왕좌의 게임〉에 등장했던 용이 있는데 이 허구의 용이 취한 형태와 기능은 뻔뻔하게도 익룡에서 무단으로 도용한 것이다.

익룡을 하늘을 나는 공룡이라고 종종 부르지만 사실 익룡은 공룡이 아니다. 이들은 공룡의 자매군이었다. 이들의 날개는 터무니없을 정도로 길어진 네 번째 손가락(그래서 이 손가락을 날개손가락wing finger이라고 한다)에서 발목까지 뻗어 있었다. 이들의 날개 및 그와 관련된 어깨의 뼈와 근육(견갑대shoulder girdle라고 한다)은 이중의 용도로 사용됐다. 모든 종에서 날개는 비행에 적합하도록 설계되어 있었지만 지상에서 이동하는 용도와 나무에 기어오르는 용도도 보존되어 있었다. 어떤 종은 수영도 칠 수 있었던 것으로 보인다. 새나 박쥐 등 현대의 날아다니는 척추동물과 달리 익룡은 진정한 네발짐승이었다. 현존 생물종 중에서 이와 비슷한 능력을 갖고 있는 것은 일부 박쥐밖에 없다. 그중 흡혈박쥐가 제일 유명하다. 이런 박쥐들은 날 수 있을 뿐만 아니라 두 다리와 두 손바닥으로 걷고, 심지어 뛸 수도 있다.

척추동물의 발명품

익룡은 척추동물이다. 우리처럼 척추뼈가 있다는 의미다. 척추동물군은 곤충과 몇 가지 중요한 측면에서 생물학적으로 차이가 있다. 가장 눈에 띄는 차이는 익룡과 우리는 곤충처럼 외골격이 아니라 내골격을 갖고 있다는 점이다. 그래서 외골격이 있는 곤충처럼 탈피할 때마다 간헐적으로 급성장을 하는 대신 지속적으로 성장할 수 있다. 지속적으로 성장하기 위해서는 기존의 세포가 분열해서 새로운 세포를 만들며 새로운 조직이 꾸준히 만들어져야 한다. 곤충은 성체가 된 후로는 지속적인 세포 분열이 대단히 제한되어 있다. 소화관과 생식기관의 일부 세포들만 새로운 세포를 만드는 능력을 유지한다. 그 결과 앞에서도 말했듯이 곤충은 손상받은 신체부위를 고칠 능력이 거의 없다. 내골격은 외골격처럼 신체의 외부 표면을 보호해주지 않기 때문에 척추동물은 지속적인 세포분열이 가능해야만 외부에 어떤 상처가 났을 때 고칠 수 있다. 특화된 혈구세포가 외부 침입자를 알아보고, 공격하고, 기억할 수 있는 척추동물의 적응 면역계adaptive immune system 역시 침입자와 싸우기 위해서는 세포분열을 증강할 수 있는 능력이 필요하다. 하지만 평생 세포분열 능력을 유지하는 데 따라오는 대가가 있다. 세포가 분열 능력을 유지하는 동안에는 그 분열 능력이 잠재적으로 통제를 벗어날 위험을 안고 있게 된다. 통제되지 않는 세포분열이 바로 암이다. 척추동물에서는 이것이 장수를 가로막는 문제 중 하나지만 곤충은 이런 문제와 씨름할 필요가 없다.

익룡은 하늘을 나는 능력 말고도 여러 가지 측면에서 아주 독특한 파충류였다. 예를 들어 이들에게는 털이 있었다. 턱과 날개를 제외하고 몸통과 얼굴의 대부분을 덮고 있던 짧은 털은 포유류와 마찬가지로 단열 기능을 했던 것으로 보인다. 이것은 이들도 온혈동물이었을 가능성이 크다는 것을 암시하고 있다. 온혈warm-blooded이라는 용어는 사실 다소 오해의 소지가 있다. 일반적으로 온혈이라고 하면 내온성을 의미한다. 즉 조류와 포유류 같은 일부 동물군, 그리고 아마도 익룡은 태양 같은 외부의 열원에 의존할 필요 없이 내부 장기의 대사활동에서 나오는 열로 스스로 체온을 유지할 수 있다. 내온성이 갖는 큰 장점은 주변 온도에 상관없이 연중 하루 어느 때라도 근육과 다른 장기들을 기능 수행에 적합한 최적의 온도로 유지할 수 있다는 것이다. 내온성의 큰 단점은 지속적으로 체온을 생산하기 위해서는 에너지가 많이 소모된다는 점이다. 익룡이 내온성 동물이 맞다면 이들의 대사율은 크기가 비슷한 냉혈 파충류, 좀 더 적절히 표현하자면 외온성 파충류보다 훨씬 높았을 것이다(대사율은 동물이 에너지를 사용하는 속도, 그리고 그 에너지를 생산할 연료를 제공하기 위해 먹어야 하는 양을 의미한다). 그래서 내온성 동물인 인간도 사람 크기의 악어보다 매년 25배나 많은 음식을 먹어야 한다.[1]

내부에서 열을 발생시키는 데는 많은 에너지가 소모되기 때문에 환경으로 계속해서 잃는 것보다는 열을 최대한 보존하는 것이 합리적이다. 그래서 지방이나 털, 깃털로 체표면을 단열하면 체열 손실을 줄일 수 있다. 단열 처리된 컵이 커피를 더 따듯하게 오래 유지해주는 것과 같은 원리다. 소형 익룡에서는 열 손실이 특히나 큰 문제였을 것이다. 이들은 체중(열을 생산하는 조직의 양)에 비해 상대적으로 표면적(열이 빠져나가는 넓이)이 넓기 때문이다. 익룡은 적어도 어느 정도는 내온성 동물이었기 때문에 날 수 있었을 뿐만 아니라 연중 하루 어느 때라도 활동성을 유지할 수 있었다. 그래서 이른 아침이나 밤에 체온이 떨어져 굼떠진 외온성 동물들이 익룡의 손쉬운 먹잇감이 됐다.

비행의 필요성으로 제약되기는 했지만 익룡의 형태적 다양성은 대단히 인상적이었다. 어떤 종은 뼈가 있는 긴 꼬리에 화려한 볏 장식과 전형적인 파충류의 이빨을 갖고 있고 또 어떤 종은 꼬리와 볏은 없는 반면 새처럼 이빨이 없는 부리를 발달시켰다. 어떤 종은 오늘날의 왜가리나 학처럼 긴 목과 단검 같은 부리를 갖고 있었다.

파충류가 날아오르기까지

비행이 처음으로 등장했던 시기의 화석 기록이 별로 없어서 익룡의 비행이 어떻게 진화했는지에 대한 세부적인 내용은 제대로 밝혀지지 않았다. 다만 곤충의 패턴을 따랐을 가능성이 농후하다. 어떻게 보면 파충류의 비행이 진화하기는 더 쉬웠을 것이다. 곤충의 경우처럼 날개의 구조를 완전히 새로 발명하는 것이 아니라 기존에 존재하던 앞발을 수정만 하면 됐으니까 말이다.

파충류 비행의 첫 단계는 분명 나무 사이로 날쌔게 뛰어다니며 살던 소형 파충류에서 시작됐을 것이다. 이들은 체구가 작아서 엉성하게 착지한 경우에도 상대적으로 안전했고, 나뭇가지를 기어오르고 가지 사이를 뛰어다닐 때 단단히 붙잡을 수 있도록 강력한 앞다리를 진화시켰다. 이들은 요즘의 도마뱀처럼 다리를 옆으로 벌리는 대신 몸통 아래로 접어 넣어 점프 능력을 강화했다. 편평한 표면 위에 설 때는 도마뱀보다는 다람쥐처럼 직립 자세를 취했을 것이다.

우연한 행운으로 앞다리와 뒷다리 사이의 피부가 길어지는 유전적 돌연변이가 생긴 덕분에 나무 사이를 뛰어다니던 이들이 잠재적 활공 글라이더로 바뀌게 됐다. 그 피부막이 글라이더 날개 역할을 한 것이다. 활공 기술은 쉽게 진화할 수 있는 것으로 보인다. 에너지를 보존하면서 효과적으로 나무 사이를 이동할 수 있는 방법인 활공은 여러 번 반복적으로 등장했다. 익룡과 같은 시대에 살았던 최초의 포유류 중에도 글라이더가 있었고 오늘날의 동물에서도 활공 기술은 생각보다 흔히 보인다. 활공 오징어도 있고, 활공 개구리도 있고, 다양한 활공 도마뱀, 활공 뱀, 그리고 50종 이상의 날아다니는(즉 활공하는) 물고기도 있다. 포유류 중에서는 수십 종의 날다람쥐가 있고, 3가지 군의 활공 유대목*gliding marsupial*(그중 제일 잘 알려진 것은 슈가글라이더sugar glider), 그리고 2종의 박쥐원숭이colugo가 있다(박쥐원숭이를 '날여우원숭이flying lemur'라고도 한다. 다만 이 동물은 나는 것이 아니라 활공을 하는 것이고, 여우원숭이도 아니다).

하지만 동력비행의 진화는 활공의 진화보다 분명 훨씬 어렵다. 그렇지 않았다면 지난 7억 년 동안 네 번으로 그치지 않고 더 여러 번 진화해 나왔을 것이다. 체구가 작았던 최초의 나는 파충류도 체중의 문제를 해결해야 했을 것이다. 소형 파충류라고 해도 나는 곤충에 비하면 무게가 아주 많이 나갔으니까 말이다.

진화가 익룡의 체중 문제를 해결하는 데 사용한 한 가지 방법은 골격을 줄이는 것이었다. 익룡은 1억 5000만 년의 역사를 거치는 동안 이런 방법을 점점 더 많이 사용했다. 초기 익룡에서는 뼈로 된 전형적인 파충류의 꼬리가 보였었지만 나중에 진화해 나온 종에서는 이것이 크게 줄어들어 있었다. 나중에 등장한 종은 치아의 개수도 줄어들었고, 무거운 파충류의 턱도 새와 비슷하게 훨씬 가벼운 부리로 대체됐다. 익룡의 뼈도 점점 더 속을 비우고 버팀대로 보강하는 형태로 진화했다. 초기 익룡에서는 머리뼈와 척추의 일부만 속이 비어 있었지만 나중에 등장한 종에서는 날개와 관련된 뼈(어깨뼈)가 거의 모두 다 속이 비어 있었다. 아마도 체중을 줄이기 위함이었을 것으로 추측되는데 비행용 근육으로의 산소 공급을 강화하기 위한 목적이었는지도 모른다. 속이 비어 있는 조류의 뼈는 대단히 독특하고 효율적인 호흡장치의 일부다. 그 안에는 폐와 연결된 공기주머니가 들어 있다. 어느 비행 장치든 산소 요구량이 큰 비행용 근육으로 산소를 충분히 전달할 수 있는 효율 좋은 호흡계는 필수적인 요소다. 이 비행 장치의 또 다른 요소로 가동성 좋은 앞다리 관절이 필요했다. 그래서 그 앞다리를 날개를 퍼덕이는 데도 사용하고, 땅 위에서 걷고 뛰는 데도 사용할 수 있었다.

이 비행장치의 마지막 부분은 육중한 근육, 그리고 그 근육을 부착해서 날개를 퍼덕일 수 있는 튼튼한 뼈다. 이 강력한 근육은 땅에서 날아오르는 데도 핵심적인 역할을 했을 것이다. 흡혈박쥐를 보면 이것이 무슨 개념인지 이해할 수 있다. 흡혈박쥐는 팔굽혀펴기를 하듯이 네 다리 모두로 땅을 박차고 올라 신속하게 공중으로 날아오른다. 익룡의 앞다리는 하늘을 나는 용도뿐만 아니라 땅 위에서 이동하는 용도로도 설계되었기 때문에 땅에서 하늘로 날아오를 때도 이 강력한 앞다리를 사용했으리라 생각할 수 있다.

능동적으로 하늘을 나는 곤충과 마찬가지로 익룡의 육중한 비행 근육에도 비행에 필요한 에너지를 쏟아내는 미토콘드리아가 가득 채워져 있었을 것이다. 하지만 이 과정에서 해로운 유리기도 함께 쏟아져 나온다. 여러 해 동안 이 근육들의 힘과 효율성을 유지하기 위해서는 효과적인 항산화를 개발해야 했을 것이다. 항산화제는 유리기의 독성을 중화해서 비행 근육이 입는 손상을 최소화해주는 화학물질이다. 아니면 근육 손상을 아주 효율적으로 고칠 수 있는 능력을 개발해야 했다. 여기에는 아마도 사람이나 포유류가 하는 것처럼 근육 줄기세포가 동원되었을 것이다. 핵심적인 비행 근육에서 이런 방어 메커니즘을 발전시키는 데 실패한다면 오래 살기 힘들 것이다. 그렇다면 이쯤에서 익룡은 과연 얼마나 오래 살았을지 궁금해진다.

익룡과 공룡은 얼마나 오래 살았나?

익룡의 수명을 같은 시대에 살던 지상 공룡의 수명과 비교해보려면 크기를 서로 비슷하게 맞추어야 한다. 사실상 다른 모든 동물군과 마찬가지로 공룡과 익룡도 체구가 큰 종이 작은 종보다 수명이 더 길었으리라고 예상할 수 있다. 물론 그 어떤 익룡보다도 체구가 큰 공룡이 많았지만 양쪽 모두 크기가 작은 종까지 다양하게 많았다. 제일 작은 공룡은 체중이 2킬로그램 정도였다.

적어도 몇몇 공룡의 경우는 얼마나 오래 살았는지 꽤 정확하게 추측할 수 있다. 못해도 6600만 년 전에 죽은 동물인데 어떻게 그걸 알아낼 수 있느냐며 놀라는 사람도 있을 것이다. 몇몇 종은 나무처럼 뼈 속에 나이테가 들어 있기 때문이다. 일부 동물은 성체가 되어서도 성장을 이어가는데, 그런 경우 계절에 따른 온도와 먹이 사정의 변화가 뼈 성장 속도에 영향을 미쳐 나이테가 종종 생긴다. 예를 들어 나이를 알고 있는 요즘 악어의 뼈를 조사해보면 그 나이테가 1년마다 생긴 것임을 알 수 있다. 테 하나가 1년에 해당한다.

이것이 공룡에도 그대로 적용되는 이야기라면 이들이 얼마나 빨리 성장했고(인접한 나이테 사이의 거리를 통해), 얼마나 오래 살았는지 추정해볼 수 있다. 예를 들어 수컷 코끼리와 무게가 대략 비슷한 티라노사우루스의 경우 약 18년 정도에 성숙해진다. 이는 코끼리의 성숙보다 살짝 느린 속도다. 하지만 공룡은 예상보다 상당히 단명했던 것으로 보인다. 티라노사우루스의 나이테에 따르면 가장 나이가 많은 것으로 알려진 개체도 겨우 28년밖에 못 살았다.[2] 우리가 조사해볼 수 있는 성체 티라노사우루스 표본이 몇 개밖에 되지 않는다는 점을 고려하면 상당히 더 오래 산 개체가 존재할 가능성이 있다. 어쩌면 몇 배 더 오래 살았을지도 모를 일이다. 그렇지만 우리가 현재 알고 있는 내용을 바탕으로 볼 때 제일 오래 산 것이 28년이었다면, 그 크기 포유류 평균 기대수명의 절반에도 미치지 않는다. 그보다 훨씬 작고 트리케라톱스의 친척인 18킬로그램짜리 초식공룡 시타코사우루스 몽골리엔시스*Psittacosaurus mongoliensis*의 경우, 몇 안 되는 화석으로 추정해볼 때 겨우 10년에서 11년 정도 산 것으로 보인다. 지금까지 알려진 최장수 공룡은 몸길이 16.5미터에 몸무게가 20톤이나 나가며 이름도 몸길이만큼이나 긴 거대 공룡 라파렌토사우루스 마다가스카리엔시스*Lapparentosaurus madagascariensis*다. 이 공룡도 40대 초반의 나이까지밖에 못 살았다. 그리고 이 수명 역시 소수의 개체로부터 파악한 것이다.[3] 이 정도면 그 크기 포유류의 기대수명의 절반 정도밖에 안 된다. 따라서 비록 제한된 증거지만 이를 바탕으로 판단컨대 공룡이라는 동물군은 상대적으로 단명했던 것으로 보인다. 비교해보자면 야생의 코끼리는 보통 50대까지 살고, 60대까지 사는 경우는 그보다 드물고, 70대까지 사는 경우는 가끔 있다.

아쉽게도 익룡의 수명에 대해서는 거의 아는 바가 없다. 이들의 뼈는 비행을 위해 체중을 줄이려고 속을 완전히 비웠기 때문에 성체 크기에 도달하고 나면 나이테가 더 이상 남지 않았다. 익룡이 해부학적으로 여러 측면에서 새와 비슷한 점을 고려하면 이들이 공룡보다는 상당히 오래 살았으리라 추측해볼 수 있다. 우리가 확실히 알고 있는 것이라고는 몇몇 종의 성장률과 성숙 도달 나이다. 성장률은 프테로다우스트로 구이나주이*Pterodaustro guinazui*라는 익룡에서 제일 잘 측정되어 있다. 이 익룡은 익룡 중에서도 아주 독특한 생김새를 갖고 있다. 날개폭은 3미터 정도로 황새보다 살짝 크고, 목이 길었다. 그리고 위로 휘어 있는 긴 턱에는 여과섭식[†]하는 수염고래의 수염과 비슷한 치아가 무려 천 개 정도 나 있었다. 따라서 이 익룡도 현대의 홍학이 호수에서 먹이를 먹는 것처럼 바다에서 여과섭식을 했을 것이다. 그 성장률로 추정해보면 이 익룡은 아마도 두 살 정도 후에 성적으로 성숙하고 여섯 살 정도에 최대 크기에 도달했을 것이다. 하지만 그 후로

---

† 물을 통째로 들이마신 후에 섬모나 강모 등을 이용해 그 안에 들어 있는 먹이를 걸러서 섭취하는 방법.

얼마나 더 살았을지는 알지 못한다. 이것으로 이 익룡이 특별히 오래 살았다고는 할 수 없지만, 그럴 가능성을 배제할 수도 없다. 익룡이 장수했을지도 모른다고 암시해주는 한 가지 관찰 내용이 있는데, 이들이 날개 관절에서 관절염이 놀라울 정도로 많이 보인다는 점이다. 관절염은 늙으면서 관절이 마모가 돼서 생기는 결과다. 따라서 익룡은 못해도 관절염이 생길 정도로는 오래 살았다.

익룡은 전 지구적 재앙인 페름기말 대멸종에 바로 이어서 진화했다가 또 다른 재앙을 만나 사라졌다. 6600만 년 전에 거대한 소행성이 유카탄 반도에 떨어지면서 일련의 사건이 개시되어 지구상에 있는 모든 종의 4분의 3을 궤멸했다. 여기에는 모든 전통 공룡과 익룡도 포함된다. 하지만 익룡은 그때 이미 멸종 과정이 진행 중이었는지 모른다. 소행성이 충돌할 즈음에도 여전히 활동하고 있었던 것으로 알려진 익룡은 몇몇 대형 종밖에 없다. 그보다 작은 종들은 이미 사라지고 없었던 듯 보인다. 정확한 이유는 아무도 모르지만 어쩌면 그때쯤 번성하고 있었던 하늘을 나는 다른 생명체와의 경쟁에서 낙오되었는지도 모른다. 이 생명체를 고생물학자들은 날개와 깃털이 달린 수각류 공룡이라고 부르고, 일반인들은 새라고 부른다.

3장 새

⁑

가장 오래 산 공룡

새는 하늘의 지배자다. 새는 날아다니는 다른 어떤 동물군보다도 더 높이, 더 빠르게, 더 멀리 날고, 더 민첩하게 하강, 공중제비, 다이빙을 하고, 더 오래 공중에 머물 수 있다. 포식조류는 곤충, 박쥐, 다른 새 등 날아다니는 다른 동물들을 툭하면 직접 공중에서 낚아채 잡아먹을 정도로 민첩성이 뛰어나다. 사실 새의 존재 때문에 다른 다양한 비행 동물 종이 밤의 세계로 밀려났는지도 모른다. 밤에 활동하는 새는 별로 없기 때문이다.

하루가 멀다 하고 새들을 보고 있다 보면 이들의 신체 능력이 얼마나 대단한 것인지 잊기가 쉽다. 예를 들어 인도기러기는 훈련도 받지 않고, 적응 기간도 거치지 않고, 산소보조장치도 없이 해수면 높이에서 9000미터 상공으로 날아올라(상공의 온도는 영하 수십 도까지 떨어질 수 있다) 24시간 안으로 세계 최고봉인 히말라야 산맥을 넘어간다. 큰뒷부리도요라는 섭금류는 알래스카에서 뉴질랜드까지 1만 1000킬로미터의 거리를 중간에 내려서 먹거나 마시는 일 없이 9일 밤낮을 쉬지 않고 날아간다. 이 거리는 세계에서 제일 긴 논스톱 상업비행 거리에 필적하는 거리다. 유럽칼새는 10개월 이상을 계속 하늘에 떠 있다. 경주용 비둘기는 수평 방향으로 시속 160킬로미터의 속도로 날 수 있고, 송골매는 시속 320킬로미터의 속도로 내리꽂듯이 먹잇감을 덮칠 수 있다. 심지어 정원에서 흔히 보이는 새들도 인정을 못 받아서 그렇지 놀라운 곡예를 할 수 있다. 예를 들어 새가 시속 40킬로미터의 속도로 날아가다가 순식간에 연필 굵기만 한 나뭇가지에 정확하게 내려 앉아 완벽하게 균형을 잡는 광경을 생각해보라. 흔히 보는 장면이지만 정말 놀라운 솜씨다.

어쩌면 새의 가장 놀라운 신체 능력은 수명인지도 모른다. 이것을 잘 보여주는 한 가지 사례가 참새다. 전 세계 어디든 이 작고 칙칙한 새가 뒤뜰, 공원, 정원에서 날아다니는 모습을 흔히들 볼 수 있다. 이 새의 수명이 얼마나 놀라운지 집쥐와 비교해 알아보자. 집쥐는 참새와 크기도 비슷하고, 역사도 불가사의할 정도로 비슷한 포유류다. 양쪽 종 모두 중동지역에서 기원했다. 그리고 양쪽 종 모두 인간이 가꾸고 저장하는 곡물이 자연이 제공하는 그 어떤 것보다도 믿을 만한 식량원임을 일찍이 깨닫고 인간과 가까이 살면서 그 곡물을 빼먹고 사는 것이 낫겠다고 판단했다. 양쪽 종 모두 유럽 이민과 함께 전 세계로 퍼져나갔고 현재는 남극을 제외한 모든 대륙에서 발견된다.

하지만 수명을 놓고 보면 양쪽은 비교 자체가 불가하다. 야생의 집쥐가 평균 3, 4개월을 살고, 제일 오래 살아남은 개체도 1년을 간신히 넘겼던 것을 기억해보자. 애지중지 보살피며 키우는 실험실 환경에서 제일 오래 산 개체도 3년 정도 사는 것이 고작이다. 반면 야생에서 가장 장수한 참새는 적어도 19년 하고 9개월을 살아남았다.[1] 야생에서 가장 오래 살아남은 집쥐보다 거의 20배를 더 살았고, 실험실이나 집에서 보살핌을 받으며 살았던 쥐보다도 6배 이상 오래 살았다.

대체 새들의 수명에 어떤 비밀이 숨어 있길래 그렇게 오래 살 수 있는 것일까?

새의 기원

새는 익룡의 호시절이었던 대략 1억 5000만 년 전에 등장했다. 익룡은 하늘을 나는 생활방식에 새보다 적어도 5000만 년 먼저 적응하며 기술을 다듬었다. 그런데 새들은 이런 익룡과 대체 어떻게 경쟁해서 그 자리를 빼앗을 수 있었을까? 어쩌면 새가 걷고 뛰는 것을 네 다리가 아닌 두 다리로만 하고, 앞다리를 익룡처럼 비행용과 지상이동용으로 모두 사용하지 않고 오직 비행용으로만 사용했기 때문인지도 모른다. 두 발 보행을 하면 앞다리, 즉 날개를 두 가지 용도로 사용하기 위해 형태와 기능을 타협 볼 필요가 없기 때문에 날개 디자인을 훨씬 효율적이고 신속하게 발전시킬 수 있었을 것이다. 날개의 디자인 혹은 어쩌면 다른 어떤 특성 덕분에 새는 곡예비행에 더 뛰어났거나, 익룡이 활동할 수 없는 시간대나 계절에 활동을 할 수 있었을지도 모른다. 새의 성공에 가장 크게 기여한 것은 깃털의 진화였는지도 모른다. 깃털은 자연이 가벼운 무게와 효과적인 단열을 성공적으로 결합해서 만들어낸 최고의 발명품이다. 익룡도 일종의 짧은 털로 덮여 있었음을 기억하자. 이유야 어쨌든 이미 수십, 수백 종의 익룡이 하늘을 가득 채우고 있었음에도 불구하고 새의 진화가 신속하게 일어났다.

새가 처음 등장한 시기는 익룡의 호시절이자 공룡의 호시절이었다. 현대 생물학에서는 새를 공룡의 일종으로 취급하고 있으니 이것이 그리 놀랄 일은 아니다. 우리가 공룡이라고 부르는 것을 요즘 고생물학자들은 조류 공룡avian dinosaurs, 즉 새와 구분하기 위해 비조류 공룡nonavian dinosaurs이라 부른다. 이 점이 새의 수명에 관한 미스터리를 한층 깊어지게 한다. 앞 장에서 보았듯이 적어도 우리가 증거를 확보한 소수의 표본을 바탕으로 보면 공룡의 수명은 상대적으로 짧았던 것으로 보이기 때문이다. 지금까지 발견된 티라노사우루스 중 제일 나이가 많은 것도 28년이었음을 기억하자. 사실 이 정도면 코끼리 크기만 한 동물치고는 아주 수명이 짧은 편이다. 따라서 땅 위에 사는 비늘 달린 파충류에서 깃털을 달고 하늘을 나는 동물로 넘어가는 어느 시점에서 새의 장수 도구가 진화했다는 말이 된다.

최초의 고대 조류 화석은 최초의 익룡 화석이 발견됐던 곳과 같은 독일 남부의 석회암층에서 1861년에 발견됐다. 시조새*Archaeopteryx*는 까마귀 크기의 동물로 작은 육식성 공룡의 모습을 빼닮았다. 사실 이 동물은 민첩하고 소름 끼칠 정도로 영리했던 포식동물 벨로키랍토르의 미니 버전처럼 보인다. 이 공룡은 영화 〈쥬라기 공원〉 덕분에 유명해졌다. 시조새는 공룡의 치아와 뼈가 있는 긴 공룡의 꼬리, 그리고 앞다리에는 벨로키랍토르 같은 발톱, 뒷발에는 신월도 칼처럼 날카로운 사냥용 발톱을 갖고 있었다. 그리고 날개와 깃털도 갖고 있었다.

사실 시조새를 새로 불러야 할지, 말아야 할지가 분명하지는 않다. 시조새는 두 형태 사이에 걸쳐 있는 전형적인 과도기 종에 해당한다. 확실하지는 않지만 시조새는 날 수 있었을 가능성이 높다. 날개의 깃털은 현대 조류의 비행용 깃털과 아주 닮았지만 현대의 하늘을 나는 종에서 보이는 튼튼한 견갑대와 가슴뼈의 용골돌기가 없다. 그리고 어깨 관절이 가동 범위가 충분하지 않아서 날개를 등 뒤로 크게 젖히기도 어려워 보인다. 어쩌면 먹이를 사냥하려고 혹은 다른 포식자에게 잡아먹히지 않으려고 나무로 튀어오를 때 추가적으로 추진력을 얻을 수 있을 정도로만 날개를 퍼덕일 수 있었는지도 모른다. 요즘의 뇌조나 칠면조처럼 말이다. 설사 시조새가 날 수 있었다고 해도 강력하게 멀리 날 수는 없었을 것이다.

지질학적 시간으로 얼마 후에 온갖 유형의 비행 능력을 갖춘 조류 종들이 풍부하게 생겨났다. 크기가 작은 익룡들이 사라지면서 더 많은 조류종이 등장했다. 이런 패턴이 조류와 익룡 간의 직접적인 경쟁 때문에 생겨난 것인지는 분명하지 않다. 전체적으로 보면 새들은 익룡보다 크기가 작아서 초기 조류 중 제일 큰 것도 거위 정도의 크기였다.

6600만 년 전 모든 비조류 공룡과 익룡을 끝장내버린, 사실상 지구에 살던 모든 동물 종의 4분의 3을 쓸어버린 거대한 소행성 충돌로 조류도 거의 끝장날 뻔했다. 거기서 오리와 닭의 선조이자 하늘을 날던 타조의 선조일 수도 있는 몇몇 종이 살아남았고, 이렇게 거의 멸종 직전까지 갔다가 회복하는 과정에서 수만 종의 현대 조류가 등장했다.

새는 얼마나 오래 살 수 있나?

새가 놀라울 정도로 오래 산다는 것은 몇백 년 전부터 잘 알려져 있었다. 영국의 철학자 겸 과학자 프랜시스 베이컨은 당시에 야생의 조류나 포유류가 실제로 얼마나 오래 사는지 거의 알지 못했음에도 1638년에 조류가 일반적으로 포유류보다 오래 산다고 썼다.[2] 그가 수명을 아는 동물은 닭, 양, 염소 같은 가축이나 개, 고양이, 앵무새 같은 반려동물 몇 종밖에 없었다. 그렇다. 반려동물로서 앵무새의 교역은 이미 베이컨의 시대에도 몇 세기 동안 번창하고 있었다. 앵무새의 수명에 대해 그는 이렇게 적었다. “앵무새는 영국에서 60년을 살았다고 확실하게 알려져 있다. 거기에다 영국으로 데려왔을 때의 나이를 더

해야 한다." 이 정도면 그래도 우리가 지금 알고 있는 앵무새의 수명에 가까운 꽤 정확한 진술이다. 그는 모든 조류종이 장수하는 것은 아니란 것도 알았다. 예를 들어 수탉에 대해 그는 이렇게 적었다. "수탉은 음탕하고, 호전적이고, 수명이 짧다." 사실이다. 닭은 수탉이든 암탉이든 조류치고는 수명이 짧은 편이다. 어쩌면 베이컨이 지적한 대로 수탉은 자신의 도덕적 단점 때문에 수명이 짧아졌을지도 모른다. 아니면 다른 이유가 있을 수도 있다.

그는 가축이 아닌 야생동물에 관해서는 터무니없이 과장된 추측을 했다. 그는 콘도르, 까마귀, 백조가 모두 100년 정도 살고, 코끼리는 200년을 산다고 적었다. 하지만 정확한 지식이 부족하다보니 새가 장수한다는 명성만 높아졌다. 새를 키우는 요즘 사람들 사이에서도 수명을 과장하는 경향이 만연해 있다. 집에서 키운 큰유황앵무가 142년을 살았다거나, 우리 집 헥터와 비슷한 아마존앵무새가 117년을 살았다고 주장하는 발표가 있었지만 의심스럽다. 사실 이 두 종에서 출생증명서로 확실하게 검증된 수명 기록을 보면 각각 57세와 56세로 여전히 인상적인 장수 기록이다. 그럼 우리 집 헥터가 자기 종의 장수 세계기록을 10년 넘는 차이로 깼다는 의미일 수도 있겠지만, 아마도 우리 부부가 헥터를 집에 들일 때 들었던 나이가 잘못된 정보일 가능성이 높아 보인다.

나이가 확실히 검증된 사육 앵무새 중 제일 장수한 앵무새는 쿠키라는 수컷 메이저미첼유황앵무*Lophochroa leadbeateri*였다. 이 새는 생의 대부분을 시카고의 브룩필드동물원에서 보냈다. 내가 생각하기에 'Cookie'라는 이름은 앵무새(cockatoo)를 의미하는 호주 속어 'Cocky'를 미국식으로 변형한 것이 아닌가 싶다. 메이저미첼유황앵무는 아래로는 눈에 띄는 연어살색 깃털과 위로는 하얀 깃털을 갖고 있고, 밝

메이저미첼유황앵무인 쿠키는 세상에서 제일 장수한 새다. 사진 속 모습은 81세에 찍은 것인데도 여전히 건강하고 초롱초롱해 보인다. 새들은 삶이 거의 끝날 무렵까지 건강을 유지하는 것으로 유명하다. 쿠키는 83세까지 살았고, 말년에는 시카코 브룩필드동물원에서 매년 생일 파티를 열어주었다. 사진 출처: 시카고 동물원 협회Chicago Zoological Society/브룩필드동물원

은 붉은색과 노란색의 볏이 달려 있다. 이 새는 일반적으로 호주의 건조한 내륙지방에서 숲 지역을 돌아다닌다. 쿠키는 브룩필드동물원이 1934년에 처음 문을 열었을 때 호주에서 건너왔다. 당시 쿠키의 나이는 한 살이었다. 쿠키는 수십 년 동안 동물원에 전시되어 인기를 끌다가 2009년에는 건강 문제로 더 이상 공공 전시에는 나서지 않게 됐다. 쿠키는 2016년에 사람들의 큰 슬픔과 관심 속에 83세의 나이로 세상을 떴다. 쿠키의 수명을 포유류의 입장에 놓고 생각해보자. 만약 쿠키가 300그램의 체중을 가진 동물원에 있는 평균적인 포유류였다면 수명이 9년을 넘기기 어려웠을 것이다.

야생의 조류는 어떨까? 참새는 하나의 예외일 뿐일까? 아니면 야

생 조류도 가혹한 자연 환경 속에서 장수를 누리는 것일까? 1970년대에는 조류가 장수를 누린다는 것이 아주 확실하게 밝혀져 있었기 때문에 조류는 노화를 완전히 피할 수 있다는 명성까지 얻게 됐다. 더넷 박사의 풀머갈매기 경우처럼 전문 조류학자들은 동일한 새를 수십 년에 걸쳐 여러 번 포획할 수 있었는데 그때마다 나이가 들었음에도 거의 늙지 않은 것처럼 보였다. 그래서 일부 연구자들은 이 새들의 수명은 폭풍, 가뭄, 포식자의 매복공격 등 예측 불가능한 환경적 위협에 의해서만 제한될 뿐, 노화로 제한되지는 않는다고 믿게 됐다. 뉴질랜드 번식지에서 태어난 로열 알바트로스의 연간 사망률을 알고 있던 예일대학교의 생물학자 다니엘 보트킨Daniel Botkin과 리처드 밀러Richard S. Miller는 나이가 많아져도 이 새의 사망률이 높아지지 않는다고 가정하고 이런 논리를 적용해서 계산을 해보았다. 그 결과 한 무리에 적어도 만 마리의 새가 포함되어 있고(일반적인 알바트로스 무리의 규모를 생각하면 비현실적인 이야기가 아니다), 나이가 많아져도 이들의 연간 사망률이 높아지지 않는다면 영국의 탐험가 제임스 쿡 선장이 1769년에 처음 뉴질랜드에 도착했을 때, 살아 있던 알바트로스 중 적어도 한 마리는 250년 넘게 지난 오늘날까지도 살아 있어야 한다는 결론이 나왔다.[3] 야생 조류가 정말 이렇게 오래 살 수 있을까? 만약 이들이 정말로 목숨이 다하는 순간까지 건강을 유지하는 것이 사실이라면, 그 방법을 알아내서 사람도 그와 비슷한 성과를 얻을 수 있다면 좋지 않을까?

새가 얼마나 오래 사는지는 어떻게 알까?

우리가 다른 어떤 동물군보다 조류의 수명에 대해 잘 알게 된 것은 덴마크의 조류학자 한스 크리스티안 모르텐센Hans Christian

Mortensen 덕분이다. 1900년 즈음에 모르텐센은 다양한 종류의 생포용 덫으로 야생 조류를 잡은 다음 다리에 작은 알루미늄 고리를 장착해서 풀어주어 나중에 개체를 확인할 수 있는 시스템을 발명했다.

모르텐센의 발명으로 새의 수명을 기록하기가 상당히 쉬워졌겠다는 생각이 들 것이다. 훨씬 쉬워진 것은 분명한 사실이다. 하지만 여전히 고된 노력과 인내심이 필요했다. 새가 얼마나 오래 사는지 알려면 그 새를 반복적으로 포획해서 개체를 확인할 수 있다고 해도 그 새가 죽을 때의 나이뿐만 아니라 그 새에게 처음 고리를 장착해주었을 때의 나이도 알아야 한다. 모든 새가 더넷 박사의 풀머갈매기처럼 고분고분 매년 같은 번식지로 돌아오는 것은 아니다. 이 경우는 돌아오지 않으면 그 새가 죽었다고 꽤 확신할 수 있을 것이다. 그리고 풀머갈매기가 보여주었듯이 일부 조류 종은 수명을 확인하는 데 필요한 연구 기간이 한 과학자의 경력기간을 뛰어넘는 경우도 있다.

그래도 수천 명의 조류 애호가와 생물학자들이 새에게 개별 식별이 가능한 고리를 장착해준 지도 이제 한 세기가 넘었다. 수백 종에 걸쳐 수백만 마리의 야생 조류에게 고리를 장착해주었고, 또 그 조류들이 여러 번에 걸쳐 포획됐다. 북미대륙만 봐도 1960년 이후로 6400만 마리의 새가 발에 고리를 장착했다. 영국과 유럽에서도 마찬가지다. 이제는 몇몇 대륙에서 모인 이런 정보들을 중앙집중식으로 관리하고 있어서 마우스 클릭 몇 번이면 확인할 수 있다.

내가 고리를 달아준 새도 천 마리는 족히 될 것이다. 나는 대부분 남미 지역에서 했다. 솔직히 고백하면 내 손에 잡힌 살아 있는 야생 조류의 다리에 고리를 장착하고 풀어주었을 때 새가 안심하고 날개를 퍼덕여 날아가는 모습을 보면서 약간의 스릴을 느끼기도 했다. 한번은 중앙 베네수엘라에서 새그물mist net을 이용해서 장거리 이동으로 유명한 종인 미국검은가슴물떼새*Pluvialis dominica*를 잡은 적이 있다. 이 새의 다리에 번호가 매겨진 고리가 있었는데 북미대륙쪽에서 왔다는 것을 알아볼 수 있었다. 메릴랜드에 있는 미국 지질조사국US Geological Survey의 조류표지실험실Bird Banding Lab로 그 숫자를 발송하며 그 새가 4년 전에 3만 2000킬로미터 떨어진 매사추세츠 주에서 고리를 달았음을 알게 됐다. 보아하니 파타고니아에 있는 여름 서식지를 떠나 다시 북극의 번식지로 이동하는 도중에 내게 붙잡힌 것 같았다. 이 물떼새는 적어도 수십만 마리씩 내가 매년 연구하러 가는 중앙 베네수엘라 대초원을 통과하고, 내게 잡히는 것은 그중 고작 몇십 마리 정도밖에 안 되지만 놀랍게도 같은 새가 다음 해에 같은 장소에서 다시 내게 붙잡혔다. 그래서 나는 미국검은가슴물떼새가 매년 남미대륙 남부에서 북극으로 이동했다가 다시 돌아옴에도 불구하고 적어도 5년 정도는 산다는 것을 몸소 배우게 됐다. 이제는 천 마리가 넘는 미국검은가슴물떼새에게 고리를 장착해서 정보를 수집한 끝에 이들이 1년에 두 번씩 이루어지는 고된 여정에도 불구하고 적어도 13년 정도는 살아남는다는 것을 알고 있다.

한 종의 조류 개체들을 충분히 많이, 충분히 여러 번에 걸쳐 잡다 보면 결국은 그 종의 새가 얼마나 오래 사는지 감을 잡을 수 있다. 그리고 이제 한 가지는 확실히 알고 있다. 로열 알바트로스 중에 보트킨과 밀러가 추측했던 것처럼 250년 가까이 사는 개체는 없다. 새들도 다른 거의 모든 동물과 마찬가지로 노화한다. 그 속도가 느릴 뿐이다. 어찌나 느린지 야생에 사는 새들은 동물원이나 가정에서 온갖 보살핌을 받고 편안하게 사는 비슷한 크기의 포유류보다 3배 정도 오래 산다. 다만 조류가 생존의 측면에서 전체적으로 우월함에도 불구하고 어떤 흥미로운 오점이 존재한다.

예를 들어 바닷새들은 특히나 장수한다. 바닷새 중 가장 큰 축에 속하는 알바트로스는 모든 야생 조류 중 가장 오래 사는 종으로 추측되고 있다. 오늘날 살아 있는 알려진 새 중 제일 오래 산 것은 위즈덤이라는 이름의 레이산 알바트로스*Phoebastria immutabilis*다. 이렇게 충분히 오래 살아서 사람들에게 알려지면 야생의 새라도 이름을 갖게 된다. 위즈덤은 미드웨이 섬Midway Island에 산다. 이 섬은 그 이름이 암시하는 바와 같이 아시아와 아메리카 대륙의 중간 어디쯤 자리 잡은 작은 고리 모양 산호초다. 우리가 위즈덤의 최소 나이를 알게 된 것은 1956년에 챈들러 로빈스Chandler Robbins라는 조류학자가 위즈덤에게 고리를 달아준 덕분이다. 그가 위즈덤의 다리에 번호 식별 고리를 달아주었다. 당시 위즈덤은 알을 품고 있었고, 레이산 알바트로스는 보통 적어도 다섯 살이 될 때까지는 알을 낳지 않기 때문에 로빈은 위즈덤이 아무리 늦어도 1951년 이전에 태어났을 거라, 더 정확히 말하면 부화했을 거라 판단했다.

당시 로빈은 38세로 힘이 넘치던 때였다. 46년이 지나 84세가 됐을 때도 로빈은 여전히 새들에게 고리를 달아주고 있다가 위즈덤을 다시 잡았다. 미드웨이 섬에서 새끼를 치고 있는 50만 마리의 알바트로스 사이에서 반세기 전에 자기가 직접 고리를 달아준 새와 우연히 만났다는 것은 거의 기적에 가까운 일이었다. 위즈덤이 대부분의 연구자들이 생각했던 야생 알바트로스의 수명보다 훨씬 긴 50대에 접어들었음을 깨달은 그는 상주 과학자들에게 이 새가 아주 특별한 존재임을 각인시켰고, 그 후로 과학자들은 지금까지 위즈덤을 쭉 지켜보고 있다.

알바트로스를 잘 모르는 사람들을 위해 설명하자면 이 새는 날개가 아주 긴 갈매기처럼 생겼다. 예를 들어 위즈덤의 몸통은 작은 고양이 크기만 하지만 날개는 미국 프로농구선수 르브론 제임스LeBron James만 하다. 알바트로스는 이렇게 긴 날개를 이용해서 날개 한 번 젓지 않고도 몇 시간씩 파도 위를 활강할 수 있다. 이 새는 바다에서 한 번에 며칠씩 배를 쫓아다닌다고 알려져 있으며 범선의 시대에는 알바트로스를 죽이면 재수가 없다고 여겨졌었다. 영국의 시인 콜리지Coleridge의 동명의 시에는 옛날에 뱃사람이 알바트로스를 죽인 후에 그 벌로 그 시체를 자기 목에 두르고 다녔다는 이야기가 나오는데 여기서 원치 않는 부담을 의미하는 영어 관용구인 'dead albatross'가 탄생해서 200년 넘게 사용됐다.

위즈덤도 다른 알바트로스와 마찬가지로 이륙과 착륙에 적합하게 설계되어 있지 않다. 이륙하려면 속도를 끌어올리기 위해 비행기가 활주로를 가속하듯 짧은 거리를 달려가야 한다. 특히 바람이 부는 날에 알바트로스가 착륙하는 모습을 보면 스키점프를 하는 사람이 공중에서 스키를 놓치고 땅바닥에 추락하는 장면이 떠오르기도 한다.

알바트로스는 이렇게 추락하듯 착륙할 때도 살아남아야 할 뿐 아니라, 자라는 동안에는 수천 킬로미터씩 하늘을 날면서 오로지 바다에서 몇 년을 살아남아야 한다. 그리고 일단 청소년기에 도달하면 자기가 태어난 섬으로 돌아와 보통 자기가 태어난 장소가 보이는 곳에 정착한다. 이제 이들은 다시 2년을 서투른 구애활동을 하면서 살아남아야 한다. 짝을 찾는 구애행동 중에 아마도 제일 서투른 경우가 아닐까 싶다.

일단 천생연분을 찾아 짝을 맺으면 그 인연이 평생 이어지며 대부분의 해에 알을 하나씩 낳는다. 부부는 차례로 돌아가며 어린 새끼를 지키거나 바다로 날아가 때로는 한 번에 몇 주씩 영양 많은 오징어를 사냥한다. 그리고 돌아와서 그 오징어를 다시 토해내 새끼에게 먹인다. 8월이면 미드웨이 섬은 기이할 정도로 조용해진다. 꽥꽥거리던 50만 마리의 알바트로스가 섬을 비운다. 다음 번식에 사용할 에너지를 축적하기 위해 먹이를 찾아 몇 달 동안 바다로 나간 것이다. 12월이 시작될 즈음이면 성체들이 다시 짝짓기를 위해 돌아와 둥지 틀 곳을 두고 싸우게 된다.

위즈덤은 수없이 많은 열대 폭풍과 허리케인 등 깃털이 쭈뼛 서는 아슬아슬한 경험 속에서 살아남았다. 예순 살이 되었을 때 위즈덤은 후쿠시마 핵발전소를 파괴하고 1만 6000명의 사망자를 낸 2011년 일본 지진에서 밀려들어온 쓰나미에서 살아남기도 했다. 그 쓰나미는 한밤중에 미드웨이 섬을 덮쳐 수십만 마리의 알바트로스를 죽음으로 몰았지만, 위즈덤은 살아남았다.

그 다사다난한 시간 속에서 챈들러는 2017년에 사망할 때까지 계속해서 위즈덤을 관찰했다. 사망 당시 챈들러는 98세였고, 위즈덤은 적어도 67세였다. 이제 나이가 일흔 혹은 그보다 조금 더 많을 위즈덤은 그 어느 때 못지않게 원기왕성하고 에너지가 넘친다. 그리고 지난 12년 동안 적어도 11마리의 새끼를 키워서 세상으로 내보냈다. 미드웨이 섬의 야생동물 관리원들이 계산한 바에 따르면 위즈덤은 평생 480만 킬로미터 이상 날아다녔다. 달을 여섯 번 왕복할 수 있는 거리다. 그럼에도 위즈덤은 지치지도 않고 근래에 알을 하나 또 낳았다. 그는 아직도 컨디션이 좋아서 몇 년 전부터는 자기보다 훨씬 젊은 수컷과 짝을 지었다. 그렇다. 그는 지난 수십 년 동안 몇몇의 연인을 저 세상으로 보내고 다시 새로운 짝을 맞이했다. 최근에 사귀게 된 연인은 아케아카마이라는 아주 적절한 이름도 얻었다. 하와이 말로 '위즈덤의 연인'이라는 뜻이다.

지금까지 알려진 가장 오래 산 야생 조류 위즈덤. 이 사진 속의 위즈덤은 68번째 생일 직전에 알을 품고 있는 모습이다. 오른쪽에 있는 표식띠에 주목하자. 이제 최소 일흔 살이 된 위즈덤은 아직도 새끼를 낳고 있다.

실제로 산 햇수는 무시하고 장수지수를 이용해서 체구 측면에서 바라본 수명에만 초점을 맞추면 어떨까? 앞에서 소개했듯이 장수지수는 한 동물이 체구가 같은 동물원 동물의 장수 기록과 비교해서 상대적으로 얼마나 오래 사는지를 말하는 값이다. 앞에서 한 집단으로서의 야생 조류가 평균적인 사육 포유류보다 3배 정도 오래 산다고 말했는데 이것을 달리 말하면 전체적인 야생 조류의 평균 장수지수가 3 정도 나온다는 것이 된다. 장수지수로 측정하면 위즈덤이 현재까지는 조류의 장수 순위에서 정상에 오르지 못했다. 내가 '현재까지는'이라고 말하는 이유는 위즈덤이 여전히 강해지고 있고, 언제까지 우리 곁에 남아 있을지 알 수 없기 때문이다. 위즈덤의 장수지수는 5.2다. 같은 체구의 평균적인 동물원 동물보다 5배 이상 길게 살았다.

현재로서는 레이산 알바트로스의 대표선수 위즈덤은 조류 종의 장수지수에서 5등에 불과하다. 장수지수 값이 더 높은 4종도 모두 위즈덤처럼 바닷새들이다. 즉 평생을 바다에서 살면서 해산물만 먹고, 섬에서 새끼를 치는 새들이다. 섬에서 사는 것에 더해서 이들은 1년에 알을 하나씩만 낳고 체구가 비슷한 대부분의 다른 새들보다 번식을 더 뒤로 늦춘다. 번식을 뒤로 미루어 천천히 하는 것은 특출한 장수를 보여주는 동물들의 특성이다. 이런 특성을 거듭해서 확인하게 될 것이다.

장수하는 종의 또 다른 일반적인 특징은 외부의 위험으로부터 자신을 보호해주는 환경 적소를 차지하거나 그런 신체 설계를 가지고 있다는 점이다. 먹이를 잡으러 바다로 다이빙할 때를 빼고는 바다 위를 날면서 살고, 섬에서만 새끼를 치면 대부분의 포식자와 산불 등 육지에서 접할 수 있는 수많은 위험으로부터 보호받을 수 있다. 사실 비행 자체가 조류가 특출한 장수를 누릴 수 있게 해주는 핵심적 특성이라면, 조류의 특출한 장수는 섬 생활의 안정성과도 연결되어 있는 것으로 보인다. 비행은 에너지 요구량이 높기는 해도 국소적 환경이 악화되었을 때 먼 곳으로 자리를 새로 옮길 수 있게 해준다. 철새가 해마다 이동하는 것을 더 나은 환경으로 자리를 옮기는 일종의 적응성 이전이라 생각할 수도 있다. 육지에 사는 새들의 경우 비행은 소형 육식 포유류 같은 육상의 위험으로부터 달아날 수 있게 해준다.

어쨌거나 현재 장수지수에서 정상을 차지하고 있는 새는 체중 450그램의 바닷새인 맨섬슴새다. 슴새를 영어로는 'shearwater'라고 하는데 날개를 앞뒤로 기울이며 바다 위로 낮게 스치듯 나는 습관 때문에 마치 파도 끝을 잽싸게 뚫고 나가는(shear) 것처럼 보여서 붙여진 이름이다. 맨섬슴새는 맨섬 언어에서 따온 이름이다. 맨섬 언어는 아이리시해에 있는 맨섬의 원주민이 사용하는 언어로, 이 섬에 대규모 번식지가 있었다. 맨섬슴새는 밤에만 찾아가는 작은 섬에서 둥지를 튼다. 다른 장수 바닷새와 마찬가지로 이들도 다섯 살에서 일곱 살이 될 때까지 번식을 미루고, 1년에 알을 하나씩만 낳는다. 이 새는 얼마나 오래 살 수 있을까? 지금까지는 이들이 적어도 55년을 살 수 있는 것으로 알려져 있다.[4] 이들은 체구가 상대적으로 작기 때문에 장수지수가 6이 나온다. 이렇게 장수하는 새치고 참으로 놀라운 점은 매년 브라질과 아르헨티나의 앞바다에서 겨울을 나기 위해 북대서양의 번식지를 떠나 9600킬로미터 정도를 이동한다는 점이다. 40년 동안 학자로 활동하며 40만 마리가 넘는 새에게 고리를 달아준 영국의 유명 조류학자 크리스 미드는 쉰 살이 된 맨섬슴새는 평생 800만 킬로미터를 날아다닌 셈이라고 추정했다.

육지새들은 더 많은 위험에 직면하지만 그래도 수명이 인상적이다. 육지새 중 장수지수가 제일 높다고 알려진 새는 우는비둘기 *Zenaida macroura*다. 비행 속도가 빠르고(최고 시속이 시속 90킬로미터) 윤기가 흐르는 옅은 회색의 수렵조인 우는비둘기는 인간의 거주지 부근에서 번성하고 있으며 전화선에 조용히 앉아 있거나 땅에서 식단의 99퍼센트를 차지하는 씨앗을 찾아 돌아다니는 모습을 흔히 볼 수 있다. 장수하는 바닷새와는 대조적으로 우는비둘기는 한 살에도 번식이 가능하다. 사실 이들은 한 번에 두세 개 정도의 알을 낳지만(이 체구의 조류치고는 적은 숫자다) 1년에 두 번 새끼를 낳을 수 있다. 생후 첫 한두 해 정도는 사람의 사냥이나 동물 포식자 등 환경의 위험으로 인한 사망률이 높지만, 이런 위험에서 살아남고 나면 정말 오래 살 수 있다. 우는비둘기는 워낙에 개체수가 많고 사냥꾼들 사이에서 관심도 많다 보니 북미대륙에서 고리가 장착된 우는비둘기 수가 거의 200만 마리에 이른다. 그리고 고리를 장착한 비둘기 중 다시 포획된 개체가 8만 5000마리가 넘는다. 보통 사냥꾼의 총에 맞아 포획된다. 이런 사냥 활동에도 불구하고 수컷 우는비둘기 한 마리가 1968년에 조지아 주에서 고리를 달고 1998년에 플로리다에서 사냥꾼의 총에 맞아 죽기까지 30년 4개월을 살아남아 장수 기록을 세웠다. 이 비둘기의 체중은 130그램으로 장수지수는 4.2가 나온다.

장수의 자연적인 패턴을 이해할 때 중요한 부분이 있다. 조류 종이 모두 장수하는 것은 아니라는 점이다. 일반적인 패턴을 보면 대부분의 시간을 날지 않고 걷거나 뛰면서 보내거나, 비행에 신통치 못해 가끔씩만 날아다니는 희귀한 조류 종의 경우에는 상대적으로 수명이 짧다. 그래서 이런 경우는 알바트로스보다는 티라노사우루스나 사육 포유류 쪽에 가깝다.

칠면조*Meleagris gallopavo*를 생각해보자. 사람들이 가축으로 키워 추수감사절에 잡아먹는 칠면조를 말하는 것이 아니다. 이런 칠면조는 거대한 가슴살과 통통한 다리살을 얻으려고 인위적으로 품종을 개량한 것이라 몸이 너무 무거워 날 수 없다. 사실 달리는 것도 힘들다. 대신 좀 더 위풍당당하고 자유로운 야생의 칠면조를 생각해보자. 미국의 정치가이자 사상가인 벤저민 프랭클린은 미국의 국조國鳥로 삼기에는 흰머리수리보다 이 야생 칠면조가 더 나을 것 같다고 제안하기도 했다. 야생 칠면조는 날 수 있다. 비록 비행이 일반적인 형태의 이동 방식은 아니지만 말이다. 이들은 쫓기거나 밤을 지내기 위해 나뭇가지에 앉아야 할 때만 짧은 거리를 퍼드덕 날아간다.

다른 새나 포유류처럼 칠면조도 근육을 보면 생활방식을 알 수 있다. 칠면조의 가슴 근육, 즉 비행용 근육은 백근white muscle이다. 짧은 시간 폭발적으로 에너지를 뿜어내는 용도로 적응되어 있기 때문이다. 그래서 산소를 저장해서 지구력을 강화해주는 어두운 색깔의 색소인 미오글로빈이 거의 필요 없다. 미오글로빈이 많이 들어 있다면 근육의 색깔이 붉게 짙어졌을 것이다. 칠면조의 다리 근육은 색깔이 짙다. 지구력 운동에 특화되어 있기 때문이다. 칠면조는 비행보다는 달리기에 더 많이 의존하기 때문에 다리에 미오글로빈이 가득 들어 있다. 장거리를 비행하는 조류 종(우는비둘기나 모든 철새)은 가슴 근육의 색깔이 짙다. 새는 가슴살이 붉은색이면 오래 살고, 하얀색이면 그 반대라 생각하면 된다.

칠면조는 대형 조류 종인 것치고는 이른 시기에 성적으로 성숙한다. 수컷은 체중이 8킬로그램, 암컷은 그 절반 정도 된다. 암컷은 2주에 걸쳐 대략 10개 정도의 알을 낳고, 이 알에서 태어난 새끼들은 다음 번식기가 되면 이미 성숙한 성체가 되어 있을 것이다. 따라서 바닷새에 비해 칠면조는 이른 시기에 자주 번식을 한다. 그렇게 놓고 보면 칠면조가 별로 오래 살지 못하는 것이 놀랍지 않다. 기록으로 남은 제일 오래 산 야생 칠면조는 1992년 9월에 매사추세츠 뉴 세일럼 근처에서 알 수 없는 이유로 땅바닥에 죽어 있던 수컷이다.[5] 장착된 띠를 보니 적어도 15세로 확인됐다. 그럼 잘 날지 못하는 이 대형 조류의 장수지수는 1.0이 나온다. 동물원 포유류의 평균 예상 수명과 일치하며, 우연히도 개나 유럽토끼와 정확히 같은 장수지수다. 칠면조는 토끼처럼 새끼를 치는데 죽을 때도 토끼처럼 죽는가 보다.

새의 장수를 관찰하며 배울 수 있는 것

새들이 지금처럼 오래 살기 위해 극복해야 했던 생물학적 도전 과제를 가장 생생하게 보여주는 신비의 새가 있다. 이 신비의 새는 체중이 미국의 1센트 동전 정도 되는 작은 새다. 활동을 할 때 엄청난 에너지가 필요하기 때문에 굶어죽지 않으려면 하루에도 자기 체중의 몇 배나 되는 먹이를 먹어야 한다. 이 새는 나는 동안에는 초당 80회 정도 날개를 퍼덕이고, 최대로 일을 할 때 근육 1그램당 생산되는 에너지의 양이 엘리트 운동선수보다 10배나 더 많다. 사실 이 새는 내온성 동물 중 대사율이 제일 높다. 그리고 내온성도 대단히 높다. 체온이 보통 섭씨 40도 정도인데 이 정도면 사람에게는 대단히 위험한 수준이다. 이 정도의 에너지 소비를 유지하려면 엄청난 연료가 필요하기 때문에 활동하지 않을 때는 자는 동안에 굶어죽지 않기 위해 체온을 주변 환경 수준으로 떨어뜨린다. 이 새의 심장 박동 수는 초당 20여회 정도로 정말 기관총처럼 뛴다. 쉬는 동안에는 산소를 충분히 얻기 위해 분당 250회 정도 호흡을 하는데 이는 헐떡대는 개와 비슷한 속도다. 마지막으로 이 새의 정상 혈당농도는 사람이었다면 위험할 정도로 높은 수치다. 자, 이제 이 새가 대체 얼마나 오래 살 것으로 생각되는가?

이 새는 바로 벌새다. 구체적으로는 붉은목벌새ruby-throatedhummingbird, *Archilochus colubris*로 미국 동부의 공원과 정원에서 흔히 보이는 종이다. 벌새는 꽃에서 빨아먹는 꿀로 정신없이 바쁘게 돌아가는 삶에 에너지를 공급한다. 그리고 그 과정에서 함께 빨아들인 작은 곤충 몇 마리로 단백질도 보충한다. 이들의 비행은 눈으로 봐도, 귀로 들어도 놀랍기만 하다. 벌새라는 이름은 벌처럼 날개를 빨리 젓는다고 해서 붙은 이름이다.

벌새는 330종 정도가 있고 모두 아메리카대륙에 산다. 그리고 전방비행, 후방비행, 제자리비행을 모두 할 수 있는 유일한 새다. 벌새는 헬리콥터처럼 위아래 수직으로 날 수도 있고, 공중제비도 돌 수 있다. 특히 수컷이 암컷에게 구애할 때는 눈으로 보고도 믿지 못할 공중

제비를 선보인다. 게다가 붉은목벌새는 작은 체구와 상당한 에너지 요구량에도 불구하고 열대의 월동지에 다녀오기 위해 1년에 두 번씩 카리브 해를 논스톱으로 1000킬로미터씩 날아간다. 새들은 전반적으로 놀라운 신체 능력을 보여주지만, 벌새는 그중에서도 단연 돋보인다.

벌새에 대해 여기까지만 알고 있다면 분명 그들의 수명이 짧을 것이라 예상하게 된다. 삶의 속도를 보면 과속도 이런 과속이 없는데, 그런 동물치고 일찍 죽지 않는 경우가 거의 없기 때문이다. 하지만 붉은목벌새는 1년에 두 번씩 카리브 해를 가로질러 목숨을 건 비행을 함에도 불구하고 야생에서의 수명이 9년을 넘는다. 그렇다고 붉은목벌새가 제일 장수하는 벌새도 아니다. 그와 비슷한 체구의 넓적꼬리벌새broad-tailed hummingbird, *Selasphorus platycercus*는 에너지 요구량이 비슷한데도 야생에서 적어도 12년을 살 수 있다.[6] 앞에서 얘기했듯이 그보다 체구가 훨씬 큰 쥐도 야생에서는 몇 개월, 사람의 보살핌을 받는 환경에서도 3년 정도밖에 못 산다는 점을 생각해보자. 여기에 비밀이 숨어 있다. 일단 이 비밀을 이해하고 나면 인간이 건강하게 더 오래 사는 방법을 찾아내는 데 있어 도움을 얻을 수 있을지도 모른다.

벌새는 극단적인 사례지만 사실상 모든 새의 생물학은 이례적으로 많은 에너지를 요구하는 동력비행에 대한 적응이라는 측면에서 이해할 수 있다. 이런 에너지 요구량만 놓고 보면 새는 분명 수명이 짧아야 할 것 같지만 오히려 정반대다. 이들의 체온은 사람보다 높고, 안정시대사율resting metablism은 체구가 비슷한 포유류의 2배 가까이 된다. 그리고 나는 동안에는 대사율이 훨씬 높게 치솟는다. 갈매기, 독수리, 알바트로스 등의 활공비행도 보기에는 아무 힘이 안 들어가는 것 같지만 안정시대사율을 2배나 3배로 올려놓는다. 이런 높은 에너지 요구량을 충족시킬 연료는 높은 혈당을 통해 공급된다. 사람에서 이 정도 혈당 수치가 나온다면 조절이 아예 안 되는 당뇨병에 해당했을 것이다. 조절되지 않는 당뇨병만큼 노화 가속을 빼닮은 질병은 사실상 없다.

고에너지, 고온, 고혈당이면 노화에 기여하는 몇 가지 주요 과정이 가속될 수밖에 없다. 그런 과정 중 하나가 유리기 생산이다. 유리기가 DNA를 비롯해서 온갖 종류의 생물분자를 손상시킬 수 있는 분자임을 기억하자. 세포의 건강을 유지하려면 항산화 방어 메커니즘을 통해 유리기를 신속하게 파괴하고, 유리기로 인해 필연적으로 생길 수밖에 없는 손상도 신속하게 복구해야 한다. 그렇다면 새들은 효과가 탁월한 항산화 방어 메커니즘과 신속한 복구 메커니즘을 갖고 있는 것이 틀림없다. 사실 새의 장수를 이해하기 위해 진행된 연구가 몇 편 없기는 하지만, 그중 일부에서는 비슷한 체구의 포유류와 비교했을 때 같은 에너지 생산 속도에서 새의 세포가 유리기가 덜 만들어지는 것으로 나왔다. 그 이유는 아직 이해하지 못하고 있긴 하지만 말이다. 그리고 새의 세포는 유리기 손상이 더 많이 축적돼야 죽는다. 그 이유 또한 아쉽게도 아직 이해하지 못하고 있다.

우리가 노화에 대해 이해하고 있는 바에 따르면 새에서는 단백질의 갈변이라는 다른 노화 과정도 가속될 수밖에 없다. 단백질은 생명을 정의하는 화학반응의 원동력이다. 이런 화학반응을 작동시키려면 단백질은 종이접기 놀이처럼 복잡하고 정교한 방식으로 접혀야 한다. 완벽하게 접히지 못하고 살짝만 오차가 생겨도 기능에 문제가 생긴다. 불완전하게 접힌 단백질은 기능만 잃는 것이 아니라 끈적끈적해져서 다른 잘못 접힌 단백질들과 덩어리로 엉겨 붙게 된다. 이런 잘못 접힌 단백질의 덩어리 중에 특히 유명한 것이 알츠하이머병에서 보이는 신경반plaque과 신경섬유다발tangle이다.

범퍼카처럼 무작위로 충돌이 일어나는 우리 세포 내 환경 속에서 단백질은 항상 저절로 잘못된 접힘이 일어나고 있고, 그런 단백질은 해체되어 재활용되고 있다. 하지만 단백질 잘못 접힘 중의 한 특정 유형은 재활용 속도가 느린 단백질을 많이 괴롭히며 새와 당뇨병과도 관련이 아주 깊다. 바로 열과 당분에 의해 야기되는 갈변반응이다. 당분은 자발적으로 단백질에 부착되어 정확한 접힘을 방해한다. 열이 높을수록 당분의 농도도 높아지고, 따라서 갈변반응의 속도도 빨라진다. 고온에서 음식을 익힐 때는 이런 반응이 급속히 진행된다. 고기와 토스트를 가열할 때 갈색으로 변하는 이유가 이 반응 때문이다. 우리 몸에서도 똑같은 일이 일어나고 있지만 속도가 훨씬 느릴 뿐이다. 예를 들면 우리의 힘줄과 인대는 콜라겐으로 구성되어 있다. 콜라겐은 갈변반응 때문에 나이가 들면서 뻣뻣해지는 단백질이다. 나이 든 운동선수가 부상 위험이 높아지는 이유도 갈변반응 때문이다. 그렇다면 조류는 체온이 높고 혈당 농도도 높기 때문에 힘줄과 인대, 기타 조직이 포유류보다 훨씬 빠른 속도로 갈변하는 것이 맞을 것이다. 그런데 실제로는 그렇지 않다.

새가 유리기와 갈변에 의한 손상을 어떻게 막는지 알면 인간의 건강을 연구하는 데도 도움을 얻을 수 있을 것이다. 새들은 유리기 손상을 방지할 수 있는 독특한 항산화성분을 갖고 있는 것일까? 손상된 단백질을 분해하는 고유의 방법을 갖고 있는 것인가? 새들은 삶의 도전에 직면해서도 세포 기능을 보존할 수 있는 메커니즘을 갖고 있는 것이 틀림없다. 새의 노화 과정에 대한 연구가 조금 있기는 했지만 암 예방법을 연구할 때처럼 대규모로 지속적인 노력을 기울여 본 적은 한 번도 없다. 의학연구는 여전히 초파리, 생쥐같이 수명이 짧은 실험실 동물 종을 대상으로 하는 연구에 매몰되어 있다. 이런 동물들을 연구해서는 인간의 건강 수명을 연장할 방법에 대해 별로 알아낼 수 있는 것이 없다. 새의 놀랍도록 느린 노화 속도와 평생토록 힘과 지구력을 유지하는 능력에 대해 대규모 연구가 이루어진다면 그 연구비는 분명 가치가 높을 것이다.

4장 박쥐

⁑

가장 오래 산 포유류

한번은 도널드 그리핀Donald R. Griffin과 함께 현장생태학 과정을 공동 강의하는 행운을 누렸다. 공식적으로는 내가 지도교사로 등록되어 있었지만, 은퇴 후 인근에 거주하던 그리핀이 자기가 그 강의에 곁다리로 껴도 되겠느냐고 물어온 것이다. 이는 마치 그림 강의 시간에 레오나르도 다빈치가 자기도 청강을 해도 되겠느냐고 물어보는 것과 비슷한 일이었다. 그리핀은 박쥐의 반향정위echolocation를 발견하고 이름 붙여준 것으로 유명한 사람이다. 반향정위란 초음파로 소리를 낸 후에 물체에 반사되어 오는 메아리를 듣고 세상의 모습을 상당히 구체적으로 볼 수 있는 능력을 말한다. 그는 또한 동물의 귀소행동 연구를 개척하고 인지동물행동학 분야를 발명했다. 인지동물행동학은 다른 동물들도 사람처럼 의식이 있고 생각하는 존재라고 가정하는 동물행동학 분야다.

도널드가 그 강의에서 들려준 이야기가 아직도 내 머릿속에 남아 있다. 이야기는 이렇다. 그는 대학생들과 함께 미국 버몬트의 한 동굴에서 작은 박쥐들에게 식별용 띠를 달아주고 있었다. 체중이 미국 25센트 동전만큼도 안 나가는 작은 박쥐였다. 도널드는 그 동굴에서 여러 해에 걸쳐 작업을 이어오고 있었는데 가끔 예전에 띠를 달아 주었던 박쥐를 마주치기도 했다. 그런 경우에는 그 띠에 적힌 숫자를 동굴 입구에 서 있는 기록 담당 학생에게 불러주었다. 그럼 학생은 해당 숫자를 기록한 후에 현장 기록을 뒤져서 그 박쥐를 마지막으로 만난 것이 언제였는지 찾아보았다. 그리핀은 숫자를 불러준 후에 학생의 대답을 기다렸다. 그리고 기다리고… 기다리고… 또 기다렸다. 마침내 학생이 소리쳤다. "맙소사, 이 박쥐는 저보다도 나이가 많아요."

박쥐의 기원

동력비행은 모두 네 번째에 걸쳐 진화해 나왔는데 그중 마지막 네 번째가 박쥐였다. 박쥐가 정확히 언제, 어디서 진화했는지, 어떤 선조로부터 갈라져 나왔는지는 알 수 없다. 우리가 아는 것은 6500만 년 전에 아직 반향정위 능력을 진화시키지는 못했지만 이미 하늘을 나는 수많은 박쥐 종이 존재했다는 것이다. 동력비행이 기원한 순서와 시간을 다시 떠올려보자. 곤충은 대략 3억 년 전에 하늘로 날아올랐고, 익룡은 2억 년 전, 조류는 1억 5000만 년 전에 날아올랐는데, 박쥐는 겨우 6500만 년 전에 하늘로 날아올랐다. 그렇다면 이미 정교한 비행 능력을 갖추고 있던 새들과의 경쟁 때문에 박쥐들이 질 게 뻔한 싸움을 피해 어쩔 수 없이 밤으로 내몰린 것이 이상하지가 않다.

박쥐의 기원에 대해서는 거의 알려진 것이 없다. 박쥐의 뼈가 워낙 작고 섬세해서 보존이 잘 안 되기 때문이다. 특히 박쥐가 기원한 곳으로 추측하고 있는 습한 열대지역에서는 더욱 그렇다. 식별 가능한 최초의 박쥐 화석을 보면 이미 비행에 적합하게 잘 적응되어 있었다. 그 사이의 불확실한 간극 때문에 현존하는 동물 중 박쥐와 가장 가까운 친척이 무엇이냐를 두고 일련의 추측이 쏟아져 나왔다. 오랫동안 박쥐는 땃쥐와 제일 가까운 친척일 거라는 가정이 지배적이었다. 땃쥐는 야행성으로 곤충을 잡아먹고 사는 또 다른 포유류 집단이다. 또 다른 가설에서는 박쥐와 가장 가까운 친척이 박쥐원숭이라고 주장했다. 박쥐원숭이는 열대 지역의 활공 포유류다. 활공을 하는 것일 뿐 날지는 못하고, 여우원숭이가 아닌데도 날여우원숭이라고도 부른다. 심지어 한 연구자는 빈약하기 그지없는 해부학적 증거를 들어 박쥐가 사실은 날아다니는 영장류라 추측했다. 이 개념은 사실 본인 말고는 아무도 믿는 사람이 없었다. 현대의 분자연구를 통해 박쥐가 로라시아상목Laurasiathere이라는 규모가 크고 다양한 현존 포유류 집단과 관련이 있는 것으로 나왔다. 여기에는 소, 사슴, 말, 고래, 고슴도치, 두더지, 땃쥐, 고양이, 개, 곰 등 온갖 동물이 포함되어 있다. 이 중 어느 동물을 박쥐의 제일 가까운 친척으로 선택할지는 아직 미정이다. 하지만 박쥐의 완전한 유전체 염기서열을 처음으로 제공한 두 논문에서 추론한 바에 따르면 박쥐의 현존하는 제일 가까운 친척은 말이라고 한다. 참 이상한 노릇이다.

현대의 박쥐

박쥐는 불길한 존재로 이미지가 박혀 있지만 내가 보기에는 현존 포유류 중에서 가장 놀라운 존재다. 진화적 의미에서 박쥐는 대단히 큰 성공을 거두었다. 현존하는 박쥐는 천 종이 넘는다. 이는 전체 포유류 중 5분의 1을 차지하는 규모다. 이런 규모에도 불구하고 우리는 겨우 수십 종의 박쥐에 대해서만 아주 조금 알고 있을 뿐이다.

박쥐는 남극대륙을 제외한 모든 대륙에 살고 있고, 남극대륙이 여전히 아열대 기후이고 호주대륙과 하나의 대륙을 형성하고 있었던 4000만 년 전에 그곳에서도 살았을 가능성이 높다. 박쥐는 대양도 oceanic island[†]에 살고 있는 유일한 토박이 포유류인 경우가 많다. 박쥐는 종만 많은 것이 아니라 개체수도 많다. 어찌나 많은지 텍사스힐 카운티의 여름 저녁에는 박쥐가 동굴에서 떼를 지어 나오는 것이 기상 레이더에 포착될 정도다.

북반구 온대지방에 사는 사람들은 박쥐라고 하면 동굴에 살면서 밤에 나와 곤충을 잡아먹는 작은 박쥐를 떠올리겠지만 사실 박쥐는 그보다 훨씬 다양하다. 전형적인 이미지대로 동굴에 사는 박쥐에 덧붙여 바위 틈새, 헐거워진 나무껍질 아래, 속이 빈 나무 속, 그리고 광산, 곳간, 다락 등 동굴과 비슷한 환경에 자리를 잡는 박쥐도 있다. 심지어 어떤 종은 나뭇잎으로 우산을 만들어 그 아래에서 자기도 한다. 제일 작은 박쥐 종은 실제로 동굴에 살면서 야행성으로 곤충을 잡아먹고, 크기가 호박벌보다 별로 크지도 않지만, 제일 큰 박쥐 종은 커다란 갈매기만 한 체구에 반향정위 능력이 없고 과일을 먹고 산다. 곤충과 과일 말고도 어떤 박쥐는 꽃을 먹고, 어떤 것은 이파리를 먹고, 어떤 것은 꿀, 꽃가루, 도마뱀, 물고기, 개구리, 소형 포유류를 먹기도 한다. 흡혈박쥐는 오직 다른 동물의 피만 먹고 살아간다.

그리핀은 레이더와 초음파 기술이 등급 높은 최신 군사기밀이었던 시절에 박쥐의 반향정위를 발견했다. 그 능력이 어찌나 정교한지 박쥐는 완전한 어둠 속에서도 피아노선처럼 가는 물체를 피할 수 있다. 곤충이 아무리 필사적으로 회피행동을 구사하더라도 박쥐는 어둠 속에서 날개 달린 곤충을 알아보고 추적해서 잡아먹는다. 나는 어

---

† 지질적으로 대륙과 아무 관계없이 원래 바다였던 곳에서 해수면 위로 솟아올라 형성된 섬.

두운 베네수엘라의 극장에서 박쥐들의 공중곡예를 구경하는 것을 특히 좋아했다. 영화 스크린 속에서 드라마가 펼쳐지고 있는 동안 영사기의 불빛에 이끌려 나방이 날아들면 그 나방에 이끌려 박쥐들이 쫓아 들어왔다. 사실 극장에서 틀어주던 엉터리 더빙의 B급 영화보다 이 구경이 훨씬 재미있었다.

박쥐는 거대한 포유류 군집을 발명했다. 서기 2세기에 로마가 인구 100만 명이 넘는 최초의 인구집단을 형성하기 오래전부터 박쥐는 러시아워의 만원 지하철처럼 빽빽하게 모여 수백만 마리씩 무리를 지었다. 바이러스나 다른 감염성 생명체는 동물이 몰려 있는 것을 좋아한다. 박쥐 몇백만 마리가 몇백만 년 동안 제한된 공간 속에 빽빽하게 무리지어 살다 보니 박쥐와 바이러스는 그야말로 둘도 없는 친구가 됐다. 그리고 우리는 이러한 사실을 거듭거듭 확인하며 그때마다 경악하고 있다. 박쥐에게는 호의적인 바이러스가 사람으로 넘어오면서 아주 호전적으로 변할 수 있다. 광견병, 에볼라 바이러스, 헨드라 바이러스, 니파 바이러스, 마르부르그 바이러스, 사스SARS, 그리고 최근에 코비드-19 사태를 일으킨 코로나 바이러스SARS-CoV-2 등이 그 예다. 박쥐는 아직까지 문제를 일으킨 적이 없는 800종 이상의 코로나 바이러스를 품고 있다. 아직까지는 말이다.

밝은 측면도 살펴보자. 수백만 마리의 박쥐가 작물을 망치거나 질병을 전파하는 수십억 마리의 곤충을 잡아먹고 있다. 그리고 수백만 마리의 박쥐가 수 톤의 구아노guano(자신의 배설물에 이렇게 특별히 이름까지 붙은 포유류가 얼마나 될까?)를 생산하고 있다. 예전에는 이 구아노를 화약이나 다른 폭발물을 만드는 데 사용했지만 19세기에 발달한 집중식 농업에서 없어선 안 될 비료로 유명해졌다. 박쥐 구아노는 또한 곰팡이에서 어류에 이르기까지 다양한 동굴 생명체로 구성된 생태계 전체를 지원하는 영양소도 공급한다.

박쥐는 얼마나 오래 살까?

박쥐의 장수에 대해서는 새에 비하면 상대적으로 아는 것이 별로 없지만 현재 알려진 내용만 살펴봐도 놀랍기 그지없다. 야생동물의 수명을 이해하는 것이 결국 숫자놀음이라면, 즉 수많은 개체에게 표식을 하고, 또 그런 개체들을 여러 번 포획해봐야 그 종의 수명에 대해 그래도 뭔가 알게 됐다고 자신할 수 있는 것이라면 새보다 박쥐의 수명에 대해 모를 수밖에 없는 이유를 쉽게 이해할 수 있다. 한 세기에 걸쳐 수많은 전문 연구자와 아마추어 조류관찰자들이 수백만 마리의 새에게 표식을 달아주고 다시 포획해왔다. 반면 박쥐 연구자들은 연구에 대단히 헌신적이기는 하지만 그 수가 적다. 이 연구자들은 한 번에 몇 달씩 스스로도 야행성 동물이 되려는 의지가 있어야 하고, 그나마 호의적인 사람들마저 대부분 의심의 눈초리를 보내고, 심하면 아주 무섭게까지 여기는 그 생명체를 조사하기 위해 숲, 들판, 개울, 어둠 속의 동굴을 땅으로, 물로 고생스럽게 돌아다닐 각오를 해야 한다. 거대한 군집을 이루고 살고 있다는 사실도 박쥐의 수명 연구를 어렵게 만든다. 수천 마리의 박쥐에 표식을 달아준다고 해보자. 이것도 만만한 일은 아니다. 그런데 한 동굴에 이런 박쥐가 몇백만 마리나 살고 있다. 그럼 같은 박쥐를 다시 포획할 확률이 얼마나 될까? 이들의 수명을 파악할 수 있을 만큼 여러 번 포획하기는 더욱 난망하다.

그래서 박쥐의 수명에 대해 우리가 알고 있는 내용은 대부분 우연히 습득하게 된 지식이다. 보통 박쥐를 찾아다니는 연구자들은 자신이나 다른 연구자들이 여러 해 전에 표식을 달아준 박쥐 무리를 우연히 마주쳐서 그 박쥐 중 일부가 여전히 살아 있다는 것을 발견하게 된다. 이런 어려움을 고려하면 우리가 지금 추정하고 있는 야생 박쥐의 수명은 상당히 과소평가되어 있을 가능성이 높다. 특히 광범위한 추적이 이루어지지 않은 종이라면 더욱 그렇다.

작은갈색박쥐*Myotis lucifugus*가 그 전형적인 사례다. 이것은 북미대륙 곳곳에서 가장 흔한 박쥐 종이고, 도널드 그리핀이 반향정위를 발견한 종이기도 하다. 따듯한 계절에 이 박쥐들은 낮에 건물, 속이 빈 나무, 바위나 장작더미 밑 같은 곳에서 거꾸로 매달려 잠을 잔다(이것은 박쥐의 특기다). 그리고 밤이 되면 곤충을 사냥하러 수 킬로미터를 날아다닌다. 그리고 겨울에는 동굴이나 버려진 광산에 들어가 동면을 한다.

1961년과 1962년 겨울에 웨인 데이비스, 해롤드 히치콕이라는 두 교수와 버몬트 미들베리칼리지의 학생들이 뉴욕 동부의 버려진 철광에서 동면하고 있던 거의 만 마리에 달하는 작은갈색박쥐에게 표식을 달아주었다. 그리고 1990년대 초반까지는 아무도 찾지 않다가 박쥐 보호활동가들이 광산에 다시 방문하게 됐고 놀랍게도 처음에 표식을 달아주었던 박쥐 중 일부가 여전히 살아 있는 것을 발견했다. 30년이 지났음에도 박쥐들은 여전히 충실하게 자신의 동면 장소를 찾아오고 있었다. 조사를 이어가기 위해 그 후에도 꾸준히 그 광산으로 돌아온 보호활동가들은 생쥐 체중의 3분의 1밖에 안 되는 동물인 작은갈색박쥐가 자연의 그 모든 난관 속에서 못해도 34년을 살 수 있다는 것을 알아냈다.[1] 여기서 '못해도'에 방점이 있다. 표식을 할 당시에 그 박쥐들이 몇 살이었는지는 알 수 없다. 이 특출한 장수 능력을 더 넓은 맥락에서 살펴보면 작은갈색박쥐들은 체중이 10그램에 불과하기 때문에 장수지수가 못해도 7.5가 나온다. 야생의 그 어떤 새와 비교해도 굉장히 높은 값이다.

여기서 일반적인 추세에 주목할 필요가 있다. 비행의 고단함 때문인지 박쥐는 성적 성숙, 번식 속도, 사망 등 생활사의 주요 발육 이정표가 다른 소형 포유류에 비해 늦다. 두 달마다 다섯 마리에서 일곱 마리의 새끼를 낳고, 생후 2개월 만에 번식 연령에 도달하는 생쥐와 달리 대부분의 박쥐는 새끼를 한 번에 한 마리씩 낳고(임신한 상태에서 나는 것 자체가 특별한 도전일 것이다), 1년에 한 번씩 새끼를 낳고, 그 새끼가 번식 가능한 성체가 되기까지 1년에 가까운 시간이 걸린다. 이런 점을 고려하면 박쥐가 특별히 장수하는 것이 덜 놀랍기도 하다. 물론 그래도 어떻게 이렇게나 장수하는 것인지는 의문이지만 말이다. 몇몇 개별 종들에 대해 고려하면 조금 더 배울 수 있을지도 모르겠다. 모든 박쥐 종 가운데에서도 내가 특히 좋아하는 흡혈박쥐에서 시작해보자.

흡혈박쥐*Desmodus rotundus*

흡혈박쥐의 영어 이름은 'Vampire bat(뱀파이어 박쥐)'다. 뱀파이어라는 이름은 의외로 박쥐보다 백작이 먼저다. 1897년 소설 『드라큘라』를 쓴 브램 스토커도 이 이름의 창작자는 아니며, 그가 참고한 민간 설화에서 사람의 피를 마시며 영생하는 사악한 흡혈귀가 원조 뱀파이어다. 밤에 활동하며 피를 마시는 실제 동물이 아메리카대륙에서 유럽으로 전해지자(유럽에는 흡혈박쥐가 존재하지 않는다) 뱀파이어 박쥐라는 기막힌 이름을 지어줄 기회를 놓치기가 너무 아까웠던 것이다.

흡혈박쥐의 크기는 생쥐와 비슷하다. 이 박쥐는 멕시코 북부에서 아르헨티나 북부에 이르기까지 아메리카대륙의 열대지방과 아열대지방에 산다. 소설에 등장하는 동명의 존재와 마찬가지로 이 박쥐도 낮에는 동굴, 낡은 우물, 속이 빈 나무, 판자로 덧댄 버려진 건물 등 제일 어두운 장소로 찾아들어가 매달려 잠을 잔다. 그러다 밤이 되면 깨어나 피를 사냥하러 나간다. 그렇다. 흡혈박쥐 새끼는 나머지 포유류와 마찬가지로 어미의 젖을 먹지만 성체는 100퍼센트 피만 먹고 산다. 흡혈박쥐는 세 종이 있다. 이 중 둘은 새의 피를 마신다. 진화의 역사 대부분에서는 야생의 새가 흡혈의 대상이었지만 요즘에는 주로 닭의 피를 마신다. 반면 일반적인 뱀파이어 종은 포유류의 피만 먹는다. 기회가 오면 사람의 피를 마시기도 하지만 제일 흔한 숙주는 소나 말이다. 아마도 소와 말은 밤에 야외에서 자는 경우가 많고, 피에 굶주린 박쥐를 때려잡을 손이 없기 때문일 것이다. 사실 흡혈박쥐의 타액을 통해 전파되는 광견병이 중앙아메리카와 남아메리카의 소 목축업자들에게 큰 문제가 되고 있다,

광견병은 다른 박쥐 종(그리고 다른 포유류도)을 통해서도 전파될 수 있지만 그 악명은 흡혈박쥐가 온전히 뒤집어썼다. 실제로 흡혈박쥐 중 광견병 바이러스를 갖고 있는 개체의 비율은 낮다. 당신은 어떻게 들었는지 모르겠지만 광견병 바이러스는 사람, 스컹크, 미국너구리 뿐만 아니라 흡혈박쥐와 다른 박쥐도 죽이기 때문이다. 한번은 새 그물에서 흡혈박쥐를 꺼내다가 손가락을 물린 적이 있었다. 당시 병원은 한참 거리가 있었기 때문에 나는 연구를 잠시 중단하고 허리가 작살나는 비포장도로를 따라 몇백 킬로미터를 운전해서 광견병 백신을 찾으러 갈지, 아니면 나를 문 박쥐가 감염이 안 되었거나, 나를 죽일 정도로 충분히 많은 바이러스를 전파하지 않았을 가능성에 도박을 걸지 결정해야 했다. 연구를 중단하는 것과 광견병으로 고통스러운 죽음을 맞이할 약간의 확률, 그리고 그보다 더 고통스러운, 연구를 며칠 중단하지 않으려고 백신을 맞지 않는 바람에 내가 고통스럽게

죽어가고 있다고 아내에게 알려야 할 가능성까지 저울질 해본 뒤에 결국 나는 광견병 백신을 찾으러 갔다.

자기보다 몸집이 훨씬 큰 동물의 피를 빨아먹으며 생계를 꾸리려면 몇 가지 특별한 난관을 극복해야 한다. 먼저 흡혈박쥐는 잠든 포유류를 찾아야 한다. 그래야 깨우지 않고 몰래 내려 앉아 기어오를 수 있다. 흡혈박쥐는 대부분의 박쥐와 달리 앞다리와 뒷다리를 이용해서 필요에 따라 기어가거나, 걷거나, 달리거나, 뛰어오를 수 있다. 멀리서 보면 소 위에서 종종걸음을 걷고 있는 흡혈박쥐를 보고 큰 거미로 오해하기 쉽다. 먹잇감을 깨우지 않고 올라오는데 성공하면 이들은 코에 달린 적외선 센서로 피부 근처로 피가 흐르는 지점을 찾아낸다. 그리고 특화된 치아로 털을 면도해서 맨살을 노출시킨 다음 면도날처럼 날카로운 앞니로 피부에 연필 지름만 한 구멍을 뚫는다. 그리고 거기서 흘러나오는 피를 할짝할짝 핥는다. 이들의 타액에는 국소혈관을 확장시켜 피의 흐름을 빨라지게 만드는 화학물질과 피가 계속 나오게 해주는 항응고제 성분이 들어 있다.

피를 주식으로 하는 동물이 상대적으로 많지 않은 데는 이유가 있다. 피는 90퍼센트가 물이고 나머지는 사실상 모두 단백질이다. 피는 궁극의 저칼로리 고단백 식단이다. 주로 앉아서 생활하는 인간에게는 저칼로리 다이어트가 괜찮겠지만 에너지 요구량이 큰 야생 동물에게 저칼로리 식단은 까딱하면 언제라도 며칠 만에 굶주려 죽을 수 있다는 의미가 된다.

칼로리가 낮기 때문에 흡혈박쥐는 피를 아주 많이 마셔야 한다. 그래서 한 번 먹을 때는 보통 약 30분에 걸쳐 자기 체중의 60퍼센트에 해당하는 피를 섭취한다. 이렇게 물의 무게가 추가되면 날아다니는 동물에게는 잠재적 문제가 될 수 있다. 이들은 잉여 수분을 신속하게 버릴 수 있는 능력을 갖춤으로써 이 문제를 해결했다. 흡혈박쥐는 피를 마시기 시작한 지 2분 안으로 소변을 보기 시작해서 수분으로 불어나는 체중을 거의 섭취 속도만큼 빠른 속도로 버릴 수 있다. 그래도 섭취를 마무리할 즈음이면 섭취 전보다 체중이 20퍼센트에서 30퍼센트 정도 불어나 있다. 이제 흡혈박쥐는 힘겹게 하늘로 날아올라 보금자리로 돌아온 다음 나머지 밤 시간은 어렵게 먹은 먹이를 소화하면서 보낸다.

나는 흡혈박쥐의 피를 먹는 식단에 대해 오랫동안 생각해왔다. 이것이 그들의 수명을 비롯한 여러 가지 생물학을 이해하는 데 핵심이기 때문이다. 다른 대부분의 박쥐보다는 그래도 흡혈박쥐의 생물학이 훨씬 많이 알려져 있다. 사육환경에서도 잘 살고 열대지역 소 목축업자들에게는 경제적으로도 중요한 부분이기 때문이다.

이렇게 거의 단백질로만 구성된 식단을 하면 에너지를 지방으로 저장하는 능력이 사실상 제로가 된다. 그 결과 흡혈박쥐는 72시간만 먹이를 섭취하지 못해도 굶어 죽게 된다. 이들은 보통 밝은 달밤에는 포식자인 올빼미를 피하기 위해서인지 먹이를 찾아 나서지 않는다. 그래서 이들은 항상 굶주림의 가장자리에 위태롭게 매달려 있다. 하지만 진화는 이들에게 멋진 보험을 만들어주었다. 바로 보금자리를 함께 나누는 다른 박쥐들이다. 흡혈박쥐는 수백 마리의 다른 흡혈박쥐와 무리를 이루어 살지만 그 무리 안에서 특별히 선택된 사회적 유대로 결성된 10~20마리 정도의 개체들이 다시 소집단을 이루고 있다. 이 소집단 안에서는 필요에 따라 먹을 것을 공유한다. 과연 독자들의 마음을 훈훈하게 만들어줄 아름다운 얘기인지는 모르겠지만 잘 먹은 흡혈박쥐는 자기가 먹은 피를 토해서 운이 나빠 먹이 사냥에 성공하지 못한 동료들에게 먹인다.[2] 어떤 박쥐는 오늘 먹이 사냥에 성공하고, 어떤 박쥐는 다른 날에 먹이 사냥에 성공하기 마련이라 시간이 지나다보면 서로가 서로에게 피를 나누어주게 된다. 이 소집단은 반드시 그렇게 배타적인 것만은 아니지만 보통 몇몇 어미와 여러 세대의 딸들로 구성되어 있다. 따라서 항상 그런 것은 아니지만 혈연 가족들 사이에서 공유가 이루어지는 경우가 많다. 어떤 개체들이 먹이를 공유할지를 실제로 결정하는 것은 그들이 친구 박쥐인지에 달렸다. 내가 말하는 친구 박쥐는 많은 시간을 함께 보내며 서로 털 손질을 해주는 개체, 특히 그전에 함께 피를 공유했던 개체들이다. 피를 나누는 친구가 많은 박쥐는 든든한 보험을 들고 있는 셈이다.

그럼 피 식사가 흡혈박쥐의 삶의 경로에 어떤 영향을 미칠까? 피로 먹고 산다는 것은 에너지가 심각하게 제한된다는 의미다. 그래서 필연적으로 이 박쥐들은 대부분의 박쥐보다 모든 것을 조금씩 천천히 하게 된다. 모든 박쥐가 다른 대부분의 소형 포유류보다 삶의 이정표가 늦게 찾아온다는 점을 기억하자. 예를 들어 생쥐는 다섯 마리에서 일곱 마리의 새끼를 3주 동안 임신하는데 일반적인 박쥐는 한 마리의 새끼를 3~6개월 정도 임신한다. 흡혈박쥐는 그보다도 더 긴 7개월을 임신하고 나서야 큰 새끼 한 마리를 낳는다. 박쥐라는 집단은 어미의 체구와 비교해서 그 어떤 포유류보다도 큰 새끼를 낳는다. 갓 태어난 생쥐의 체중은 어미의 5퍼센트 정도인데 갓 태어난 흡혈박쥐는 어미 체중의 25퍼센트 정도 된다. 생쥐는 3주 정도 새끼에게 젖을 먹이고 새끼가 성체 체구의 절반 정도가 됐을 때 젖을 뗀다. 대부분의 박쥐는 새끼 한 마리를 거의 성체의 체구가 될 때까지 3~6개월 동안 젖을 먹인다. 하지만 흡혈박쥐는 8개월 동안 젖을 먹인다. 흡혈박쥐 어미는 새끼가 젖을 완전히 떼기 전에 어른의 입맛을 경험할 수 있도록 피를 토해서 새끼에게 먹이기 시작한다.

자 그렇다면 생쥐 크기의 흡혈박쥐가 대체 얼마나 오래 산다는 것인가? 사육 환경에서는 암컷이 30년까지 살고 야생에서 지금까지 최장수 기록은 18년이다. 수컷은 그보다 수명이 조금 짧다. 장수지수는 사육 포유류의 장수 기록을 바탕으로 계산한다는 것을 기억하는가? 그래서 다른 포유류 종과 직접 비교해보면 흡혈박쥐의 장수지수는 5.5다. 즉 평균적인 포유류보다 5배 더 오래 산다는 의미다. 심지어 야생에 사는 경우도 동물원에 사는 같은 체구의 평균적인 포유류보다 3배 넘게 산다(장수지수=3.25). 이것이 야생 참새의 수명에 가깝다는 점에 주목하자. 그럼 새와 박쥐는 비슷한 장수의 비밀을 공유하는 것일까? 이 문제는 나중에 다시 다루겠다.

이번에는 아주 다른 종류의 박쥐를 살펴보자. 이 박쥐는 굳이 작은 체구로 보정하지 않고 절대적 시간으로만 따져 봐도 오래 산다.

인도왕박쥐*Pteropus medius*

왕박쥐는 흡혈박쥐나 작은갈색박쥐와 달라도 너무 다르다. 납작하게 눌린 얼굴, 번뜩이는 눈, 위협적인 치아 대신 강아지처럼 귀여운 얼굴을 하고 있다. 왕박쥐는 대부분의 다른 박쥐보다 몸집도 상당히 크다. 흡혈박쥐의 체중과 비교하면 10배에서 50배까지 차이가 난다. 그리고 왕박쥐는 낮에 어두운 은신처에 숨어서 보내는 대신 또렷한 정신으로 큰 나뭇가지에 매달려 있어서 언뜻 봐서는 과일이 매달려 있는 것처럼 보인다. 수천 마리까지 이르는 큰 무리에 있는 개체들은 끝없이 서로 밀치고 재잘대며, 가끔 더 나은 이웃이 있는 새로운 쉴 자리를 찾아 머물던 자리에서 날아올라 주변을 느긋하게 돌아다니기도 한다. 그러다 어둑해지면 단체로 날아올라 각자의 먹이터로 흩어진다. 이 먹이터는 날아서 한 시간이나 그 이상의 거리에 있을 수도 있다. 그리고 해가 뜨기 바로 전에 쉼터로 다시 돌아와 서로 몸을 부대끼고 힘든 하루였다고 재잘재잘 넋두리를 늘어놓으며 잠에 든다. 내가 파푸아뉴기니에서 연구를 할 때 보면 해안가 마을 마당Madang의 공항 근처 야자수에 매달려 있던 왕박쥐들이 하루 중 어느 시간대에는 어찌나 수가 많고 활동적인지, 비행기와 박쥐의 충돌 위험을 최소화하기 위해 비행 일정까지 변경해야 했다. 충돌이 일어나면 양쪽 모두에게 불행할 사건이 될 것이기 때문이다.

왕박쥐는 잡힐 듯 잡히지 않는 먹잇감들을 쫓아 사냥하는 대신 큰 눈과 뛰어난 야간시력, 그리고 예민한 코를 이용해 과일을 찾아낸다. 이들이 선택한 먹잇감은 과일이다. 열대지방에서 이들은 과일에 든 씨앗을 퍼뜨리고 다양한 식물 종과 나무 종을 꽃가루받이 해주는 등 숲에 아주 큰 서비스를 제공하고 있다. 이들이 둥지로 삼는 나무들도 이들이 풍부하게 제공하는 구아노 비료의 덕을 톡톡히 본다. 역으로 과일을 먹는 습관 때문에 과일 재배 농가에서는 이들을 달가워하지 않고, 과일 도둑으로 생각한다. 그리고 수백 년 동안 대규모 집단을 이루어 살아온 다른 박쥐들처럼 이들도 다양한 바이러스를 품고 있고 헨드라 바이러스, 니파 바이러스 등 그중 일부는 가끔 가축이나 사람에게 넘어와 치명적인 결과를 낳는다. 특히 가축에서 사람으로 전파되는 경우가 많다. 1998년에는 말레이시아에서 인도왕박쥐에서 돼지로, 돼지에서 다시 사람으로 전파되며 니파바이러스가 발발하는 바람에 백 명이 넘는 사람이 죽었다. 이들은 대부분 돼지 농장에서 일하는 남성이었고, 결국 백만 마리가 넘는 돼지를 예방적 살처분했다. 지금까지 니파 바이러스는 사람에서 사람으로 효율적인 전파가 이루어지지 않았다. 그래서 지난 20년 동안 적어도 8번 발발이 일어났음에도 인간에게 미치는 영향은 크지 않았다. 하지만 딱 들어맞는 돌연변이가 딱 들어맞는 상황과 결합해서 2020년 코로나 바이러스 발병에서 목격한 것처럼 또 다른 글로벌 팬데믹이 시작될 가능성은 상존하고 있다.

인도왕박쥐는 가장 큰 왕박쥐 종 중 하나다. 갈매기 정도 크기의 이 왕박쥐는 인도 아대륙을 가로질러 파키스탄과 부탄에서 방글라데시까지, 그리고 말레이시아 반도를 따라 물이나 농경지 근처의 높고 가냘픈 나무에서 큰 무리를 이루어 산다. 이들은 과일박쥐fruit bat로 불리고 무화과, 망고, 구아바, 바나나, 아몬드, 대추 그리고 사람이 먹지 않는 숲의 다양한 익은 과일을 먹지만 꽃과 꿀도 먹는다. 경제적으로 중요한 500종 정도의 제품을 생산할 때 사용되는 300종 이상의 식물 종이 인도왕박쥐 덕분에 씨앗을 퍼뜨린다.

농업에서의 중요성과 니파 바이러스 전파에서 맡는 역할 때문에 인도왕박쥐는 야생 상태와 사육 상태에서 대부분의 다른 박쥐들보다 더 많은 연구가 이루어졌다. 이런 연구들로부터 우리는 이들의 발달과 번식에 대해 많은 것을 배우게 됐다. 그리고 그들의 성생활에 대해

새끼를 달고 있는 인도왕박쥐. 암컷은 임신하고 있는 동안, 혹은 심지어 새끼를 낳고난 후에도 고단하게 큰 새끼를 데리고 날아다녀야 하고, 자라는 새끼를 먹이기 위해 먹이를 더 구해야 한다. 이러한 사실 때문에 수컷 박쥐가 암컷보다 더 오래 살게 됐는지도 모른다.

서도 필요 이상으로 많이 알게 됐다.

침팬지와 함께 우리와 가장 가까운 영장류 친척인 보노보는 난잡한 프리섹스로 유명하다. 인도왕박쥐는 박쥐계의 보노보라 할 수 있다. 이들의 짝짓기 시스템을 생물학자들은 다부다처제polygynandry라고 부른다. 암컷도 어느 수컷과든 짝짓기를 할 수 있고, 수컷도 어느 암컷과도 짝짓기를 할 수 있다는 의미다. 아마도 더 관심을 끄는 부분은 수컷과 암컷이 자주 구강성교를 한다는 점이다. 항상 하는 것은 아니지만 실제 짝짓기를 하기 전후에 서곡과 앙코르로 종종 한다. 설마 과학 학술지에서 마주칠 줄은 꿈에도 생각해보지 않았던 다음과 같은 논문 제목을 언젠가 본 적이 있었다. 《외음 핥기가 인도왕박쥐의 성교 지속 시간을 늘려주는 것으로 보인다Cunnilingus Apparently Increases Duration of Copulation in the Indian Flying Fox》 그렇다. 연구자들이 거의 60회에 이르는 성교활동을 열중해서 관찰한 결과 열정이 부족한 수컷은 짧게 15초의 성교를 즐기는 데 반해 전희로 외음 핥기를 10초 더 해주는 수컷은 그 보상으로 17초 동안 조금 더 길게 성교를 즐길 수 있음을 알게 됐다.[3]

다시 박쥐 이야기로 돌아와보자. 암컷들은 다른 대부분의 박쥐와 마찬가지로 1년에 한 번 5개월의 임신 후에 새끼를 한 마리 낳는다. 새끼는 갓 태어났을 때의 체중이 어미의 8분의 1에 불과하다. 이는 대부분의 갓 태어난 박쥐 새끼의 상대적 체중의 절반 정도에 불과하다. 인도왕박쥐 어미는 이런 조기분만을 특별한 보살핌으로 보상한다. 어미들은 먹이를 구하러 간 사이에 새끼가 나무에 혼자 있을 수 있을 정도로 자랄 때까지 첫 몇 주 동안은 하루 24시간 새끼를 데리고 다닌다. 새끼는 빨리 자라서 생후 3개월 정도면 성체의 90퍼센트 크기로 자란다. 그럼 새끼가 스스로 날기 시작한다. 5개월이 되면 어미가 젖을 먹지 못하게 하고, 그럼 새끼는 스스로의 힘으로 살아야 한다. 새끼는 자기만의 독특한 성행위를 수행할 준비가 될 것이고, 두 살이 됐을 즈음에는 새끼를 낳을 수도 있다. 야생에서보다 먹기는 덜 먹고, 일은 덜 하는 동물원에서는 더 빨리 성장해서 단 1년 만에 성적으로 성숙될 수도 있다.

야생에서의 인도왕박쥐의 수명에 대해서는 알려진 것이 없지만 적절한 사육 환경에서는 적어도 44년을 살 수 있다. 그래서 햇수로는 우리가 아는 가장 장수하는 박쥐 종이 되었다.[4] 44세의 이 수컷 왕박쥐는 파란만장한 삶을 살았다. 1964년에 인도의 야생에서 태어난 이 수컷은 1년 후에 사람에게 잡혀 밀워키카운티 동물원으로 실려 왔다. 그리고 21세의 나이에 기후가 더 따듯한, 그 유명한 샌디에이고 동물원으로 이사해서 캘리포니아의 햇살 아래서 여생을 보냈다.

동물이 한 동물원에서 다른 동물원으로 이사를 하는 것이 특별한 경우가 아님을 지적해야겠다. 오래 사는 동물은 몇 번씩 이사하기도 한다. 예산의 제약, 사회성과 관련된 제약(다른 개체들과 어울려야 하는 사회적 종도 있다), 혹은 다산 종의 경우라면 개체수 과다 등으로 동물원 환경은 계속 변화하고 있다. 그리고 동물원은 동물들을 자신의 전시 시설에 맞추어 관리해야 하고, 번식하는 종인 경우 근친교배를 피해야 하는 경우도 있다. 이렇게 동물원에서 동물원으로 이동할 때 출생 기록이 바뀌거나 혼란이 생기는 경우가 제일 흔하다. 그래서 그 결과로 수명 과장이 일어날 수 있다. 157세의 코끼리나 147세의 앵무새 같은 잘못된 주장들은 분명 출생 기록이 뒤바뀌어서 생긴 결과일 것이다.

인도왕박쥐의 경우 이 종의 다른 개체들이 다른 동물원에서 적어도 30대까지는 산다는 보고가 있어 안심이 된다. 런던 동물원에서 태어난 암컷 한 마리는 평생을 그곳에서 살다가 31세의 지긋한 나이에 죽었다. 마이클이라는 이름의 또 다른 수컷은 미국 털사Tulsa에서 태어난 후에 열 살에 오클라호마시티로 이사를 하고, 23살에 마지막으로 이사를 가서 휴스턴에서 황금기를 보낸 다음 휴스턴 동물원에서 33세의 나이로 평화롭게 죽었다.

왕박쥐의 수명을 넓은 맥락에서 바라보자. 인도왕박쥐의 장수지수는 4.1이다. 체구가 비슷한 평균적인 사육 포유류에게 기대되는 것보다 거의 4배 더 오래 산다는 의미다. 종을 막론하고 그와 체구가 비슷한 사육 포유류 중 44년에 가깝게 사는 동물은 없다. 예를 들어 체구가 비슷한 검은꼬리프레리도그*Cynomys ludovicianus*의 경우 11년까지 살고, 미국 너구리의 체구가 작은 친척인 링테일*Bassariscus astutus*은 16년까지밖에 못 산다. 체구가 비슷한 비박쥐 종 중 인도왕박쥐와 장수지수가 제일 비슷한 동물은 모두들 좋아하는 세줄무늬올빼미원숭이three-striped owl monkey, *Aotus trivirgatus*다. 이 동물은 아메리카대륙 열대지방에 사는 야행성 영장류다. 세줄무늬올빼미원숭이 중 장수한 개체는 프라하 동물원에서 태어나서 살다가 30세에 사망한 수컷이었다. 이 수컷의 장수지수는 2.8이었다. 뒤에서도 보겠지만 영장류 집단은 전체적으로 체구에 비해 오래 사는 경향이 있다. 다만 박쥐처럼 오래 살지는 않고, 특히 브란트박쥐*Myotis brandti*처럼 오래 살지는 못한다.

브란트박쥐*Myotis brandtii*

해그리드가 가장 오래 산 장수 박쥐를 발견했다. 물론 해그리드는 소설 『해리포터』에 나오는 숲에 사는 거구의 사냥터관리인이다. 박쥐를 잡은 사람의 진짜 이름은 해그리드가 아니었다. 그의 진짜 이름은 알렉산더 크리탄코프Alexander Khritankov였다. 하지만 나는 그가 해그리드라 생각한다. 그는 중앙 시베리아에 있는 스톨비 자연보호구역의 생물학자였고, 아마 지금도 그럴 것이다. 스톨비는 이오시프 스탈린이 1925년에 지정한 4만 7000헥타르의 국립공원이다. 스톨비는 장관을 이루는 암석기둥과 석회암 동굴로 유명하다. 알렉산더는 이런 동굴 중 하나에서 야생 박쥐계의 므두셀라를 발견했다.

나는 박쥐 전문가들이 보는 학술지에서 러시아 어딘가에서 특별히 장수하는 박쥐가 발견됐다는 보고서를 우연히 읽었다. 내 동료 안드레이 포들루츠키Andrej Podlutsky는 러시아 원어민이었기 때문에 나는 그에게 그 보고서의 저자를 찾아서 더 자세한 내용을 알아볼 수 있겠느냐고 부탁했다. 그는 힘들게 힘들게 이메일로 알렉산더와 연락이 닿았고, 두 사람은 안드레이가 특정 날짜, 특정 시간에 전화를 하면 대화를 나누기로 약속을 잡았다. 알렉산더는 전화를 기다리지 않는 동안에는 타이가 침엽수림을 누비고 다녔다. 이후 안드레이와 알렉산더는 드디어 연결에 성공했고, 우리가 그 통화를 통해 알게 된 내용은 다음과 같다.

1960년대 초 몇 년 동안 스톨비 국립공원의 생물학자 중 한 사람이 150마리 정도의 브란트박쥐에게 표식을 달아주었다. 이때는 쿠바 미사일 사태 즈음이라 냉전이 절정이었다. 러시아 과학계가 박쥐나 박쥐의 보존에 특별히 초점을 맞추던 시기는 아니었다. 그리고 20년 정도가 흘러서야 그 동굴로 사람이 처음 다시 들어갔다. 그곳에는 표식된 박쥐 67마리가 살아 있었고, 모두 수컷이었다. 2000년대 초반에 크리탄코프가 표식된 박쥐를 다시 발견할 때까지 1990년대에는 그 동굴을 찾는 사람이 거의 없었다.

브란트박쥐와 작은갈색박쥐가 모두 속해 있는 박쥐속인 윗수염박쥐속*Myotis*은 거의 모든 대륙(늘 그렇듯이 남극대륙은 제외), 거의 모든 기후, 거의 모든 서식지에서 100종 넘게 살아가고 있다. 윗수염박쥐속은 거의 모두가 반향정위 능력이 있는 소형 박쥐로, 공중에서 곤충들을 사냥하다가 가끔씩 멈춰서 휴식과 함께 먹이를 소화하며 밤을 보낸다. 몇몇 윗수염박쥐속의 박쥐 종들은 일탈을 보여준다. 이들은 수면에서 작은 물고기를 낚아채는 기술을 진화시켰다. 제일 작은 종의 체중은 2.5그램 정도로, 살아 있는 제일 작은 내온성 동물 자리를 두고 일부 벌새와 경쟁을 하고 있다. 제일 큰 종은 체중이 그의 15배 정도로 생쥐 정도의 크기다. 야생 윗수염박쥐속 종의 장수 기록은 중구난방이다. 검은윗수염박쥐black myotis는 7년, 고기잡이박쥐fish-eating myotis는 12년, 그리고 작은갈색박쥐는 34년이다. 이런 다양성 중 어디까지가 진짜인지, 그리고 어디까지가 종에 관한 정보가 부족하기 때문인지는 아직 확실치 않다. 한 가지 확실한 것은 브란트박쥐가 그중 제일 장수한다는 것이다.

1962년에 표식된 개체 중 살아남은 마지막 박쥐를 크리탄코프가 찾아냈을 때 그 박쥐의 나이는 적어도 41세였다.[5] 그리고는… 홀연히 사라져 버렸다. 시체도 없고, 잘 있으라는 인사도 한 마디 없이 완전히 사라져버렸다. 6그램밖에 안 되는 작은 브란트박쥐가 마흔한 살까지 살았기 때문에 장수지수는 정확히 10이 나왔다. 놀라운 수치다. 한번 생각해보자. 날아다니는 큰 나비로 착각할 정도로 작은 박쥐 한 마리가 포식자들을 피하고, 기근과 홍수, 역병, 열파, 한파를 견디며 수십 년을 살아남은 것이다. 끝없이 찾아오는 자연의 험난한 도전에서 살아남으려면 브란트박쥐는 나이가 들어서도 매일 밤 몇 킬로미터씩 날아다닐 수 있는 체력과 허공에서 몇 초마다 곤충을 낚아챌 수 있는 기민함을 유지해야 굶어죽지 않고 살아남을 수 있다. 이런 곤충 중에는 살아남기 위해 필사적으로 회피기동을 선보이는 것들도 많다. 힘, 기민성, 지구력을 필요로 하는 종목의 운동선수들 중에서 최고의 운동 능력을 40년 동안이나 유지할 수 있는 사람은 아무도 없다.

이들은 반향정위로 사냥을 하기 때문에 고주파수 청력도 반드시 보존해야 한다. 반향정위를 이용하는 박쥐에게 청력 상실은 곧 사형 선고나 다름없다. 사람은 청력 중에서도 고주파수 청력을 제일 먼저 상실한다. 영국의 어떤 가게 주인은 사람 노화에서 나타나는 이러한 특성을 이용해서 십대 청소년들이 자기네 가게 밖에서 어정거리지 못하게 물리치기도 했다. 아이들과 10대 청소년만 들을 수 있는 짜증나는 고음을 요란하게 울린 것이다. 어른 고객들은 그런 소리가 나고 있는지도 몰랐다. 특히 암컷 박쥐는 나이가 들어도 뛰어난 공간 기억 능력을 유지해야 한다. 매일 밤 어둠을 뚫고 먹이를 찾아 수 킬로미터를 돌아다닌 후에는 새끼가 기다리고 있는 곳으로 정확히 다시 돌아와야 하기 때문이다. 사람처럼 '내가 자동차 열쇠를 어디 뒀더라?'라며 헤매는 실수는 용납되지 않는다.

한 가지 질문이 안드레이와 나를 괴롭혔다. 브란트박쥐는 어째서 작은갈색박쥐보다 20퍼센트 정도 더 오래 살아남는 것일까? 작은갈색박쥐는 어느 모로 보나 북아메리카 대륙의 브란트박쥐라 할 수 있는데 말이다. 기후가 그럴듯한 대답이 되어줄지도 모르겠다.

동면과 노화

포유류, 조류 중 소형 내온성 동물은 만성적으로 에너지 위기에 직면하는데, 날씨가 추워지면 이 위기가 더 악화된다. 체구가 작다는 것만으로도 열 손실이 빨라진다는 사실을 기억하자. 체구가 작으니까 필연적으로 열을 발생시키는 덩어리도 작아지는데 그에 비해 열이 빠져나가는 체표면적이 상대적으로 커지기 때문이다[†]. 체온을 계속 높게 유지하려면 소형 동물은 이런 급속한 열 손실을 보상할 충분한 열을 생산해야 한다. 소형 조류나 포유류가 체구가 큰 동물보다 대사율이 더 높은 이유가 여기에 있다. 날씨가 추워질수록 체온과 주변 환경의 온도 차이가 커져서 열 손실이 빨라지기 때문이다. 그래서 밤이 춥고 길수록 열을 생산할 연료가 훨씬 더 많이 필요해진다. 곤충을 잡아먹는 박쥐는 겨울이 다가오면 연료가 되어줄 먹이를 찾기가 점점 힘들어진다. 하늘을 날아다니는 곤충은 사실상 자취를 감추고, 박쥐가 적극적으로 먹이를 찾아나서는 시간대는 하루 중 제일 추운 시간이라 먹이를 찾기가 특히나 힘들다. 그러다가 에너지 측면에서 박쥐가 더 이상 버틸 수 없는 시점이 찾아온다. 그럼 박쥐들은 활동을 접고 포유류의 전형적인 체온을 유지하는 것도 포기한다. 그리고 동굴이나 다른 안전한 장소로 숨어들어가 동면에 들어간다.

포유류의 특기인 동면은 가변적이지만 통제된 양만큼 체온을 떨어뜨려 에너지를 보존하는 방법이다. 이것은 보통 얼룩다람쥐chipmunk와 프레리도그 같은 소형 포유류가 겨울 기후에 반응하는 방식이다. 하지만 몇몇 대형 포유류도 동면을 한다. 예를 들면 곰은 몸집이 크고 굴이 잘 단열되어 있기 때문에 동면을 하는 동안 체온을 몇 도 정도만 떨어뜨린다. 이 정도로도 안정시대사율을 평소 수준의 5분의 1로 줄일 수 있다. 곰은 굼뜨기는 하지만 동면을 하는 동안에도 움

† 모양이 똑같은데 길이만 2배로 커지면 2차원인 체표면은 제곱으로 커지는 반면, 3차원인 부피는 세제곱으로 커진다. 따라서 체격이 클수록 부피 대비 표면적의 비율은 낮아지고, 그만큼 몸에서 발생되는 열을 안에 가두기에 유리하다. 그래서 같은 종의 동물이라도 추운 지방일수록 체격이 큰 편이다. 역으로 체격이 작아질수록 불리해진다.

직일 수 있다. 하지만 이 경우는 움직이는 동안에도 자기 주변 환경에 대해서는 대체로 의식하지 못하는 것으로 보인다. 아내가 자기네 수의대에서 연구 중인 회색곰이 동면하고 있는 우리에 같이 들어가보자고 했을 때 나는 이 사실을 알게 됐다. 아내와 내가 우리에 들어가고 얼마 지나지 않아 곰은 두 발로 일어서서 느릿느릿 움직이기 시작하더니 우리 반대편에서 다시 털썩 주저앉아 잠이 들었다. 나는 겁에 질린 채로 몇 발자국 떨어진 곳에서 곰의 눈에 띄지 않으려고 애쓰고 있었는데 다행히도 곰은 내게 아무런 관심이 없었다.

박쥐도 지역의 조건에 따라 다양한 방식으로 동면을 한다. 브란트박쥐와 작은갈색박쥐는 겨울이 혹독할 정도로 추운 곳에서 산다. 동면을 하는 동안 이 박쥐들은 체온을 거의 영점 가까이 떨어뜨린다. 그럼 대사율이 평소 안정시대사율의 1퍼센트 미만까지 떨어진다. 이들이 동굴 깊은 곳에서 동면을 하는 이유에는 안전 문제도 있지만 동굴 깊은 곳의 기온은 그 지역의 연간 평균온도에 가깝기 때문에 한겨울에도 추울지언정 영하로는 떨어지지 않기 때문이다. 만약 영하로 내려간다면 세포 내부에서 얼어붙은 얼음 결정 때문에 세포가 터지기 때문에 동면하던 포유류가 죽게 된다. 뇌, 심장, 다른 세포들이 터져서는 장수에 결코 도움이 되지 않을 것이다.

그럼 다시 작은갈색박쥐와 브란트박쥐의 상대적 수명에 대해, 그리고 그것이 뉴욕 에식스 카운티의 기후와 어떻게 관련이 있는지에 대해 생각해보자. 에식스 카운티는 34세의 작은갈색박쥐가 발견된 곳으로 겨울이 중앙 시베리아보다 짧고 온화한 편이다. 물론 양쪽 장소 모두 겨울이 특별히 온화하거나 짧지는 않은 곳이지만 말이다. 예를 들어 제일 추운 달인 1월에 에식스 카운티의 평균 일일최저온도는 영하 14도다. 하지만 스톨비는 섭씨 영하 20도로 더 춥다. 이런 기후 차이 때문에 동부 뉴욕의 작은갈색박쥐는 약 6개월 정도 동면하는 반면, 스톨비의 브란트박쥐는 9개월을 동면한다. 생명의 불인 대사가 노화에서 중요한 역할을 한다면 동면이 노화에서 '타임아웃' 역할을 하는 것인지도 모른다. 브란트박쥐는 매년 3개월만 노화가 진행된다고 생각할 수 있는 반면, 작은갈색박쥐는 6개월 동안 노화가 일어나는 것이다. 실험실에서 키우는 생쥐는 타임아웃 시간이 아예 없다.

이것이 기껏해야 부분적인 설명에 불과하다는 것은 분명하다. 새든 박쥐든 동면을 하느냐 마느냐에 상관없이 날 수 있느냐가 중요한 문제다. 새는 동면하지 않는다(딱 한 종 예외가 있다. 미국 남서부에 사는 흰꼬리쑥독새common poorwill다). 그럼에도 대부분의 야생 조류는 대부분의 사육 포유류보다 훨씬 오래 산다. 장수하는 박쥐들 중에서 인도왕박쥐도, 흡혈박쥐도 동면을 하지 않지만 여전히 체구가 비슷한 다른 포유류보다 4, 5배 정도 더 오래 산다. 메릴랜드대학교의 생물학자 제럴드 윌킨슨과 다니엘 애덤스는 최근에 거의 100종에 가까운 박쥐 종의 상대적 수명을 분석해보고 동면하는 박쥐가 동면하지 않는 박쥐보다 전체적으로 더 오래 산다는 것을 발견했다. 그리고 동면 기간이 길수록(박쥐가 사는 고도를 바탕으로 추정) 수명도 길어졌다.[6] 덧붙여 말하자면 흡혈박쥐는 동면은 하지 않을지라도 먹이 활동 사이에는 얕은 휴면 상태에 들어간다.

동면을 생각하니 박쥐 생물학의 또 다른 놀라운 특성이 머릿속에 떠오른다. 활동 부족으로 인한 근육 위축에 대한 저항성이다. 우리가 근육을 사용하지 않으면 근육이 급속히 약해진다. 기브스를 해본 사람이라면 잘 알 것이다. 활동 부족으로 인한 근육 손실 속도는 나이가 들면서 점점 가속된다. 노년층은 열흘만 침대에 누워 있어도 하체 근력이 무려 16퍼센트나 줄어들 수 있다. 반면 젊은 사람은 한 달 이상 누워 있어야 그 정도 비율의 근력을 잃는다.[7] 그럼 이제 연속으로 무려 9개월이나 동면하는 박쥐에 대해 생각해보자. 그 기간 동안 박쥐는 얼마나 많은 근육과 근력을 잃게 될까? 사실상 조금도 잃지 않는다![8] 동면이 끝나면 박쥐는 눈을 뜨고 바로 날아간다. 어떻게 그럴 수 있을까?

박쥐는 장수와 관련해서 생물학적 측면으로 알아보고 싶은 것들이 많은 생물이다. 이것도 그중 하나이며 또 한 가지 측면은 그렇게 많은 바이러스와 공존하는 방법이다. 어떤 연구자들은 이 모든 바이러스에 저항할 수 있을 정도로 막강한 박쥐의 면역계가 그들의 특출한 장수 능력에서도 중요한 역할을 하고 있다고 추측한다.[9] 박쥐가 유리기, 그리고 단백질에 가해지는 갈변 손상에 오랜 세월에 걸쳐 어떻게 대처하는지도 우리의 관심사다. 결국 박쥐도 새와 마찬가지로 날아다니는 동안에 에너지 요구량이 대단히 높아진다는 해결과제를 갖고 있다. 그리고 다른 포유류와 비교할 때 동일한 미토콘드리아 에너지 생산량에 비해 만들어지는 유리기가 적고, 단백질의 잘못 접힘 관리도 더 잘 한다. 하지만 그 비결은 아직 이해하지 못하고 있다.

내가 지나가는 말로 언급했던 것이 또 한 가지 있다. 어째서, 그리고 어떻게 수컷 브란트박쥐는 암컷보다 훨씬 더 오래 살까? 수명의 성차에 관한 문제는 뒤에서 다시 다루겠다. 현재는 20년 넘게 살았던 브란트박쥐 64마리 모두 수컷이었다는 점만 기억해두자. 제일 장수한 작은갈색박쥐들 역시 모두 수컷이었다. 어쩌면 암컷이 어미의 체구와 비교할 때 상대적으로 제일 큰 새끼를 키워야 하는 데 따르는 대가를 치르는 것일 수도 있고, 다른 이유 때문일 수도 있다. 다른 포유류들을 보면 항상 그런 것은 결코 아니지만 보통 암컷이 오래 산다. 이런 성차를 연구하면 전반적인 노화에 대해 알 수 있는 것이 있지 않을까?

박쥐를 연구하면 장수의 비결에 덧붙여서 노화에 관해서도 잠재적으로 배울 것이 많다. 박쥐는 청력을 어떻게 유지할까? 여러 달 동안 전혀 활동하지 않는데도 근력을 어떻게 유지할까? 그리고 어떻게 지구력과 기민함을 수십 년 동안이나 유지할까? 박쥐의 면역계는 그 많은 바이러스들을 어떻게 감당하는 것일까? 박쥐는 수백만 마리 박쥐가 빽빽하게 들어 차 있는 동굴 속에서 젖을 먹일 새끼의 정확한 위치를 어떻게 기억할까? 그리고 애초에 어떻게 어둠 속에서 수십 킬로미터를 날아다닐 수 있고, 또 같은 동굴로 돌아오는 길은 어떻게 찾아낼까? 박쥐의 장수를 이해하기 위한 노력은 이제 시작 단계에 불과하다. 이제 몇몇 박쥐 종은 유전체 염기서열 분석이 끝났다.[10] 이것이 앞서 던진 질문들의 답을 찾을 힌트를 줄지도 모른다. 하지만 유전체를 들여다보면 오히려 박쥐의 장수를 진정으로 이해하기 위해서는 세포생물학과 생리학에 대한 좀 더 집중적인 연구가 필요하다는 결론으로 이어질 수도 있다. 건강한 삶을 연장하는 자연의 비밀을 밝히고 싶다면 새의 경우와 마찬가지로 박쥐 종 또한 수많은 연구자들이 달라붙어서 연구를 진행한다면 그 가치는 어마어마할 것이다.

박쥐, 새, 그리고 인간의 건강

박쥐와 새는 이 책에 소개된 다른 모든 장수 동물과 중요한 차이점이 있다. 이들은 속도가 빠른 삶을 살면서도 장수한다. 장수에 자주 사용되는 방법 중 하나는 느린 삶을 사는 것이다. 즉, 삶의 기본 과정이 빠른 속도로 진행되면 그에 따르는 부작용도 더 이른 시간에 닥쳐오지만, 느린 삶을 살면 부작용도 늦춰져서 더 오래 산다는 의미다. 박쥐는 나머지 시간에는 빠른 삶을 살지만 동면하는 동안에는 삶의 속도를 늦춘다. 한편 외온성 동물은 거의 항상 느린 삶을 산다. 빠른 삶을 살면서도 장수하는 것은 대부분의 사람이 바라는 장수의 형태일 것이다. 잠에 빠져서 몇 년 더 살 수 있다면 그런 장수를 어느 누가 바라겠는가? 우리는 단순히 존재를 연장하는 것이 아니라 건강도 함께 연장하기를 원한다. 장수하는 새와 박쥐들은 장수하면서도 마지막까지 체력, 지구력, 기민함을 유지하고, 감각과 인지능력도 예민하게 유지한다. 이것이야말로 우리가 닮고 싶어 하는 장수다. 하지만 요즘 생의학 실험실을 가득 채우고 있는 종은 수명이 짧고 급속히 노화하는 생물종들이다. 이런 종에 계속 매달릴 것이 아니라 건강하게 장수하는 동물들에 대한 심도 있는 연구가 필요하다.

2부

땅의 오래 사는 동물들

5장 땅거북과 투아타라

⁑

섬의 장수 생물들

찰스 다윈은 1835년 9월에 거대한 갈라파고스땅거북을 처음으로 보았다. 그는 그 거대한 크기에 도달하기까지 이 거북이 대체 얼마나 오래 살았는지에 대해서는 전혀 생각이 없었다. 그가 보고한 바에 따르면 이 거북의 크기가 어찌나 컸는지 한 마리를 들어 올리려면 6~8명 정도의 남자가 달라붙어야 할 정도라고 했다. 그는 수명 대신 다른 부분에 관심을 보였다. 거북이가 섬에 여러 마리가 살고 있다는 점, 거북이가 이 섬 사람들에게 풍부한 육류 공급원이라는 점, 그리고 거북이가 샘물을 마시기 위해 건조한 저지대에서 초목이 더 우거진 위쪽 산비탈까지 찾아가는 데 걸리는 속도와 거리 등이었다. 그가 계산한 바에 따르면 거북이는 제 속도로 꼬박 이틀 밤낮을 쉬지 않고 걸어가면 13킬로미터의 여정을 마무리할 수 있었다.

다윈이 지나가듯이 언급한 지역 원주민들의 말로는 죽은 거북이를 사고로 절벽에서 떨어진 게 확실한 경우 말고는 한 번도 본 적이 없다는 것이다. 노화와 관련된 현대적 관점에서 보면 거북이가 이런 치명적인 사고를 당한 이유는 시력이 나빠졌기 때문일 거라 추측할 수 있다. 그러면 이제 그보다 불분명한 이유로 죽은 거북이는 어째서 한 번도 본 적이 없다는 것인지 그 이유가 궁금해진다.

바다거북과 땅거북은 오래전부터 장수하는 동물로 명성이 높았다. 영어권에서는 거북이를 의미하는 'turtle'과 'tortoise'를 두고 혼란이 많다. 그럴 만한 이유가 있다[†]. 이 용어는 사용하는 영어의 종류에 따라 달라진다. 영국에서는 'turtle'이라는 단어를 사용하는 경우가 드물다. 영국에서는 'tortoise'라고 하면 보통 치아 대신 부리가 있고, 보호용 등껍질을 갖고 있는 육상 파충류를 의미하는 반면, 삶의 일부 혹은 대부분을 물에서 보내는 거북이는 'terrapin'이라고 부른다. 호주에서는 'tortoise'가 민물거북을 의미한다. 아마도 호주에는 치아 대신 부리가 있고 보호용 등껍질을 갖고 있는 육상 파충류가 없기 때문일 것이다. 미국의 경우 미국 어류학자 및 파충류학자 협회American Society of Ichthyologists and Herpetologists의 공식 명칭에 따르면 'turtle'은 땅에서 사는지 물에서 사는지에 상관없이 부리와 등껍질을 갖고 있는 파충류를 의미하는 포괄적 단어고, 'tortoise'는 느리게 움직이는 육상 거북이를 지칭할 때 사용한다. 게다가 완전히 인공합성으로 제작이 되기 전까지는 거북등껍질 보석tortoise-shell jewelry을 매부리바다거북hawksbill sea turtle으로 만들었기 때문에 혼란이 더 가중됐다.

더군다나 사람들은 일단 거북이가 성체로 자라고 나면 그 주인이 기억할 수 있는 수준을 뛰어넘어 더 오래 사는 경향이 있음을 알아차렸다. 여기서 당장 한 가지 지적하고 넘어가야 할 것이 있다. 나는 주로 코끼리거북giant tortoise의 수명에 초점을 맞추고 있지만, 대부분의 바다거북과 땅거북은 성체가 되는 데 오랜 시간이 걸리고, 일단

---

† 이 책에서는 'turtle'을 바다거북으로, 'tortoise'를 땅거북으로 번역하고 있다.

성체가 되고 나면 아주 오래오래 사는 경향이 있다는 점이다. 예를 들어 북미대륙에 널리 퍼져 살고 있는 접시 크기 정도의 비단거북painted turtle, *Chrysemys picta*은 성체가 되는데 새나 박쥐보다 훨씬 긴 10년이 걸리고, 야생에서 무려 61세까지 살 수 있다. 그보다 살짝 큰 블랜딩거북Blanding's turtle, *Emydoidea blandingii*은 번식이 가능해지기까지 15년에서 20년이 걸리고, 한 마리는 야생에서 적어도 77년을 산 것으로 알려져 있다.[1] 양쪽 종 모두 겨울이 추운 곳에서는 동면을 하고, 양쪽 장수 기록 모두 동면을 하는 개체군에서 나왔다. 따라서 동면이 노화의 '타임아웃'으로 작용할 수 있다는 점에서 보면 이 점이 이들의 특출한 장수 능력을 전부는 아니어도 일부라도 설명할 수 있을 것이다.

하지만 갈라파고스 섬과 알다브라 환초의 토착 코끼리거북은 동면을 하지 않는데도 분명 아주 오래 산다. 위에서 언급한 작은 거북이들도 60세에서 70세까지 살 수 있고, 체구가 큰 종이 작은 종보다 더 오래 산다는 일반적 패턴을 생각하면 갈라파고스땅거북은 체구가 아주 크기 때문에 정말 오래 살 것이라 가정하는 것이 타당해보인다. 체구도 그 이유의 일부일 수 있지만, 그것만큼 설득력 있는 또 다른 이유가 있다. 거북이가 섬에서 진화했다는 것이다. 그 이유를 설명해보겠다.

섬의 이상한 생물학

다윈 이후로 섬은 진화에 관해 유익한 교훈들을 가르쳐주었다. 이는 섬의 생물학, 특히 대양도의 생물학이 특이하기 때문이다. 대양도는 말 그대로 육지에서 멀리 떨어진 섬이다. 이런 섬은 해저에서 화산 폭발이 일어나 긴 세월 용암이 그 위에 쌓이다가 결국 해수면 위로 솟아난 것이다. 대양도는 보통 녹은 마그마가 주기적으로 지각을 뚫고 올라오는 열점 위로 지구의 지각판들이 미끄러져 올라올 때 형성되기 때문에 보통 사슬처럼 줄줄이 이어진 열도로 나타난다. 그래서 이 섬들은 지각판이 열점 위로 언제 미끄러져 올라왔는지 기록하는 시계열 역할을 한다.

하와이 열도가 그 익숙한 사례다. 미드웨이 섬, 더 정확하게 말하자면 미드웨이 환초는 하와이 열도에서 제일 북서쪽에 있는 섬 중 하나다(그리고 제일 오래 산 야생 조류 '위즈덤'의 고향이기도 하다). 미드웨이 섬은 태평양 지각판이 북서쪽으로 움직이면서 조금씩 움직여(지금도 손톱이 자라는 속도로 계속 움직이고 있다) 약 2800만 년 전에 하와이 열점 위로 올라왔다. 그리고 그 후로는 섬들이 자기를 만들어낸 열점으로부터 멀어지면서 침식이 시작되고, 또 자신의 무게 때문에 바다로 차츰 주저앉기 시작했다. 그렇게 점점 가라앉아서 결국에는 한 때 화산의 가장 자리였던 부분을 둘러싼, 섬에 직접 붙어서 자라는 산호초인 거초fringing reef를 빼고는 원래의 화산 형태가 전혀 보이지 않게 됐다. 이렇게 만들어진 것이 섬은 가라앉고 산호초만 원형으로 남아있는 환초다. 찰스 다윈은 HMS 비글호를 타고 여행을 하는 동안 진화의 작동 방식이라는 퍼즐을 풀었을 뿐 아니라, 환초 형성의 미스터리도 풀었다. 따라서 가장 오래된 섬은 북서쪽 섬이고, 제일 젊은 것은 남동쪽 섬이라는 전통적 정의에 따라 하와이 열도의 역사를 재구성해보면 카우아이Kauai 섬은 약 500만 년 전, 오하후 섬은 300만 년 전, 마우이 섬은 100만 년 전에 바다 위로 솟았다. 그리고 하와이에서 제일 젊고 큰 섬인 빅아일랜드는 이제 막 열점 통과를 마무리하고 있는 중이다. 그리고 빅아일랜드 남동쪽으로 약 32킬로미터 지점에서는 이제 머지않아 섬이 될 로이히 해산Loihi seamount이 해수면을 향해 솟아오르고 있다. 지금으로부터 만 년에서 십만 년 사이에 바다 위로 로이히 해산이 솟아오르는 것을 보게 될 것이다.

대양도 생물들의 핵심적인 생물학적 특성은 육상 생명체가 아예 없는 바다에서 등장한다는 점이다. 이 섬에서는 새로운 종이 도착하는 순서가 우연에 의해 결정되기 때문에 동식물 생태 그물이 시간의 흐름에 따라 무계획적으로 형성된다. 이렇게 무작위 순서로 도착하기 때문에 본토였다면 이미 몇백만 년 전에 채워졌을 생태적 지위가 비어 있는 상태에서 새로운 생물종이 도착할 수도 있다. 그래서 섬의 동물들은 본토의 선조들과 아주 다른 특성을 진화시키는 경우가 많고 체구가 달라지는 경우도 많다. 사람을 비롯한 여러 종마다 섬 거대종과 섬 난쟁이종이 존재한다.

마다가스카르 섬의 날지 못하는 코끼리새elephant bird가 섬 거대화의 사례다. 코끼리새의 체중은 큰 타조보다 5배나 많을 수 있다. 다른 섬 거구로는 멸종된 뉴질랜드의 모아새가 있다. 이 새는 제일 큰 코끼

마다가스카르의 멸종된 섬 거대 코끼리새*Aepyornis*와 타조, 사람, 닭의 크기 비교. 마찬가지로 멸종된 뉴질랜드의 모아새(그림에 나오지 않음)는 코끼리새보다 키가 상당히 컸지만 코끼리새만큼 무겁지는 않았다. 모든 섬 거대 조류종은 역사 속에서 멸종됐다. 그림 출처: De Agostini via/Getty Images

리새의 머리 위로 솟아오를 만큼 키가 컸지만 체구는 더 날씬했다. 마다가스카르 바로 동쪽에 있는 섬 모리셔스에 살았던 도도새는 13킬로그램이나 나가는 날지 못하는 비둘기였다. 이는 도시에 사는 비둘기보다 40배 정도 무거운 체중이다. 섬에서는 하늘을 날아다니는 장점이 크게 줄어든다. 그리고 비행 중에 돌풍에 휘말려 섬 밖으로 날려갈 위험을 생각하면 비행이 오히려 골칫거리가 될 수도 있다. 그래서 섬의 새와 여러 곤충은 나는 능력을 잃어버렸다. 뉴질랜드의 거대 곤충 웨타wētā는 크기가 생쥐만 한 날지 못하는 귀뚜라미다.

섬의 또 다른 특징은 최상위 포식자가 없는 경우가 많다는 점이다. 포식자의 개체군을 유지하기에는 그 토대인 사냥감의 개체군 규모가 너무 작기 때문이다. 그래서 날아서 도망갈 수 있다는 비행의 또 다른 장점이 희석되고 만다. 많은 섬 동물이 겁이 없었던 이유도 대형 포식 동물의 부재로 설명할 수 있다. 다윈은 갈라파고스 섬의 새들이 어찌나 겁이 없는지 새들이 자기를 겨눈 총의 총열에 내려앉기도 했다고 했다. 나는 갈라파고스 섬에서 햇볕을 쪼이고 있는 이구아나들과 함께 앉아 있다가 갈라파고스흉내지빠귀가 내 신발 위로 올라와 태평하게 신발 끈에 붙은 씨앗을 쪼아 먹는 모습도 보았다. 장수의 선행요인 중 하나가 환경적 위험의 감소임을 떠올려보자. 특히 나이 든 개체에게 가해지는 위험이 줄어드는 경우는 더욱 그렇다. 대형 섬 포식자의 부재가 분명 중요한 환경적 요인을 줄이는 역할을 했을 것이다.

인간 이주민들은 이들이 이렇게 겁이 없게 진화한 점을 이용해서 이 대형 섬 조류들을 모두 끝장내버렸다. 하지만 오늘날까지도 돌아다니고 있는 일부 섬 거대종들이 있다. 알래스카 코디액 섬Kodiak Island에 사는 세상에서 제일 큰 곰이나, 세상에서 제일 큰 도마뱀인 코모도왕도마뱀Komodo dragon 등이 있다. 코모도왕도마뱀은 인도네시아의 소순다열도Lesser Sunda Islands에서 염소를, 그리고 가끔씩은 관광객을 잡아먹는다.

이번에는 다른 쪽으로 눈을 돌려보자. 코모도왕도마뱀이 염소와 관광객이 나타나기 전에 잡아먹었던 조랑말 크기의 코끼리 친척이 있다. 난쟁이 코끼리도 로도스, 크레타, 사르디니아를 비롯해서 지중해의 여러 섬에서 생겼었다. 캘리포니아의 채널 제도에는 심지어 모순되기 이를 데 없는 난쟁이 매머드도 살았다. 마다가스카르에는 한때 난쟁이 하마도 살았다. 이번에는 카리스마가 거의 없거나 카리스마와는 아예 거리가 먼 종의 영역으로 눈을 돌려보자. 나는 미크로네시아의 몇몇 섬에서 난쟁이 생쥐를 트랩으로 잡은 적이 있다. 원래 유럽에서 온 이 생쥐는 초기 뱃사람들이 전 세계 섬들을 탐험하고 다니면서 무심코 남겨 놓고 간 쥐들이 지난 500년을 거치는 동안 선조의 절반 정도의 크기로 줄어든 것이다. 다시 카리스마 있는 동물로 돌아오자. 거대한 도마뱀과 난쟁이코끼리에 더해서 소순다열도의 섬 중 하나인 플로레스 섬에는 멸종된 난쟁이 사람종인 호모 플로리엔시스*Homo floriensis*가 살았다. 이 인류는 키가 105센티미터에 체중은 25킬로그램으로 오늘날의 어떤 인구집단보다도 체구가 꽤 작았다. 이 플로리엔시스 난쟁이 인류는 코끼리새, 도도새, 모아새와 마찬가지로 현대 인류의 도착과 함께 사라졌다. 우리의 책임이라기보다는 그저 우연이었을 뿐이라고 생각한다.

거북이의 기원

거북이는 2억 2000만 년 전에 등장했다. 아니, 생각해보니 몇 번의 전 세계 대멸종 전에 등장했다고 해야 옳겠다. 거북이는 그 대멸종들을 버티고 살아남은 생존자다. 최초의 거북이는 컸지만 오늘날의 기준으로 보면 거대하지는 않았다. 하지만 그 후로 일부 종이 커졌다. 요즘의 어느 대형 거북이보다도 몇 배나 컸다. 6600만 년 전에 소행성이 지구와 충돌하면서 날지 않는 공룡, 날아다니는 익룡, 바다의 사경룡plesiosaur, 그리고 약 30킬로그램보다 큰 네발 동물을 모두 쓸어버렸을 때도 거북이는 예외였다. 모든 거북이종 중 80퍼센트가 살아남았고, 그중에는 가장 커서 머리부터 꼬리까지 길이가 4미터 60센티미터이고 체중이 2톤인 아르케론도 포함되어 있었다. 아르케론이 얼마나 오래 살았는지 알아낼 수 있다면 그 또한 가치가 있을 것이다.

오늘날에는 350종 정도의 거북이가 살아남았다. 이들은 육지, 강, 호수, 바다에서 살아간다. 어떤 종은 초식성이고, 어떤 종은 육식성이다. 그리고 초식성, 육식성처럼 특별히 지칭하는 용어는 없지만 해파리만 먹는 종도 있다. 하지만 가죽 같은 알을 육지의 모래나 흙 속에 낳고 방치하는 습성은 모든 종이 동일하다. 거북이에서 가장 특이한 특성 중 하나는 알에서 태어나는 거북이의 암수가 포유류나 새처럼 염색체가 아니라 알이 묻힌 땅속 온도에 좌우된다는 것이다. 온도가 따듯하면 보통 암컷이 더 많아지고, 차가워지면 수컷이 많아진다. 예외적으로 일부 종에서는 수컷이 더도 말고 덜도 말고 딱 좋은 온도에서 태어나는 골디락스 성별이다. 예를 들어 악어거북은 아주 춥거나, 아주 따듯한 온도에서는 암컷이 나오고, 그 중간에 딱 좋은 온도에서는 수컷이 나온다. 이렇게 온도에 따라 성별이 결정되는 특성을 발견하고 나자 거북이 보존 운동에 아주 요긴하게 활용됐다. 인공번식을 할 때 필요한 성별을 더 많이 만들어낼 수 있기 때문이다.

코끼리거북은 한때 수많은 대양도, 심지어 전 세계에 걸쳐 일부 대륙도 차지하고 살았지만 현재는 두 집단만 살아남았다. 양쪽 집단 모두 열대의 섬에 산다. 남미대륙에서 서쪽으로 수천 킬로미터 지점 적도에 걸쳐져 있는 갈라파고스섬은 서로 가까운 친척관계인 코끼리거북 종들이 살고 있다. 그리고 아프리카 동쪽 해안에서 630킬로미터 떨어진 인도양에 자리잡고 있는 알다브라 환초에는 한 종이 살고 있다. 갈라파고스땅거북의 현존하는 가장 가까운 친척인, 아르헨티나, 파라과이, 볼리비아의 차코육지거북Chaco tortoise의 크기가 신발 상자 정도 크기임을 고려하면 이 코끼리거북이는 진정한 섬 거구라 할 수 있다.

코끼리거북은 얼마나 오래 살 수 있나?

우리는 코끼리거북이 오래, 그것도 아주 오래 산다는 것을 알고 있지만 정확히 얼마나 오래 사는지는 여전히 오리무중이다. 여기에는 그럴 만한 이유가 있다. 연구자들이 개체를 처음 포획해서 기록을 남기고, 표식을 달아서 그 개체가 죽거나 사라질 때까지 추적 관찰한 박쥐나 새와 달리 사람보다도 훨씬 오래 사는 땅거북 같은 동물을 대상으로 표식을 남겨서 추적하려면 표식 작업이 이미 200년 전에는 시작되었어야 한다. 하지만 그때라면 현장 동식물학자들이 관심이 있는 동물에게 표식을 해서 풀어주기보다는 일단 총으로 쏘아 잡고 보는 시기였다. 그리고 특출한 수명을 자랑하는 동물을 전시하면 상당한 명성과 함께 짭짤한 수입이 들어오기 때문에 '세상에서 제일 나이가 많은 동물' 게임의 나이 과장이 만연해 있다. 그럼 땅거북의 수명에 관한 주장들을 살펴보면서 판단해보자.

정말 극단적인 주장들은 듣고 있으면 즐겁기는 하지만 그 어떤 증거도 없기 때문에 얼마 못가 잊힐 수 있다. 예를 들어 2019년에는 크기는 하지만 코끼리거북 종은 아닌 알라그바라는 이름의 아프리카

가시거북*Centrochelys sulcata*이 나이지리아 오요Oyo의 왕궁에서 344세라는 놀라운 나이로 죽었다. BBC 뉴스에서 이 주장을 그대로 보도했다는 점을 지적하지 않을 수 없다. BBC는 동물과 인간의 장수에 관한 말도 안 되는 이야기들을 제일 열심히 실어 나르는 매체 중 하나다. 전해지는 이야기로는 알라그바에게 대단한 치유 능력이 있다 생각하여 먼 곳에서도 사람들이 찾아왔다고 한다.

그리고 인도에서 제일 오래된 동물원인 알리포레 동물원이 1876년에 개장할 때부터 살아서 2006년에 255세의 나이로 죽었다고 하는 아드와이타(산스크리트어로 '오직 하나'라는 의미)가 있다. 이 거북이는 수컷 코끼리거북으로 알다브라 환초에서 왔을 가능성이 크다. 눈치 빠른 독자라면 아드와이타가 동물원에서 산 세월이 130년밖에 안 된다는 것을 눈치챘을 것이다. 사실 이 정도라도 거북이의 나이로는 부끄럽지 않은 나이인데 그럼에도 255세라는 나이는 대체 어디서 왔을까? 동물원에서 아드와이타를 습득했을 때 당시의 소유주로부터 듣기를 원래 이 거북의 소유자는 로버트 클라이브Robert Clive 소장이라고 했다. 그는 약 120년 전에 플라시 전투에서 유명한 승리를 거둔 이후에 그 거북이를 받았다고 한다. 이 유명한 이야기가 당시 아드와이타의 구입 가격에 얼마나 영향을 미쳤는지는 기록되어 있지 않다. 하지만 이 이야기는 아드와이타가 동물원에 도착할 당시 이미 성체였음을 말해주고 있다. 따라서 아드와이타가 200년 넘게 살았다는 신뢰할 만한 증거는 없지만 적어도 150년이나 160년 정도는 살았다고 어느 정도 확신할 수 있다. 알다브라 코끼리거북이 성체 크기에 도달하려면 적어도 20년에서 30년 정도가 걸리기 때문이다.

사실 코끼리거북의 수명에 대한 합리적인 기록은 3개 정도 있다(여기서 합리적이라는 말은 그나마 덜 의심스럽다는 의미다). 이 중 제일 오래 살았다고 평판이 난 것은 조나단Jonathan이다. 이 거북은 세인트헬레나 섬의 관광안내소에서 눈에 잘 띄는 곳에 자리를 마련하고 있는 알다브라 코끼리거북이다. 이 거북이는 1882년 이후로 이 섬에서 지금까지 살아왔다고 한다. 세인트헬레나 섬은 지구에서 가장 외딴 섬 중 한 곳이라 해도 과언이 아니다. 영국 정부가 나폴레옹을 그곳에 유배 보내 말년을 슬픔과 외로움 속에 살다 죽게 만든 이유도 그 때문이다. 그리고 세인트헬레나 섬이 관광으로 끌어 모은 수익을 모두 쓸 수 있는 것 역시 그 때문이다. 조나단의 나이는 사람들에게 널리 알려져 있고, 그의 그림이 심지어 그 섬의 우표와 5펜스 동전에도 실려 있다.

듣자하니 조나단은 다른 세 마리 땅거북과 세인트헬레나 섬으로 데려왔을 때 이미 완전히 자란 상태였다고 한다. 이 주장을 뒷받침하는 증거로 1886년에 촬영했다는 사진이 있다. 그가 이 섬에 도착한 지 4년 후로 추정되는 시간이다. 이 사진에 조나단이라 주장하는 땅거북이 나와 있고, 다 자란 4명의 성인과 함께 완전히 자란 거북이의 모습이 보인다. 세인트헬레나 섬의 홍보부에 따르면 다 자란 알다브라 코끼리거북은 적어도 쉰 살이라고 한다. 그래서 1832년이 조나단의 출생연도로 제안되었고, 그럼 이 글을 쓰는 시점의 나이는 189세가 된다. 반면 식견이 있는 땅거북 생물학자들은 내가 앞서 지적한 바와 같이 조나단이 속한 땅거북 종이 완전히 자라는 데는 20년에서 30년 정도가 걸린다고 생각한다. 세인트헬레나 섬 홍보부와 땅거북 생물학자 모두 옳을 수 있다. 동물의 삶의 궤적에서 성체가 되는 데 걸리는 시간만큼 고무줄 같은 특성도 없다. 이것은 보통 에너지 균형에 달려 있다. 일은 적게 하고 먹기는 많이 먹는 개체는 열심히 일하고 거기서 얻는 먹이 보상은 적은 개체보다 빨리 성체로 자란다. 조나

아직도 세인트헬레나 섬에 살고 있는 알다브라 코끼리거북 조나단은 세상에서 제일 오래 산 동물이라고 잘못 불리는 때가 많다. 이 사진에서 왼쪽이 조나단이다. 조나단이 잡힌 시기를 두고 1860년대, 1880년대, 1902년 혹은 1900년 등 다양한 주장이 나오고 있다. 2021년 3월 기준으로 조나단은 아직 살아 있다고 한다. 조나단이 나이가 아주 많다는 것은 분명하지만 정확한 나이는 순수한 추측의 영역이며, 어쩌면 희망사항이 반영되어 있는지도 모른다.

단의 자연 서식처는 수천 마리의 땅거북이 가용한 먹이를 놓고 치열한 경쟁을 벌이는 곳이기 때문에 양껏 먹을 수 있는 동물원에서 자랐을 경우보다 성체로 자라는 데 시간이 훨씬 오래 걸렸을 수 있다.

어쨌든 조나단이 사진 속에 나온 그 땅거북이 맞다면 어리면 159세, 늙으면 189세 정도다. 어느 쪽이든 나이 많은 영감님이 된 것은 사실이다. 조나단은 그냥 나이만 많은 것이 아니라 늙기도 했다. 2015년부터는 백내장으로 시력을 잃고 후각도 잃어버렸다. 그래서 사람이 손으로 먹이를 직접 먹여줘야 한다. 장수한 땅거북들은 사람과 여러 면에서 비슷하게 늙는다. 다만 노화가 훨씬 늦게 일어날 뿐이다. 지구상에서 가장 오래된 척추동물 중 하나의 등껍질을 만져보고 싶은 사람이 있다면 아무래도 서둘러 요하네스버그에서 세인트헬레나로 매주 운항하는 항공편을 예약해야 할 것 같다.

흥미롭고 꽤 설득력 있는 두 번째 장수 기록 땅거북은 투이 말릴라Tu'i Malila다. 쿡Cook 선장이 자신의 세 번째이자 마지막 탐사여행에서 1777년 7월에 통가섬의 왕족에게 준 것으로 유명한 암컷 방사거북radiated tortoise, *Astrochelys radiata*이다. 투이 말릴라는 코끼리거북이 아니다. 방사거북은 큰 접시만 한 크기다. 이 거북이는 1965년 3월 19일(일부에서는 1966년 3월 16일이라고도 한다)에 188세의 추정 나이로 생을 마쳤는데 살아 있는 동안 대부분의 기간에 수컷이라 여겨졌고 진짜 성별은 사망 후에야 발견됐다. 이 거북의 삶은 평탄하지 않았다. 왕족이 소유한 유명한 땅거북이었음에도 불구하고 말에게 발길질을 당하고 짓밟혀 심하게 손상을 입기도 했다. 장수 외에 투이 말릴라가 유명한 또 다른 이유는 영국의 엘리자베스 여왕, 에든버러 공작 필립, 그리고 통가 왕족의 가족들과 함께 1953년 방문 기간 동안에 촬영한 단체사진 때문이다. 좀 손상은 입었지만 아직 정정했던 176세의 땅거북을 소개해주었을 때 엘리자베스 여왕은 스물일곱 살로 여왕이 된 지 1년밖에 안 됐고, 필립은 서른두 살이었다. 다른 유명한 명사들처럼(특히 블라디미르 레닌, 마오쩌둥, 그리고 로이 로저스Roy Roger의 말, 트리거Trigger가 생각난다) 투이 말릴라의 시체도 보존처리되어 통가왕족 왕궁에 아직 전시되어 있다.

이 유명한 땅거북의 나이에 관한 중요한 세부사항 중 하나가 나의 헛소리 감지기를 발동시켰다. 알고 보니 쿡 선장은 세 번째 탐험에서 통가를 방문하기에 앞서 방사거북이 토착종으로 살고 있는 곳의 항구에 들른 적이 없었다. 그리고 그는 항해일지에서 그 거북이에 대해 한번도 언급한 적이 없다. 그래도 특이한 땅거북을 팔고 있는 것을 보고 선원들이 그 전에 들렀던 기항지에서 사왔을 가능성은 남아 있다. 과연 왕족이 선장이 아니라 하급 선원들이 내민 선물을 받아들였을지는 나의 영역을 넘어서는 심리적 추측의 문제다. 투이 말릴라의 기원에 관한 두 번째 이야기는 통가의 조지 투포우 1세King George Tupou I가 통치하는 동안에 지나가는 배로부터 얻었다는 설이다. 조지 투포우 1세의 통치기간은 통치를 어떻게 정의하느냐에 따라 1820년 혹은 1845년, 1875년부터 시작해서 1893년까지 이어졌다. 만약 조지 투포우 1세가 투이 말릴라를 구입하였거나 선물을 받은 것이라면 훨씬 어릴 가능성이 있지만 적어도 백 살은 넘었을 것이다.

마지막으로 실제로 갈라파고스 섬 출신인 땅거북 해리엇이 있다. 이 거북이는 최근에는 오스트레일리아 동물원에서 관리되었고, 소유주는 고인이 된 악어사냥꾼 스티브 어윈과 그의 아내 테리였다. 나는 갈라파고스땅거북에게는 라틴명 사용을 피하고 있다. DNA 분석을 통해 갈라파고스 섬에 사는 가까운 친척 종이 한두 종이 아니라 15종으로 밝혀졌기 때문이다. 동물학자들은 이것을 종 복합체species complex라고 부르지만, 해리엇은 그냥 간단하게 '갈라파고스땅거북'이다.

해리엇은 1835년에 야생에서 다른 사람도 아니고 찰스 다윈에게 직접 잡혀 온 것으로 유명하다. 해리엇이 갈라파고스 섬에서 오스트레일리아 비어와Beerwah의 한 동물원으로 가기까지의 여정은 비글호의 여정보다 더 먼 길을 돌아 돌아 간 것으로 유명하다.

거북이의 장수에 관한 이 모든 주장에서 한 가지 눈에 띄는 점이 있다. 거북이의 관리 연속성이 항상 거북이의 삶 중 한 곳이나 몇 곳에서 단절된다는 점이다. 하지만 해리엇의 관리 연속성 단절은 새로운 기준을 설정해주었다. 해리엇에 대해 자주 인용되는 이야기를 보면, 다윈이 갈라파고스 섬을 방문하는 동안 어린 땅거북 세 마리를 수집해 영국으로 데려와 반려동물로 키웠다고 한다. 어느 시점에서 다윈은 이 거북이들을 예전에 배에 함께 탔던 존 위컴에게 주었다. 위컴은 영국 해군에서 은퇴하자 1841년에 이 세 마리 거북이를 데리고 호주 브리즈번으로 이민을 갔다. 이 세 마리는 이제 각각 톰, 딕, 해리라는 이름을 갖고 있었다. 그리고 그는 1860년까지 이들을 데리고 살다가 완전히 다 자란 셋을 브리즈번 보타니컬 가든 동물원에 기증했다. 그리고 1952년에 보타니컬 가든 동물원이 문을 닫으면서 해리는 유명한 동식물 연구가 겸 동물학자 데이비드 플리David Fleay에게 팔려 나갔다. 탁월한 동식물 연구가였던 플리는 이 거북이를 남자 이름인 해리가 아니라 여자 이름인 해리엇으로 불러야 한다는 것을 처음 알아낸 사람이다. 해리, 즉 해리엇은 플리와 함께 있다가 1987년에 퀸즈랜드 파충류 및 동물 공원Queensland Reptile and Fauna Park으로 이송되었다. 이 공원은 당시 스티브의 부모인 밥 어윈Bob Irwin과 린 어윈Lyn Irwin 부부의 소유였고 나중에 스티브와 테리가 이 공원을 넘겨받은 후에는 오스트레일리아 동물원으로 개명됐다. 그럼 이 이야기는 확실한 걸까? 해리엇은 다윈에서 시작해서 위컴, 브리즈번 보타니컬 가든, 플리를 거쳐 어윈까지 갔다. 다윈의 거북이라고도 불리는 해리엇은 2006년에 사망하기 전에 사람들의 큰 관심을 끌게 됐다. 이 이야기가 모두 사실이라고 가정하면 해리엇은 1834년이나 그보다 몇 년 앞서 부화되었으니까 적어도 172년을 산 것이다.

이 파란만장한 역사에 의문을 제기하는 것이 무례하게 느껴질 수도 있지만, 여기에는 진짜 문제가 될 만한 점이 몇 가지 있다. 비글호에 탔을 때 다윈의 조수이자 동반자였던 심스 코빙턴Syms Covington의 당시 증언과 모순되기 때문이다. 코빙턴에 따르면 다윈은 어린 땅거북을 한 마리만 데려왔고, 코빙턴 자신이 또 한 마리를 데려왔다고 했다. 이 땅거북들이 반려동물이었을 가능성은 높지 않다. 다윈은 표본을 연구하는 유형이지, 동물을 키우는 유형의 사람이 아니었기 때문이다. 이 거북이들이 반려동물이 아니었다는 것은 여러 해 후에 다윈이 그 거북이에 관해 받았던 질문을 봐도 분명하게 드러난다. 이 질문에 다윈은 자기가 땅거북을 데려온 적이 있다는 사실 자체를 기억하지 못했다. 그리고 인구조사 기록을 보면 워컴은 영국에서 다윈으로부터 거북이를 받았다고 알려진 당시에 호주에 살고 있었던 것으로 나와 있다. 다윈 자신도 여정이 끝나고 약 20년 후에 비글호 사람들이 다시 한 자리에 모이기 전까지는 워컴을 따로 만났던 기억이 없었다. 이 이야기의 숨통을 끊는 확실한 결정타는 런던 자연사박물관Natural History Museum의 수집관리자 콜린 매카시Colin McCarthy가 최근에 발견한 내용이다. 매카시는 2009년 다윈 200주년 기념 전시회를 준비하다가 박물관 지하의 1번 보관소에서 두 마리의 어린 땅거북 골격을 찾아냈다. 둘 다 1837년 8월 13일, 그러니까 비글호가 돌아오고 10개월 후로 날짜가 적혀 있었고, 그 위에는 '찰스 다윈 증정'이라는 라벨이 붙어 있었다.

해리엇은 다윈의 소유였던 적이 한 번도 없었던 것으로 보이지만 그렇다고 해리엇이 나이가 많지 않다는 의미는 아니다. 어쩌면 항간의 주장처럼 정말 많을지도 모른다. 나는 해리엇에 대한 설명 중 상당 부분을 과학기자 폴 체임버스Paul Chambers의 연구에서 인용하고 있는데 그는 해리엇이 죽은 후에 채취한 DNA를 분석한 미발표 자료를 추적해보았다. 그 분석에 따르면 해리엇은 갈라파고스의 섬 중에서 다윈이 한 번도 방문한 적이 없었던 산타크루즈 섬Santa Cruz Island 출신이었다. 다윈의 시절에는 인디패티저블 섬Indefatigable Island으로 알려졌던 곳이다. 하지만 이 분석은 다른 내용도 보여주고 있었다.

1800년대 중반에 비글호가 여정을 다니면서 만들어놓은 훌륭한

지도 덕분에 갈라파고스 제도는 향유고래가 풍부한 열대 바다를 돌아다니는 고래잡이배들에게 인기 많은 기항지로 자리잡았다. 1849년의 캘리포니아 골드러시 때도 재물을 찾아 나선 사람들을 싣고 남아메리카 최남단 혼곶을 돌아가던 수많은 여객선이 이곳을 찾았다. 이곳을 방문하는 배들은 사실상 모두가 땅거북을 약탈했다. 땅거북은 대사속도가 느려서 먹이나 물을 챙겨주지 않아도 1년까지 산 채로 잡아둘 수 있었고, 사람들 말로는 고기맛도 아주 훌륭했기 때문이다. 비글호가 찾아온 이후로 수십 년 동안 지나가던 뱃사람들의 약탈로 말미암아 땅거북 개체수가 급감했다. 사람의 발길이 닿기 전에는 25만 마리 정도로 추산되던 갈라파고스땅거북의 개체군이 20세기 중반쯤에는 3000마리 정도만 남았다. 지금은 보호를 위한 노력이 이어지면서 그 추세가 역전됐지만 심각한 개체군 병목현상을 거쳐왔기 때문에 살아남은 땅거북의 DNA를 보면 출신을 알아볼 수는 있지만, 출신이 같은 기존의 땅거북 DNA와 눈에 띌 정도로 달라져 있다. 해리엇의 DNA는 산타크루즈 섬 출신이라고 확신할 수 있을 정도로 기존의 산타크루즈 섬 땅거북과 충분히 닮아 있었지만, 그러면서도 차이가 꽤 있었기 때문에 그 섬에서 아주 오래전에 나온 개체라는 판단이 가능했다. 어쩌면 다윈이 그 군도를 방문했던 시절만큼 오래 됐는지도 모른다.

그래서 처음에 말했듯이 땅거북은 아주 오래 살 수 있지만 정확히 얼마나 오래 사는지는 여전히 미스터리로 남아 있다. 아마도 150세에서 200세 사이가 합리적인 추측이 아닐까 싶다.

내가 이 땅거북들 중 어느 것에 대해서도 장수지수를 추정하지 않았다는 점에 주목하자. 이는 오차범위를 몇십 년 안쪽으로 줄이면서 이들의 진짜 나이를 추정하는 데 어려움이 있어서가 아니다. 진짜 이유는 이 거북이들의 무거운 껍질 때문이다. 장수지수는 동물원이나 가정에서 보호받으며 자란 껍질 없는 포유류의 수명을 토대로 설정된 것이고, 체중에 따라 달라진다. 대충 보면 척추동물의 체중은 대부분 전체적인 몸의 부피와 연관되어 있다. 그러나 바다거북과 땅거북은 무거운 껍질 때문에 몸의 부피가 비슷한 껍질 없는 동물들보다 체중이 훨씬 무겁다. 그래서 이 점을 무시하고 다른 종들과 그대로 비교하는 것은 기만적이다.

그럼 여기서 장수하는 섬 동물 중에 껍질이 없는 종을 살펴보고 가는 것이 좋겠다.

투아타라*Sphenodon punctatus*

또 다른 섬 파충류로 투아타라가 있다. 투아타라는 희귀하고, 또 섬 동물이라는 점을 감안해도 아주 이상한 동물이다. 많은 투아타라 종이 공룡의 전성기에 남쪽 대륙 여기저기 퍼져서 살았지만 지금은 단 한 종만 뉴질랜드 인근 해역에 있는 32개의 작은 섬에 살아남았다. 투아타라는 토착 마오리족의 문화에서 상징적인 자리를 차지하고 있다. 그 문화권에서는 투아타라가 특별한 보물(타옹가)taonga이자 특별한 장소의 수호자로 여겨진다. 투아타라는 지금은 사용되지 않는 뉴질랜드의 옛날 5센트 동전에도 그려졌고, 뉴질랜드에 있는 유일한 프로야구팀의 이름도 오클랜드 투아타라Auckland Tuataras다.

투아타라는 도마뱀처럼 보이기도 하지만 도마뱀이 아니다. 사실 이들은 공룡이 존재하기 전인 약 2억 5000만 년 전에 도마뱀과 뱀으로부터 갈라져 나왔다. 오래전 멸종한 이들의 선조와 비교해보면 이들은 섬 거구보다는 오히려 섬 난쟁이라 할 수 있다. 성체의 길이는 60센티미터에 체중은 1킬로그램밖에 안 된다. 성체는 또한 철저한 야행성이며 땅 위에서 활동하는 반면, 어린 개체는 낮 시간에도 활발히 활동하고 대부분의 시간을 나무에서 보낸다. 아마도 섬에 같이 살고 있는 포식자 바닷새들을 피하기 위함일 것이다. 야행성 포식자답게 어두운 곳에서도 시력이 대단히 탁월하고 어두운 곳에서도 색깔을 볼 수 있다. 이것은 제3의 눈(두정안)과는 아무 관련이 없다. 머리 꼭대기에 자리잡고 있는 이 눈은 수정체와 망막이 완전하게 구비되어 있고, 어린 개체에서 첫 몇 달 동안은 겉으로 드러나 있지만 그 이후에는 비늘로 덮인다. 이들은 이빨이 위턱에는 두 줄로, 아래턱에는 한 줄로 나 있는데 아래쪽 이빨 한 줄이 위쪽 이빨 두 줄 사이로 정확하게 들어간다. 이 이빨은 영구치이기 때문에 거친 음식을 갈아먹으면 나이가 들면서 닳게 된다. 어린 타라투라는 귀뚜라미나 딱정벌레처럼 바삭바삭한 먹이를 먹을 때가 많지만 나이가 들어 이빨이 작고 무뎌져 뿌리만 남게 되면 잇몸으로 물어죽일 수 있는 지렁이, 달팽이, 곤충의 유충 등으로 식단을 바꾼다.

투아타라는 무엇이든 느긋하다. 이들은 2억 5000만 년 동안 아주 느리게 진화했고, 지금도 그때와 같은 방식으로 살고 있다. 이들은 파충류 중에 성장 속도가 제일 느려서 야생에서 최종 성체 크기에 도달하는 데 35년 넘게 걸린다. 이들은 8개월에서 1년까지 알에서 보낸 후에 나오고 십대가 된 후에야 처음으로 번식을 한다. 야생의 암컷은 약 4년 정도마다 한 개씩 알을 낳는다. 이것은 아마도 춥고 안개가 자주 끼는 기후에 살고, 좋아하는 체온이 어느 파충류보다도 낮기 때문일 것이다(섭씨 16~21도). 땅거북처럼 투아타라의 성별도 온도로 결정된다. 하지만 대부분의 땅거북과 달리 온도가 낮으면 대부분 암컷이 되고, 높으면 대부분 수컷이 된다. 투아타라 보호운동가 중에는 지구 온난화로 나중에는 야생 개체군에서 결국 수컷만 나오는 것이 아닐

투아타라는 도마뱀이 아니다. 2억 5000만 년 전에 뱀과 도마뱀에서 갈라져 나온 고대 파충류다. 투아타라라는 이름은 마오리족 언어로 '등 뒤에 난 가시'를 의미한다. 투아타리는 제일 느리게 성장하는 파충류이자 가장 오래 사는 종으로 꼽힌다. 이 그림은 1886년에 제작된 판화다.
출처: George Bernard/Science Photo Library

까 우려하는 사람도 있다.

성장속도가 느리고 추운 곳에 사는 이 파충류는 얼마나 오래 살까? 아무런 확실한 증거도 없이 투아타라가 100년을 산다는 둥, 200년을 산다는 둥 소문만 무성했다. 그러다 나는 2009년 CNN 뉴스에서 뉴질랜드의 사우스랜드 박물관/미술관Southland Museum and Art Gallery, SMAG에서 살고 있는 헨리라는 이름의 110세의 수컷 투아타라가 80세의 젊은 암컷 밀드레드Mildred와 눈이 맞아 11마리의 건강한 새끼를 낳았다는 기사를 우연히 보았다. 본문의 내용은 의심스러웠지만 세부적인 내용은 흥미로웠다. 헨리는 적어도 지난 35년 동안은 암컷에게 아무런 관심이 없는 괴짜 늙은이였던 것으로 보인다. 그러다 수의사들이 헨리의 아랫도리 생식기에서 암을 발견했다. 이것 역시 괴짜스러운 일이다. 그 암을 제거하고 나니 헨리의 태도가 개선되어 성욕이 돌아왔다. 그 다음에 어떤 일이 일어났는지 당신도 짐작할 것이다. 헨리와 마일드레드가 함께 어린 새끼를 낳았다. 솔직히 그냥 의심스러운 정도가 아니었지만 나는 더 자세히 알아보기로 하고 SMAG의 큐레이터 겸 탁월한 투아타라 사육자 린지 헤이즐리Lindsay Hazley와 연락해보았다.

헤이즐리는 자신을 SMAG 투아타라 개체군의 카이티아키(마오리 언어로 '수호자')라고 불렀다. 그는 거의 50년 가까이 투아타라들을 관리하고 있었다. 그 기간 동안 그는 사육 상태에서도 투아타라가 번식의 의지를 보일 수 있도록 건강하게 유지하는 데 필요한 보호활동을 진행해왔다. 사실 그는 이 종의 지속적인 보호활동을 뒷받침하기 위해 뉴질랜드 곳곳의 동물원에 사육 상태에서 태어난 투아타라를 70마리 정도 나누어주기도 했다.

내 첫 번째 질문은 이랬다. "헨리의 나이를 어떻게 알 수 있습니까?" 헨리의 나이가 딱 떨어지는 숫자(110세)인 것을 보고 추정치려니 싶기는 했지만 알고 보니 철저한 장기 관찰을 기반으로 나온 추정치였다. 헨리는 1970년에 완전히 자란 성체 상태에서 포획됐고, 그 후로 쭉 SMAG에서 살았다. 헤이즐리가 관리하는 무리 중에는 헨리 같은 수컷들이 있다. 그가 알에서 부화해서 성체로 자라는 모습을 30년 넘는 세월에 걸쳐 지켜본 개체들이다. 이 성장속도를 바탕으로 그는 사육 상태에서 태어난 수컷들이 헨리가 도착했을 당시의 체구에 도달하려면 거기서 다시 20년에서 30년 정도가 필요할 것이라 추정했다. SMAG의 투아타라 개체들은 섭씨 15~17도 사이에서 생활한다. 이는 헨리가 자랐을 자연서식지보다 5~6도 정도 따듯한 온도다. 그리고 이 무리에서 자란 투아타라들은 야생의 개체들에 비해 일은 적게 하고 먹이는 더 풍부하게 먹기 때문에 헤이즐리의 계산에 따르면 헨리가 이곳에 도착할 즈음의 나이는 예순 살 정도로 추정됐다.[2] 따라서 춥고, 안개 많고, 바람도 많은 스티븐스 섬Stephens Island의 야생에서 자유롭게 살았던 60년에 SMAG에서의 50년을 더하면 그 나이가 나온다. 추정치이기는 하지만 내가 보기에는 대단히 합리적인 추정으로 보였다. 헨리의 추정 나이를 이용해서 투아타라의 장수지수를 계산해보면 10.3이 나온다. 브란트박쥐에 비해 체구 대비 수명이 살짝 더 길다.

땅거북과 투아타라에게서 배우는 장수의 생물학

땅거북이나 다른 파충류의 수명을 이해할 때는 반드시 그들의 외온성, 즉 자체적으로 열을 생산하지 않는다는 특성에서 출발해야 한다. 이들의 체온은 주변의 온도를 따라간다. 갈라파고스 섬은 연 평균 기온이 섭씨 24도다. 이는 갈라파고스땅거북의 평균 체온과 대략 일치한다. 야생의 투아타라는 연 평균 기온 섭씨 9~10도의 환경에서 산다. 이 역시 이들의 평균 체온에 해당한다.

장수하는 파충류들은 섭씨 41도 체온의 갈라파고스매*Buteo galapagoensis*처럼 주변 환경보다 체온을 아주 높게 유지하면서 엄청난 에너지를 소비하느니 차라리 모든 것을 느리게 만들어 에너지를 아끼는 전략을 택했다. 코끼리거북과 투아타라는 느리게 움직이고, 느리게 자라고, 삶의 이정표에도 느리게 도달한다. 다윈은 땅거북의 이동 속도가 하루 6.4킬로미터라고 계산했다. 시간당 속도가 아니다. 사람이 아주 잰걸음으로 걸었을 경우에 시속 6.4킬로미터 정도가 나온다. 잘 먹고 사는 사육 상태에서 땅거북이 사춘기에 도달하기까지는 적어도 20~30년이 걸린다. 그리고 야생에서는 40년 이상 걸린다. 이들은 심장 박동 속도도 느려서 10초에 한 번 꼴이다. 이들은 호흡도 느리다. 세포 분열도 느리다. 이들의 생각하는 속도는 얼마나 되는지 모르겠지만 아마도 같이 체스를 두고 싶은 마음은 안 들 것 같다.

이런 에너지 절약 전략 덕분에 전반적으로 파충류, 특히 땅거북과 투아타라는 비슷한 덩치의 포유류보다 먹이를 훨씬 조금만 먹어도 된다. 조류 및 포유류와 마찬가지로 체구가 큰 파충류는 작은 파충류보다 대사율이 낮다. 코끼리거북을 1년 이상 물이나 먹이 없이 붙잡아 두어도 죽지 않았던 이유도 그 때문이다.

땅거북과 투아타라는 장수하지만 전반적으로 삶의 속도가 굼뜨기 때문에 새나 박쥐의 장수와는 의미가 아주 다르다. 새와 박쥐는 체구에 비해 상대적으로 특출한 장수를 누린다. 내온성 동물에서 이것은 에너지 처리 속도에 비해 장수한다는 의미다. 절대적인 수치로 따지면 이들의 장수는 땅거북은 말할 것도 없고 인간에도 미치지 못한다. 제일 장수한 동물원 새가 83세였던 것을 기억해보자(메이저미첼유황앵무). 이 정도 수명이면 사람에서는 그리 특출한 장수라 할 수 없다. 하지만 나는 날아다니는 새와 박쥐로부터 사람의 건강 수명 연장에 대해 배울 것이 많다고 확신한다. 이들은 그 기간 내내 빠른 삶의 속도를 유지할 수 있기 때문이다. 메이저미첼유황앵무는 가장 장수한 사람보다도 9배나 많은 양의 에너지를 처리했다. 그리고 그 과정에서 손상을 입히는 화학적 부산물도 그만큼 많이 생겨났다. 이들은 사람보다 더 많은 에너지를 더 빠르게 처리할 수 있지만, 또한 그에 따라 해로운 화학반응(산소 유리기 생산, 갈변 산물, 그리고 다른 많은 해로운 산물)도 가속된다. 따라서 이들이 목숨을 파괴하는 해로운 불길 속에서 어떻게 건강을 유지할 수 있는지 살펴보면 배울 점이 많을 것이다.

거북이는 적어도 150년, 아마도 그보다 몇십 년 더 살 수 있고, 투아타라는 적어도 100년을 살 것이라 생각되지만 이들이 그 오랜 세월 동안 소비하는 에너지는 인간의 몇 분의 1 수준에 불과하다. 이들은 평균적인 사람과 비교하면 심장 박동 횟수도 적고, 호흡 횟수도 적다. 이들은 대사가 극적으로 느리고 체온도 낮기 때문에 산소 유리기 생산도 적고, 갈변 산물로의 단백질 변성도 더 느리게 일어난다. 사실 노화는 거의 전적으로 세포 화학의 부산물에 의한 손상으로 생기는 것이고, 낮은 체온에서는 거의 모든 화학반응이 느리게 일어나기 때문에 코끼리거북이나 난쟁이 투아타라가 장수하지 않았다면 오히려 그것이 생물학적으로 놀라울 일이었을 것이다.

그러나 이들 파충류로부터 장수에 대해 배울 것이 전혀 없다는 건 아니다. 이들이 누리는 장수가 그저 느린 삶의 속도 덕분일지도 모르지만 그와 다른 이유도 있을 수 있다. 이들은 체구가 크다. 그럼 암으로 변할 수 있는 세포의 숫자도 그만큼 많다는 의미다. 그럼 이들에게 암으로부터 스스로를 지키는 탁월한 세포 방어 메커니즘이 있을지도 모른다. 실제로 이들의 유전체를 분석한 초기 결과를 놓고 보면 그것이 사실일지도 모른다는 암시가 들어 있다.

유전체 염기서열분석 능력의 놀라운 발전은 21세기 들어 지금까지 이룩한 놀라운 과학적 성과 중 하나다. 유전체는 뉴클레오티드 nucleotide라는 4가지 DNA '글자'가 일렬로 배열되어 있는 것으로, 이 배열이 범용 암호로 작용해서 유전체에 어떤 유전자가 포함되고, 이 유전자가 언제 어떻게 켜고 꺼지며, 그 유전자들이 어떤 세포 과제를 수행할지 결정한다. 사람의 유전체는 30억 개의 뉴클레오티드로 이루어져 있다. 이는 킹 제임스 성경 천 권에 들어 있는 글자 수와 맞먹는다. 사람의 유전체 염기서열 분석을 2003년에 완료하기까지 십 년의 시간과 십억 달러의 예산이 들었다. 하지만 20년도 채 지나지 않은 지금은 몇 시간 정도의 시간과 근사한 레스토랑 한 끼 식사비도 안 되는 돈으로 동물의 유전체를 분석할 수 있다. 그래서 요즘에는 장수하는 종의 유전체 염기서열 분석을 신속하고 저렴하게 진행할 수 있다. 사실 지나치게 단순화해서 말하고 있는 건 맞다. 그렇게 분석해서 얻은 염기서열 암호가 어떤 생물학적 정보를 담고 있는지 해독하는 데는 상당한 연구가 필요하기 때문이다. 하지만 그 부분에서도 우리 실력은 점점 나아지고, 빨라지고 있다.

유전체 염기서열 분석은 장수를 이해하는 데 유망한 영역이 어디인지 찾는 것을 도와줄 수 있다. 예를 들어 최근에 장수하는 땅거북의 유전체 염기서열을 분석해보았더니 느린 대사뿐만 아니라 DNA 손상 복구 능력과 세포가 암으로 전환되는 것에 대한 저항 능력이 그들의 특출한 장수에 기여하는 중요한 과정이라는 암시가 나왔다. 다만 유전체 염기서열 분석은 암시만 해줄 뿐 확실하게 못 박아 말해줄 수는 없다. 즉 장수의 생물학을 이해하는 출발점이지만, 결국은 출발점일 뿐이다.

특정 장수 종에서 얻은 지식이 인간의 건강을 개선하고 수명을 연장하는 데 사용될 수 있는지 이해하려면 먼저 해당 종이 노화와의 전쟁에서 사람보다 큰 성공을 거두고 있는지, 그렇다면 그 비결이 무엇인지 알아야 한다. 이는 단순한 유전체 염기서열 분석을 뛰어넘어 더 큰 연구가 필요한 어려운 주문이다. 하지만 현재 진행되고 있는 연구 대부분이 노화와의 전쟁에서 사람보다 실패하고 있음이 이미 밝혀진 종을 더 깊숙이 연구하는 방향으로 나가고 있으니 안타까운 일이 아닐 수 없다. 우리는 그런 종이 그나마 덜 실패하면 그것을 성공이라 여긴다.

부디 사람들이 이 책에서 영감을 얻어 므두셀라 동물들 가운데 가장 유망한 종들을 더 깊이 연구하게 되기를 바란다. 나의 변변치 않은 생각으로는 그것이야말로 인간의 건강한 장수를 견인할 약물을 개발하는 데 있어 핵심적인 부분이라 여기기 때문이다.

6장 개미

⁑

일생을 여왕으로 살기

어느 날 당신이 다른 면에서는 평범하기 그지없는 가족 중에서 아주 특출한 여성을 발견했다고 상상해보자. 이 여성의 평범한 가족은 여러 세대를 거치며 평범한 친족들을 배출했다. 이 여성의 특출한 점이 무엇인고 하니 다른 친척들은 모두 평범하게 70년에서 90년 정도를 살다 간 반면 자신은 2000년 넘게 살아 있다는 점이다. 이 여성은 그리스의 황금기, 로마제국의 흥망성쇠, 흑사병으로 황폐해진 중세시대, 새로운 문화가 꽃을 피웠던 르네상스, 계몽시대, 과학의 등장, 산업혁명에 따른 놀라운 부의 축적과 공기 오염, 기술의 전파, 그리고 오늘날 디지털 시대에 이르기까지도 여전히 건강을 유지하고 있다. 이 여성이 다른 그 누구보다도 오래 살아남을 수 있었던 이유가 무엇인지 배울 수 있다면 귀가 솔깃하지 않겠는가? 놀랍게도 자연은 이런 시나리오를 확실한 사례로 보여주고 있다. 물론 인간이 아니라 곤충의 사례다.

우리는 이 놀라운 생존자를 '여왕'이라는 이름으로 부르고 있다. 아주 적절한 이름이다. 여왕은 원기 왕성하게 건강을 유지하며 장수를 누린다. 다른 친척들보다 무려 30배나 오래 산다. 일반적인 수명보다 30배 오래 사는 것을 사람 기준으로 환산해보면, 지금 살아 있는 사람이 아리스토텔레스의 시대에 태어난 셈이 된다. 이런 여왕의 사례를 가장 흔하면서도 가장 멸시당하는 곤충인 개미와 흰개미에서 찾아볼 수 있다. 개미와 흰개미 모두 여왕이 장수한다는 것 말고도 독특한 특성을 갖고 있다. 크고 복잡한 사회를 이루어 산다는 것이다. 여왕의 특출한 장수와 복잡한 사회 이 두 가지 속성은 서로 연관되어 있다.

개미와 흰개미의 여왕과 사회는 어떤 중요한 특성들을 공유하고 있다. 그중 하나는 과학자들이 의인화된 용어를 사용할 때 그 용어가 갖는 함축적 의미에 대해 별로 고민이 없었던 시절에 처음으로 묘사되었다는 점이다. 그래서 여왕이라는 용어말고도 개미와 흰개미의 사회적 역할을 카스트로 묘사하고, 특정 카스트 계급을 일개미, 수개미, 왕, 보모개미, 병정개미, 심지어 노예개미라는 용어로 표현했다. 요즘에는 신체 부위를 지칭하는 어려운 전문 용어들처럼(예를 들면 흉곽thorax 대신 중체부mesosoma, 복부abdomen 대신 후체부metasoma) 이해하기는 어렵지만 이런 역할을 지칭하는 중립적인 전문용어들이 나와 있다(매크러게이트macrergate, 수터게이트pseudergate, 디너게이트dinergate 등). 하지만 이해하기도 힘든 과학 전문용어 속에서 헤매기보다는 차라리 이렇게 흔히 사용되는 곤충학 용어 속에 '의인화에 따른 의도적, 함축적인 의미는 없다'는 걸 전제로 이런 일반적 용어를 계속 사용하기로 하겠다.

개미와 흰개미 무리는 보통 하나의 가족으로 구성되어 있지만, 때로는 여러 개의 다세대 가족으로 이루어지기도 한다. 이런 가족은 종과 환경에 따라서 작은 마을 크기가 될 수도 있고, 대도시 크기가 될 수도 있다. 가족들은 땅 밑으로 굴과 방을 파서 넓게 연결되어 있는, 잘 보호된 둥지 안에서 살거나, 땅 위 요새에서 살거나, 나무 안에서 산다. 가족들은 어둠 속에서 살기 때문에 화학적 신호로 소통한다. 가족을 보살피는 데 필요한 모든 식량과 노동은 일개미들이 제공한다. 성체들은 일반적으로 번식을 하지 않는다. 번식의 특권은 오로지 왕족에게만 돌아간다.

그리고 개미 사회와 흰개미 사회에는 흥미로운 차이점들도 존재한다.

개미와 개미 사회

개미가 어디든 없는 곳이 없다고? 맞는 얘기다. 개미는 남극을 제외한 모든 대륙에 토착종으로 살고 있다. 개미는 사막, 대초원, 숲뿐만 아니라 공원, 운동장, 식료품 저장실에도 설마 이렇게나 많나 싶을 정도로 많다. 열대지역의 경우 축구장 크기만 한 땅에 개미가 500만 마리 정도 있을 수 있다. 어떤 종은 게걸스러운 포식자로, 엄청난 양의 거미와 다른 곤충 그리고 노래기, 지네, 지렁이, 흰개미 등 흙에 사는 다양한 소형 동물을 먹어치운다. 어떤 종은 꽃의 꿀을 먹거나 진딧물이 배설물을 빨아먹는다. 심지어 어떤 종은 오직 개미를 위해 특별히 만들어진 식물 부위를 먹기도 한다. 어떤 종은 자기네 둥지 속 농장에서 곰팡이를 키워 먹는다. 인간보다 적어도 5000만 년 앞서서 농업을 발명한 것이다. 사막에서는 개미들이 대량의 씨앗을 저장한다. 이들은 지하에 거대한 땅굴 시스템을 구축하기 때문에 북부지역 기후에서는 지렁이만큼 많은 흙을 뒤집어주고, 열대지역에서는 지렁이보다 더 많이 뒤집어준다. 개미들은 동물이나 식물 먹잇감의 시체를 땅굴로 끌고 들어와 그곳에서 썩게 만들기 때문에 흙에 적지 않은 양의 비료를 공급해준다.

개미는 인간과 식량 및 공간을 두고 경쟁을 벌이는 여느 동물들과 마찬가지로 해충으로 여겨지며, 개미를 집중적으로 박멸하는 산업의 규모도 수십억 달러에 이른다. 개미 박멸을 위해 미국 남동부의 광활한 지역을 DDT로 융단폭격했던 사건이 특히 유명하다. 건축물, 농업, 가축에게 큰 피해를 입히는 외래유입종 붉은열마디개미를 소탕하기 위한 목적이었지만 헛수고로 끝났다. 붉은열마디개미보다는 개미가 아닌 다른 야생생물이나 가정에 있는 동물들에게 더 많은 피해를 입힌 이 사건이 작가 레이첼 카슨의 관심을 끌었다. 그는 1962년에 『침묵의 봄』이라는 책에서 무차별적인 살충제 사용의 위험에 대한 글을 썼고, 이 책이 환경운동의 시발점이었다는 얘기도 많다.

개미의 사회는 여성 사회다. 여왕은 물론 암컷이지만 일개미 또한 모두 암컷이다. 일개미는 이름에 걸맞은 활동을 한다. 먹이를 구해오는 것도 일개미, 먹이를 둥지로 옮기는 것도 일개미, 무리가 커졌을 때 둥지에 새로운 방과 굴을 파고 관리하는 것도 일개미, 알, 유충, 번데기 등 새끼들을 지극정성으로 돌보는 것도 일개미, 창자 속에서 먹이를 가공해서 여왕개미, 다른 일개미, 새끼들에게 먹이는 것도 일개미, 필요할 때 새끼들을 다른 곳으로 이동시키는 것도 일개미, 먹이 창고를 관리하고, 둥지를 깨끗이 청소하고, 필요하면 목숨까지 내놓으며 무리를 지키는 것도 일개미다.

개미는 알에서 부화하면 작은 지렁이처럼 다리도 없고, 눈도, 더듬이도 없는 완전히 무력한 유충으로 태어난다. 이런 유충은 사람의 아기처럼 꼼꼼한 보살핌이 필요하다. 일개미들은 유충이 어릴 때는 액체를 토해내서 먹이고, 어느 정도 크면 고형식을 먹인다. 일개미는 새끼들을 핥아주고 배설물을 치워준다. 이것은 사람으로 치면 아기의 기저귀를 갈아주는 것에 해당하는 행동이다. 일개미는 유충의 탈피도 도와준다. 유충들은 걸신이 들린 것처럼 먹는다. 유충은 보통 네 번에 걸쳐 성장하고 탈피하면서 그때마다 몸집이 더 커지지만, 여전히 무력한 유충 상태로 있다가 나중에는 번데기 고치를 만들어 움직임 없는 번데기가 된다. 그리고 몇 주 후에는 최종적인 성체의 형태와 크기를 갖추고 번데기에서 나온다. 성체가 된 개미는 다른 곤충들과 마찬가지로 탈피하지 않기 때문에 손상을 입어도 고칠 수 있는 능력이 대단히 제한되어 있다.

1만 5000종 정도의 개미 종은 하나의 군집 생활사를 바탕으로 해서 여러 가지 변형된 모습을 보여준다. 전형적인 생활사는 날개가 달린 암컷 한 마리가 새로운 무리를 세우면서 시작된다. 이 암컷은 날개 달린 다른 암컷과 날개 달린 수컷의 무리에 끼어 자기가 태어난 무리로부터 떨어져 나온 암컷이다. 자신의 삶에서 단 한 번뿐인 이 비행에서 암컷은 짝짓기를 한다. 짝짓기를 하고 땅에 내려오면 암컷은 날개를 떼어내고 굴을 파 둥지 속에 방을 만든다. 그리고 그 방에서 남은 생을 보내게 된다. 암컷과 짝짓기를 한 수컷들 앞에는 미래가 없다. 자신의 유일한 임무를 마친 수컷들은 머지않아 죽게 된다.

이제 날개가 없는 여왕은 곧 알을 낳기 시작한다. 알이 부화해서 유충이 나오면 여왕은 지방이나 혹은 더 이상 필요 없는, 비행용 근육에 저장되어 있던 에너지에서 나온 먹이를 토해서 먹인다. 한두 달 후에 이 1세대 알들이 성충이 되어 일개미가 되면 그 후로는 먹이를 구하고, 여왕과 다음 세대의 알에서 깨어날 유충을 먹이는 등 무리에서 해야 할 일들을 사실상 모두 떠맡게 된다. 무리를 세우는 일을 하느라 여왕은 체중이 절반으로 줄어 있기 때문에 일개미들은 여왕을 먹이는 일에 특별히 신경을 쓴다. 일단 이 단계에 도달하고 나면 여왕은 여생을 꼼꼼한 보살핌을 받는 알 낳는 기계에 불과한 존재가 된다.

앞에서 말했듯이 수컷은 잠깐 존재하다 사라지며 짝짓기 말고는 아무런 쓸모가 없다. 수컷이 발달하는 동안에는 일개미들이 여느 유충처럼 잘 먹이고 보살펴 주지만 수컷이 무리에 기여하는 것이라고는 짝짓기 비행을 해서 이제 막 왕관을 쓴 여왕에게 정자를 전달해주는 것밖에 없다. 다만 수컷 개미의 삶은 짧을지라도 그 정자의 삶은 그렇지 않다. 여왕은 정자를 특별한 기관 안에 저장해두었다가 남은 평생 조금씩 꺼내어 난자를 수정시킬 것이다.

수컷이 연중 특정 시기에만 바글거리고 평소에는 암컷에 비해 그 수가 훨씬 작다면 이런 의문이 생긴다. 개미의 성이 어떻게 결정되길래 성비가 이렇게 불균형할까? 벌, 말벌, 그리고 몇몇 다른 곤충 집단에서 공유하고 있는 생물학적 꼼수 덕분이다. 암컷은 수정란에서만 발달한다. 그리고 수정되지 않은 난자는 대부분의 종에서처럼 유산되지 않고 수컷으로 발달한다. 난자가 매년, 매주, 매일 산도를 통과하는 동안 여왕개미는 저장해두었던 정자를 조금씩 뽑아내어 산도를 통과하는 난자를 수정시킬 수도 있고, 수정시키지 않을 수도 있다. 수정을 시키면 암컷 알을 낳게 된다. 그렇지 않은 경우 그 알은 수컷이 된다. 집단의 성비를 결정하는 권한은 여왕개미에게 있다.

이런 특이한 성별 결정 시스템은 사람의 관점에서 볼 때 유전적으로 좀 이상한 결과를 낳게 된다. 수컷의 유전물질은 암컷의 절반밖에 안되고, 수컷의 유전자는 모두 엄마로부터 물려받은 것이기 때문이다. 반면 암컷은 엄마의 유전자 절반과, 짧은 시간 살다 간 아빠의 유전자 절반을 갖고 있다. 그 결과 자매들, 즉 무리의 일개미들은 서로 유전자의 4분의 3을 공유하게 된다. 엄마를 통해 공유하는 절반의 유전자와 별로 쓸모도 없고 잠깐 살다 가는 수컷 형제를 통해 공유하는 4분의 1의 유전자다. 바꿔 말하면 자매와 부모 사이보다 자매끼리의 혈연관계가 더 가깝다는 말이다. 어떤 연구자들은 이런 특이한 유전 시스템 덕분에 이들의 복잡한 사회가 진화한 것이라 주장한다.

또 다른 의문이 생긴다(우리에게는 수십억 달러짜리 의문이다). 암컷 알이 상대적으로 수명이 짧은 일개미로 발달할지, 장수하는 여왕으로 발달할지 결정하는 것은 무엇이며, 여왕을 만들어내는 것이 무엇인지 이해함으로써 인간의 수명 연장에 관해 우리가 배울 수 있는 것은 무엇인가? 이 질문에 답하기 전에 우선 개미의 사회와 흰개미의 사회를 비교해보자. 여왕흰개미도 엄청 오래 사니까 말이다. 이 두 집단을 비교해보면 특출하게 장수하는 곤충의 진화에 관해 일반적인 내용을 이해할 수 있을지도 모른다.

흰개미와 흰개미 사회

흰개미는 그 이름에서도 알 수 있듯이 표면적으로는 개미와 비슷해보인다. 하지만 흰개미는 개미와 가까운 친척이 전혀 아니다. 흰개미는 오히려 우리가 사랑해마지 않는 또 다른 곤충인 바퀴벌레와 가까운 친척관계다. 현대의 생물학자들은 흰개미를 바퀴벌레의 하위 집단으로 여긴다. 흰개미는 살아 있는 식물도 먹지만 개미와 달리 여러 단계의 부패한 죽은 물질을 전문적으로 먹는다. 이런 습성을 잔사식생detritivory이라고 한다. 그래서 이들은 중요한 재활용 담당자 역할을 한다. 하지만 이런 재활용이 집을 만드는 데 사용하는 목재나, 도서관에 있는 책에서 일어나면 참으로 훌륭한 재활용 공익사업이라며 칭찬해주기는 힘들 것이다. 나도 열대지역에 살 때 이런 일을 당해봤다. 일부 흰개미 종은 일부 개미 종처럼 둥지 안에서 곰팡이를 재배하기도 한다. 흰개미 생물학자들이 흰개미가 개미보다도 훨씬 일찍 농업을 발명했다고 우쭐대며 다녀도 할 말이 없다. 이들은 공룡이 땅 위를 어슬렁거릴 때부터 농사를 시작했으니까 말이다.

개미처럼 흰개미도 어디에나 있어서 남극을 제외한 모든 대륙에서 발견된다. 특히 열대지방에서는 놀라울 정도로 많다. 열대지역의 개미와 흰개미를 합하면 그 수가 엄청나기 때문에 개미핥기, 땅늑대, 아르마딜로, 천산갑, 주머니개미핥기 등 체구가 꽤 큰 일부 포유류는 개미 말고 다른 건 거의 안 먹는다. 개미와 흰개미 모두 정교한 건축가가 될 수 있다. 개미는 보통 땅속에 복잡한 미로를 만들고, 흰개미는 땅 위로 우뚝 솟은 화려한 구조물을 만들 때가 많다.

언뜻 보면 개미의 사회와 흰개미의 사회도 기본 테마를 바탕으로 나온 다양한 변주로 이루어져 있어 굉장히 유사해보인다. 흰개미도 날개 달린 성충이 무리를 세운다. 흰개미도 한 번의 혼인비행을 하고 내려온 후에 곧바로 날개를 떼어낸다. 그리고 굴을 파고 들어가 두 번 다시는 그 굴을 떠나지 않는다. 전형적인 흰개미 무리도 그 무리를 세운 한 마리의 여왕이 낳은 알에서 나온 여러 세대의 가족으로 이루어져 있다. 그 알들은 거의 모두가 날개가 없고 생식능력도 없는 다양한 일꾼 흰개미로 발달한다. 이들은 먹이를 구해오고, 여왕과 그 새끼 그리고 서로를 먹이는 등 집단이 필요로 하는 모든 노동을 도맡아 한다.

이 모든 유사성에도 불구하고 주목할 만한 몇 가지 차이가 있다. 개미와 달리 여왕흰개미는 한 번의 혼인비행 동안에 짝짓기를 하는 것이 아니다. 이 비행은 평생의 배우자를 찾기 위한 비행이다. 날개 달린 수컷과 암컷이 배우자로 맺어져 땅에 내려오면 함께 날개를 떼어낸다. 이들은 함께 흙이나 죽은 나무에 둥지를 파고 들어간다. 이 모든 예비 행동을 마무리한 후에야 둘은 마침내 짝짓기를 한다. 이들은 계속해서 함께 살면서 죽음이 둘을 갈라놓을 때까지 계속 짝짓기를 한다. 개미에 비하면 흰개미는 참 낭만적이다. 그래서 흰개미 사회에서는 여왕만이 아니라 왕도 존재한다.

개미는 다리도 없고, 더듬이도 없는 무기력한 유충에서 번데기를 거쳐 완전히 다른 모습의 성충으로 변하는 완전변태를 거치지만 흰개미는 그렇지 않다. 흰개미의 유충은 다리를 갖고 있다. 이들 역시 부화했을 때는 무기력하지만 자라며 탈피를 하는 과정에서 작은 성충의 모습을 닮게 된다. 나이가 있는 유충은 심지어 무리의 기능 중 일부를 수행하기도 한다. 흰개미의 발달 시스템은 개미보다 훨씬 유연하고 복잡하다. 일부는 '발달 억제arrested development' 단계가 있는 경우도 있다. 이 경우 추가적인 탈피가 중단되지만 무리에서 필요로 할 때는 발달을 다시 개시해서 번식능력을 갖춘 새로운 성충으로 자랄 수 있다.

그리고 개미와 달리 흰개미는 암컷만이 아니라 양쪽 성별 모두 일꾼의 역할을 담당하며 대략 비슷한 숫자로 생산된다. 흰개미의 성별은 포유류와 같은 방식으로 결정된다. 암컷은 X 염색체를 각각의 부모로부터 하나씩 2개를 물려받고, 수컷은 엄마로부터 X 염색체를, 아빠로부터 Y 염색체를 물려받는다.

개미와 흰개미의 수명

앞의 2장에서 평생 밖으로 돌아다니는 성체 곤충, 그러니까 메뚜기, 나비, 파리 같이 트인 공간에서 날아다니고, 먹이를 구하고, 짝짓기를 하는 곤충들은 수명이 짧다고 한 바 있다. 이들은 성충이 되면 보통 몇 주나 몇 달 정도 살고, 길어야 1년 정도다. 이는 체구가 작아 여러 가지 환경적 위험에 취약하고, 곤충은 일단 최종 탈피를 마치고 성충이 되면 신체의 일부가 손상되도 고치거나 교체할 능력이 사실상 없어서 손상이 불가피하기 때문이다. 이들은 수명 연장 장치를 만들지도, 그것이 필요하지도 않았다.

개미와 흰개미는 삶이 아주 다르다. 여기서도 조심해야 할 것이 있다. 아프리카 가시거북 알라그바나 사람의 수명에 대한 온갖 미신처럼 그들의 수명에 대한 검증되지 않은 거짓말들이 떠돌고 있기 때문이다. 특히 흰개미에 대한 헛소문이 많다. 솔직히 말하면 개별 곤충을 추적하려면 몇 년이나 몇십 년은 고사하고 몇 달이나 몇 주도 쉽지 않다. 특히 수천 마리에서 수백만 마리의 개체로 무리를 이루어 땅속에 사는 곤충이라면 더욱 그렇다. 그런데 실험실에서 키운 개체를 통해 개미와 흰개미 여왕이 탈피하지 않는 성충 상태에서 무려 수십 년을 살 수 있다는 것이 밝혀졌다. 실험실에서 검증된 여왕흰개미의 최장수 기록은 21년이다. 지상에 사는 알려진 어떤 곤충보다도 무려 21배나 오래 산다. 그리고 마지막 보고서에서 이 나이의 몇몇 여왕흰개미 개체들이 여전히 살아 있었기 때문에 그 후로도 더 오래 살았을 수 있다. 이 21세의 여왕흰개미들은 호주에 사는 거대북부흰개미giant northern termites, *Mastotermes darwiniensis*다. 이 종이 이런 이름을 얻게 된 이유는 날개 달린 여왕과 왕이 크기가 정말로 크기 때문이다. 그 길이가 평균 35밀리미터 정도다. 북부거대흰개미의 왕도 여왕만큼 오래 산다. 이 종이 흰개미 중에서는 그리 예외적인 경우가 아닐지도 모른다. 우리는 4000종 정도의 흰개미 종 중에서 특히 경제적으로 중요한 몇몇 종에 대해서만 제한된 정보를 갖고 있지만, 여왕흰개미가 십대 혹은 그 이후까지도 살아남는 다른 종을 적어도 5가지는 알고 있다.

여왕개미는 훨씬 더 인상적이다. 확실한 출생기록이 있는 여왕개미의 최장수 기록은 유럽에서 가장 흔한 개미 종 중 하나인 고동털개미*Lasius niger*의 29세다. 여왕개미 사이에서 이 정도의 나이면 특별한 것일까? 흰개미의 경우와 마찬가지로 알지 못한다. 아는 개미 종도 거의 없고, 세부적인 내용도 아는 것이 거의 없기 때문이다. 그나마 고동털개미가 특히 잘 알려진 이유는 포획상태에서 기르기가 쉬워서 개미 기르기 애호가들이 좋아하는 종이기 때문이다. 하지만 가정이나 실험실에서 여왕개미가 20년 이상 산 것으로 검증된 종을 적어도 6가지는 알고 있다. 그리고 씨알을 먹는 한 수확개미harvester ant, *Pogonomyrmex owyheei* 종은 야생에서 적어도 30년 넘게 살았음이 증명되었다.[1] 여왕개미의 수명은 곤충들 사이에서는 정말 놀라운 것이다.

개미와 흰개미는 우리가 지금까지 만나본 수명에 관한 근본적인 규칙 중 하나를 깨뜨리고 있다. 구체적으로 말하면 발달이 느리고 번식 속도도 느려야 장수한다는 규칙이다. 파충류, 조류, 포유류에서 이 부분을 확인한 바 있다. 조류 중에서 장수하는 맨섬슴새는 성년이 될 때까지 6년이 걸리고, 1년에 알을 하나씩 낳는 반면, 수명이 짧은 칠면조는 1년 만에 성숙해서 한 번에 열두 개 쯤 알을 낳는다는 것을 기억하자. 포유류를 봐도 장수하는 박쥐는 성숙해지는 데 1, 2년이 걸리고 1년에 새끼를 한 마리씩 낳는 반면, 그와 체구는 비슷하고 수명이 짧은 생쥐는 2개월 만에 성체가 되어 6주마다 여섯 마리 정도의 새끼를 낳을 수 있다. 그리고 장수하는 땅거북은 성체가 되기까지 몇십 년이 걸린다는 것도 잊지 말자.

이것을 한두 달 안으로 성체가 되고, 평생 무려 1분에 하나씩 알을 계속해서 낳으면서도 알려진 곤충 중에 제일 장수하는 여왕개미, 여왕흰개미와 비교해보자. 그와 같은 맥락에서 이들은 또한 대사율이 낮아야 장수한다는 느슨하지만 일반적인 패턴도 위반하고 있다. 알을 생산하는 여왕은 예를 들어 유충을 돌보는 일개미보다 훨씬 많은 에너지를 필요로 하지만 그럼에도 일개미보다 몇 배나 오래 산다.

하지만 개미와 흰개미도 정확히 따르는 일반적인 패턴이 한 가지 있다. 외부의 위험으로부터 보호해주는 환경 적소를 차지하고 있는 종이 오래 산다는 패턴이다. 개미와 흰개미 여왕은 땅속이나, 정교하게 쌓아올린 요새 안이나, 나무 안에 살고, 필요하면 목숨이라도 바쳐 자기를 먹이고 보호해줄 수천 마리의 일개미를 거느리기 때문에 외부의 위험으로부터 잘 보호되어 있다. 여기서 개미와 흰개미의 일꾼들도 꽤 오래 산다는 점을 지적해야겠다. 일부 종에서는 3, 4년까지도 산다. 특히 둥지를 떠날 필요가 전혀 없는 역할을 맡은 개체들이 오래 산다. 먹이를 구하거나 적과 싸우기 위해 툭하면 둥지를 떠나는 일개미들은 다른 곤충들처럼 수명이 짧다. 이런 패턴을 추가적으로 뒷받침해주는 사실이 있다. 일부 개미 종, 특히 여왕이 한 마리 이상인 종에서는 그렇게 정교하게 보호해주는 둥지를 구축하지 않고, 주변 환경의 변화함에 따라 무리 전체가 주기적으로 새로운 장소로 옮긴다. 이런 무리에 사는 여왕은 실험실에서 키우는 것이라고 해도 평생을 지하에서 보내는 여왕만큼 오래 살지 못한다. 마지막으로 이런 패턴을 뒷받침해주는 또 한 가지 사실은 꿀벌의 여왕벌이 일벌보다는 상당히 오래 살지만 여왕개미보다는 훨씬 수명이 짧다는 것이다. 여왕벌은 개미와 거의 동일한 사회 시스템에서 살지만 벌집이 땅 위로 올라와 있어 보호가 덜 되어 있다. 전문적인 꿀벌 연구자들은 꿀벌 여왕벌이 최고 5년까지 살 수 있다고 본다.

지나가는 소리로 한 마디하면 1960년대 초반에 러시아의 한 양봉업자 학회지에 꿀벌 여왕벌이 8년을 살았다는 내용이 발표된 적 있다.[2] 이 이야기는 전문 양봉업자들이 보고한 수천 건의 발표내용과는 일관성없이 너무 동떨어진 이야기라 양봉업계에서 무시되고 있다. 하지만 1960년대에 마찬가지로 러시아에서 나오던 사람의 과장된 수명 이야기와는 또 일관성이 있다(더 자세한 내용은 뒤에서 다루겠다).

개미와 흰개미가 종종 따르는 또 다른 패턴으로는 크기의 법칙이 있다. 체구가 큰 계층의 개미가 작은 계층보다 더 오래 산다. 한 가지 내가 아직까지 언급하지 않은 것이 있는데, 한 무리 안에서도 일개미들의 크기는 15배에서 20배까지 차이가 날 수 있다. 다만 여왕은 그 어느 일개미보다도 크다. 엄청나게 클 때도 있다. 다시 자기 친척들보다 무려 30배나 오래 사는 가상의 특출한 여성에 대한 이야기로 돌아가보자. 개미와 흰개미의 비유를 계속 적용하면 이 여성은 또 한 가지 측면에서 대단히 특출할 것이다. 체구가 거대해서 키가 3미터를 넘을 테니까 말이다.

외래유입종인 붉은열마디개미*Solenopsis invicta*는 그 경제적 중요성 때문에 아마도 개미 종 중에서는 제일 잘 알려진 종일 것이고, 우리가 일개미의 수명에 대해 세부사항까지 알고 있는 몇 안 되는 종 중 하나다. 월터 칭켈Walter Tschinkel은 불개미에 대해 알아야 할 것은 거의 다

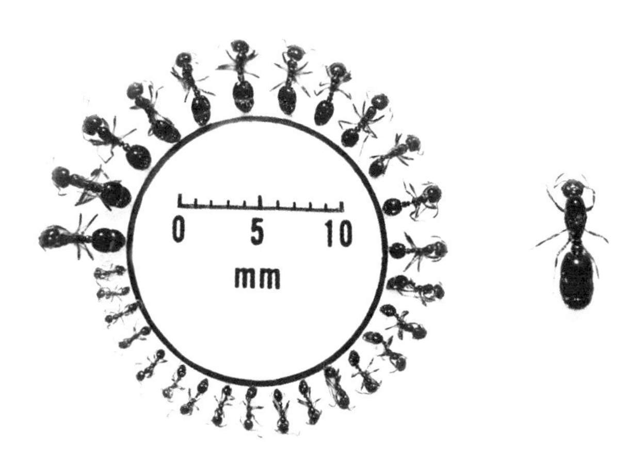

외래유입종 붉은열마디개미의 일개미(원)와 여왕(오른쪽)에서 나타나는 다양한 크기. 몸집이 큰 일개미가 작은 일개미보다 오래 살지만 여왕은 가장 큰 일개미보다도 25배나 오래 산다.
사진 제공: S. D. Porter

섭렵하며 걸출한 경력을 쌓은 플로리다 주립대학교의 교수다. 그의 학생들이 열심히 수집해서 모은 세 가지 크기 계급의 일꾼 붉은열마디개미 데이터를 통해 실험실에서 작은 일개미는 평균 51일을 살고, 중간 크기 일개미는 80일을 살고, 큰 일개미는 121일을 산다는 것을 알게 됐다. 앞에서 얘기했듯이 붉은열마디개미 여왕은 어느 일개미보다도 몸집이 크고, 개미 종 치고는 특별히 오래 사는 것은 아니지만 그래도 8년까지 살 수 있다. 자기를 부양해주는 일개미보다 25배에서 60배 정도 오래 사는 셈이다.

따라서 성체를 환경적 위험으로부터 보호하는 것이 여러 종에게 수명 연장 도구(아주 오래 살 수 있는 생리학적 능력)를 획득할 기회를 마련해준 것으로 보인다. 그리고 이런 기회가 주어지면 진화는 그 기회를 취할 때가 많다. 그럼 한 가지 흥미로운 질문이 떠오른다. 수명 연장 도구 상자에는 항상 똑같은 종류의 도구들이 들어 있느냐는 것이다.

어떻게 그러는 걸까?

개미와 흰개미의 여왕과 일개미는 유전적으로 차이가 없다. 즉 대부분의 개미와 흰개미 종에서 암컷 알은 모두 일개미로도, 여왕으로도 발달할 수 있는 잠재력을 갖고 있다. 그럼 단명하는 일개미가 되는 알과 장수하는 여왕개미가 되는 알의 차이가 무엇일까?

오랫동안 개미 생물학자들은 어린 왕족들이 유충 시절에 거의 마법에 가까운 특별한 영양분을 먹이로 공급받으며, 이것으로 그들의 장수를 설명할 수 있다고 가정했다. 터무니없는 생각은 아니었다. 긴밀히 관찰한 결과 일개미들이 일반 일개미가 아닌 여왕개미를 키우는 경우에는 유충에게 토해 먹이는 물질의 종류가 실제로 달랐기 때문이다. 벌도 마찬가지였다. 벌의 경우에는 이 특별한 물질에 특별한 이름도 붙여주었다. 로열젤리다. 로열젤리는 지금도 건강식품 가게나 인터넷에서 건강을 증진시켜주는 놀라운 속성을 갖고 있다고 홍보되고 있다. 거의 기적에 가까운 항노화 작용을 한다고 말이다. 예전에는 나처럼 회의적인 사람들도 이런 주장이 맞을지도 모른다고 여기기도 했다. 하지만 지금은 이런 주장이 사실이 아니라는 것이 밝혀졌다. 실험실 연구를 통해서 다양한 식단을 먹인 꿀벌 유충도 여왕벌이 될 수 있다는 것이 분명하게 밝혀졌기 때문이다. 먹는 양만 충분하면 된다.[3] 즉 먹이의 질보다는 양이 더 중요한 것이다.

내가 흰개미 유충이 병정개미나 일개미가 아닌 여왕(혹은 왕)으로 발달하도록 결정하는 것이 무엇인지 아직 언급하지 않은 것을 눈치챈 독자도 있을 것이다. 흰개미의 발달에 관해서는 개미나 벌만큼 잘 알지 못하기 때문이다. 우리가 그나마 알고 있는 바에 따르면 흰개미와 개미의 계급 결정 방식이 서로 비슷한 것으로 보인다. 따라서 여기서는 가장 신뢰할 만한 정보가 나와 있는 집단에 초점을 맞추겠다.

개미에서는 유충의 크기가 그 유충이 결국 어떤 계급이 될지, 즉 여왕이 될지 아닐지를 결정한다. 여기까지는 뻔해 보이는 내용이다. 그런데 유충의 크기를 결정하는 것은 복잡하다. 어쨌거나 이것도 생물학이니까 말이다. 생물학은 복잡하다.

영양이 담당하는 역할이 분명 있지만 꿀벌의 경우와 마찬가지로 영양의 질뿐만 아니라 양도 중요하다. 호르몬도 중요하다. 여기서 여왕이 맡는 역할이 있다. 여왕은 알을 생산할 때 유약 호르몬juvenile hormone이라는 호르몬의 양을 조절할 수 있다. 이 호르몬이 영양과 함께 작용해서 개미가 얼마나 크게 발달할지를 결정한다. 여왕은 유충의 성장과 난소 발달을 억제하는 냄새, 즉 페로몬도 생산한다. 무리의 온도도 역할을 한다. 앞에서 말했듯이 이 과정은 이렇게 복잡하기만 할뿐 사람의 수명과는 별 상관이 없다.

그런데 상관이 있을지도 모르는 다른 수준의 설명도 나와 있다. 여왕이 될 운명의 유충과 일개미가 될 운명의 유충은 공유하는 유전자는 같을지라도 꼭 같은 유전자가 활성화되는 것은 아니다. 우리 몸 속의 세포도 모두 같은 유전자를 공유하고 있지만 그중 어떤 세포는 뇌 세포가 되고, 어떤 것은 근육 세포, 간 세포, 혈구 세포 등이 된다. 세포가 어떤 유형의 세포가 될지, 그리고 일단 최종적인 형태와 기능을 갖춘 후에 어떤 일을 할지는 어떤 유전자가 켜지고(활성화되고), 어떤 유전자가 꺼지는지가 결정한다. 이것은 여왕개미와 일개미의 경우와 비슷하다. 여왕개미와 일개미에서의 유전자 활성을 비교해보면 장수 유전자에 대해 무언가 배울 수 있지 않을까?

여왕개미는 대사가 활발하기 때문에 세포 손상을 능동적으로 예방하고 복구하는 유전자가 일개미보다 더 많이 켜져 있을 거라 추측할 수 있다. 아마도 타당한 추측일 것이다. 개미의 한 유전자가 특히나 흥미로워 보이기 때문이다. 록펠러대학교의 다니엘 크로나워Daniel Kronauer와 그의 동료들은 인슐린 비슷한 단일 유전자를 발견했다. 그리고 일곱 가지 개미 종에서 확인해보니 유일하게 이 유전자가 여왕개미에서는 대단히 활성이 높았으나 일개미에서는 그렇지 않았다.[4] 이 유전자는 '인슐린 비슷한 펩티드 2insulin-like peptide 2'라는 의미로 ILP-2라는 따분한 이름이 붙었다. 인슐린 자체와 인슐린 비슷한 유전자는 대사, 성장, 번식과 관련되어 있기 때문에 노화 연구에서 특별한 위치를 차지하고 있다. 수명이 짧은 여러 실험실 동물 종(선충, 초파리, 생쥐 등)에서 수명에 영향을 미치는 것으로 처음 밝혀진 유전자는 인슐린 비슷한 유전자였다. 개미에서 발견되는 두 가지 인슐린 비슷한 유전자 중에 ILP-s가 사람의 인슐린과 제일 닮았다. 여기에 진화의 수수께끼가 있다. 실험동물 종에서의 수명 증가는 인슐린 비슷한 유전자의 활성을 줄여서 이루어진다. 반면 장수하는 여왕개미는 단명하는 일개미보다 인슐린 비슷한 활성이 높아져 있다. 정확히 반대다. 그렇다면 여왕개미는 아주 특별한 인슐린 비슷한 유전자의 활성 덕분에 장수를 누리는 것일지도 모른다. 그 유전자를 연구하면 장수에 관해 새롭고도 중요한 내용을 배우게 될지도 모른다는 의미다. 이런 연구는 아직 초기에 머물고 있지만 나는 그 결과를 너무 멀지 않은 미래에 확인할 수 있었으면 좋겠다.

지금까지 보았듯이 곤충에서는 비행이 종에게 장수의 특성을 부여해주지 않는다. 곤충에서는 잘 보호받는 지하생활이 장수를 가능하게 하는 선행요인으로 보인다. 그리고 다음 장에서 보겠지만 이것이 곤충에게만 해당하는 이야기는 아니다.

7장 두더지쥐, 휴먼피시

⁑

터널, 동굴에서의 분투

동료 학자인 내 친구는 이것을 '작은 남근 혹은 이빨 달린 큰 엄지손가락'이라 부른다. 이것은 몇십 마리에서 몇백 마리씩 친척끼리 무리를 이루어 1킬로미터 넘게 구불구불 뻗어 있는 복잡한 땅굴과 방을 만들어 땅속에 산다. 이것은 이 땅굴을 절대로 벗어나는 법이 없고, 해를 보는 일도 없다. 이들이 먹이로 삼는 덩이뿌리가 땅속에 있기 때문이다. 덩이뿌리는 식물의 뿌리에서 에너지를 저장하는 부위다. 흰개미처럼 이들도 한 마리의 여왕이 있다. 이 여왕이 무리의 모든 번식을 책임진다. 그리고 한 마리나 몇 마리의 왕이 있고, 이들은 여왕이 항상 최대한 빠른 속도로 새끼를 낳을 수 있게 여왕을 항상 임신 상태로 만들어 놓는다. 그리고 여왕과 왕 모두와 가까운 친척인 불임의 일꾼들이 무리의 나머지를 구성한다. 어떤 일꾼은 땅굴 시스템을 파고, 수리하고, 청소하는 역할을 한다. 어떤 일꾼은 영양이 풍부한 배설물을 통해 여왕과 자라는 어린 새끼들에게 먹이를 공급한다. 어떤 일꾼은 필요하면 어린 개체들을 데리고 다닌다. 제일 몸집이 큰 일꾼은 병사 역할을 담당해서 외부 혹은 내부에서 온 적(같은 종의 침입자나 뱀 같은 포식자)의 공격으로부터 무리를 보호한다.

이것은 포유류다. 하지만 다른 포유류와 달리 체온 조절 능력이 거의 없기 때문에 체온이 주변 환경의 온도에 가깝다. 몸을 덥히기 위해 지나치게 많은 에너지를 소비할 일이 없기 때문에 이 동물의 에너지 요구량, 즉 대사가 체구가 비슷한 다른 포유류에 비해 상대적으로 느리다. 지금까지 설명한 내용으로 볼 때(환경적으로 안정적인 서식처에 살고, 외부의 위험으로부터 잘 보호되어 있고, 대사율이 낮다) 자연이 신뢰할 만한 패턴에 따라 움직이고 있다면 이 동물은(적어도 여왕은, 그리고 어쩌면 일꾼들도) 장수하리라 추측할 수 있다. 이 동물은 내가 장수지수를 바탕으로 정한, 사람이 아닌 가장 오래 사는 포유류 상위 25위 중에서 박쥐가 아닌 유일한 종이다. 지금까지 묘사한 동물은 바로 생쥐 크기 정도의 벌거숭이두더지쥐naked mole-rat다. 각자의 취향에 따라서는 세상에서 제일 못생긴 동물이 될 수도, 제일 귀여운 동물이 될 수도 있다. 나는 전자에 한 표다.

카리스마 넘치는 37세의 벌거숭이두더지쥐. 생쥐와 비슷한 크기의 벌거숭이두더지쥐는 야생에서는 17년까지 살 수 있지만 실험실에서는 그보다 2배 이상 오래 살 수 있다. 로셸 버펜스타인에 따르면 이 사진 속 동물은 39세의 나이로 여전히 살아 있었다고 한다.

사진 제공: 로셸 버펜스타인Rochelle Buffenstein

벌거숭이두더지쥐는 두더지도, 쥐도 아니다. 이들은 사하라 이남 아프리카의 건조한 지역에 널리 분포되어 있는, 땅굴 파는 설치류에 속하는 소규모의 독특한 집단이다. 이들은 쥐와는 설치류만큼 먼 친척관계다. 이들의 선조는 비조류 공룡과 익룡이 사라진 때를 즈음해서 갈라져 나왔다. 설치류가 아닌 두더지와는 친척관계가 더 멀다. 두더지와 비슷한 점은 지하에 살고, 땅굴을 파면서 나온 흙으로 땅 위에 특정한 형태의 '두더지 두둑molehill'을 쌓는다는 것밖에 없다.

벌거숭이두더지쥐는 1970년대 말에 생물학자들에게 주목을 받게 됐다. 당시 진화와 관련된 초미의 관심사 중 하나는 어째서 척추동물에서는 진사회성eusociality의 진화가 일어나지 않았는가하는 의문이었다. 진사회성은 개미와 흰개미에서 보이는 것처럼 여러 세대의 가족이 함께 살고, 노동을 분업하고, 번식을 담당하는 여왕, 그리고 여왕의 번식을 뒷받침하기 위해 다양한 과제를 수행하는 일꾼으로 이루어진 사회체제를 말한다. 곤충은 분명 진사회성을 여러 번에 걸쳐 진화시켰다. 그런데 어째서 척추동물은 그렇지 않았을까? 진사회성의 진화가 초미의 관심사였던 이유는 이것이 진화가 개체의 번식을 촉진하는 특성에만 유리하게 작용한다는 진화론의 도그마와 충돌했기 때문이다. 진사회성 집단에서는 압도적인 다수의 개체가 아예 번식을 하지 않는다. 대신 이들은 다른 개체의 번식을 돕는데 이는 진화적으로 지극히 이타주의적인 행동으로 보인다.

그러다 내가 박사학위를 받은 해인 1981년에 이 질문에 대한 답이 나왔던 것을 생생하게 기억한다. 지금은 유명해진 한 논문에서 남아프리카공화국의 동물학자 제니퍼 자비스Jennifer Jarvis가 척추동물도 실제로 진사회성을 띨 수 있음을 밝혀냈다.[1] 그리하여 그가 세상의 무관심 속에 15년 동안 연구해왔던 벌거숭이두더지쥐가 진사회성 포유류로 처음 알려지게 됐다. 그 후로 40년이 지난 지금도 진사회성 포유류라고 주장할 수 있는 척추동물 종은 손으로 꼽을 정도로 적다.

벌거숭이두더지쥐는 동아프리카에서 적도 위아래로 걸쳐서 살고 있다. 이곳은 땅속 온도가 연중 일정하게 따듯하다. 이들의 광범위하고 복잡한 땅굴 시스템 속에는 덩이뿌리로 이어지는 좁고 얕은 먹이구하기용 터널도 있다. 덩이뿌리 중에는 축구공만큼 큰 것도 있다. 그리고 먹이구하기용 터널과 터널 사이로 이동하기 위해 더 깊고 넓은 고속도로 터널을 판다. 그중 가장 깊은 곳이 여왕이 새끼를 보살피는 둥지방nest chamber이다. 이 방은 지하 2미터 깊이까지 내려갈 수 있다. 여왕을 위한 알현실은 없지만 화장실방은 있다. 터널은 깨끗하게 유지된다. 찌꺼기와 파낸 흙을 얕은 터널로 옮겨다 놓으면 일꾼들이 땅 위로 작은 굴뚝을 열어 파낸 흙을 밖으로 차낸다. 어느 지역에 벌거숭이두더지쥐가 살고 있음을 보여주는 눈에 보이는 증거는 땅 위로 솟은 이런 '두더지 두둑' 밖에 없다. 이른 아침이나 오후 늦게 이 두둑을 조용히 관찰하고 있으면 마치 화산에서 연기가 뿜어져 나오듯이 그 굴뚝 구멍으로 흙이 발길질에 솟구쳐 나오는 모습을 볼 수도 있다. 이 화산에 아주 조용히 조심스럽게 다가가보면 흙을 발길질하고 있는 벌거숭이두더지쥐의 뒷다리가 보일 수도 있다. 가끔씩 한 개체가 새로운 무리를 시작하기 위해 자신이 태어난 무리를 떠나는 경우를 제외하면 바로 이때가 벌거숭이두더지쥐가 지면에 제일 가깝게 모습을 드러내는 경우다. 흙을 버리러 온 이때가 이들이 포식자에 제일 취약해지는 순간이다. 위엄의 상징인 여왕은 절대 이런 식으로 자신을 노출시키지 않는다.

이 동물의 진사회성을 기술하는 그 유명한 논문에서 벌거숭이두더지쥐의 수명에 대해서는 지나가는 말로 잠깐만 언급되어 있다. 논문에 따르면 일부 일꾼 개체는 사육되는 무리에서 적어도 6년을 산다고 한다. 생쥐 크기의 동물치고는 꽤 오래 사는 것이지만 그렇게 특출한 것은 아니다. 장수지수는 1.25가 나온다. 내 과학적 관심사가 행동의 진화(내가 벌거숭이두더지쥐를 지켜보고 있었던 이유도 그들의 진사회성 때문이었다)에서 노화와 수명으로 옮겨가던 1980년대 말에 나는 문득 벌거숭이두더지쥐가 노화의 관점에서도 흥미로울지 모르겠다는 생각이 들었다. 나는 자비스와 접촉해서 벌거숭이두더지쥐, 특히 그 중에서도 여왕의 수명에 관해 업데이트된 내용이 없는지 물어봤다. 그가 말하기를 이 동물이 적어도 십대말 나이까지는 살지만, 그 나이에도 여전히 건강하고 원기 왕성해 보인다고 했다. 이제 나는 이들의 장수지수가 적어도 3.0이라는 것을 알게 됐다. 이 동물은 알면 알수록 더 흥미로워졌다.

평생 혹은 대부분을 빛이 들지 않는 땅속 터널에서 보내는 개미와 흰개미처럼 벌거숭이두더지쥐도 자연의 서식지에서 연구하기는 무척 힘들다. 우리가 현재 이 동물에 대해 알고 있는 내용은 전부는 아니지만 대부분 실험실에 관찰용으로 키우면서 알아낸 것들이다. 막상 키워보니 벌거숭이두더지쥐는 사육에 잘 순응했다. 현재는 일꾼들이 불임인 이유가 여왕의 강요에 의한 것임을 알게 됐다. 여왕이 제거되면 암컷 일꾼 중 한 마리가 새로운 여왕의 자리에 오른다. 보통은 출세를 꿈꾸는 자매들 사이에 피 튀기는 싸움이 벌어진 후에 새로운 여왕이 결정된다. 여왕을 제거하면 기존의 무리를 파괴하지 않고도 실험 연구를 위한 새로운 무리를 신속하고 손쉽게 만들어낼 수 있다.

내가 이 책에서 강조하고 있는 종 중에 노화의 관점에서 진지하게 연구가 이루어진 종은 바로 이 벌거숭이두더지쥐 딱 한 종뿐이다.

여기에는 제니퍼 자비스에게 박사학위 지도를 받았던 로셸 버펜스타인의 노력이 컸다. 그는 1990년대 말에 미국으로 이사할 때 벌거숭이두더지쥐 몇 마리를 함께 데리고 갔다. 원래 버펜스타인은 벌거숭이두더지쥐가 어떻게 비타민 D를 충분히 얻는지에 관해 연구했지만 그즈음에는 거기에 대해서는 관심이 멀어지기 시작했다. 대부분의 포유류는 햇빛을 받아야 피부에서 비타민 D가 활성 형태로 바뀐다. 그래서 어둠 속에서 사는 동물들이 어떻게 충분한 양의 비타민 D를 얻는지가 수수께끼였다. 하지만 그가 미국으로 이주할 때 즈음에는 이 동물의 장수 비결로 관심사가 바뀌어 있었다. 그동안에 그와 자비스가 케냐에서 여러 해 전에 잡았던 벌거숭이두더지쥐들은 계속 살아 있었다. 현재 벌거숭이두더지쥐의 장수 기록은 39년이다.[2] 39년을 장수지수로 환산하면 6.7이 나오는데 이것은 사람보다도 높은 수치고, 실험실 생쥐의 거의 10배에 해당하며, 심지어 제일 장수한 야생 조류보다도 높은 수치다.

이 이야기에 녹아 있는 세부적인 사항이 흥미롭다. 버펜스타인의 사육 무리를 보면 여왕과 일꾼은 수명에서 차이가 거의 없다. 여왕벌거숭이두더지쥐는 여왕개미, 여왕흰개미와 마찬가지로 무리 안에서 체구가 가장 크다. 여왕은 살아 있는 동안에는 계속 가임능력을 유지한다. 지금까지 버펜스타인이 키운 가장 오래 산 여왕은 평생 다산의 삶을 살면서 천 마리가 넘는 새끼를 낳았다. 벌거숭이두더지쥐의 수명에서 아마도 가장 두드러지는 특징은 20대말이 될 때까지 겉으로 보이는 노화의 흔적이 거의 없다는 점이다. 벌거숭이라 당연히 흰털은 보이지 않는다. 주름살? 그건 있다. 하지만 이 종은 원래 어릴 때부터 주름이 있다. 이들은 심장 기능, 대사, 뼈의 질에서도 아무런 차이를 보이지 않는다. 현재까지 나와 있는 증거에 따르면 아마도 가장 독특한 특성은 나이가 들어도 죽을 확률이 별로 높아지지 않은 것처럼 보인다는 점이다. 적어도 20대까지는 그렇다. 이 점은 다른 모든 종과 엄연히 차이가 나는 부분이다. 곤충에서 코끼리에 이르기까지 동물에서는 노화의 영향으로 나이가 들면서 사망 위험이 기하급수적으로 증가한다. 사람은 40세 이후로는 사망률이 8년마다 곱절로 늘어나고 생쥐에서는 3개월마다 곱절로 늘어난다. 반면 벌거숭이두더지쥐에서는 생후 6개월에 성체가 된 이후에도 사망률이 두 배씩 늘어나지 않을 수도 있다.

한편 야생에서는 상황이 좀 달라 보인다. 지금은 세인트루이스의 워싱턴대학교에 있는 스탠 브러드Stan Braude는 1980년대 초반 학부생이었을 당시부터 현장에서 벌거숭이두더지쥐를 연구해왔다. 그는 자신이 야생에서 연구했던 여왕 중 가장 오래 산 것은 17년을 살지만(그래도 장수지수가 3.0이 나온다) 일꾼은 2, 3년밖에 못 산다고 보고했다.[3] 물론 야생에서는 아무리 잘 보호된 서식지에 산다고 해도 삶이 언제나 위태롭다. 뱀, 땅굴 홍수, 기생충, 병원균 그리고 무리 속 다른 구성원과의 싸움 등 환경적 위험이 상존한다.

버펜스타인이 보고한 내용 중 생물의학 연구자들의 관심을 끌어들인 것이 또 하나 있다. 실험실 생쥐보다 10배나 더 오래 사는 벌거숭이두더지쥐가 암에 걸리지 않는 것처럼 보였기 때문이다. 이것은 놀라운 관찰이었고 이들을 연구하면 암의 예방에 대해 많은 것을 배울 수 있음을 암시하고 있었다. 자세히 이해하기 위해 암, 수명, 그리고 이 둘의 관계와 체구로부터 받는 영향에 대해 먼저 살펴보자.

벌거숭이두더지쥐와 암

평생 세포 복제를 계속 하는 종은 종류를 막론하고 암에 걸릴 위험이 있음을 떠올려보자. 이런 위험이 생기는 이유는 세포가 복제 능력을 유지하는 한, 그 복제가 통제를 벗어날 능력도 함께 유지되기 때문이다. 세포분열의 고삐가 풀린 것이 바로 암이다. 암은 손상받은 부위를 고치거나 교체하기 위해 평생 세포분열 능력을 유지하는 데 따르는 대가인 것이다.

오래 살기 위해서는 외부의 상처와 내부의 손상을 고칠 능력이 필요하지만, 여기에 덧붙여 암에 대한 저항성도 필요하다. 암 저항성은 세포분열에 대해 과하다 싶을 정도로 치밀한 통제 능력을 발달시키는 방식으로 진화됐다. 자동차에 비유해보자. 이것은 특정 속도를 통제하는 가속도 조속기를 독립적으로 몇 개씩 장착하고, 필요할 때 멈출 수 있게 브레이크를 여러 개 달아놓은 것과 비슷하다. 암 생물학자들은 이 조속기를 원종양유전자proto-oncogene라고 부른다. 이것은 세포가 언제 분열할지 통제한다. 이것에 돌연변이가 생기면 종양유전자oncogene, 즉 암 유전자가 되고 복제에 대한 통제 능력이 상실된다. 내가 브레이크라고 부른 것을 암 생물학자들은 종양억제 유전자umor-suppressor gene라고 부른다. 이들은 통제를 벗어난 세포분열을 다양한 수단을 동원해서 억제한다. 이 유전자가 돌연변이를 일으키면 억제 능력을 상실한다. 장수하는 종은 그렇지 않은 종보다 이런 조속기와 비상 브레이크를 더 많이, 더 좋은 것으로 갖고 있어야 한다.

로셸 버펜스타인은 일단 노화에 관심이 생기자 아주 장수한 자신의 벌거숭이두더지쥐가 결국에 가서는 어떤 병으로 죽게 될지 알고 싶어졌다. 벌거숭이두더지쥐가 죽으면 그는 그 시체를 열어보았다. 그리고 죽은 벌거숭이두더지쥐를 천 마리 넘게 조사해보았는데도 암은 한 번도 나오지 않았다는 것을 눈치챘다. 점점 더 많은 무리 속에 살고 있는, 점점 더 많은 동물들을, 점점 더 많은 연구자와 수의

사가, 점점 더 많이 사후부검 하다 보니 결국은 암이 몇 개 발견되기는 했다. 하지만 생쥐, 쥐, 개, 고양이, 심지어 앵무새나 사람처럼 장수하는 종 등 잘 연구된 다른 종의 늙은 동물에서 발견되는 것과 비교해 보면 놀라울 정도로 드문 경우에 해당한다. 연구자들이 생쥐에서 유효성이 검증된 화학적 발암물질로 벌거숭이두더지쥐에게 종양을 유도해보려 했지만 그것 역시 실패했다.[4] 여기에는 인간의 치명적인 질병을 줄이는 법에 관한 자연의 중요한 가르침이 담겨 있다.

벌거숭이두더지쥐가 어떻게 그렇게 성공적으로 암을 피해 가는지 아직 이해하지는 못하고 있지만 일부 단서가 손에 잡히기 시작했다. 로체스터대학교의 부부 연구진 알렉산더 세루아노바Alexander Seluanov와 베라 고부노바Vera Gorbunova는 암 저항성에서 어떤 역할을 할지도 모르는 새로운 화학물질을 벌거숭이두더지쥐의 피부에서 발견했다. 이 화학물질은 사람의 피부에도 들어 있는 히알루론산이라는 물질의 특별한 형태다. 피부의 유연성을 유지하는 역할을 하는 것으로 보이는 이 끈적거리는 물질은 그런 역할을 훨씬 더 많이 한다. 이 물질은 관절이나 장기를 둘러싸는 막 속에서 윤활 작용을 한다. 그리고 세포분열에도 관여해서 새로운 혈관을 구축하고 상처를 고치는 일도 한다. 그리고 여러 화장품에 들어가는 성분이기도 하다. 특히 건조한 피부용 화장품에 많이 들어간다. 세루아노바-고부노바 연구진은 벌거숭이두더지쥐가 만들어내는 특별한 형태의 히알루론산이 배양접시 속에 들어 있는 생쥐의 세포로 하여금 벌거숭이두더지쥐와 동일한 속성을 일부 보이게 만들 수 있음을 알아냈다. 이 속성은 벌거숭이두더지쥐 세포의 암 저항성과 관련이 있어 보인다.[5] 연구는 아직 초기 단계지만, 계속 관심을 가지고 지켜보길 바란다. 이 발견이 과연 얼마나 중요한 것인지는 시간이 말해줄 것이다.

이들의 극단적인 암 저항성보다는 특출한 장수 쪽이 이해해야 할 부분이 훨씬 더 많다. 그런 비밀을 아직 밝혀내지는 못했지만 한 가지 중요한 비밀 아닌 비밀을 발견했다. 정상적인 대사 과정에서 나오는 부산물인 산소 유리기가 사실상 모든 생물분자를 손상시킨다고 한 것을 떠올려보자. 일반적으로 장수하는 종은 같은 나이의 단명하는 종보다 산소 유리기로 인한 손상이 작다. 대사속도가 느려서 유리기가 덜 만들어지거나, 유리기에 대한 보호 메커니즘이 더 뛰어나기 때문이다. 벌거숭이두더지쥐는 이런 경향과 거꾸로 간다. 같은 나이에 이들은 산소 유리기에 의한 손상이 생쥐보다 적기는커녕 오히려 더 많다![6] 너무도 뜻밖의 발견이라 나는 몇 가지 서로 다른 손상 측정 방법으로 여러 번 같은 결과가 보고되기 전까지는 믿을 수 없었다. 벌거숭이두더지쥐의 유전체에는 한 가지 주요 항산화 유전자가 결여되어 있음이 발견되어 앞뒤가 맞아떨어지게 됐다. 그리하여 벌거숭이두더지쥐는 산소 유리기 손상 수준이 높아도 장수하는 것이 가능하다는 것을 가르쳐주었다. 하지만 벌거숭이두더지쥐가 그런 손상을 어떻게 그렇게 잘 견딜 수 있는지는 아직 이해하지 못하고 있다. 이것은 이 카리스마 넘치는 설치류가 우리에게 가르쳐줘야 할 또 하나의 숙제다.

땅속에는 장수와 암 저항성에 관해 우리에게 가르쳐줄 또 다른 설치류가 살고 있다. 이것은 벌거숭이두더지쥐와 이름은 비슷하지만 가까운 친척관계는 아니다.

중동눈먼두더지쥐

중동눈먼두더지쥐The Middle East blind mole-rat, *Spalax ehrenbergi*는 이름에서 알 수 있듯이 중동 전역에 분포하고 있고, 앞을 거의 보지 못한다. 흔적만 남아 있는 눈도 피부로 덮여 있다. 이 종은 벌거숭이두더지쥐보다는 생쥐와 친척관계가 더 가깝다. 나는 한 종의 이름만 언급했지만 눈먼두더지속*Spalax*은 여러 가지 이유로 참 흥미롭다. 그중 하나는 현재 이들이 여러 종으로 나뉘는 과정에 있는 것으로 보인다는 점이다. 그래서 엄밀하게 따지면 이들은 종 복합체다. 다만 종 분화가 아직 완전하게 이루어지지 않았기 때문에 간단하게 그냥 눈먼두더지쥐라는 한 가지 이름으로 부르겠다.

눈먼두더지쥐와 벌거숭이두더지쥐는 진화적으로 친척관계가 다소 먼데도 불구하고 생태적, 신체적으로 놀라울 정도로 유사점이 많다. 눈먼두더지쥐 역시 막혀 있는 복잡한 지하 땅굴에서 살면서 뿌리와 덩이뿌리를 먹는다. 뿌리와 덩이뿌리를 얼마나 많이 먹는지 중동지역에서 감자와 사탕무를 재배하는 농부들에게는 주요 유해동물이다. 굴을 파고 사는 다른 포유류들은 강력한 앞발로 땅굴을 파는 경우가 많지만 이들은 벌거숭이두더지쥐와 마찬가지로 길게 자란 강력한 앞니로 굴을 판다. 반면 벌거숭이두더지쥐와 아주 다른 점도 있다. 눈먼두더지쥐는 굴 속에서 혼자 살면서 짝짓기를 할 때만 잠깐 나타난다.

진사회성이 장수의 핵심이라면 눈먼두더지쥐는 수명이 일반적인 설치류와 비슷할 것이라 예상할 수 있다. 반면 완전히 땅속에서 사는 것이 장수의 핵심이라면 눈먼두더지쥐는 특출하게 장수해야 한다. 1999년에 출판된 『포유류 백과사전Encyclopedia of mammals』에서는 최적의 실험실 환경에서 보고된 눈먼두더지쥐의 최대 수명이 4.5년(장수지수 0.6)으로 나와 있다. 따라서 내가 이 책을 1999년에 썼다면 나는 진사회성이 장수의 핵심이라 결론 내렸을 것이다. 그리고 결국 그 결론은 틀린 결론이 됐을 것이다.

눈먼두더지쥐는 시력에 필요한 분자기구molecular machinery에 대해 이해하는 데 유용해서 2000년대에는 실험동물로 더 널리 사용되게 됐다. 사육 기술이 향상되고 눈먼두더지쥐의 숫자도 많아지면서(이제 중동지역 실험실에서는 수천 마리의 눈먼두더지쥐를 태어나서 죽을 때까지 추적관찰하고 있다) 초기의 보고 내용이 아주 틀린 내용이었음이 드러났다. 현재는 눈먼두더지쥐가 실험실에서 적어도 21년까지 살 수 있음을 알고 있다. 이것은 아프리카 뒤쥐의 장수지수 2.9에 더 가까운 값이다. 마지막 보고에서 이 나이의 동물이 여전히 살아 있었기 때문에 장수 기록이 더 늘어날 수도 있다. 더 흥미로운 점은 벌거숭이두더지쥐와 마찬가지로 이들도 평생 노화의 신호가 거의 보이지 않는다는 것이다.[7] 그리고 중동지역 연구시설에서 키우고 있는 수천 마리의 눈먼두더지쥐 중에 암이 자발적으로 발생한 경우는 단 한 건도 보고된 바 없다. 막강한 화학적 발암물질을 써도 이들에게 암을 만드는 것은 거의 불가능에 가깝다.

눈먼두더지쥐와 벌거숭이두더지쥐의 암 저항성에는 일부 차이점도 있는 것 같다. 이는 배양접시 속 세포의 행동 차이에서 나타난다.[8] 벌거숭이두더지쥐의 세포는 죽음에 저항하는 데 반해 눈먼두더지쥐의 세포는 손상의 흔적이 눈곱만큼만 있어도 죽는다. 죽어가는 세포를 신속하게 대체하는 능력과 결합하면 암 저항성을 설명하는 데 중요하게 작용할지도 모른다. 그리하여 이 두 종으로부터 서로 다른 교훈을 얻을 수도 있을 것이다.

그렇다면 이들의 특출한 장수가 지하 생활에서 비롯되었다는 의미일까? 지하는 분명 외부의 위험으로부터 잘 보호받을 수 있는 환경적소다. 그런데 암 같은 내부의 위험으로부터 보호해주는 것은 과연 무엇일까? 한 가지 흥미로운 아이디어가 있다. 이들이 호흡하는 공기와 관련이 있을지도 모른다는 것이다.

숨쉬기처럼 쉬운 일

만약 당신이 마법처럼 몸의 크기를 줄여 이 두더지쥐들의 복잡한 땅굴 시스템을 돌아다닐 수 있게 된다고 해도 그 탐험은 오래 가지 못할 것이다. 터널 깊숙한 곳의 공기로 인해 죽고 말 것이기 때문이다. 이 터널 속의 공기는 산소는 너무 적고, 독성 강한 이산화탄소와 암모니아는 너무 많다.

일반적인 공기에는 21퍼센트의 산소, 0.04퍼센트의 이산화탄소(세계가 산업화되기 전에는 0.03퍼센트)가 들어 있고 암모니아는 사실상 존재하지 않는다. 우리는 이런 공기를 호흡하며 살아가도록 설계되어 있다. 우리가 공기를 들이쉬면 그 속에서 산소를 일부 추출해서 이산화탄소와 교환한다. 이산화탄소는 대사에서 발생하는 잠재적인 독성 부산물이기 때문에 몸에서 제거해야 한다. 내뱉은 공기에는 산소가 16퍼센트 정도, 이산화탄소가 5퍼센트 정도가 들어 있다. 내뱉은 공기가 들이마신 공기보다 산소는 4분의 1 정도가 줄어들고, 이산화탄소는 125배 많아졌다는 점에 주목하자. 우리는 보통 이산화탄소에 독성이 있다고 생각하지 않는다. 하지만 이산화탄소의 체내 농도가 높아지면 체액이 산성화되어 독성을 띨 수 있다. 사람이 산소는 부족하고 이산화탄소 농도는 너무 높은 공기를 다시 들이마시면 죽게 된다. 암모니아에 대해서는 무시하고 넘어가겠다. 다만 암모니아가 꽤 낮은 농도에도 독성이 대단히 높다는 점만 지적하겠다. 암모니아의 독성으로 혼수상태나 사망 같은 증상도 나타날 수 있기 때문에 반드시 피해야 한다. 여러 동물이 땅속 깊은 곳 같은 변소에 오줌을 싸는데, 그런 경우 그 변소 주변에서는 호흡하기가 불쾌하고 독성 또한 높다는 점만 알고 있자. 동굴 깊숙한 곳에 모여 사는 대규모 박쥐 무리도 독성이 생기는 수준으로 암모니아를 만들어낸다.

잠수함 선원들을 말짱한 정신으로 살아 있게 만드는 방법에 대한 연구 덕분에 저농도 산소와 고농도 이산화탄소에 대한 인간의 내성에 대해 많은 것을 알게 됐다. 초기 잠수함은 수면으로 올라와 신선한 공기를 보충해주지 않으면 물속에서 불과 몇 시간밖에 머물지 못했다. 다행히도 이제는 산소 발생기와 이산화탄소 제거장치를 이용해 잠수함 속 공기를 관리하는 기술을 갖추고 있다. 몇 달씩 잠항할 수 있는 핵잠수함 탑승 선원에 대한 연구를 보면 산소 농도가 19퍼센트 아래로 떨어지거나 이산화탄소 농도가 0.6퍼센트 이상으로 올라가면 선원들이 졸음과 두통, 멍한 생각에 시달리며 핵무기 발사를 책임지는 사람들이 절대 겪지 않아야 하는 다른 증상들이 시작된다.[9] 0.6퍼센트라는 수치가 적어 보이겠지만 일반 공기에 들어 있는 양보다 15배나 많은 것이다. 우주비행사들도 비슷한 문제에 직면한다. 국제우주정거장ISS에서 1년을 보낸 미국의 우주비행사 스캇 켈리는 자신의 책에서 국제우주정거장의 이산화탄소 농도 허용기준이 핵잠수함보다 3배나 높다고 불평했다. 이렇게 높은 농도 때문에 그는 두통, 충혈, 눈의 자극, 멍한 생각 등에 시달려야 했다.

막힌 땅속의 굴 시스템에서 사는 동물들은 신선한 공기를 생산하고 이산화탄소를 제거해줄 기계장치를 갖고 있지 않다. 이들은 같은 공기로 계속 호흡해야 하고, 그저 토양을 통해 확산되어 들어오는 소량의 공기나 파낸 흙을 버리기 위해 잠시 두더지 두둑이 열릴 때 들어오는 공기를 통해서만 환기가 이루어진다. 지표면에 가까운 터널에서 먹이를 구하러 다닐 때는 공기가 꽤 신선하겠지만 둥지와 변소가 있는 깊은 곳에서는 산소는 적고, 이산화탄소는 많을 것이다. 많은 수의 동물이 그 안에서 함께 호흡하는 경우에는 공기의 질이 더 나쁠 것이다. 두더지쥐의 땅굴에서 산소는 6퍼센트, 이산화탄소는 10퍼센트를 기록한 적도 있다. 이 양쪽 농도 모두 사람이라면 몇 분 내로 의식을 잃고, 시간이 더 지나면 사망에 이를 수 있는 수준이다. 따라서 두더지쥐처럼 막힌 땅속 굴 시스템에서 사는 동물은 저산소와 고이산화탄소에 대한 내성을 진화시켜야 한다.

벌거숭이두더지쥐는 저산소와 고이산화탄소 환경에서 생명을 유지하는 능력에 있어서는 가장 내성이 뛰어난 포유류에 속한다. 아마도 가장 대규모로 집단을 이루어 땅속에 살기 때문일 것이다. 실험에 따르면 생쥐라면 15분 내로 사망할 5퍼센트 산소 농도에서도 이들은 전혀 고통스러워하는 모습을 보이지 않았다. 그리고 3퍼센트 산소와 80퍼센트 이산화탄소 환경에서도 몇 시간을 버텼다. 개방된 공간보다 공기 중 이산화탄소 농도가 2000배나 높은 정도다. 이미 낮은 대사율을 더 낮출 수 있다는 점도 저산소에 대한 내성에 기여하고 있다. 다른 아프리카 뒤쥐들도 저산소에 대한 내성이 아주 탁월한 것으로 밝혀졌다. 아마도 벌거숭이두더지쥐만큼은 안 되겠지만 다른 거의 모든 포유류와 비교하면 대단히 탁월하다.[10] 결국 이들도 모두 막힌 땅굴 시스템 속에서 산다. 나는 이들이 고농도 이산화탄소에 대한 내성도 탁월할 것이라 생각하지만 많은 종에서 이 부분은 아직 조사가 안 이루어졌다.

눈먼두더지쥐는 어떨까? 이들은 단독생활을 하기 때문에 막힌 땅속 둥지에서 혼자 혹은 새로 태어난 새끼 몇 마리와 함께 숨을 쉰다. 이들의 땅굴은 벌거숭이두더지쥐보다 지면에 더 가깝게 있지만 그런 차이에도 불구하고 그 땅굴 속 공기 중 산소는 고작 7퍼센트, 이산화탄소는 무려 6퍼센트로 측정된 적이 있다. 거의 벌거숭이두더지쥐와 비슷한 수준이다. 이들 역시 아주 저농도의 산소와 고농도의 이산화탄소 환경을 견딜 수 있는 것이 분명하다.[11]

나는 저산소와 고이산화탄소에 대한 내성과 암 저항성, 장수 사이에 어떤 연결고리가 있을 수도 있다고 생각한다. 땅굴의 이상한 공기는 세포에게 스트레스를 준다. 우리 몸에는 산소 농도가 낮아지거나 이산화탄소 농도가 올라가면 켜지는 특화된 유전자 세트가 들어 있다. 세포 수준에서는 항상 미약한 범위에서나마 산소가 고갈되거나 이산화탄소 농도가 올라갈 수 있다. 예를 들면 운동을 하거나 고산지대를 이동하는 경우다. 하지만 막힌 땅굴에 사는 동물들은 거의 평생에 걸쳐 이보다 훨씬 극단적인 조건을 경험한다. 따라서 산소와 이산화탄소 스트레스로부터 자신을 효과적으로 방어할 메커니즘이나 내성을 진화시킬 필요가 있다. 이런 방어 메커니즘이 DNA와 다른 세포 소기관에 가해지는 손상 같은 정상적인 내적 위험으로부터도 보호해줄지 모른다. 이런 방어 메커니즘이 어떻게 작동하는지 세부적인 내용들을 밝혀내면, 특히 이들이 사람이 이미 갖고 있는 방어 메커니즘보다 더 효과적인 메커니즘을 갖고 있다면 언젠가 사람의 건강에 도움을 받을 수 있을 것이다.

북미지역에서 익숙하게 볼 수 있는 땅다람쥐pocket gopher나 두더지 같은 지하 포유류는 어떨까? 이들도 특출하게 장수하고, 뛰어난 암 저항성을 갖고 있을까? 그렇지 않다. 이들은 땅 속에 사는 것으로 유명하지만 두더지쥐에 비하면 땅 위로 자주 얼굴을 내민다. 사실 두더지는 지면과 아주 가까운 터널을 통해 먹이를 사냥하기 때문에 두더지가 움직이는 곳에서 흙이 봉긋하게 솟아오르는 모습도 자주 보인다. 따라서 이들은 두더지쥐처럼 외부의 위험으로부터 잘 보호되는 곳에 산다고 할 수 없다. 그리고 사람에게는 위험할 정도로 독성이 강한 공기를 마시며 살지도 않는다.

산소 결핍은 아니지만 상대적 안정성과 관련해서 고려해보고 싶은 또 하나의 생태적 지위가 있다. 삶을 동굴에서 보내는 동물들은 어떨까?

휴먼피시

동물의 일반명은 내가 남몰래 누리는 즐거움의 원천이다. 앞에서 날지도 않고 여우원숭이도 아닌 날여우원숭이, 두더지도 아니고 쥐도 아닌 두더지쥐를 만나보았다. 이번에는 사람도 아니고 물고기도 아닌 사람물고기, 휴먼피시human fish, *Proteus anguinus*를 소개한다. 사실 이 동물은 작고 하얀 눈먼도롱뇽salamander이다. 동굴도롱뇽붙이olm라고도 한다.

도롱뇽은 제일 보기 힘든 척추동물일지도 모르겠다. 끈적끈적한 점액질의 피부를 가진 도마뱀처럼 생긴 도롱뇽은 밤에 활동하고 낮에는 바위 밑이나 통나무 속에 숨어 있는 경향이 있다. 밝은 색깔로 피부에 독이 있음을 경고하는 종을 제외하면 대부분 주변 환경과 구분이 어려운 칙칙한 색을 띠고 있다. 제일 작은 종은 꼬리 길이까지 다 포함해서 당신의 손가락 관절 사이 거리 정도밖에 안 된다. 제일 큰 종인 중국왕도롱뇽Chinese giant salamander은 체구가 작은 사람 크기로 자랄 수도 있다. 벌거숭이두더지쥐가 귀엽게 생겼느냐, 흉측하게 생겼느냐를 두고는 사람들의 의견이 엇갈리지만, 대형 도롱뇽에 대한 의견은 사실상 만장일치나 마찬가지다. 도롱뇽의 엄마만 생각이 다를 터이다.

도롱뇽은 공룡 시절에 중앙아시아에서 진화했다. 그리고 대부분의 종이 아직도 북쪽 지역에서 살고 있다. 추운 기후에서 사는 외온성 동물이라서 대사율이 낮은 도롱뇽 집단은 장수할 것이라 예상할 수 있고, 실제로 그렇다. 다른 거의 모든 동물 집단과 마찬가지로(박쥐는 예외) 큰 종일수록 작은 종보다 오래 사는 경향이 있지만 아주 작아서 손바닥 위에 편안하게 올려놓을 수 있는 미국 동부의 북방슬라이미 도롱뇽northern slimy salamander, *Plethodon glutinosus*처럼 일반적인 크기의 작은 종이라도 애완동물로 키우면 20년까지 살 수 있다. 그럼 장수지수는 5.3으로 가장 오래 사는 야생 조류와 비슷하다.

동굴도롱뇽붙이는 동굴에 사는 아주 특별한 도롱뇽이다. 쉬거나 동면을 위해서만 동굴을 찾아오는 박쥐와 달리 동굴도롱뇽붙이는 평생 한 발자국도 나가지 않고 동굴 안에서 산다.

동굴도롱뇽붙이는 발칸 반도 남쪽을 여기저기 광범위하게 관통하고 있는 석회암 동굴 내부의 지하 연못이나 개울에서 산다. 온도는 영상 10도로 일정하다. 이런 온도에서는 동굴도롱뇽붙이의 모든 삶이 느리게 흘러간다. 알은 5개월 정도가 있어야 12밀리미터 크기의 올챙이로 부화하고, 동굴도롱뇽붙이가 성체 크기에 도달해서 번식

동굴도롱뇽붙이 혹은 휴먼피시. 터무니없이 느린 삶의 방식을 갖고 있는 이들은 12년 정도마다 한 번씩 짝짓기를 한다. 한 개체는 7년 전에 처음 잡혔던 바로 그 장소에서 다시 발견되기도 했다. 성체의 길이는 꼬리까지 포함해서 20센티미터 정도다. 출처: Shutterstock

을 할 수 있는 나이가 되려면 사람과 비슷하게 16년이 걸린다. 암컷은 35개 정도의 알을 낳고, 워낙 느긋하다 보니 다시 알을 낳을 때까지 12년을 기다린다. 이들은 먹지 않고도 적어도 1년, 아마도 그 이상 생존할 수 있다.

동굴도롱뇽붙이가 특출하게 오래 산다는 것은 오래전부터 알려져 있었다. 동물원에서는 이들이 70년까지 산다는 보고가 올라온다. 좀 더 최근에는 야생에서 60년까지 살 수 있는 그들의 생존 패턴을 분석해서 수학적으로 투사해보니 최대 수명 추정치가 102년 정도로 나왔다.[12] 이들의 실제 최대 수명을 70년으로 믿든, 102년으로 믿든, 한 뼘 길이정도밖에 안 되는 그 작은 체구를 고려하면 이들의 장수지수는 각각 14.4와 21이 나온다. 정말 눈이 번쩍 뜨이는 수치다. 지금까지 보았던 그 어떤 값보다도 크다. 장수 요건 체크 박스에 표시를 한다면 동굴도롱뇽붙이는 외온성 동물에 체크, 추운 온도에서 사는 것에 체크, 잘 보호된 안정적인 환경에서 사는 것에도 체크 표시를 해야 한다. 아직 표시하지 않은 체크 박스가 하나 있다면 아마도 저산소에 대한 저항성일 것이다. 동굴은 일반적으로 여러 개의 입구를 통해 외부 세계와 연결되어 있기 때문에 환기가 비교적 잘 된다. 그래서 동굴 안쪽 공기는 산소가 부족하지 않다. 하지만 동굴도롱뇽붙이는 빛이 전혀 들어오지 않는 어두운 동굴 내부의 물속에서 산다. 이런 어둠 속에서는 산소를 생산하는 녹조류나 식물이 살 수 없다. 그래서 동굴 속 물은 산소가 산발적으로만 공급된다. 위쪽에서 스며들어오는 빗물이 그 주요 공급원이다. 가뭄 기간에는 동굴 속 물에 실제로 산소가 거의 없을 수도 있다. 그런데 놀랄 노 자다. 동굴도롱뇽붙이는 저산소에도 역시나 탁월한 저항성을 보여준다.[13] 그럼 여기도 체크.

그렇다면 어둡고, 산소가 부족한 지하에서 살아가는 생명체를 통해 암 걱정 없이 장수하는 비결에 대해 무언가 배울 수 있을지도 모른다. 적어도 연구자들은 이런 종들에 대해 조사를 진행하고 있으니 이제 우리는 기다리면서 지켜봐야 할 것이다. 그럼 땅굴이나 동굴에서 살거나, 하늘을 나는 능력이 있거나, 자기를 보호해줄 껍질이 있는 것 등의 장점이 없는 동물은 어떨까? 이들도 장수하는 능력을 진화시켰을까? 한번 살펴보자.

8장 코끼리

⁑

거대한 동물의 생

체구와 장수가 쌍으로 움직이는 관계라면 동물의 장수에 대해 얘기할 때 가장 큰 동물이 빠질 수 없을 것이다. 물론 땅 위를 걸어 다녔던 가장 큰 동물은 이제 우리와 함께 있지 않다. 이름값을 하는 거대한 몸집의 티타노사우루스titanosaurs는 커다란 체구에서 오는 온갖 장점에도 불구하고 6600만 년 전에 거대한 소행성이 지구와 충돌했을 때 나머지 비조류 공룡들과 함께 소멸하고 말았다. 고생물학 학술대회에서 초식공룡인 티타노사우루스 중 정확히 어느 종이 제일 컸느냐는 주제가 나오면 십중팔구 이전투구가 벌어진다. 제일 큰 종이 무엇이었든 간에 그 무게는 50톤에서 100톤 사이, 길이는 30미터 비슷한 수치였던 것 같다. 반면 뇌는 테니스공보다 크지 않았다. 따라서 어느 종이었든 간에 그렇게 똑똑하지는 못했을 것이고, 그리 오래 살지도 못했을 것이다. 지금까지 알려진 것 중 제일 오래 산 공룡은 상대적으로 보잘것없는 20톤 무게의 라파렌토사우루스 마다가스카리엔시스 *Lapparentosaurus madagascariensis*였고, 이 공룡도 40대까지밖에 못 살았다.

체구는 가장 큰 포유류가 지구를 어슬렁거리는 데도 도움이 되지 못했다. 이 포유류는 아마도 코뿔소와 비슷하게 생긴 파라케라테리움Paraceratherium이었을 것이다. 이 동물의 어깨 높이는 거의 5미터 정도였고, 무게는 15~20톤 정도였다. 파라케라테리움은 2500만 년경에 사라졌는데 그 이유는 분명하지 않다. 다행히도 사람에 의해 멸종되었다고 보기에는 너무 이른 시간이었다. 최근의 대형 포유류 중에는 인간에 의해 사라진 종이 많다. 이 동물의 뼈는 다른 포유류의 뼈와 마찬가지로 공룡 같은 성체의 나이테가 없어서 얼마나 오래 살았는지 알 수 없다. 하지만 현대 분자생물학이 제공하는 도구들 덕분에 언젠가는 오래전에 죽은 동물의 나이를 추정할 수 있게 될 것이다.

현존하는 최대 육상포유류는 아프리카덤불코끼리*Loxodonta africana*다. 사바나코끼리라고도 한다. 이 코끼리는 어깨 높이가 4미터에 이를 수 있고, 무게는 7000킬로그램까지 나간다. 공룡이나 오래전 멸종한 포유류와 달리 코끼리에 대해서는 어느 정도 알려져 있다. 코끼리의 체구나 수명을 하나의 숫자로 기술하려 들면 큰 오해를 낳는다는 사실도 거기에 포함된다.

식별 가능한 최초의 코끼리 선조는 6600만 년 전 대멸종 이후에 찾아온 포유류 다양성의 폭발적 증가 기간 동안에 생겨났다. 처음에는 크기가 집고양이 정도에 불과했지만 진화는 이 동물 집단의 체구를 키우는 쪽으로 작용했고, 결국 모든 시대를 통틀어 가장 큰 코끼리인 아시아곧은상아코끼리*Palaeoloxodon namadicus*가 탄생하게 됐다. 이 코끼리는 요즘의 코끼리 종보다 1.5배 정도의 키에 무게는 4, 5배 정도 많았다. 빙하기의 끝은 아시아곧은상아코끼리, 그리고 그보다 우리에게 더 익숙한 두 가지 친척 종의 끝이기도 했다. 하나는 최북단 지역의 매머드와 더 온대기후에 살았던 마스토돈이다. 마스토돈은 오늘날의 핼러윈 호박이 된 선조 식물의 씨앗을 퍼뜨린 존재로 제일 유명하다. 오늘날 살아 있는 종 가운데 이 코끼리 3종과 제일 가까운 친척은 바다에 느릿느릿 움직이며 사는 초식동물 듀공dugong과 매너티manatee다.

오늘날 살아 있는 코끼리 종이 종래의 2종이 아니라 3종이라는 사실을 듣고 놀라는 사람도 있을 것이다. 아시아코끼리*Elephas maximus*는 아프리카에서 기원했고 오늘날의 아프리카코끼리 종들로부터 500만 년 전에 갈라져 나왔다. 역사적으로 보면 이들은 이름이 암시하듯 대체로 남아시아와 동남아시아에 국한되어 살아왔다. 이 코끼리는 귀가 작고, 훈련시키기가 쉬워서 서커스나 다양한 노동에 동원되고 있다. 그다음엔 그보다 몸집도 크고, 귀도 큰 아프리카덤불코끼리 혹은 사바나코끼리가 있다. 당신의 예상대로 이 코끼리는 사하라 사막 이남 아프리카 사바나 지역에 살고 있다. 덤불코끼리는 그리 유순하지 않아 훈련시키기가 어렵기 때문에 땅콩으로 유혹해서 일을 시킬 수 없다. 마지막으로 더 최근에 발견되어 대부분의 독자에게 생소할 아프리카숲코끼리*Loxodonta cyclotis* 혹은 둥근귀코끼리가 있다. 원래는 아프리카코끼리의 아종으로 취급되었으나 유전적 증거에 의해 2021년에 독립적인 아프리카코끼리 종으로 공식 인정을 받았다. 이 코끼리는 3종 중 체구가 제일 작고, 서부와 중앙의 아프리카 열대우림에서만 발견된다. 숲코끼리는 다른 2종에 비해 알려진 바가 별로 없기 때문에 여기서 이들의 사생활을 더 파고들지는 않겠다.

코끼리보다 더 상징적인 동물은 없다. 전 세계 어린이들은 코끼리를 직접 본 적이 있든, 없든 독특한 상아와 코를 보고 코끼리를 알아본다. 수천 년 동안 이런 식이었다. 코끼리는 석기시대 암각화에도 묘사되어 있다. 그리고 힌두교와 불교의 성지와 신전에서도 중요한 역할을 하고, 여러 가지 토착종교에도 등장한다. 이들이 사육되어 사람을 위해 일하도록 훈련이 이루어진 것은 적어도 기원전 3000년 전부터였다. 이들은 고대 그리스시대부터 마차를 끄는 용도와 전쟁무기로 사용되어 왔다. 인도의 황제 찬드라굽타는 전투용 코끼리 9000마리를 거느렸었다고 전해진다. 이 코끼리 부대가 기원전 326년에 인도 원정에 나선 알렉산더 대왕의 군대를 박살냈다. 아시아의 왕족들은 코끼리 등에 올라타고 사냥을 다니며 자신의 우월함을 과시했다. 요즘에도 이 코끼리들은 여전히 동남아시아의 목재 산업에 동원되고 있다. 야생코끼리와 농부들이 함께 사는 곳에서는 어디든 작물에 대한 권리를 두고 두 종 사이에 마찰이 일어난다. 사람들은 코끼리들이 자기가 애써 키운 작물을 약탈한다고 생각한다. 하지만 분명 코끼리들은 그저 자기가 드라이브스루 식사를 즐기는 것이라 생각했을 것이다. 어쨌거나 코끼리의 존재가 알려진 곳에서는 어디든 코끼리가 힘, 지혜, 충성, 리더십, 그리고 당연히 장수를 상징한다. 물론 농부들의 생각은 다르겠지만.

지능을 어떻게 정의하든 간에 코끼리는 포유류 중에 제일 지능이 높은 편에 속한다. 모두들 알고 있듯이 이들은 오래 기억하는 것으로 유명하지만, 다양한 도구의 사용법도 배울 수 있다. 코끼리의 코는 그 자체로 하나의 도구다. 윗입술과 코가 뼈나 관절 없이 합쳐지며 극단적으로 길어져 무려 6000개의 개별 근육을 통해 움직이는 코끼리 코는 힘, 유연성, 그리고 놀라운 손재간(?)을 모두 갖추고 있다. 코끼리도 우리처럼 코를 호흡하고, 꽃향기를 맡는 데 사용한다. 그리고 깊은 물을 건널 때는 코가 스노클 역할을 하기도 한다. 한편 코끼리 코는 우리의 코보다는 손과 그 기능이 더 닮아서 물건을 집고, 들어올리고, 먹고, 마시고, 목욕하고, 스스로를 진단하는 용도로도 사용된다. 그리고 무려 400킬로그램의 무게를 들어 올릴 수도 있고, 땅콩껍질을 섬세하게 깔 수도 있다. 한번은 장난기 많은 어린 아프리카코끼리 한 마리가 내 뒷주머니에서 지갑을 빼낸 적도 있었다.

알아두었다가 나중에 써먹을 만한 한 가지 재미있는 이야기를 들려주겠다. 아프리카코끼리는 코끝에 근육으로 이루어진 작은 돌기가 두 개 있다. 우리가 벙어리장갑을 끼고 물건을 집듯이 아프리카코끼리는 이것으로 섬세하게 물건을 움켜쥘 수 있다. 반면 아시아코끼리는 이 돌기가 하나밖에 없다. 그래서 엄지손가락 없는 벙어리장갑처럼 잡고 싶은 물건이 있으면 그 돌기로 물건을 감싼다. 코 말고 다른 도구를 사용하는 경우를 보면, 나뭇가지로 파리채나 등긁개를 만들거나, 자기가 판 구멍을 쑤시거나, 코가 닿지 않는 높은 곳이 있는 물체로 뻗기도 한다.

상아도 일종의 도구로 생각할 수 있다. 상아는 땅을 파고, 긁고, 덤불을 치우고, 싸우는 용도로 사용된다. 사람이 오른손잡이와 왼손잡이가 있듯이 코끼리도 저마다 즐겨 사용하는 상아가 있다. 그래서 한쪽 상아가 다른 쪽보다 더 많이 닳아 짧아지게 된다. 아프리카코끼리의 경우에는 수컷의 상아가 일반적으로 더 두텁기는 하지만 양쪽 성 모두 상아가 있는 반면, 아시아코끼리는 드물게 예외가 있는 경우를 제외하고 암컷은 상아가 없다.

코끼리의 상아는 치아다. 크기와 모양을 빼면 당신의 치아나 내 치아와 다를 것이 없다. 당신의 치아가 코끼리 상아만큼 컸다면 아마 당신도 상아 사냥꾼들에게 사냥을 당했을 것이다. 상아는 앞니가 변형된 것으로 설치류의 앞니처럼 평생 자란다. 과거에는 상아가 길이로는 3미터, 무게로는 100킬로그램 가까이 자랐지만 여러 세대에 걸쳐 특출하게 큰 상아를 가진, 특출하게 큰 코끼리들만 선택적으로 사냥당하다 보니 유전적으로 상아의 크기가 줄어들었고, 아마 체구도 줄어든 것 같다. 상아는 코끼리의 것이든, 바다코끼리, 하마, 향유고래 혹은 사람의 것이든 크림색이 도는 예쁜 하얀색이고, 내구성이 뛰어나고, 쪼개짐 없이 조각이 가능하다. 옛날부터 상아는 조각해서 다양한 장신구로 제작됐다. 현대에 들어서는 당구공, 피아노 건반, 도미노 등 장식 외의 용도로 사용되었고, 정말 질이 좋은 상아인 경우에는 의치를 만드는 데도 사용됐다. 상아에 대한 인간의 탐욕은 전 세계적으로 코끼리 개체수의 붕괴를 가져왔다. 이는 19세기 초부터 분명하게 드러났다. 뉴욕의 한 당구공 공급업체에서 코끼리 상아가 사라질 수 있음을 깨닫고 코끼리 상아 대용물을 만들어내는 사람에게는 10,000달러(현재의 가치로 환산하면 200,000달러†)의 상금을 제시한 것이다. 1869년에 존 웨슬리 하얏트John Wesley Hyatt가 이 일에 성공했는데 그가 상금을 받았는지는 알려지지 않았다. 오늘날에는 상아로 만들 수 있는 것은 무엇이든 합성재료로 만들 수 있으며, 다행스럽게도 상아의 국제 교역이 금지되었다.

코끼리는 지능이 좋아서 넓은 영역의 지도를 머릿속에 담고 다닐 수 있다. 이들은 물웅덩이와 먹이터의 위치, 그리고 그곳으로 가는 가장 좋은 길을 기억한다. 또한 위험이 도사리는 곳을 기억해서 피할 수도 있다. 이들은 눈으로 보거나 냄새를 맡아서 개별 가족 구성원을 알아볼 수 있고, 그 가족 구성원을 언제 마지막으로 보았는지도 기억할 수 있다. 심지어 오래전 죽고 없는 가족의 냄새를 기억할 수도 있다. 이들은 혼자서는 할 수 없는 일을 서로 협력해서 해내는 방법도 안다. 이들은 교육을 받으면 다양한 개별 물체를 알아볼 수도 있고, 수의 개념도 어느 정도는 갖고 있다. 서커스에서 코끼리는 수십 가지

---

† 한화로 약 2억 5천만 원 정도.

묘기를 학습하는데, 그중에는 머리로 물구나무서기처럼 야생이라면 절대로 하지 않을 묘기도 포함되어 있다. 이들은 거울을 보며 거기에 비친 존재가 자기임을 알아본다. 바꿔 말하면 자기인식이 가능하다는 의미다. 비교심리학자들은 이것을 사람, 다른 유인원, 돌고래, 까치, 청줄청소놀래기, 문어만 갖고 있는 대단히 세련된 지능의 흔적이라 여긴다. 내게 가장 인상적이었던 부분은 코끼리가 목소리만 듣고도(어쩌면 사람의 언어를 알아듣고) 부족 사람 중 코끼리를 사냥하는 사람과 그렇지 않은 사람을 구분할 수 있다는 것이었다.[1] 우리보다 3배나 큰 뇌를 가진 동물이니 사실 이런 능력들이 그리 놀라운 일이 아닐 수도 있겠다.

코끼리의 큰 체구도 이점이 있다. 한 가지 빤한 이점은 일단 성체의 크기에 도달하면 코끼리거북과 마찬가지로 사람 말고는 사실상 포식자를 신경 쓸 필요가 없다는 것이다. 사자, 표범, 하이에나, 호랑이 등 대형 포식자가 들끓는 곳에 살아도 말이다. 그리고 물구덩이 같이 소중한 자원에도 마음대로 접근할 수 있다. 코끼리가 접근하면 사자, 표범, 심지어는 하마도 자리를 비켜준다. 코끼리는 자신의 체구 때문에 어떤 손상을 입을 수 있는지 이해하고 있으며, 발을 어디에 딛어야 하고, 거기에 얼마나 체중을 실어야 하는지 정확하게 인식하고 있다. 성체들이 촘촘하게 원으로 둘러싸서 보호해주면 그 안에 있는 새끼 코끼리는 위험할 것이 없다. 반면 새끼 코끼리를 위협하려드는 동물이 있다면 종류를 막론하고 확실히 위험에 빠진다. 케냐의 애버데어국립공원에서 여러 해 전에 연구자들이 새끼 코끼리를 공격하는 코뿔소를 보았다. 그리고 그 코뿔소가 새끼 코끼리의 친척 성체들에게 그 자리에서 밟혀 죽는 것도 보았다. 한번은 내가 영화 촬영 현장에서 동물 조련사로 일했을 때 '바이오닉 우먼Bionic Woman'을 연기하는 유명한 여자 배우의 발을 대신해서 스턴트 배우 역할을 한 적이 있다. 생체공학으로 만들어진 사람의 역할이다 보니 대본에서 그 여자 배우는 코끼리가 자기 발을 밟고 서 있어도 눈치채지 못하는 연기를 해야 했다. 감독은 영화 스타가 혹시나 부상을 당할 수도 있는 위험을 감수하고 싶지 않았기에 그 일을 내 발에 맡겼다. 내 오른쪽 발이었다. 그 장면을 찍다가 실제로 코끼리발이 내 발에 고양이처럼 가볍게 닿기는 했다.

큰 체구 때문에 치러야 할 대가도 있다. 그중 하나가 코끼리가 움직일 수 있는 방식이 제한된다는 점이다. 코끼리는 무릎의 기동성이 제한되어 있다. 그래서 가벼운 뜀박질을 하거나, 점프를 하거나, 앞다리를 회전시킬 수 없다. 이런 운동을 했다가는 무릎 관절에 부상을 입거나 다리가 부러질 위험을 감수해야 한다. 코끼리의 다리는 그 어느 동물보다도 두꺼운 다리뼈로 지탱되고 있다. 살짝만 점프를 하거나 다리를 비틀어도 너무 많은 스트레스가 가해진다. 이들이 달리는 모습을 보면 마치 경보를 하는 것 같다. 하지만 정말 빠른 경보니까 행여나 코끼리를 앞질러 달릴 수 있을 거라는 상상은 하지 말자. 체구가 커지면 중력이 적이 될 수 있다. 벌목산업에서 코끼리의 주요 사망원인 중 하나가 추락이다. 코끼리가 나무를 기어올라볼까 생각하는 것은 닥터 수스Dr. Seuss[†]의 이야기에서나 가능한 일이다. 칼로리는 대단히 낮고 섬유질은 엄청 풍부한 먹이(풀, 나뭇가지, 나무껍질 등)를 먹으며 야생에서 살아가는 코끼리들은 깨어 있는 시간 중 70퍼센트를 먹는 데 보내며, 큰 몸집을 뒷받침할 충분한 에너지를 공급하기 위해서

---

† 미국의 아동 서적 작가 겸 만화가.

이 질 낮은 먹이를 매일 100~180킬로그램 정도 먹어줘야 한다.

3종의 코끼리에서 일부 세부적인 면은 차이는 있지만 야생의 코끼리들은 가족관계인 암컷 성체들이 새끼와 청소년기의 자녀를 데리고 유대가 강한 사회적 집단을 이루어 살아간다. 암컷은 성숙해도 가족집단에 그대로 머물지만 수컷들은 성체에 가까워지면 가족과 보내는 시간이 점점 짧아지고, 결국은 집단을 떠나 단독으로 살아가거나, 수컷 무리에 들어가 느슨한 사회생활을 하며 살아간다. 가끔은 임신 준비가 된 가임기 암컷을 찾아보려는 희망에 암컷 집단에 합류하기도 한다. 하지만 임신 준비가 된 암컷을 만나기는 쉽지 않다. 거의 50년 동안 연속적으로 코끼리 연구가 이루어진 케냐 암보셀리국립공원Amboseli Park에서 연구자들이 계산한 바에 따르면 각각의 암컷은 3년에서 9년마다 3일에서 6일 정도만 가임기에 들어간다. 그러니 자식을 보고 싶은 수컷이라면 정신 바짝 차리고 준비하고 있어야 할 것이다.

수컷 성체들은 한 지역 안에 있는 다른 수컷들을 안다. 그리고 대부분 체구를 바탕으로 한 지배위계가 존재한다. 내가 '대부분'이라고 한 이유는 수컷 코끼리는 다른 포유류에서는 보이지 않는 신기한 특성을 갖고 있기 때문이다. 발정광포상태 혹은 머스트musth라는 특성이다. 머스트는 사육 코끼리의 조련사나 사육사에게 상당한 위험이 될 수 있다. 그리고 재수없게 괜히 너무 가까이 붙어 있던 다른 동물에게도 위협이 될 수 있다. 머스트를 성적인 광란이라 여기는데 나는 성적인 변덕에 더 가깝다고 생각한다.

『코끼리를 쏘다』는 소설가 조지 오웰이 식민주의의 폐해에 대해 쓴 유명한 수필이다. 그는 식민지 경찰로 일하던 당시 겁에 질린 버마의 마을 사람들로부터 코끼리를 총으로 잡아달라는 요청을 받는다.

평소에는 얌전한 코끼리가 머스트가 찾아와서 살짝 미쳐버린 상태였다. 사육 코끼리는 머스트에 들어가면 머스트가 끝날 때까지 사슬로 묶어두는데 이 코끼리는 사슬을 끊고 나와 집 한 채와 과일 가게를 부수고 소 한 마리, 그리고 하필 그 시간 그 장소에 있었던 운수 사나운 남성 한 명을 죽였다.

머스트가 언제 일어날지 예측하기는 어렵다. 특히 젊은 수컷은 더 어렵다. 암컷이 근처에 있으면 예측에 도움이 되지만 꼭 필요한 것은 아니다. 뺨 위로 분비물이 뚝뚝 흐르고, 성기에서 냄새나는 소변이 뚝뚝 떨어지고, 아무것에나 공격적인 태도를 보이면 그 수컷은 머스트에 들어갔음을 알 수 있다. 머스트 기간 동안에는 수컷의 테스토스테론 수치가 천장을 뚫고 솟아오른다. 그리고 일시적으로 체구에 상관없이 지배위계의 꼭대기를 차지한다. 나는 이것을 '저 놈 조심해, 완전히 돌았어' 증후군이라 생각한다. 하지만 머스트 상태로 있는 것은 아주 고된 일이기 때문에 수컷은 그 기간 동안 눈에 띄게 살이 빠진다. 야생에서 머스트에 들어간 수컷은 먹는 시간을 희생하면서까지 수용적인 암컷들을 지키며 감시한다. 성기에서 냄새나는 오줌을 뚝뚝 흘리고 뺨 위로 분비물을 흘리고 다니며 짜증을 부리는 수컷에게 어느 암컷이 반하지 않겠는가? 대부분의 새끼 코끼리는 머스트에 들어간 수컷이 낳은 자식이다.

코끼리처럼 체구가 큰 동물에서는 당연히 예상되는 부분이지만 코끼리는 성체로 자라기까지 시간이 꽤 걸린다. 코끼리의 임신 기간은 22개월로 어느 육상포유류보다도 길고, 출생시 체중이 100킬로그램 정도 나간다. 그리고 3년 정도 어미의 젖을 빤다. 그리고 그 다음에 어떤 일이 일어날지는 이들이 찾아내는 먹이의 양과 질, 그리고 어미가 언제 다음 새끼를 임신하느냐에 따라 크게 달라진다. 대부분의

코끼리에게 LSD를 주면 어떻게 될까?

이것은 코끼리 및 머스트와 관련이 있는 과학실험 중에 제일 미친 실험이 아니었나 싶다.[2] 코끼리의 장수와 직접 관련이 있는 내용은 아니지만 입이 근질거려서 말하지 않고는 못 견디겠다. 이 실험은 1962년에 저명한 과학학술지 중 하나에 발표됐는데, 자세히 살펴보면 1962년 이후로 과학계가 참 많이 개선되었다는 말밖에 나오지 않는다.

이 연구자들은 표면적으로는 코끼리 사육자를 보호하기 위한 노력의 일환으로 머스트를 이해하려 했다고 한다. 그리고 그때는 이런 생각이 가능했나보다. "수컷 코끼리에게 환각제 LSD를 투여해서 머스트에 들어간 것처럼 행동하는지 지켜보자."

LSD가 코끼리를 미치게 만드는지 보려면 얼마나 투여해야 할까? 사람에서 '생생한 시각적 환각과 정신적으로 무질서한 생각과 행동'을 이끌어내는 정도의 용량을 사용해야 할까? 아니면 고양이에서 '일시적인 분노 반응'을 유도할 정도의 고용량을 사용해야 할까? 우선은 고양이의 용량으로 가보자. 코끼리는 고양이보다 3000배 무거우니까 고양이 용량의 3000배를 투여해보자.

체구가 커지면 대사율을 비롯한 거의 모든 것이 느려진다는 사실을 기억했어야 했지만 이들은 그러지 못했다. 당연히 실험은 제대로 돌아가지 않았고, 약을 투여하고 머지않아 터스코라는 이름의 가엾은 코끼리는 몸이 휘청거리고, 다리에 힘이 풀리고, 똥을 싸더니 쓰러져 발작을 시작했다. 그리고 2시간 만에 죽고 말았다. 머스트의 조짐은 전혀 보이지 않았다. 흥미로운 이야기지만서도 정말이지 문제가 많은 1960년대였다고 생각한다.

동물에서 청소년기 성장 속도와 성적 성숙 도달 타이밍은 에너지 균형 및 전반적 건강에 있어 대단히 민감하다. 여기서 에너지 균형이란 먹는 먹이의 양과 그 먹이를 구하는 데 필요한 노동의 양을 비교한 것이다. 이것은 사람에서 가장 분명하게 나타난다. 사람에서는 에너지 균형과 식단의 질이 성숙 나이에 큰 영향을 미친다. 초경 나이는 기록을 남기기가 특히 쉽다. 초경 나이는 문화권에 따라 극적인 차이를 보인다. 세네갈과 방글라데시 등 에너지 측면에서 생활이 어려운 곳에서는 만 16세, 유럽이나 미국 같은 국가는 약 12세 정도다.[3] 예외를 살펴보면 법칙을 증명하는 데 도움이 된다. 체조나 고강도 신체 훈련을 받는 청소년기 여성은 활동이 덜한 친구들에 비해 사춘기가 늦어진다. 이것은 성적 성숙을 위해서는 어느 임계점 이상의 체지방률이 필요하기 때문일 수도 있다. 근래에 들어 성적 성숙이 더 빨라지는 경향은 청소년기 남성에게도 해당되지만 그럼에도 전반적으로는 남성이 여성보다 성숙이 늦다.

코끼리에서 청소년기와 성년기의 성장, 생식, 수명을 이해하기 위해서는 아시아코끼리와 아프리카코끼리를 따로 고려해볼 필요가 있다. 양쪽 종 모두 동물원에서는 잘 살지 못해서 야생의 코끼리만큼 번식을 잘 하거나 오래 살지 못한다. 두 종은 성장, 성숙, 심지어 노화도 조금씩 다르다. 그리고 제일 중요한 점은 우리가 현재 양쪽 종에 대해 많이 알고는 있지만, 각각의 코끼리 종에 대해 알고 있는 내용들이 서로 아주 다른 환경에서 나왔다는 사실이다.

아시아코끼리

우리가 아시아코끼리의 장수에 대해 알고 있는 내용은 대부분 벌목에 사용되는 반사육 상태의 코끼리에서 나온 것이다. 아시아코끼리는 상대적으로 유순하고 훈련시키기가 쉽기 때문에 19세기 이래로 동남아시아의 벌목산업에서 필수적인 일손 역할을 해왔다. 당시에는 코끼리가 훨씬 더 많았다. 하지만 요즘에는 서식지 파괴, 사람들과의 충돌, 값비싼 상아 때문에 개체수의 숫자가 곤두박질쳤다. 미얀마(1989년까지는 버마로 알려졌음)의 벌목 캠프에서는 돈 많은 서구 사람들을 위해 우아한 가구를 만드는 데 쓰는 귀한 티크나무를 벌목할 때만 선별적으로 코끼리를 이용한다.[4] 코끼리는 기계로 벌목할 때보다 숲에 손상을 훨씬 덜 입힌다. 코끼리는 자연이 버마에게 선물해준 가장 훌륭하고 너그러운 선물이라 불려왔다. 그렇지만 이제는 버마와 다른 곳 모두 벌목에 코끼리를 사용하는 일은 줄어들고 있다.

반사육이라 함은 그 주인이 코끼리를 먹이거나 선택적 번식을 하지 않는다는 의미다. 하루 일을 마치고 나면 코끼리들을 감독하지 않는 상태에서 숲에 풀어놔 알아서 먹이를 먹게 한다. 그동안에는 이 코끼리들이 다른 벌목회사의 코끼리나 야생코끼리와 짝짓기를 하거나, 싸우거나, 어울릴 수 있다.

버마의 벌목산업에서 코끼리는 고된 노동을 한다. 이 코끼리들은 진흙탕이나 언덕이 많은 어려운 지형에서 나무를 쓰러트린다. 그리고 머리로 나무를 밀며 오솔길을 따라 강으로 끌고 가서 강물에 띄운다. 그럼 그 목재들은 강물을 타고 시장으로 흘러간다. 필요하면 강물에서 옴짝달싹 못하고 끼어 있는 통나무 더미를 풀어주는 일도 한다. 노동량은 꼼꼼하게 관리된다. 코끼리가 성체가 되기 전에는 노동부하를 완전히 채우면서 일을 시키지 않는다. 그리고 노동의 종류와 양, 휴식 기간은 나이, 체구, 신체상태에 따라 달라진다. 사실 연중 가장 무덥고 건조한 시기에는 아예 일을 하지 않는다. 늙기 시작하면 노동량을 줄여주고, 55세가 되면 은퇴시켜서 여생을 편안하게 살게 해준다. 이 코끼리들은 이런 휴식을 누릴 자격이 있다.

이 코끼리들의 삶과 수명을 이해하는 데 있어서 가장 중요한 점은 미얀마에서 벌목산업을 위해 훈련된 수천 마리 코끼리들이 법에 따라 각자 고유의 등록번호와 이름을 갖고 있다는 점이다. 출생 날짜와 출생 장소뿐만 아니라 언제 어떻게 죽었는지에 관해서까지 아주 꼼꼼한 기록이 남아 있다. 야생에서 태어난 개체의 경우 추정 나이를 비롯해서 포획 장소와 포획 방법까지 기록되어 있다. 경험 많은 노동자가 추정한 어린 코끼리의 나이는 대단히 정확하다. 수의사가 수천 마리 코끼리의 기록이 들어 있는 혈통대장을 관리하면서 매년 정부에 그 내용을 보고해야 한다. 모든 벌목산업용 코끼리의 공식적인 소유주는 정부다.

그럼 반사육 상태의 벌목산업용 아시아코끼리에 관한 이 수천 건의 기록을 통해 우리는 무엇을 배웠을까? 암컷과 수컷의 삶의 궤적은 아주 차이가 난다. 우선 성체 수컷은 암컷보다 키가 10퍼센트 정도 크고, 체중은 30퍼센트 정도 많이 나간다. 나이가 들면서 체구 차이는 커진다. 암컷은 사람보다 체구가 훨씬 큼에도 불구하고 그 삶의 궤적은 현대인과 불가사의할 정도로 닮았다. 암컷은 만 10세나 12세에 육체적으로 인간의 초경에 해당하는 성적 성숙에 도달한다. 하지만 청소년기 여성과 마찬가지로 이 암컷들도 이 나이에는 생식력이 별로 좋지 않다. 버마의 벌목산업용 코끼리들은 만 20세 정도에 생식력이 최고조에 이른다. 사람처럼 대부분의 암컷 코끼리도 30대가 되면 번식을 멈추지만 일부는 번식을 이어간다. 코끼리는 완경이 없기 때문에 사람보다 훨씬 오랫동안 생식 능력을 이어갈 수 있다. 몇몇 암컷은 60대에도 여전히 새끼를 낳는다.

벌목 캠프 코끼리들의 삶을 너무 장밋빛으로 그리고 싶지는 않다. 이곳에도 스트레스는 있다. 특히나 야생에서 태어나서 나중에 포획된 코끼리들 사이에서 스트레스가 심하다. 벌목회사에서는 보통 청소년기의 코끼리를 잡아들이며 그 평균 나이는 11세지만, 어떤 것은 5세의 어린 나이에, 어떤 것은 20세의 나이에 잡히기도 한다. 포획에서 입는 정신적 외상의 영향이 평생 이어지는 것으로 보인다. 포획된 코끼리들은 사육된 코끼리에 비해 번식이 신통치 못하고, 그만큼 오래 살지도 못하기 때문이다.

벌목 캠프의 새끼 코끼리 사망률은 언뜻 보면 높아 보일 수 있다. 약 10퍼센트 정도가 첫 돌을 맞이하기 전에 죽고, 4분의 1에서 3분의 1정도가 만 5세 이전에 죽는다. 하지만 이런 유아사망률을 전체적인 맥락에서 바라보면 18세기와 19세기 유럽에서 사람의 유아사망률과 대략 비슷하다. 또한 야생 아프리카코끼리에서의 유아사망률과도 비슷하다. 그리고 하나 더 생각해 볼 부분이 있다. 이 수치는 동물원 유아사망률의 3분의 1 정도에 불과하다.

수컷 아시아코끼리에서는 이야기가 좀 달라진다. 수컷의 신체 발달은 조금 느리다. 수컷은 첫 머스트를 십대 초기에 경험하지만 보통 만 25세가 되기 전에는 번식에 성공하지 못한다. 20대가 되면 최종적인 키에 근접하지만 체중은 평생 불어난다. 아마도 몸길이가 계속 성장하기 때문에 그럴 것이다. 수컷의 삶을 이해하려면 체구가 잠재적으로 중요하다. 체구는 지배력과 관련이 있고, 지배력은 누가 짝짓기를 할 수 있느냐와 관련이 있기 때문이다. 적어도 아프리카코끼리에서는 그렇다. 우리는 아시아코끼리도 마찬가지일 것이라 가정하고 있지만 우리가 이 종에 대해 알고 있는 지식들은 사실상 모두가 인간이 인위적으로 모아놓은 집단에서 살아가는 잘 길들여지고 훈련된 코끼리로부터 나온 것이다. 이런 곳에서는 정상적인 사회적 관계가 망가져 있다.

아시아코끼리의 수명에 대해 우리는 무엇을 알고 있을까? 동물원의 인기 많은 다른 장수 동물들처럼 코끼리도 극단적인 장수의 사례들이 의심스럽긴 하지만 화려한 이야기로 나와 있다. 아마도 이 중 제일 유명한 코끼리는 린왕林旺일 것이다. 이 코끼리는 일본군에 복무하면서 제2차 세계대전 당시에 대포를 끌고 다닌 것으로 유명한 수컷 코끼리다. 전하는 이야기에 따르면 이 코끼리는 버마에서 중국군이 일본군에게 승리를 거두는 동안에 잡혔다고 한다. 버마에서 중국까지 다른 코끼리들이 절반이 죽을 정도의 강행군을 한 후, 린왕은 다양한 일을 맡아했다. 그중에는 전쟁 기념관 건축을 돕고, 전후 기아 구호를 위한 모금 활동도 있었다. 1940년대 말에 공산당 정부가 중국을 장악하자 사람들은 린왕을 대만의 육군기지로 대피시켰다. 대만 육군은 결국 린왕을 타이베이 동물원에 기증했고, 그곳에서 린왕과 그의 화려한 삶의 이야기는 이 동물원의 가장 인기 있는 전시로 자리 잡았다. 1983년부터 시작해서 린왕이 85세의 나이로 2003년에 사망할 때까지 동물원에서는 린왕에게 생일파티를 열어주었고, 그 파티에는 수천 명의 유료 고객과 지역 정치인까지 몸소 참석했다.

이러한 사실에 대해 나는 다소 회의적이다. 이유를 밝히자면, 코끼리는 현대적인 동물원이나 벌목캠프 말고는 신분증명서를 발급받지 않는다. 앞에서 리틀 프린세스라는 157세의 동물원 코끼리가 살아 있는 동안에 아프리카코끼리에서 아시아코끼리로 기적적으로 변했다고 한 것이 기억나는가? 2003년에 타이베이 동물원에서 죽은 린왕이 그 긴 세월 동안 세상 곳곳을 돌아다니면서 그 난장판 같은 환경 속에서 그 모든 일들을 해낸 바로 그 코끼리라고 하니 나로서는 아무리 믿으려 해도 믿을 수가 없다. 그리고 내가 린왕에 대해서 처음 들었을 때 그 나이는 이미 26세였을 것이다. 하지만 린왕이 전쟁 전에 어디서 왔는지, 도대체 누가 그 코끼리의 정확한 나이를 알 수 있었는지에 대해서는 아무런 단서도 없다. 그리고 마지막으로 린왕은 남자, 즉 수컷이다. 우리가 코끼리에 대해 한 가지 알고 있는 사실은 사람과 마찬가지로 코끼리도 암컷이 수컷보다 더 오래 산다는 것이다. 사람의 수명을 과장했다가 거짓으로 밝혀진 사례들이 정말 많은데, 그 대부분이 남성의 사례다. 코끼리도 마찬가지인 것 같다.

우리가 반사육 아시아코끼리의 수명에 대해 실제로 알고 있는 내용은 다음과 같다. 이들은 동물원 코끼리보다 상당히 더 오래 산다.[5] 앞에서도 말했지만 코끼리는 동물원에서는 잘 살지 못한다. 그리고 암컷은 늙어서만이 아니라 평생 수컷보다 사망률이 낮다. 이번에도 역시 인간의 패턴과 상당히 비슷하다. 생식 능력이 있는 암컷 10마리 중 1마리 정도가 70대까지 살고, 난공불락의 출산 기록을 갖고 있는 알려진 가장 늙은 암컷은 만으로 여든이 되기 불과 몇 달 전에 죽었다. 이것 역시 수렵채집인 시절에 제일 장수했던 인간의 수명에 가까운 값이다. 하지만 아시아코끼리의 체구 때문에 그 장수지수는 1.7에 불과하다. 코끼리는 자기 체구에 해당하는 기대치보다 살짝 더 오래 살지만 박쥐나 두더지쥐만큼 오래 살지는 못한다. 반면 수명을 절대치로만 따지면 육상포유류 중에 사람 말고는 아시아코끼리보다 오래 사는 동물이 없다. 이들의 거대한 체구와 긴 수명을 보면 암에 저항하는 탁월한 방어 메커니즘이 있는 것이 틀림없다. 사실 인간보다도 훨씬 뛰어날 것이다. 이 부분은 잠시 뒤에 살펴보겠다. 그전에 우선 아시아코끼리에 대해 알고 있는 내용을 아프리카코끼리에 대해 알고 있는 내용과 비교해보자.

아프리카코끼리

역사적으로 보면 아프리카코끼리는 지중해부터 희망봉까지 대륙 곳곳을 누볐었다. 한때는 2000만 마리가 넘었던 적도 있지만 아시아코끼리와 마찬가지로 서식지 훼손, 인간과의 충돌, 상아에 대한 인간의 탐욕 때문에 개체수가 곤두박질치고 말았다.

아프리카코끼리의 삶은 완전한 야생 환경에서 광범위하게 연구가 이루어졌다. 가장 철저하고 오랜 시간 이루어진 연구는 1972년에 시작되어 아직도 케냐의 암보셀리국립공원에서 계속 이어지고 있다.[6] 성별 간의 체구 차이는 아시아코끼리보다 아프리카코끼리에서 더 크다. 그리고 이런 차이의 정도는 나이가 들면서 점점 커진다. 대부분의 포유류와 달리 양쪽 성별 모두 평생 성장을 계속하지만, 수컷이 더 많이, 더 빨리 성장한다. 마흔 살짜리 수컷은 스무 살 시절보다 키는 30퍼센트 더 크고, 체중은 2배 더 많을 수 있다.

아시아코끼리처럼 암컷 아프리카코끼리도 체구가 사람보다 훨씬 큰데도 생식 수명은 사람과 별반 다르지 않다. 이들은 보통 십대 초반이나 중반에 첫 새끼를 낳고, 20세에서 40세 사이에 생식능력이 제일 높다. 그 이후로는 생식능력이 점진적으로 떨어진다. 이번에도 역시 아시아코끼리와 마찬가지로 몇몇 암컷은 60대가 되어서도 여전히 새끼를 낳는다. 야생에서의 아프리카코끼리 유아사망률은 버마 벌목캠프 아시아코끼리, 그리고 18세기와 19세기 유럽의 사람과 비슷한 수준이다.

반면 수컷 아프리카코끼리의 생식패턴은 사실상 그 어느 포유류와도 다르다. 대부분의 포유류에서는 젊은 성체가 힘이 가장 센 전성기에 있기 때문에 암컷을 거느리는 능력도 제일 뛰어나다. 그래서 대부분의 새끼들은 젊은 수컷의 자식이다. 하지만 아프리카코끼리 수컷은 계속해서 몸이 자라기 때문에 나이가 들수록 다른 수컷에 대한 지배력이 강해진다. 그리고 나이가 들면 머스트 기간도 더 길어지기 때문에 지배력이 한층 더 강해진다. 암컷들도 나이가 많은 수컷들을 선호하는 것으로 보인다. 그래서 수컷들은 40대 말이나 50대 초반이 되어서야 생식의 정점에 도달한다. 아프리카코끼리 수컷은 보통 서른 살이 될 때까지도 첫 머스트를 경험하지 않는다. 하지만 나이가 든 개체는 그에 따르는 대가를 치른다. 머스트가 신체적으로 큰 고역이라고 한 것을 기억하자. 머스트 기간 동안 수컷은 눈에 띌 정도로 살이 빠진다. 그리고 나이 든 코끼리는 머스트로 보내는 시간이 더 길기 때문에 머스트가 특히나 큰 고역이다. 그래서 대부분의 수컷은 생식 능력이 정점을 찍는 나이까지 오래 살지 못한다.

50년의 연구 끝에 우리는 아프리카코끼리의 기대수명을 계산할 수 있는 수준의 정보를 완성하게 됐다. 야생 동물 종에서 이런 정보가 완성된 경우는 많지 않다. 수컷이 자연적인 원인(즉 사람으로 인한 것이 아닌 원인)으로 죽게 될 출생시 기대수명은 37.4년이다. 약 30퍼센트의 수컷이 50대까지 살아남는다. 그리고 지금까지는 누구도 60대 중반을 넘기지 못한 것으로 보인다. 따라서 사람의 경우와 마찬가지로 극단적인 장수는 암컷들끼리의 게임으로 보인다.

이제 기대수명이란 개념을 소개했고, 이제 곧 코끼리의 기대수명을 수렵채집인의 기대수명과 비교해보려 하니, 먼저 기대수명이란 대체 무엇이고, 그 의미가 무엇인지 잠깐 설명해야 할 것 같다. 본질적으로 기대수명이란 개체들이 죽는 평균 나이를 의미한다. 따로 특정하지 않은 경우에는 일반적으로 출생시 기대수명을 말한다. 대략적으로 말하면 신생아를 포함한 모든 개인의 평균 사망 연령을 의미한다. 다른 나이를 기준으로 기대수명을 계산할 수도 있다. 예를 들어

50세 기대수명이라고 하면 적어도 쉰 살까지 살았던 모든 개인의 평균 사망연령을 의미한다.

여느 평균값과 마찬가지로 기대수명도 나이가 종 모양 곡선을 따를 때 가장 큰 의미를 갖는다. 즉 가장 흔한 값을 대표하게 된다. 이런 경우 평균값과 가장 흔히 등장하는 숫자가 같게 나온다. 만약 작은 값이 흔한 경우, 즉 유아사망이 많은 경우는 성체의 사망 나이를 제대로 대표하지 못하게 된다. 이럴 때는 평균이 더 어린 나이 쪽으로 왜곡되기 때문에 기대수명으로는 노화와 관련된 사망에 대해 알 수 있는 것이 별로 없게 된다. 20세기 후반으로 접어들기 전까지만 해도 사람의 사망은 아주 어린 나이에 집중적으로 일어났다. 이는 현대 수렵채집인들을 비롯해서 기술이 발전하지 못한 지역에서 아직도 해당되는 내용이다. 내가 이런 것들을 일일이 들먹이고 있는 이유는 수컷 코끼리의 출생시 기대수명이 37.4년이고 동부 아프리카 하드자Hadza 수렵채집인 부족 남성의 출생시 기대수명이 30.8년이라고 했을 때 이것이 꼭 코끼리 성체가 하드자 성인들보다 오래 산다는 의미는 아니기 때문이다. 실제로도 이것은 사실이 아니다. 예를 들어 적어도 15세에 도달했을 경우의 기대수명은 하드자 남성에서 더 높게 나오고, 제일 장수한 하드자 남성은 제일 장수한 코끼리보다 오래 살았다. 이것이 의미하는 바는 코끼리보다 하드자 수렵채집인 사이에서 유아사망률이 더 높다는 것이다. 사람의 장수 역사에 대해 이야기할 때 이는 중요하게 구분해야 할 점이다. 우선 지금은 수컷 코끼리와 인간 남성 모두 야생의 상태에서는 평균 사망연령에 큰 차이가 없다는 점을 짚고 넘어가자.

그럼 암컷 아프리카코끼리는 얼마나 오래 살까? 야생의 개체군에서 자연적인 원인으로 죽는 경우를 따지면 지금까지 출생시 기대수명은 아주 괜찮은 수준인 46.7년이 나왔고, 치아 마모로 추정해본 제일 오래 산 개체는 74년을 산 것으로 나온다. 1980년대 초반부터 암보셀리 코끼리 연구 프로젝트에 참여해온 필리스 리Phyllis Lee에 따르면 이 수치는 야생에서 아프리카코끼리의 한계 수명에 가까운 타당한 수치로 보인다. 따라서 가장 오래 산 아프리카코끼리의 수명(74년)은 아시아코끼리의 수명(80년)과 돌 던지면 닿을 거리로 보인다. 그럼 아프리카코끼리는 세 번째로 오래 사는 육상포유류다. 이것을 장수지수로 환산하면 1.6밖에 안 나온다. 체구가 더 크기 때문에 아시아코끼리의 1.7보다 살짝 작게 나왔다. 코끼리는 체구가 비슷한 포유류의 평균치보다 더 오래 살지만(체구가 비슷한 다른 포유류가 존재한다고 가정할 때), 뉴스로 내보낼 만한 내용은 없다.

지금까지 알려진 가장 나이 많은 아프리카코끼리 중 하나인 바바라. 암보셀리 코끼리 연구 프로젝트의 일부였던 바바라는 이 사진을 촬영할 당시 60세로 추정됐다. 바바라는 추정 나이 72세인 2020년에 죽었다. 사진 제공: 암보셀리 코끼리 신탁재단Amboseli Trust for Elephants의 필리스 리Phyllis C. Lee

코끼리의 수명에 관한 주제를 마무리하면서 치아에 대한 얘기를 조금이라도 하지 않고 넘어가기는 너무 아쉽다. 맞다, 치아 얘기다. 코끼리에게 치아가 상아만 있는 건 아니다. 이들도 먹이를 씹어야 하니까 말이다. 사람에게는 두 벌의 치아가 있다. 어릴 때는 젖니, 즉 유치가 나오고 뒤이어 위에서 어른니, 즉 영구치가 올라오면서 유치는 밀려나 탈락한다. 코끼리는 더 여러 벌의 치아가 난다. 주로 좌우에 각각 나 있는 윗니 하나와 아랫니 하나로 씹는다. 풀, 나뭇가지, 이파리, 나무껍질 등 거친 먹이를 먹기 때문에 코끼리는 치아가 잘 마모된다. 그런데 치아가 위에서 나오지 않고, 뒤에서 나와 기존의 치아를 대체한다. 씹는 치아가 턱 뒤쪽에서 새로 나와 앞쪽에 있던 치아를 차츰 밀어낸다. 꼭 컨베이어벨트 같다. 여기에 수명과의 연결고리가 있다. 코끼리는 씹는 치아가 여섯 벌까지만 난다. 그중 네 벌은 성체가 될 때쯤이면 빠지고 없다. 40대 초반이면 다섯 벌째 치아들이 빠지게 된다. 그 후로 여생은 마지막 여섯 벌 째의 치아에 의지해서 거친 음식을 씹어야 한다. 이 치아들도 닳아버리면 먹이를 먹기가 점점 어려워진다. 그렇다고 코끼리가 수프를 먹거나 틀니를 할 수도 없는 노릇이다. 어쩌면 코끼리의 수명을 제한하는 것은 치아 혹은 치아 마모인지도 모를 일이다.

코끼리와 암

코끼리는 사람보다 50배에서 100배 정도 체중이 무겁다. 따라서 암으로 변할 잠재력이 있는 세포도 우리보다 대략 50배에서 100배 정도 많다. 코끼리는 대략 사람만큼, 특히 산업화 이전의 사람만큼 오래 산다. 그렇다면 이들에게는 암이 많이 생길까? 그게 아니라면 우리가 코끼리로부터 암 예방에 관해 무언가 배울 만한 것이 있을까? 그럴 가능성이 있다. 코끼리에게는 독특한 유형의 암 예방 메커니즘이 있는 것으로 밝혀졌다.

앞에서도 말했듯이 아주 길게 나열된 DNA는 4개의 DNA 글자로 이루어진 언어다. 이 글자의 서열이 당신이 완두콩이 될지, 공작새가 될지, 사람이 될지, 그리고 어떤 종류의 완두콩, 공작, 사람이 될지도 결정한다. 유전체 염기서열 분석의 비용이 낮아지면서 우리는 점점 더 많은 종의 DNA 염기서열 분석을 시작했고, 이제는 100종이 넘는 포유류 종의 염기서열 분석을 마무리했다. 그중에는 네안데르탈인, 털북숭이 매머드, 마스토돈 같이 어쩌다 멸종이 된 카리스마 넘치는 종도 포함되어 있다. 우리는 30억 개의 글자로 된 유전체를 갖고 있는데 이 정도면 포유류의 전형적인 크기에 해당한다. 포유류 중 유전체 크기가 제일 작은 것은 박쥐로 우리의 3분의 1정도 크기다. 가장 큰 것은 설치류로 우리의 3배 정도 된다. 그 설치류는 아르헨티나에 사는 유명한 붉은비스카차쥐*Tympanoctomys barrerae*다.

우리에게 암에 대항하는 최후의 방어선인 종양억제유전자tumor suppressor라는 몇 가지 유전자가 있음을 떠올려보자. 가장 잘 연구가 되어 있고, 아마도 가장 중요하며, 코끼리에게 배울 것이 있는 종양억제유전자는 바로 TP53이다. 정말 밋밋하기 그지없는 이름이다. 여기서 TP는 종양단백질tumor protein을, 53은 그 크기를 나타낸다.

'유전체의 수호자'라는 더 화려한 별명도 갖고 있는 TP53은 세포의 DNA에 가해진 손상을 감지해서 그에 대한 반응을 지휘한다. 손상이 복구 가능한 것이면 TP53은 세포분열을 일시 중단시켜 DNA 복구장치가 제 할일을 할 시간을 벌어준다. 만약 손상이 너무 광범위해서 복구가 불가능하면 TP53은 자살 스위치를 켜고 그 세포에게 청산가리 알약(물론 이것은 비유다)을 건네준다. 그럼 세포는 자신의 신변을 정리한 후에 신속하고 깔끔한 죽음을 맞이한다. 그리고 자살한 세포는 손상을 받지 않은 다른 세포의 복제본으로 대체된다.

암 예방에서 TP53의 중요성은 불행하게도 그 유전자의 돌연변이(즉 불활성화된) 복사본을 갖고 태어난 사람들을 통해 알 수 있다. 이것은 리프라우메니증후군Li-Fraumeni syndrome이라는 희귀병으로, 이것이 있는 사람은 다양한 소아암이 발생하며 평생 암이 발병할 확률이 남성은 73퍼센트, 여성은 거의 100퍼센트다. 대부분의 사람은 TP53의 온전한 복사본 2개를 가지고 인생을 출발하지만, 시간이 흐르면서 세포분열이 반복되다 보면 돌연변이가 생길 수 있다. 인간의 암은 절반 이상 돌연변이 TP53을 갖고 있다.

코끼리는 사람보다 암이 많이 걸리지 않는 것으로 밝혀졌다. 오히려 사람보다 덜하다. 이 말에 단서를 하나 달아야겠다. 코끼리는 동물원에서는 오래 살아남지 못하고, 코끼리의 사후 부검은 대부분 동물원 코끼리를 대상으로 이루어졌기 때문이다. 암은 노화의 질병이다. 1900년대의 사람들은 요즘 사람들보다 암이 적었다. 요즘 사람들이 오염이 더 심한 환경에서 살기 때문이 아니라, 그 사람들이 암에 걸릴 만큼 오래 살지 못했기 때문이다. 어쨌든 코끼리는 분명 사람보다 암에 잘 걸리지 않는다.

어떻게 그런 것일까? 우리는 각각의 부모로부터 TP53 복사본을 1개씩 물려받는다. 아프리카코끼리는 20개의 복사본을 갖고 있다. 모든 포유류가 갖고 있는 동일한 복사본에 백업으로 19개가 더 있는 것이다. 사실 그 백업 중 일부는 기능을 망가뜨리는 돌연변이를 갖고 있기 때문에 19개 복사본 모두 기능이 온전한 것은 아니다. 자연은 세포 보호에 중요한 유전자를 백업으로 여러 개 갖고 있을 때 생기는 장점을 오래전에 발견한 것으로 보인다.[7] TP53이 유전체를 지키는 수호자라면, 이들의 유전체는 TP53으로 부대를 꾸려서 지키는 셈이다. 체구가 작은 아시아코끼리는 TP53 복사본을 12개에서 17개까지 잉여로 갖고 있다. 이런 내용은 코끼리의 세포를 배양접시에서 연구하며 일부러 그 DNA를 손상시켜 밝혀낸 것이다. 코끼리 세포는 사람과 비교했을 때 낮은 수준의 DNA 손상에서도 TP53이 활성화되어 세포의 자살 스위치가 켜지는 것으로 나왔다. 코끼리의 세포는 유난스러울 정도로 자살 성향이 강하다. 이렇게 자살 성향이 강한 이유가 잉여의 TP53 복사본 때문임이 알려져 있다. 연구자들이 이 잉여 TP53 복사본을 쥐의 세포에 삽입했더니 쥐의 세포도 자살 성향이 강해졌기 때문이다. 여기서 배운 교훈을 이용해서 사람의 건강을 증진시키고자 한다면 다른 장수 종에 대해서도 이런 식으로 구체적인 실험을 해보아야 한다. 그냥 유전체 염기서열 분석으로 만족하고 끝낼 일이 아니다.

자연의 창의성은 끝이 없다. 우리는 코끼리의 암 저항성에 관해 아직 완전히 이해하지 못하고 있지만 시작은 좋다. 한편 흥미롭게도 눈먼두더지쥐는 다른 방법을 갖고 있다. 눈먼두더지쥐도 암에 대한 저항성이 탁월한데, 세포 사망을 쉽게 유도할 수 있다는 것이 적어도 부분적으로는 기여하고 있다. 여기서도 우리가 아직 모든 해답을 찾아내지 못했지만 이들에게는 잉여의 TP53 복사본이 없다. 대신 이들의 TP53 유전자는 일부 변화된 부분이 있는데 이것이 암 저항성을 부여하는 것 같다. 고래 역시 체구가 크고 장수하는 것을 보면 코끼리보다 훨씬 더 정교한 암 저항성을 갖추고 있는 것이 틀림없다. 이들 역시 TP53 복사본이 없다. 보아하니 자연이 고래를 위해 따로 마련해놓은 재주가 있는 것 같다.

생화학자 레슬리 오르겔Leslie Orgel은 '진화는 당신보다 똑똑하다'

는 말을 즐겨했다. 그의 말은 진화가 수십억 년의 세월 동안 이리저리 땜질하면서 수 조 마리의 동물을 만들어냈으니, 계속 그렇게 하다 보면 사람이 연역논리로는 알아낼 수 없는 것들을 해낼 방법을 찾아내리라는 의미다. 암 저항성은 자연이 적어도 6억 년에 걸쳐 공들여 풀어온 숙제다. 코끼리거북, 코끼리, 고래, 두더지쥐 등 그 성공 사례를 연구해보면 인간 역시 암 저항성을 끌어올릴 새로운 재주를 발견하게 될지도 모른다.

9장 영장류

⁑

뇌 크기와 수명의 관계

인간은 큰 뇌를 자랑스러워한다. 우리는 다른 손가락과 맞닿을 수 있는 엄지손가락을 갖고 있는 것도 자랑스러워한다. 그 능력은 대부분의 다른 영장류나 나무를 기어오르는 다른 포유류도 함께 공유하는 특성인데도 말이다. 사실 코알라는 손마다 엄지손가락이 두 개씩 있어서 우리보다 더 낫다. 대부분의 영장류는 발가락도 서로 맞닿을 수 있어서 우리보다 낫다. 한편 손가락이 맞닿는 능력은 우리만의 고유한 특성이 아니지만 우리의 뇌, 그리고 우리와 제일 가까운 친척인 원숭이와 유인원의 뇌는 고유한 특성이라 할 수 있다. 예를 들어 뇌는 우리에게 놀라운 일들을 할 수 있는 능력을 선사해주었다. 우리는 아프리카 사바나에서 등장해서 땅, 하늘, 바다를 지배하게 됐고, 이제는 우주를 지배하는 일에 나서고 있다. 뇌는 우리로 하여금 예술, 농업, 기술을 발명하게 해주었다. 그리고 그 기술은 좋든, 나쁘든 지구를 변화시켜 놓았다. 뇌 덕분에 이제 우리는 세상의 모든 도서관을 손바닥 위에 올려놓고 볼 수 있게 됐고, 눈 깜짝할 사이에 지구 어디로든 정보를 전송하고, 몇 시간 만에 태양계 외곽에서 정보를 전송할 수도 있게 됐다. 심지어 우리는 지구를 독으로 오염시켜 우리 자신과 지구상의 모든 생명체를 말살할 수 있는 능력까지도 발전시켰다. 이런 것을 보면 과연 뇌를 자랑스러워하는 것이 맞나 하는 의문도 든다. 우리 뇌는 무無에서 생겨난 것이 아니다. 영장류 선조로부터 물려받아 확장시켰다. 영장류는 포유류의 큰 뇌에 대한 최초의 진화적 실험이었다.

우리와 가까운 영장류 친척들은 모두 체구에 비해 큰 뇌를 갖고 있다. 그래서 포유류 집단 중에 뇌가 제일 크다. 그리고 모두들 체구에 비해 오래 산다. 즉 영장류는 박쥐를 제외하면 다른 어떤 주요 포유류 집단보다도 장수지수가 높다. 영장류가 체구에 비해 뇌가 크고 그와 함께 장수하는 패턴이 나타나는 것을 보며 일부 연구자들은 큰 뇌가 장수에 유리한 것이 영장류에서만이 아니라 다른 포유류에도 해당되지 않을까 추측했다(나는 이것 역시 우리가 자신의 큰 뇌에 집착해서 떠오른 아이디어가 아닐까 싶다).

이 아이디어에는 그럴듯한 논리가 있다. 외부와 내부의 다양한 난관에 대한 몸의 반응을 대부분 뇌가 감독하고 있다고 가정하면, 뇌가 클수록 감독 능력도 좋아져서 더 정확한 통제 아래 더 똑똑하고 섬세하게 반응할 수 있는 것이라고 말이다. 어쩌면 뇌 덕분에 예측을 더 잘해서 미래의 난관을 잘 피할 수 있기 때문인지도 모른다. 하지만 수명과 관련된 뇌의 역할을 과장하기도 쉽다. 젖먹이 아기에서 독립적인 아동으로, 혹은 청소년에서 생식 능력을 갖춘 성인으로 자라는 등 중요한 삶의 이행과정을 적절한 타이밍에 맞추어 성공적으로 수행하는 데 뇌가 담당하는 역할이 있으리라는 점은 어렵지 않게 이해할 수 있다. 여기에는 몸 이곳저곳에서 일어나는 변화를 조화롭게 조정할 수 있는 능력이 필요하다. 사실 뇌에서 생산하는 호르몬이 이런 사건들의 타이밍 조절에 관여한다는 것이 알려져 있다. 하지만 성인의 수명에서는 신체 부위 사이의 조화와 소통, 그리고 훌륭한 의사결정도 중요하지만, 세포수준에서 일어나는 손상의 예방과 복구도 중요하다. 장수에서 적어도 일부는 뇌가 없는 배양접시에서 관찰하고 연구할 수 있는 세포 속성 덕분이다. 두더지쥐와 사람의 피부세포가 암으로 전환되지 않고 저항할 수 있는 것은 뇌의 역할 덕분이 아니다.

일반적인 규칙에 따르면 뇌의 크기는 체구와 상관관계가 있다. 뇌가 아무리 쓸모가 많다고 한들 생쥐가 코끼리처럼 큰 뇌를 가질 수는 없다. 전형적인 포유류 뇌의 체구 대비 상대적 크기는 종의 체구가 커짐에 따라 예측 가능한 방식으로 줄어든다. 예를 들어 생쥐와 사람의 뇌는 모두 전체 체중의 2퍼센트에 해당하는 무게를 갖고 있다. 하지만 생쥐는 체구가 비슷한 동물의 평균 크기에 비해 뇌가 작고, 사람은 체구에 비해 평균보다 훨씬 큰 뇌를 갖고 있다. 이것은 간이나 콩팥의 크기에도 해당되는 얘기다. 하지만 심장은 그렇지 않다. 심장의 무게는 생쥐든, 말코손바닥사슴Moose이든 향유고래든 항상 전체 체중의 0.5퍼센트 정도를 차지한다.

그렇다면 체구 대비 평균 뇌 크기보다 더 큰 뇌를 갖고 있다면 평균보다도 더 오래 산다는 의미일까? 상대적인 뇌 크기를 다른 지표(주로 지능)와 연관시켜보자는 아이디어를 바탕으로 여러 해 전에 대뇌화지수encephalization quotient라는 것이 개발됐다. 사실 장수지수도 이 대뇌화지수의 개념에서 직접 따온 것이다. 그래서 대뇌화지수도 장수지수와 비슷하게 그냥 체구가 같은 포유류의 평균 뇌 크기에 대한 한 종의 상대적 뇌 크기를 수치화한 것이다. 이 지수는 고생물학자 해리 제리슨Harry Jerison이 현존하는 종이든, 멸종된 종이든, 다양한 종 사이에서 지능을 비교하는 데 유용하지 않을까 하는 생각으로 만든 것이다. 장수지수와 마찬가지로 정의에 따라 평균적인 포유류의 대뇌화지수는 1이다. 이 수치보다 높으면 평균보다 뇌가 크다는 의미고, 작으면 평균보다 작다는 의미다.

구체적으로 말하자면 여기서 우리는 뇌 크기의 종 간 차이를 고려하는 것이지, 한 종 안에서 개체 간의 차이를 다루는 것이 아니다. 여성은 평균적으로 남성보다 뇌 크기가 작다. 그 이유는 평균적으로 여성이 남성보다 체구가 작기 때문이다. 당연한 얘기지만 이것이 곧 여성이 남성보다 지능이 낮다거나, 남성이든, 여성이든 뇌가 크면 지능이 높다는 의미는 아니다. 알베르트 아인슈타인은 뇌 크기가 평균보다 살짝 작았고, 노벨상을 수상한 프랑스 작가 아나톨 프랑스의 뇌는 완전히 자란 사람에서 측정해본 수치 중 제일 작은 편에 속했다. 뇌 크기의 개인 간 차이로 지능을 측정할 수 있다고 했던 19세기 아이디어는 점성술, 골상학, 내장으로 점치기 등과 함께 유사 과학의 무덤에 파묻어야 할 잔재다.

그렇기는 해도 상대적 뇌 크기가 종의 수명에 대해 무언가 말해줄 수 있지 않을까? 영장류 집단은 예상보다 거의 2배 반에 가까운 크기의 뇌를 갖고 있다. 구체적으로 말하면 영장류의 평균 대뇌화지수는 2.3이다. 그리고 체구를 통해 예상되는 것보다 2배 더 오래 산다. 여기까지는 좋다. 하지만 이 개념의 보편성에 찬물을 끼얹는 사례가 있다. 박쥐는 그 어느 포유류 집단보다도 장수지수가 높은데도 대뇌화지수는 대략 평균에 해당한다. 노화에 관심을 갖고 오래지 않아 나는 당시 내 대학원생 제자였던 케이트 피셔와 이 문제를 조사해보았다. 우리는 수십 종의 포유류 종을 대상으로 절대적인 뇌 크기와 상대적인 뇌 크기가 수명과 어떻게 관련이 있는지 살펴보았다.[1] 우리는 또한 대뇌 중심적 사고에 빠져 있던 기존의 연구자들이 빠뜨린 부분도 확인했다. 우리는 우리가 뇌만의 고유한 특성을 보고 있는 게 맞는지 확인하기 위해 심장, 간, 콩팥, 지라 등 다른 기관의 크기가 수명과 어떻게 관련이 있는지도 조사해보았다. 결국 이 기관들 모두 종의 수명과 상관관계가 있는 것으로 나왔다. 체구가 큰 종에서는 기관도 모두 더 컸고, 체구가 큰 종은 평균적으로 더 오래 살았기 때문이다. 영장류를 제외하면 수명과의 상관관계에서 뇌가 다른 기관보다 더 나을 것은 없었다(사실 오히려 살짝 낮았다). 일반적으로 포유류에서는 상대적 뇌 크기와 상대적 수명 사이에 상관관계가 없다. 하지만 영장류 안에서는 확실한 상관관계가 보인다. 어떤 이유에서인지 영장류의 수명에서는 뇌의 크기가 중요하게 작용하는 것으로 보인다.

영장류의 기원

영장류는 나무 위에 사는 작은 야행성 선조로부터 기원했다. 이들의 커다란 뇌는 연중 특정 시기에 등장하는 좋아하는 먹이의 위치를 기억하고, 평소에 위험이 도사리고 있었던 장소를 기억하고, 열대우림의 복잡한 삼차원 구조 속에서 길을 찾는 법을 이해하기 위해 진화가 만들어낸 혁신적 발명품인지도 모른다. 오늘날에는 놀라울 만큼 다양한 크기로 수백 종의 영장류 종이 존재한다. 가장 작은 것은 생쥐 크기고 제일 큰 것은 고릴라다. 등에 은백색 털이 난 수컷 고릴라는 체중이 275킬로그램이나 나갈 수도 있다. 영장류는 여전히 대체로 나무를 기어오르는 생활방식에 특화되어 있다. 그래서 맞닿을 수 있는 엄지손가락과 발가락이 발달한 것이다. 소위 고등영장류(여우원숭이, 로리스원숭이와 대비해서 원숭이와 유인원을 지칭하는 용어)는 색각을 비롯해서 뛰어난 시력을 갖고 있어서 초록의 배경을 바탕으로 잘 익은 과일을 쉽게 찾아낼 수 있고, 포유류치고는 특이하게 주로 낮에 활동한다. 영장류는 일반적으로 작은 가족 크기에서 작은 마을 크기에 이르기까지 다양한 규모로 집단을 이루어 산다. 이는 두더지쥐와 비슷한 점이다. 영장류는 다른 포유류에 비해 삶의 진행 속도가 느리다. 즉 스스로의 힘으로 생존할 준비가 될 때까지 부모가 더 오래 보살펴줘야 한다. 보통 이런 보살핌은 어미가 책임지지만 꼭 그런 것은 아니다. 영장류는 성체 크기에 도달하는 데 시간이 더 오래 걸리고, 성체가 되어서도 번식을 천천히 한다. 이런 전반적인 삶의 속도를 보면 영장류가 평균적인 포유류보다 오래 산다는 것이 그리 놀랍지는 않다.

찰스 다윈이 사람과 영장류가 비슷하게 생긴 이유는 조상이 같기 때문이라고 지적하기 오래전부터 사람들은 사람과 다른 영장류 사이의 해부학적 유사성에 대해 인식하고 있었다. 초기 해부학자들은 우리가 영장류 중에서도 침팬지, 고릴라, 오랑우탄 등의 고등유인원과 제일 비슷하다는 것을 알고 있었다. 다윈은 유인원 중에서 침팬지가 우리의 가장 가까운 친척으로 밝혀지리라 추측했다. 그리고 대부분의 경우에서 그랬듯이 이 부분에서도 다윈의 생각이 옳았다.

우리와 다른 영장류는 얼마나 가까운 친척관계일까? 요즘에는 종의 유전체를 구성하고 있는 DNA 뉴클레오티드의 염기서열이 서로 얼마나 유사한지 비교해보면 진화적 친척관계를 평가할 수 있다. 현재는 모든 고등유인원과 많은 원숭이 종을 상대로 유전체, 즉 한 종의 전체 DNA 염기서열이 분석되어 있다. 이 DNA 염기서열로부터 우리는 우리가 다른 고등유인원과 공유하는 유전자가 압도적 대다수이고, 그중에 1.2퍼센트의 뉴클레오티드만 사람과 침팬지가 다르다는 것을 알게 됐다. 이 유전자 중 30퍼센트 정도에서는 우리의 염기서열과 침팬지의 염기서열이 동일하다. 이 수치를 넓은 맥락에서 보면 우리 사람들끼리는 뉴클레오티드가 0.1퍼센트 정도 차이가 난다. 이는 침팬지와의 차이의 12분의 1에 해당한다. 그다음으로 가까운 친척은 고릴라로, 동일한 유전자 안에서 뉴클레오티드가 1.6퍼센트만 차이가 난다. 그리고 마지막으로 오랑우탄은 3.1퍼센트의 뉴클레오티드가 차이가 난다. 좀 더 거리가 먼 포유류 친척으로 가보면, 일반적인 아프리카 원숭이와는 7퍼센트 정도 다르고, 생쥐와는 15퍼센트가 다르다.

뇌 크기의 의미

몇몇 영장류 종의 수명에 관해 본격적으로 얘기하기 전에 뇌 크기의 의미에 대해 살짝 더 파고들어가보자. 뇌를 하나의 균일한 존재로 생각하는 것은 중세시대에나 통할 케케묵은 이야기다. 19세기만 해도 뇌의 부분들이 다 똑같지 않다는 것을 알고 있었다. 뇌는 영역에 따라 서로 다른 용도로 사용되며 우리는 뇌의 여러 부분에 뇌졸중이나 외상을 입었을 때 생기는 영향을 관찰해서 이런 사실을 알게 됐다. 뇌에는 언어, 시각, 촉각, 후각, 운동, 계획 수립, 추론, 기억을 담당하는 영역들이 존재하며, 의식적으로 노력하지 않아도 호흡, 호르몬의 흐름, 심장의 박동을 자동으로 유지하는 집안일을 담당하는 영역도 있다. 동물에 따라서 어떤 뇌 영역은 진화적 시간을 거치는 동안 확장되고, 어떤 부분은 수축했다. 이는 그 뇌 영역이 특정 종의 번식과 생존에 미치는 영향에 따라 달라졌다. 진화는 대부분의 기관에 그랬던 것처럼 뇌의 크기와 형태도 바꿔왔다. 예를 들면 벌거숭이두더지쥐는 평생을 어둠 속에서 살기 때문에 번식과 생존에서 시력이 거의 중요하지 않다. 반면, 촉각 특히 얼굴 주변의 촉각은 아주 중요하다(이 동물이 머리부터 들이밀며 땅을 파고 먹이를 찾는다는 사실을 기억하자). 그 결과 수백만 년의 진화를 거치는 동안 뇌에서 촉각, 특히 얼굴과 앞니 주변의 촉각을 담당하는 영역은 크게 확장된 반면, 시력을 담당하는 뇌 영역은 수축됐다.

따라서 뇌 전체가 아니라 특정 뇌 영역의 크기가 수명과 가장 관련이 깊은지 물어보는 것이 합리적일 것이다. 사람의 뇌는 겉질cortex이 크다는 점에서 특출하다. 어찌나 큰지 버섯의 머리 부분이 나머지 줄기를 덮고 있듯이 겉질이 나머지 뇌 영역들 위에서 덮고 있는 형태다. 겉질에는 각각의 감각과 언어 기능에 특화된 뇌 영역들이 들어 있다. 그리고 겉질의 앞부분을 앞이마겉질prefrontal cortex이라고 하는데 보통 이곳을 생각의 중추로 여기고 있다.

또 다른 뇌 영역도 관심을 기울일 만하다. 바로 소뇌다. 1850년에서 최근까지는 소뇌가 거의 존중을 받지 못했다. 소뇌는 모든 종에서 거의 비슷하게 겉질 뒤쪽이나 아래쪽으로 튀어나와 있는 모습을 하고 있다. 그리고 뇌 전체에 크기가 맞추어져 있다. 사람의 소뇌는 야구공만 한 크기로 아코디언처럼 층층이 주름이 잡힌 모습이다. 오랜 시간 소뇌는 운동 협응movement coordination[†]에만 관여한다고 여겨졌다. 소뇌에 나머지 뇌 전체에 들어 있는 것보다 더 많은 뉴런neuron(정보를 전달하는 신경세포)이 들어 있음을 생각하면 참 놀라운 일이다. 그렇다면 적어도 '작은 뇌'라는 누명은 벗겨줘야 하는 것 아니냐고 생각할 수도 있다. 하지만 이런 생각도 최근에야 생기기 시작했다. 이제 정교한 뇌 이미지 촬영기법을 통해 소뇌가 운동협응에 더해서 우리가 매 순간 홍수처럼 받아들이고 있는 감각정보를 처리하고 정리하는 데 중요한 역할을 할지도 모른다는 암시가 나왔다. 소뇌는 단기기억, 감정, 주의, 고차원적 사고, 계획을 세우고 과제 처리 일정을 수립

---

† 복합적인 운동을 효과적으로 수행하기 위해 개별 동작들을 조화롭게 통합하는 능력.

하는 일 등의 기능도 갖고 있을 수 있다. 이런 기능들은 모두 전통적으로 뇌의 다른 영역과 관련이 있다고 여겨졌던 것들이다. 따라서 소뇌의 크기와 뉴런 숫자도 잠재적으로는 수명과 연관이 있을 수 있다.

겉질과 소뇌뿐만 아니라 우리의 전체적인 뇌 크기를 절대적인 햇수로 장수하는 종이나 체구 대비 장수하는 종의 겉질 및 소뇌와 견주어보면 어떨까? 앞에서 보았듯이 박쥐는 체구 대비 가장 장수하는 포유류다. 다만 그 뇌는 체구에 비해 크지 않다. 이들은 비슷한 크기의 다른 포유류 평균과 비슷하거나 살짝 작다. 동력비행에서 체중을 최소화하는 것이 중요하다는 점을 고려하면 별로 놀랄 일은 아니다. 심지어 박쥐의 유전체도 최소화되어 있다. 박쥐의 유전체는 다른 포유류의 3분의 1정도다. 그렇지만 평균적 크기가 이러함에도 불구하고 박쥐의 겉질이나 소뇌에서 무언가 특출한 점이 있지는 않을까?

겉질의 크기는 분명 아니다. 박쥐의 겉질은 자신의 뇌 크기와 비교해도 작다. 하지만 소뇌는 과도한 크기를 갖고 있다. 적어도 전체 뇌에서 차지하는 비율로 보면 그렇다. 뇌 전체의 무게나 서로 다른 뇌 영역의 무게를 가지고 기능을 따지는 것이 너무 조잡한 방식으로 보일 수 있다. 맞는 말이다. 그럼 이번에는 여기서 한 단계 더 나가보자. 이제는 신경과학자 겸 진화생물학자 수자나 허큘라노-하우젤Suzana Herculano-Houzel이 2000년대 초에 개발한 똑똑한 기법 덕분에 다양한 뇌 영역에 들어 있는 뉴런의 수를 셀 수 있다. 살아 있는 머릿속에 들어 있는 살아 있는 뇌를 대상으로 셀 수는 없지만 그녀는 전 세계 생물학자들의 벽장 유리병 속에 널려 있는 여러 죽은 동물의 뇌에서 세포들을 세어보았다.[2]

뉴런의 숫자에 대한 그의 연구 덕분에 한 가지 미스터리가 금방 풀렸다. 절대적인 뇌 크기만 가지고 일반적 지능(이런 것이 있다는 가정 하에)을 비롯한 뇌의 기능에 대해 알 수 있는 부분이 거의 없는 이유 말이다. 사람들이 수 세기에 걸쳐 측정해온 뇌의 무게와 부피는 뉴런의 숫자를 예측하는 변수로 쓰기에 형편없음이 밝혀졌다. 뉴런의 크기가 엄청나게 다양하기 때문이다. 예를 들어 불곰은 뉴런의 크기가 더 크기 때문에 골든리트리버보다 3배 큰 겉질을 갖고 있음에도 그 안에 들어 있는 뉴런의 숫자는 개보다 적다. 그와 마찬가지로 코끼리나 고래, 돌고래도 사람보다 훨씬 큰 뇌를 갖고 있다. 예를 들어 아프리카코끼리의 뇌는 우리보다 3배나 크고, 뉴런의 총 숫자도 3배 많다. 그렇다면 코끼리, 고래, 돌고래는 어째서 우리와 가까운 지능을 갖고 있지 않을까? 코끼리는 우리보다 훨씬 큰 겉질을 갖고 있지만 생각을 담당하는 부분인 겉질의 뉴런 숫자는 사람이 3배 더 많은 것으로 나왔다. 코끼리의 겉질 뉴런이 한마디로 우리보다 더 크다. 사실 인간은 지금까지 측정된 그 어느 종보다도 겉질 속 뉴런의 숫자가 많다. 하지만 솔직히 밝히자면 고래와 돌고래의 뇌에 대해서는 아직 아는 것이 거의 없다. 코끼리의 뉴런 대부분, 즉 약 98퍼센트는 소뇌에 밀집되어 있다. 그럼 그 많은 뉴런들이 거기서 뭘 하는 것일까? 아직 확실히는 모르지만 허큘라노-하우젤은 100킬로그램짜리 코를 복잡하게 조종해야 하는 것과 관련이 있을지 모른다고 믿고 있다. 나는 소뇌에 대해 새로 밝혀진 부분을 고려하면 그 이상의 무언가가 있지 않을까 생각이 든다.

여기서 잠시 걸음을 멈추고 강조하고 싶은 것이 있다. 동물의 지능을 이해할 때 뉴런의 숫자가 모든 것을 말해준다고 가정해서는 안 된다는 것이다. 지능이라는 것 자체를 이해하기도 어려운데, 종끼리 비교하기는 더더욱 어렵다. 개가 고양이보다 더 머리가 좋을까? 이는 지능을 어떻게 정의하느냐에 달렸다. 보더콜리 종의 강아지 체이서는 천 가지 물품의 이름을 듣고 알아들을 수 있도록 훈련받았다. 강아지에게는 온갖 재주를 가르칠 수 있는 반면 고양이는 재주를 배우거나 명령을 따르지 않는 것으로 유명하다. 그러면 체이서 같은 개를 야생에 풀어놓으면 일반적인 집 고양이보다 잘 지낼까? 어쩌면 특정 종류의 지능을 이해하려 할 때는 뇌의 회로가 뉴런의 숫자만큼, 혹은 그보다 훨씬 더 중요할지도 모른다. 뇌의 회로에 대해 거의 아는 바가 없다면 뉴런의 숫자를 세는 방법도 고려해볼 수 있다.

그럼 뉴런의 숫자가 박쥐의 수명을 설명하는 데 도움이 안 되는 것이 당연해보인다. 앞에서 얘기했듯이 박쥐의 뇌는 전체적인 크기에서 예상되는 것보다 겉질은 작고, 소뇌는 크다. 뉴런의 숫자를 놓고 봐도 박쥐의 겉질은 별 볼 일 없다. 심지어 소뇌 역시 꽤 전형적인 포유류 정도에 해당한다. 이런 뇌 크기에도 불구하고 박쥐는 아주 놀라운 일들을 할 수 있으며 이것만 봐도 뇌 기능을 따질 때 뉴런의 숫자가 전부가 아니라는 것을 다시 한번 확인할 수 있다. 예를 들어 박쥐는 매일 밤 먹이를 찾아 수십 킬로미터를 날아다니지만 어둠 속에서 다시 자신의 둥지로 돌아오는 데 아무 문제가 없다. 심지어 암컷 박쥐는 수백만 마리의 박쥐가 들어 있는 둥지에서도 자기 새끼를 두고 온 곳을 정확히 기억한다.

어쨌든 만약 뇌의 크기와 뉴런의 숫자가 수명에서 어떤 역할을 하고 있다면, 내 분석으로 볼 때 그것은 영장류에 국한된 것으로 보인다.[3] 영장류에서 뇌가 어째서 그리 중요하고, 뇌 크기와 수명이 영장류 종에 따라 큰 차이가 나는 이유를 이해하면 도움이 될지도 모르겠다. 그럼 먼저 우리와 가장 가까운 친척을 살펴보자.

침팬지

침팬지는 제일 큰 뇌를 갖고 있고 어느 영장류보다도 오래 산다. 뇌가 제일 크고, 제일 오래 사는 침팬지는 바로 우리 인간이다. 인간이 침팬지라는 데 모든 사람이 동의하지는 않겠지만 동물학자의 입장에서 보면 우리는 침팬지다. 인간 편향적인 나의 시선으로 보면 사람과 침팬지보다는 침팬지와 고릴라가 더 닮아 보이지만 유전체의 유사성을 비교할 때 보았듯이 그것은 분명 사실이 아니다. 인간은 고유한 측면을 충분히 갖고 있기 때문에 따로 장을 하나 마련해서 얘기할 가치가 있다. 그러니 이 벌거벗은 원숭이에 대한 자세한 이야기는 뒤에서 따로 하자.

현존하는 침팬지는 두 종이 있다. 소위 일반 침팬지*Pan troglodytes*와 보노보*Pan paniscus*다. 일반 침팬지는 지금부터 그냥 침팬지라고 부르겠다. 양쪽 모두 중앙과 서부의 아프리카에 살고, 콩고강에 의해 지리적으로 분리되어 있다. 이 둘은 공통의 선조로부터 갈라져나온 지 100만 년도 안 됐다. 우리 인간은 이 두 종과 600만 년 전에 공통 선조로부터 갈라져 나왔다.

양쪽 침팬지 종 모두 평균 체구가 사람의 평균보다 작지만, 크기가 상당히 중첩된다. 양쪽 종에서 모두 수컷이 암컷보다 크다. 야생 침팬지의 평균 체중은 수컷이 55킬로그램, 암컷이 39킬로그램이다. 사람의 경우와 마찬가지로 이 평균을 중심으로 상당한 편차가 존재하는데 보노보는 날씬해서 체구가 살짝 더 작다. 양쪽 종 모두 많은 시간을 나무에서 보내고 밤에는 나무 위 둥지에서 잔다. 이들은 땅 위에서도 쉽게 이동할 수 있어서 손가락 마디를 이용해서 네 발로 걷고 달린다. 동기부여만 충분히 되면 서투르기는 해도 두 발로 걸을 수도 있다. 대부분의 영장류처럼 이들도 주로 과일을 먹지만 다른 동물을 비롯해서 다양한 먹이를 먹는다.

양쪽 종 모두 복잡한 '분열-융합' 사회집단을 이루어 살고 있다. 분열-융합 사회집단이란 수백 마리 이상의 개체가 포함되어 있는 더 큰 무리 안에 다양한 유형과 규모로 일시적 집단이 형성된다는 의미다. 화성의 동물행동학자가 와서 보았다면 인간 역시 가족집단, 직장집단, 축구경기집단 등 분열-융합 사회집단을 이루어 살고 있다고 말했을 것이다.

긴밀한 친척관계의 침팬지 수컷들이 이들 사회에서 안정적인 핵심부를 형성한다. 암컷들은 나이가 차면 새로운 집단으로 옮긴다. 수컷들 사이에서는 잘 정의된 직선적인 지배위계가 형성되어 있다. 이 지배위계에 의해 개체나 집단 간의 분쟁이 물리적, 때로는 치명적인 폭력을 통해 해결된다.

보노보가 침팬지와 다른 성향을 갖고 있다는 것은 잘 알려져 있다. 보노보에서는 암컷이 지배적 성이다. 분쟁과 다른 대부분의 사회적 상호작용이 섹스를 통해 해결된다. 사실 보노보는 의견이 어긋나는 부분이 있든, 없든 양쪽 성별 모두와 항상 성기를 문지르는 형태로 섹스를 하는 듯 보인다. 두 종이 아주 최근에야 공통 선조로부터 갈라져 나와 신체적으로는 아주 유사함에도 불구하고 사회적 행동에 있어서는 어떻게 이렇게 극단적인 차이를 보이는 것인지 영장류 행동에서 보이는 큰 미스터리 중 하나다.

양쪽 종 모두 우리의 3분의 1정도 크기의 뇌를 가지고 있다. 이들의 겉질에도 우리의 3분의 1정도 되는 수의 뉴런이 들어 있다. 이 풍부한 겉질 덕분에 이들은 사악할 정도로 똑똑하다. 이들과 함께 일해본 사람이라면 잘 알 것이다. 내가 할리우드 영화 업체에서 일했을 때 보면 침팬지는 조련사들 사이에서 인기가 없었다. 자신의 의도를 속일 수 있을 정도로 영악하다 보니 영화 세트장에서 사람에게 망신을 주기도 했기 때문이다. 이들은 아주 똑똑해서 미리 계획을 세우고, 시행착오가 아닌 생각을 통해 문제를 해결하고, 다양한 도구를 사용하고, 수어를 통해 사람에게 자신이 원하는 것이 무엇인지 소통하는 법을 배울 수도 있다. 아유무Ayumu라는 침팬지는 단기기억 검사에서 1부터 9사이의 숫자들을 컴퓨터 스크린 위에 무작위 순서로 잠깐 비추어주었더니 각기 숫자의 위치를 기억하고 그 위치를 숫자 순서대로 짚어나갔다. 그 성적이 기억력 챔피언인 사람보다도 나았다. 침팬지는 자전거를 탈 수 있을 정도로는 똑똑하지만, 자전거를 발명할 수 있을 정도는 못 된다고 할 수 있을 것이다.

야생 침팬지는 야생 코끼리처럼 사람보다 조금 먼저 어린 시절의 발육 이정표에 도달하지만 사람과 아주 크게 다르지는 않다. 암컷 침팬지의 초경은 야생 개체군에서는 만 10~11세에 일어난다. 그리고 2년에서 3년 후에 첫 출산을 하게 된다. 사육 상태의 침팬지는 일을 하지 않고도 질 좋은 먹이를 풍부하게 얻을 수 있기 때문에 이런 주요 사건들이 일어나는 시기가 몇 년 정도 앞당겨진다. 그래서 더 빨리 자라고 일찍 성숙할 수 있다.

이제 핵심 질문을 던져보자. 침팬지는 얼마나 오래 사는가? 야생에서의 수명은 보노보보다 침팬지에 대해 더 많이 알고 있기 때문에 지금부터는 침팬지 종에만 초점을 맞추겠다. 야생 개체든, 동물원 개체든 침팬지의 수명은 아주 복잡한 이야기이기 때문에 치타Cheeta라는 이름의 특별한 침팬지의 이야기에서 시작해야 할 것 같다. 치타는 1932년과 그 후로 몇 편에 걸쳐 제작된 〈타잔〉 영화에서 동물 스타로 등극했다. 이 영화에는 조니 와이즈뮬러Johnny Weissmuller도 출연했다.

나는 버려진 신문에서 치타의 이야기를 우연히 접하게 됐다. 그

뉴스를 보니 치타가 얼마 전에 72세 생일을 맞이했다고 보도하고 있었다. 반면 당시에 노화 연구 분야에서 알려져 있던 가장 늙은 침팬지는 겨우 59년을 살았다. 따라서 치타의 이야기가 진실이라면 과학적으로 대단히 흥미로운 발견이었고, 우리와 제일 가까운 동물 친척이 생각보다 훨씬 오래 산다는 암시였다.

사실을 확인하기 위해 나는 그 기사에서 치타의 소유주로 언급된 단 웨스트폴Dan Westfall에게 전화를 걸어 치타의 나이를 어떻게 알고 있는 것인지 물어보았다. 그는 캘리포니아 팜 스프링스에 있는 자신의 동물 보호구역에 있었다. 웨스트폴이 말하기를 치타를 자기 삼촌한테서 물려받았다고 했다. 그의 삼촌은 동물 조련사 토니 젠트리Tony Gentry다. 그는 1932년에 라이베리아에서 청소년기의 치타를 구입하고 첫 번째 〈타잔〉 영화 촬영 시간에 맞춰 비행기를 타고 치타와 함께 미국으로 돌아왔다. 가족 안에서 한 번만 주인이 바뀌었던 것으로 보아 침팬지의 신원을 착각하는 바람에 장수한 침팬지가 엉뚱하게 탄생한 경우는 확실히 아닌 것 같았다. 웨스트폴이 또 말하기를 치타는 1967년에 렉스 해리슨이 출연한 영화 〈닥터 두리틀〉에서 배역을 맡은 이후로 은퇴했다고 했다. 이 말은 이상했다. 성체 수컷 침팬지(당시 치타는 30대 후반이었다)는 행동을 예측할 수 없고, 공격적이고, 사람보다 힘이 아주 세기 때문이다. 한마디로 영화 세트장에서 자유롭게 풀어주기에는 너무 위험하다는 소리다. 영화에 등장하는 스타들은 어린 청소년기의 침팬지들이다. 사람들은 그런 침팬지만 보다 보니 완전히 자란 침팬지가 얼마나 몸집이 큰지 깨닫지 못하는 경우가 많다. 치타의 경우만 봐도 체중이 72킬로그램 정도였다고 한다.

과학을 위해, 그리고 치타의 진짜 나이를 확인하고 싶은 마음에 나는 어쩔 수 없이 이를 악물고 와이즈뮬러의 타잔 영화들을 모두 구입해서 침팬지가 나오는 장면마다 화면을 계속 중지시키면서 관찰했다. 이 일은 정말 칭찬받고 싶다. 이 영화들은 지금까지 만들어진 영화들 중에서도 가장 끔찍한 영화라 할 수 있기 때문이다. 나는 특히 침팬지 귀의 소용돌이 모양에 주목했는데 이 부분은 다른 신체적 특성에 비해 노화에 따른 변화가 적기 때문이다. 이 영화들 속에서 치타로 불리는 서로 다른 수많은 암수 침팬지 중에 내가 보기에는 1932년 버전에 등장하는 침팬지의 귀 소용돌이 모양이 살아남은 치타와 일치할 것 같아 보였다. 영화 〈닥터 두리틀〉에서는 성체 침팬지는 한 번도 보이지 않고, 작은 청소년기 침팬지만 보였다. 하지만 영화의 수준이 정말 끔찍해서 도저히 두 번이나 보면서 확인할 생각이 나지 않았다. 그래서 치타가 영화 속에 등장했는데 내가 잠시 딴 데 정신이 팔려서 못 보고 지나갔겠거니 생각하기로 했다. 설마 그렇게 쉽게 들통날 거짓말을 했으려고?

그리고 나는 과학자들에게 노화라는 측면에서 보았을 때 우리 눈에 침팬지가 얼마나 비슷해 보이는지 우리가 지금까지 너무 과소평가해왔다고 말하고 다니기 시작했다. 나는 학술대회에 갈 때마다 강연에서 이 부분을 강조하고, 또 강조했다. 그리고 그동안 치타는 73번째, 74번째, 75번째 생일파티를 열면서 매년 새로운 장수 기록을 수립했고, 기네스북에서 그 기록을 인정받았다.

그러다 2008년에 《워싱턴포스트》에 R. D. 로젠Rosen이 쓴 '정글의 거짓말Lie of the Jungle'이라는 기사가 등장했다. 로젠은 이 놀라운 침팬지에 대한 책을 쓰기 위해 캘리포니아로 찾아갔지만 출판 프로젝트는 금방 결딴나고 말았다. 그는 1932년에는 대서양을 횡단하는 상업비행편이 없었다는 것을 알게 됐다. 따라서 젠트리가 침팬지를 데리고 왔든, 안 데리고 왔든 라이베리아에서 미국으로 비행기를 타고 왔을 수는 없었다. 그리고 아무리 눈을 씻고 쳐다봐도 〈닥터 두리틀〉 영화에서 성체 침팬지는 나오지 않는다. 로젠은 당시 젠트리와 알고 지냈던 다른 영화 동물 조련사 몇 명과 접촉해보았다. 그중에는 내가 함께 일했던 사람도 한 명 있었다. 그리고 그 조련사들은 이구동성으로 젠트리가 〈타잔〉 영화에서 일을 한 적이 한 번도 없었다고 말했다. 하지만 그들은 1967년에 서던캘리포니아의 유명한 놀이공원이 문을 닫으면서 그가 청소년기의 침팬지 한 마리를 받아갔던 것을 기억했다. 따라서 치타는 70대 중반이 아니라 40대 중반으로 밝혀졌다. 노인에 해당하는 나이지만 특별하게 장수한 나이는 아니고, 이 종에 대해 기존에 알려진 내용과도 잘 맞아떨어진다.

나는 이 일을 통해 두 가지 교훈을 배웠다. 하나는 과학자들은 탐사보도기자를 형편없게 만든다는 것이고, 또 하나는 할리우드에서는 사람뿐만 아니라 침팬지도 나이를 속인다는 것이다. 내가 치타에 관한 이 민망한 이야기를 굳이 꺼내는 이유는 장수 기록을 검증할 때는 얼마나 신중하게 접근해야 하는지 강조하기 위함이다. 특히 이윤 추구의 동기가 도사리고 있는 사육 동물에 대한 이야기에 대해서는 더 신중해야 한다.

야생 침팬지의 수명에 대한 지식은 몇 가지 제약이 존재한다. 첫 번째 제약은 개별 야생 침팬지를 관찰하는 기간과 이들의 실제 수명 간의 차이다. 야생 침팬지에 대해 가장 오래 진행된 연구는 제인 구달의 것이다. 그는 탄자니아가 아직 탕가니카Tanganyika[†]로 알려져 있던 1960년에 그 유명한 곰베 침팬지 프로젝트Gombe chimpanzee project를 시

† 아프리카 중동부의 공화국이었으나 1964년에 잔지바르와 합병되어 탄자니아가 되었다.

작했다. 그 후로 몇십 년 동안 다른 몇몇 장기 침팬지 연구가 시작됐다. 따라서 우리가 야생의 침팬지를 추적한 기간은 길어야 60년 정도이고, 다른 개체군에서는 연구기간이 그보다 상당히 짧다. 이 기간 동안 침팬지는 삶의 터전을 잠식해 들어오는 사람들과 서식지 파괴, 사냥, 그리고 감염성 질환에 포위되어 있었다는 점을 기억해야 한다. 구달이 연구를 시작한 이후로 곰베의 침팬지 개체군은 150마리에서 90마리로 규모가 줄어들었다.

침팬지는 유전적으로 우리와 가까운 친척관계이기 때문에 우리가 걸리는 다양한 질병에 잘 걸리고, 그 역도 마찬가지다. 에이즈가 침팬지에서 사람으로 옮겨온 바이러스 때문에 생긴다는 것을 기억하자. 곰베 침팬지 10마리 중 1마리 정도는 SIV에 감염되어 있다. 이것은 사람에 와서 HIV(에이즈 바이러스)로 돌연변이한 침팬지 바이러스다. SIV에 감염된 침팬지는 어느 나이에서든 감염되지 않은 침팬지보다 사망 가능성이 10배 이상 높다. 곰베 침팬지들은 1966년에 창궐한 소아마비 바이러스로도 고통받았다. 10년당 한 번 꼴로 독감 비슷한 전염병이 발발한다. 곰베 침팬지의 알려진 사망 중에 절반 정도는 감염성질환에 의한 것이다. 내가 이런 것들을 언급하는 이유는 이 곰베 침팬지 개체군은 연구가 오래 진행되기는 했지만 서식지 잠식이 덜된 다른 개체군에 비해 어느 정도 수명이 짧아진 것으로 보이기 때문이다. 곰베 침팬지 중 장수 기록은 스패로우Sparrow라는 암컷이 갖고 있다. 스패로우는 1971년 9월 어느 날에 처음 발견됐고, 그 후로 2년 후에 첫 새끼를 낳았고, 처음 등장한 지 44년 정도가 지났을 때부터 보이지 않았다. 아마도 죽었을 것이다. 스패로우는 말년에는 분명히 노화가 진행되어 있었고, 마지막 14년 동안은 새끼를 낳지 않았다. 앤 퍼시Anne Pusey(현재 제인 구달 연구소의 소장이며, 1970년 이후로 이 연구에 참여해왔고, 내게 스패로우에 대해 말해준 사람이다)는 곰베의 다른 암컷들에 대해 알려진 내용을 바탕으로 판단할 때 죽을 당시 스패로우의 나이가 57세에서 전후로 1, 2년 정도였을 거라고 생각한다.

스패로우의 이야기는 암컷 침팬지의 수명을 결정할 때 생기는 또 다른 문제를 보여준다. 집단 생활을 하는 포유류에서는 보통 한 성별은 평생 자기가 태어난 집단에 남아 있고, 반대 성별은 원래의 집단을 떠나 다른 집단으로 이주한다. 이민은 보통 번식을 시작할 준비가 되었을 즈음에 일어난다. 이것은 어미와 아들, 아비와 딸, 형제간 등 근친교배를 막기 위해 진화가 선택한 방식이다. 대부분의 포유류에서는 수컷이 이주한다. 하지만 침팬지에서는 암컷이 이주한다. 따라서 야생 침팬지의 나이를 판단할 때는 이런 점을 고려해야 한다. 암컷은 보통 성체가 되어 살고 있는 집단이 아닌 다른 집단에서 태어난 개체다. 그래서 보통 암컷의 생일은 추정치로 남는다.

연구 기간이 짧은 개체군에서는 제일 늙은 침팬지의 나이를 외모, 행동, 번식 패턴 등 다양한 단서를 통해 추정해야 한다. 교란이 덜한 개체군에서 이루어진 연구를 보면 야생 암컷 침팬지의 출생시 기대수명은 30년 전후로 보인다. 절반 정도는 45세까지 사는 것 같고, 일부 선택받은 소수는 60대까지, 잘 하면 60대 후반까지도 산다. 이 글을 쓰고 있는 순간에도 살아 있는 우간다의 한 야생 침팬지는 63세로 추정되고 있다. 교란이 덜한 한 개체군에 속한 또 다른 침팬지가 있는데 연구자들은 이 침팬지의 나이를 무려 69세로 추정한다. 장수지수로 환산하면 3.3이다. 치타의 나이는 가짜로 밝혀졌지만 그 나이가 애초에 생각했던 것처럼 비현실적인 것만은 아닌지도 모르겠다.

다만 70대까지 살았다고 주장하는 치타는, 적어도 영화 버전의 치타는 수컷이었다. 수컷 침팬지는 사람과 비슷하게 야생에서나 사육환경에서나 암컷보다 수명이 짧다. 아니 사람에서보다 더 짧다. 야생의 수컷은 기대수명이 암컷보다 20퍼센트에서 30퍼센트 정도 짧고, 내가 알아낸 야생 수컷 침팬지의 최장수 추정치는 57세다. 이런 기대수명은 일부 수렵채집인과 비교해봐도 그리 짧지 않은 수명임을 다시 한번 지적하고 싶다. 하지만 극단값은 이와 아주 다르다. 침팬지의 경우처럼 제일 장수한 사람은 야생의 자연에서 사는 사람이라도 60대 후반을 넘어서까지 꽤 오래 산다. 이것은 출생시 기대수명이 장수 패턴에 대한 적절한 기술로서 한계가 있음을 다시 한번 보여준다.

이제 나는 치타의 실제 나이를 추적할 당시에 알고 있던 것보다 야생 침팬지의 수명에 대해 더 많은 것을 알게 됐다. 그렇다면 그동안 노화 분야의 연구자들이 사용해온, 59년이라는 사육 침팬지의 최장수 기록이 어때 보이는가? 침팬지가 야생에서 그 정도, 잘 하면 그보다 10년 정도 더 오래 살 수 있다면 그리 높은 기록이 아닌 것 같다. 사육되는 침팬지들도 나름의 어려움을 안고 있다. 대단히 사회성이 강한 이 동물을 적절하게 구성된 사회집단으로 유지하기도 어렵고, 사람의 질병으로부터 안전하게 지키기가 어렵다는 것도 중요한 부분이다.

사육 침팬지에 대한 최신의 내용들을 알아내기 위해 나는 시카고 링컨 파크 동물원의 스티브 로스Steve Ross와 접촉해보았다. 로스는 북미지역 침팬지의 혈통대장을 관리하고 있다. 이 대장에는 북미지역 모든 동물원 침팬지들의 출생, 사망, 번식 기록이 담겨 있다. 역설적이게도 동물원에서 가장 오래된 침팬지들은 대부분 정확한 출생기록을 파악하려 할 때 야생 침팬지의 경우와 동일한 문제를 안고 있었다. 가장 오래된 개체들은 야생에서 태어나 오래전 어렸을 때나 청소년기에 동물원으로 왔기 때문에 도착 당시의 나이를 추정에 의존할 수밖에 없고, 도착 관련 서류도 컴퓨터가 활용되기 이전이라 동물원 기록이 지금처럼 꼼꼼하게 관리되지 않았을 때 만들어진 것들이다. 그래도 침팬지가 동물원에 도착할 당시 꽤 어렸고, 엄격하게 기록이 관리된 경우라면 이런 추정치가 꽤 정확할 수 있다. 한 미국 동물원의 가장 나이 많은 침팬지는 그 나이를 의문의 여지없이 입증할 수 있다. 그 침팬지의 이름은 웽카다. 웽카는 동일한 시설에서 태어나 평생을 그곳에서 산 몇 안 되는 나이 든 암컷 중 하나이기 때문에 나이를 확신할 수 있다. 이 글을 쓰는 시점에서 웽카는 67세이고 아직 살아 있다. 웽카에 덧붙여 일본의 최근 보고서에서는 조니라는 수컷 침팬지에 대해 설명하고 있다. 조니는 고베 오지 동물원에서 66년을 살았고, 야생에서 데려왔을 당시 만 2세로 추정됐었다.[4] 침팬지의 경우만 두 살일 때 나이를 알아보기는 어렵지 않기 때문에 68세라는 추정 나이를 의심할 이유는 거의 없다. 하지만 조니조차도 겨우 야생 침팬지에 관한 몇몇 추정치만큼, 혹은 그보다 살짝 더 오래 살았을 뿐이다. 이를 보며 우리가 아직 사육 침팬지의 수명 한계에 도달하지 못했을지도 모른다는 생각이 들었다. 어쨌거나 이 최근 논문에 따르면 일본에서 사육 침팬지의 출생시 기대수명은 28.3년이라고 한다. 야생 침팬지를 대상으로 보고된 것과 대략 비슷하다. 사육 침팬지가 야생 침팬지보다 더 오래 살지 못한다고 믿기는 어렵다. 어쩌면 우리가 아직 침팬지를 제대로 돌보는 방법을 모르고 있는 것일 수도 있고, 코끼리처럼 침팬지도 그냥 사육 스트레스를 잘 견디지 못하는 것일 수도 있다.

야생에서 태어나 아직 어릴 때 잡혀온 또 다른 암컷이 있는데 이 침팬지가 동물원 침팬지의 잠재적 수명에 관해 더 많은 것을 알려줄 수 있을지도 모르겠다. 만에 하나 당신이 이 암컷의 이야기를 믿을 수만 있다면 말이다.

확실히 말해둘 점이 있다. 리틀마마Little Mama의 이야기는 상당히 에누리해서 들어야 한다는 것이다. 실제 이야기일 수도 있지만, 침팬지의 신원이 뒤섞여 만들어진 사례일 수도 있기 때문이다. 그래도 확신할 수 있는 내용은 다음과 같다. 리틀마마는 야생에서 태어나 1940년대에 미국에 도착했다. 아마 당시는 십대였을 것이다. 리틀마마는 북미지역 침팬지 혈통대장North American Regional Chimpanzee Studbook에 110번으로 공식 등록됐다. 리틀마마의 초기 시절은 기록 보존의 측면에서 보면 좀 모호하다. 리틀마마가 한동안 개인의 반려동물이었다는 이야기도 있다. 어쩌면 유명한 아이스댄스 쇼에서 스케이트 공연을 했는지도 모르겠다. 플로리다 웨스트팜비치 근처에 있는 드라이브스루 동물원인 라이언 컨트리 사파리가 1967년에 개장했을 때 리틀마마가 거기 나타났다는 것은 논란의 여지없이 확실하

제일 장수한 침팬지라 주장되고 있는 리틀마마. 79년 9개월이라는 리틀마마의 나이는 의심스러운 부분이 많다. 하지만 죽기 1년 전에 촬영한 이 사진을 보면 분명 나이가 아주 많아 보이기는 한다. 만약 그 나이가 사실이라면 입증된 출생 기록과 사망 기록을 갖고 있는 그 어떤 침팬지보다도 10년 넘게 오래 산 것이 된다.
사진 제공: Rhona Wise/AFP/GETTY

다. 리틀마마는 2017년에 죽을 때까지 그 후로 50년 동안 그곳에 머물렀다. 공식적인 동물원 이야기는 다음과 같다. 1972년에 제인 구달이 리틀마마와 시간을 보내면서 리틀마마가 태어난 해를 1938년으로 추정했다. 아무리 유명한 영장류학자가 추정한 것이라고 해도 늙은 침팬지의 추정 나이는 오류가 생기기 쉽다. 하지만 동물원 관계자들은 그 추정치를 아주 기쁜 마음으로 받아들였다. 그들은 한술 더 떠서 밸런타인데이를 리틀마마의 공식 생일로 여겨야 한다고 결정하고 말년에는 매년 대대적으로 홍보하면서 리틀마마의 생일파티를 열어주었다.

그건 그렇고 나는 치타의 소유주인 단 젠트리Dan Gentry뿐만 아니라 제인 구달과도 접촉한 적이 있다. 젠트리가 말하길 구달이 치타의 나이를 보증해줄 수 있다고 했기 때문이다. 내가 기억하는 구달의 반응은 이런 식이었다. "와, 그 동물이 아직도 살아 있다면 늙어도 아주 팍 늙었겠네요." 물론 그 침팬지가 그 침팬지가 아니란 것을 우리는 이제 알고 있다.

듣자하니 구달은 2015년에 다시 돌아와 리틀마마를 만났다고 한다. 그리고 동물원의 홍보담당자들은 리틀마마가 오랜 친구 제인 구달을 반겨 머리카락을 쓰다듬고 요란하게 소리를 냈다며 달콤하고 훈훈한 이야기를 장황하게 쏟아냈다. 2017년 11월 14일 《팜비치 포스트Palm Beach Post》에는 리틀마마가 추정 생일 이후로 79년 9개월의 삶을 마치고 사망했다며 부고 기사가 실렸다. 이것이 사실이라면 리틀마마의 장수지수는 3.8 정도가 된다.

리틀마마의 나이는 의심스러운 구석이 많다. 일단 거쳐온 역사가 복잡하다 보니 그중에 신원이 뒤바뀔 수 있는 기회가 많았다. 내가 보기에 더 문제가 되는 부분은 기록으로 남아 있는 그 어떤 침팬지보다도 나이가 월등히 많다는 점이다. 사육 개체든, 야생 개체든 그 어떤 침팬지도 70세까지 살았던 적이 없고, 그 나이까지 살았다고 추정된 경우조차 없었는데 리틀마마는 거의 여든 살을 살았다고? 사람으로 치면 동네 요양원에서 140세 노인을 찾아냈다는 것과 비슷한 얘기다. 반면 야생의 침팬지가 60대까지 살 수 있다면 어느 한 침팬지가 야생과 동물원의 그 어떤 침팬지보다도 10년에서 15년 정도 더 오래 사는 것이 충분히 있음직한 이야기라 생각할 수 있다. 만약 리틀마마의 기록이 정당한 것이라면 그 동물원 기록은 육상포유류의 장수 기록에서 아시아코끼리와 동점으로 공동 2위에 해당한다. 하지만 침팬지의 전체적인 기대수명이 두 코끼리 종보다 상당히 짧다는 점을 생각하면 침팬지는 절대 수명 부분에서 육상동물 중 4위를 차지할 가능성이 더 높다. 그리고 상대적인 수명, 즉 장수지수로 따지면 침팬지나 다른 영장류들은 박쥐에게 명함도 못 내민다.

오랑우탄

절대적인 햇수로 수명을 따지면 오랑우탄은 그다음으로 오래 사는 육상포유류일지 모르겠다. 오랑우탄은 인간의 상상력 속에서 수 세기에 걸쳐 다양한 역할을 맡았다. 예를 들어 에드거 앨런 포가 1841년에 단편소설 『모르그 가의 살인』에서 오랑우탄을 악당으로 만들었을 때 그는 아마도 살아 있는 오랑우탄을 한 번도 본 적이 없었을 것이다. 그 소설에서 엄마는 목이 칼로 베여 죽고, 딸은 목을 졸려 죽는 섬뜩한 이중살인이 발생한다. 알고 보니 이 살인은 분노에 사로잡힌 오랑우탄이 훔친 면도칼을 이용해서 초인적인 힘으로 저지른 일이었다. 오랑우탄이 실제로는 이런 미치광이 성격이 아니라 다행이다. 오랑우탄들이 사람들 사이에서 돌아다녔던 경우가 놀랄 정도로 많기 때문이다.

영장류 중에서 사람의 뒤를 이어 두 번째로 큰 뇌를 갖고 있고, 대뇌화지수가 2.9 정도인 오랑우탄은 동물원 탈출로 자신의 높은 지능을 여러 번 입증해보였다. 이들은 도저히 기어오를 수 없을 것 같은 벽을 기어올라서, 열쇠를 분해해서, 자물쇠를 비틀어서 열어낼 만들어서 동물원을 탈출했다. 오마하 동물원의 푸 만추라는 오랑우탄은 자신의 우리에 채워진 자물쇠를 비틀어 열어낼 도구를 만들었을 뿐만 아니라, 사육사가 보지 못하게 그 도구를 숨겨 놓았다. 탈출 예술가로 특히나 유명한 샌디에이고 동물원의 오랑우탄 켄 앨런은 어린 시절에 철창의 빗장을 열어 우리를 탈출한 다음, 동물원을 탐험하며 밤을 보내고 와서 아침에 동물원 직원들이 도착하기 전에 다시 우리에 들어가 빗장을 걸었다. 성체가 된 후에도 우리에서 여러 번 탈출했고, 심지어 한 번은 쇠지렛대를 발견해서 다른 오랑우탄에게 건네주며 그것으로 창문을 비틀어 열어 자기를 꺼내게 했다.

오랑우탄이 현존하는 고등유인원 중에서 독특한 점은 복잡한 사회를 이루어 살지 않는다는 것이다. 사실 이들은 집단을 이루어 사는 경우가 아예 없다. 보통은 습지대가 많은 인도네시아의 열대우림에서 먼 거리를 돌아다니며 대체로 단독생활을 한다. 그래서 이들을 연구하기가 고통스러울 정도로 어렵다. 대부분 나무 위에서 사는 이 유인원은 어린 시절에는 여러 해 동안 어미와 가까이 붙어서 사는데 이는 집단을 이루어 사는 것과 거의 비슷하다. 가끔은 과일이 많이 달린 나무에 몇몇 오랑우탄이 우연히 모여들기도 하지만, 대부분의 시간은 숲 꼭대기로 느리게 기어올라 열매가 맺힌 나무를 찾으며 단독으로 보낸다. 여기서 중요한 것은 '느리게'다. 이들은 몇 가지 의미에서 유인원 중 가장 느린 동물이다. 이들은 나무 사이를 느리게 움직인다. 오랑우탄은 큰 덩치로 나무 위에서 살기 때문에 떨어지면 심각한 부상을 입거나 죽을 수 있음을 고려하면 충분히 예상할 수도 있는 사항이다. 숲 꼭대기 사이로 우아할 정도로 천천히 움직이는 이들의 모습을 보면서 추측할 수 있겠지만, 이들은 대사가 대단히 느리다. 사실 나무늘보를 제외하면 이 체구의 고등포유류 중에서는 제일 느리다.[5] 나무늘보의 경우 마치 꿀 속에서 헤엄을 치는 것처럼 느리게 움직인다. 오랑우탄은 움직임만 느린 것이 아니라 삶의 단계도 아주 느긋하게 거쳐 간다. 성장도 느리고, 번식의 시작도 느리고, 일단 시작한 후에도 번식 속도가 느리다. 이 모든 것이 오랑우탄의 노화 속도 역시 느릴 것이라고 암시하는 듯하다.

오늘날 오랑우탄은 수마트라와 보르네오의 열대 섬에서만 발견되고 있고, 숲 서식지의 파괴로 인해 크게 시달리고 있다. 한때 이들은 아시아 본토의 남부와 남동부를 돌아다녔으며 중국 남부지역까지 올라갔다. 오랑우탄은 보르네오 섬에 2종, 수마트라 섬에 1종, 이렇게 모두 3종이 있다. 하지만 이들은 근래까지도 단일 종으로 여겨졌을 만큼 아주 유사하다. 그래서 여기서는 종 간의 미묘한 차이는 무시하겠다. 오랑우탄의 크기는 대략 사람만 하지만 다리는 훨씬 짧고, 팔은 더 길다. 그래서 나무를 기어오르기에 적합하다. 팔은 손이 발목에 닿을 정도로 길어서 만약 신발을 신고 다녔다면 신발 신기가 아주 편했을 것이다. 이들은 땅 위에서는 움직임이 서투르지만 나뭇가지 위에서는 타잔 같은 포즈로 반듯하게 서 있을 수 있다.

오랑우탄의 체구가 대략 사람만 하다고는 했지만 그럼에도 오랑우탄의 크기를 오해하기 쉽다는 말을 덧붙이고 싶다. 클린트 이스트우드의 1978년 영화, 〈더티 파이터 2Every Which Way But Loose〉 같은 영화에 나오는 오랑우탄은 체구가 작다. 영화에 주로 등장하는 침팬지처럼 어린 개체이기 때문이다. 성체는 너무 힘이 세고 독립심이 강해서 배우에게 부상을 입힐 위험이 있다. 사실 1980년에 나온 후속편 〈더티 파이터Any Which Way You Can〉를 제작할 때는 다른 오랑우탄이 출연했다. 원래 등장했던 매니스Manis라는 이름의 오랑우탄은 너무 커버려서 안전하지 않은 상태였다. 반면 동물원의 오랑우탄의 경우는 대사도 느리고, 애쓰지 않아도 질 좋은 먹이가 늘 풍부하게 공급되고, 수컷은 성체가 되어서도 계속 성장하기 때문에 야생의 개체는 결코 넘볼 수 없는 거대한 체구에 도달한다. 동물원 수컷 중 가장 큰 것은 체중이 200킬로그램 가까이 나가기도 했다. 이는 야생 수컷의 2배가 넘는 체구다.

야생에서 암컷은 성체가 되면 체중이 35~50킬로그램 정도 나가고 15세쯤 첫 새끼를 낳는다. 보통 두 번째 새끼를 낳으려면 다시 8년에서 9년이 걸린다. 성적으로 성숙되는 나이와 출산과 출산 사이의 시간, 이 두 수치 모두 야생 침팬지가 동일한 이정표에 도달하는 데 걸리는 시간보다 몇 년 더 걸린다는 점에 주목하자. 수마트라에서의 한 연구는 30년 이상 지속되었음에도 불구하고 열대우림에서 단독생활하는 야생 오랑우탄을 찾아내어 추적하기가 어렵기 때문에 침팬지에 비하면 야생 오랑우탄의 수명에 대해서는 알려진 바가 별로 없다. 야생 오랑우탄의 말년의 삶과 수명에 대해 알고 있는 내용들은 대부분 조잡한 추정치들이다. 가장 확실한 지식은 동물원과 야생동물보호소에서 얻은 것들이지만 그 내용이 과연 야생의 삶을 얼마나 잘 반영하고 있는지는 알 수 없다. 적어도 동물원의 암컷은 20대 말이 되면 번식을 중단한다. 하지만 동물원 오랑우탄들은 야생의 개체보다 생존율이 떨어지고, 오히려 그보다 못할 가능성도 있기 때문에 이 나이가 야생에서의 번식 중단 시기를 반영하지 않을 가능성이 크다. 동물원에서 암컷의 출생시 기대수명은 25년 정도다. 성체가 될 때까지 살아남은 개체들은 평균 35세까지 산다.[6] 사육 암컷 오랑우탄 중 가장 오래 산 개체는 1976년에 필라델피아 동물원에서 사망할 당시의 추정 나이가 58세였다.[7] 여기서 '추정'이라고 특별히 강조한 이유가 있는데 잠시 후에 설명하겠다. 다른 암컷들도 동물원에서 50대 초중반까지 살았다는 보고가 있다. 따라서 내가 이 58세 장수 기록을 완전히 무시하는 것은 아니다. 가장 오래 산 야생 암컷의 나이는 40세에서 53세 사이 어디쯤으로 추정된다. 추정치의 상하 폭만 봐도 야생 오랑우탄의 나이를 추정하는데 따르는 어려움이 얼마나 큰지 잘 드러난다.[8] 그럼 암컷 오랑우탄이 동물원에서 적어도 50대 중반까지는 살고, 야생에서도 그와 비슷할지 모른다고 합의를 보자. 그럼 육상포유류의 절대 수명 순위에서 사람, 두 종의 코끼리, 침팬지의 뒤를 이어 오랑우탄이 5위를 차지하게 된다. 지금 당장은 장수지수는 미뤄두자.

오랑우탄 성체의 생활사에서 보이는 몇몇 흥미로운 특이사항 때문에 수컷 오랑우탄에 대해서는 따로 생각할 필요가 있다. 그중에는 수컷 코끼리를 떠오르게 만드는 부분도 있다. 우선, 암컷과 수컷 모두 십대 중반에 번식을 할 수 있는 나이가 되면 체구와 형태가 서로 비슷해 보이지만, 수컷은 평생 자라기 때문에 신체적으로 완전한 성숙에 도달할 즈음이면 체구가 암컷의 2배 정도가 되고, 75~90킬로그램 정도 되는 개체도 나온다. 이런 지속적인 성장 때문에 나이가 많은 수컷은 나이 많은 코끼리처럼 젊은 개체보다 체구가 더 크다.

여기서부터 재미있어진다. 수컷들은 십대 중반에 신체적으로 번식 능력을 갖추게 되지만 그 후로 계속해서 자라는 동안 상당히 오랜 시간을, 때로는 무려 십 년이나 이십 년 정도 계속해서 청소년기와 비슷한 모습, 즉 암컷과 비슷한 모습을 하게 된다. 그러다 결국 충분히 오래 살아남게 되면 완전한 성체의 특성을 발달시키게 된다. 구체적으로 말하면 커다란 목주머니와 수컷 오랑우탄의 얼굴에서 보이는 특별한 속성인 플랜지flange라는 큰 볼판이 생긴다. 플랜지와 목주머니는 지배의 상징이다. 플랜지가 발달하면서 수컷은 색깔이 짙은 털이 길게 자라나고 근육도 붙는다. 수컷들이 차지하는 영역들은 서로 중첩되지만 그 지역에서 제일 크고 못된 수컷이 목주머니에서 만들어내는 특별한 울음소리로 자신의 존재를 계속 알린다. 이 울음소리는 숲을 따라 1킬로미터 이상 울려 퍼진다. 한 영역 안에 플랜지가 발달한 지배 수컷이 존재하면 다른 수컷들의 플랜지와 목주머니의 발달이 억제되는 것 같다. 따라서 작고 젊은 수컷들은 번식이 가능한 상태임에도 불구하고 온전한 수컷으로의 발달이 억제된다. 열매가 열린 무화과나무 같은 곳에서 플랜지가 발달한 두 수컷이 우연히 만나기라도 하면 폭력으로 이어질 때가 많다. 한 지역을 지배하던 플랜지가 발달한 수컷이 사라지면 기존에는 수염도 없고, 플랜지도 없던 한 수컷이 신속하게 플랜지와 목주머니를 발달시킨다. 가임기의 암컷은 플랜지 없는 수컷이 짝짓기를 하려고 성가시게 굴어도 피하는 경향이 있는데 플랜지가 발달한 수컷에게는 끌리게 된다. 우람한 플랜지와 육중한 목소리를 암컷이 거부하기는 힘들기 때문이다.

수컷 오랑우탄은 얼마나 오래 살까? 이들 역시 오래 살기도 하고 넓은 숲을 먼 곳까지 혼자 돌아다녀서 추적하기 어렵기 때문에 야생 수컷의 수명에 대해서는 대략적인 추정치만 나와 있다. 지금까지 최장수 기록은 47세에서 58세 사이로 추정되며, 몇몇 다른 개체도 그보다 살짝 어린 추정 나이로 사망했다. 수컷 오랑우탄의 동물원 공식 기록을 보면 출생시 기대수명은 20년 정도이고, 번식 가능한 나이까지 살아남은 경우는 28년이다. 암컷보다 몇 년 짧다는 점에 주목하자. 이

플랜지가 없는 수컷과 있는 수컷(타파눌리오랑우탄). 여기 나와 있는 타파눌리오랑우탄 종Tapanuli orangutan, *Pongo tapanuliensis*은 수마트라섬에 산다. 이 종은 최근에 들어서야 기술되었고 멸종위기에 내몰려 있다. 플랜지가 있는 수컷에서 커다란 볼판과 긴 수염이 나 있음에 주목하자. 수염이 울음소리를 낼 때 사용하는 큰 목주머니를 가리고 있다. 이 울음소리는 숲을 따라 1킬로미터 이상 퍼져나갈 수 있고 가임기 암컷들에게 매력적으로 다가간다.

사진 출처: 팀 라만Tim Laman

는 다른 고등유인원과도 비슷한 부분이다. 흥미롭게도 야생 개체군에서 추정한 기대수명을 보면 수컷이 조금 더 오래 사는 것으로 보인다. 제일 오래 산 개체의 공식 기록을 보면 1977년에 59세라는 추정 나이로 사망한 수컷이 목록에 올라와 있다. 내가 58세의 최장수 기록을 갖고 있는 암컷에 대해 회의적으로 얘기한 것을 기억하고 있다면 이제 그 이유를 설명해보겠다. 어찌나 기막힌 우연인지 지금까지 기록된 최장수 수컷과 최장수 암컷은 같은 장소에서(쿠바 아바나), 같은 해에(1928년)에 취득되어 같은 날(1931년 5월 1일)에, 같은 동물원(필라델피아 동물원)에, 같은 사람(아브레우Abreu)에 의해 운송됐다. 아브레

우는 이 오랑우탄들이 같은 해(1918년)에 야생에서 태어났다고 주장한다.[9]

분명 놀라운 우연이 실제로 일어나기는 한다. 어쩌면 이것도 그런 경우 중 하나일지도 모른다. 하지만 현대에 들어서 동물원의 동물 관리방식이 개선되고(특히 오랑우탄이 그 혜택을 많이 입은 것으로 보인다).[10] 동물원 기록 관리가 전산화되기는 했어도 지금까지의 최장수 오랑우탄의 기록이 아주 오래전, 전 세계 동물원들이 동물을 살려서 보존하는 데 지금처럼 능숙하지 않던 시절에 나왔다는 사실 때문에 나의 헛소리 감지기에 경고등이 들어왔다. 50대 초반까지 산 오랑우탄에 대한 최근의 동물원 기록이 더 나와 있다. 이것은 야생에서 추정한 장수 기록과 가까운 값이다. 오랑우탄은 분명 50대까지 살 수 있는 것으로 보인다. 잘 하면 50대 말까지도 살 수 있을 것 같다.

오랑우탄의 장수지수는 어떨까? 암수의 체구가 현저하게 다른 경우에는 장수지수를 어떻게 계산해야 할까? 암컷과 수컷의 장수지수를 따로 계산해야 할까? 사실 그것은 말이 안 된다. 우리가 장수지수를 사용한 이유가 종 간의 수명 차이를 설명하기 위함이었음을 기억하자. 체구가 큰 종은 일반적으로 작은 종보다 더 오래 산다. 하지만 이것이 같은 종 안에서 체구가 큰 개체가 작은 개체보다 더 오래 산다는 의미는 아니다. 사실 그 반대인 경우가 많다. 보통은 체구가 작은 개체가 더 오래 산다. 따라서 한 종에서는 하나의 장수지수만 나와야 한다. 암수의 체구 크기를 평균 내고, 찜찜하긴 해도 59세라는 장수 기록을 받아들인다면 오랑우탄의 장수지수는 2.6이 나온다. 절대 수명으로 보면 오랑우탄이 사람과 침팬지의 뒤를 이어 세 번째로 오래 사는 영장류이긴 하지만 체구 대비 수명으로 보면 영장류의 평균에 가깝다.

꼬리감기원숭이*Cebus capucinus*

기록의 정확성을 인정한다면 인간을 비롯한 모든 영장류 중 제일 높은 장수지수는 어느 유인원보다도 체구가 굉장히 작은 신세계 원숭이에게 돌아간다.

영장류는 아프리카에서 기원했고 신세계(남북 아메리카 대륙)에는 3000만 년에서 4000만 년 전까지만 해도 전혀 존재하지 않았다. 그러다가 적어도 한 쌍의 원숭이가 폭풍에 쓰러진 통나무 같은 것을 타고 대서양을 가로질러 남미대륙까지 떠내려 왔다. 당시는 대서양이 지금보다 상당히 좁았기 때문에 이 뗏목 모험이 꽤 놀랍기는 해도 생각처럼 특별한 경우는 아니었다. 그리고 어쩌면 그 당시에는 대서양 한복판에 섬들이 줄지어 있어서 이 여정이 여러 세대를 거치며 돌다리를 건너듯 진행됐을지도 모른다. 어쨌든 그 첫 이민자들이 지금은 120그램짜리 피그미마모셋*Cebuella pygmaeus*에서 12킬로그램짜리 양털거미원숭이*Brachyteles arachnoides* 혹은 그 지역 이름으로 무리키원숭이muriqui에 이르기까지 150종이 넘는 다양한 크기의 원숭이 종으로 진화했다. 신세계에는 사람이나 개코원숭이 같은 대형 원숭이 말고는 어떤 유인원도 존재하지 않는다. 신세계는 소형 영장류의 대륙이다.

작은 영장류는 최대한 지상의 위험을 피해야 하기 때문에 사실상 거의 모든 시간을 나무 위에서 보낸다. 그리고 그곳에서 대부분 과일을 먹지만, 꽃, 이파리, 새순, 나무껍질, 수액, 작은 동물도 먹는다. 일부 신세계 원숭이는 새로운 영장류 특성을 진화시켰다. 물건을 잡을 수 있는 꼬리다. 이것은 숲 꼭대기 사이를 이동하는 데 도움이 된다. 장수라는 관점에서 볼 때 신세계 원숭이 중 가장 흥미로운 집단은 꼬리감기원숭이capuchin 혹은 '오르간 연주자 원숭이'라는 별명이 있다.

오르간 연주자는 그 시절 거리의 악사, 즉 음악으로 돈을 구걸하는 사람이었다. 19세기 후반에 이탈리아인 이민 열풍과 함께 미국으로 건너와 손풍금으로 거리의 침묵을 깨뜨리던 이들은 원숭이에게 옷을 입혀서 구경꾼에게 돈통을 내밀게 하면 수입이 늘어난다는 것을 알게 됐다. 사람에게 위협이 되지 않을 만큼 체구가 작고(작은 고양이만 한 크기), 재주를 배울 수 있을 만큼 똑똑하고, 돈통을 잡고 있을 수 있을 정도로 손재주도 좋고, 이상한 복장을 입고 있을 만한 인내심도 좋은 꼬리감기원숭이는 오르간 연주자들하고만 일한 것이 아니었다. 이들은 사람들 사이에서 인기가 높은 이국적인 반려동물로 자리 잡았다. 이 부분은 내 아내가 쓴 책 『보통 사람들은 원숭이를 키우지 않는다Normal People Don't Own Monkeys』에 잘 묘사되어 있다. 영화계에서도 귀엽고 훈련도 잘 받는 이 원숭이를 사랑했다. 꼬리감기원숭이는 수십 편의 영화에서 배역을 맡았는데, 그중에서 내가 좋아하는 것은 영화 〈레이더스〉에 나오는 빨간 옷을 입은 지크 하일이라는 이름의 원숭이 스파이다. 이집트는 토종 원숭이도 많은 곳인데 굳이 남미대륙의 원숭이가 이집트의 반려동물이 된 이유는 영화의 캐스팅 담당자만 알 것이다. 원숭이를 반려동물로 키우는 것이 이제는 많은 곳에서 불법화됐지만 한 가지 꼭 알아두어야 할 것이 있다. 원숭이가 언젠가 당신을 물 거라는 점이다. 이것은 언제, 어디, 어떤 조건에서 일어날 것이냐의 문제가 아니다. 태양이 뜨고, 밀물 뒤에 썰물이 따라오는 것처럼 언젠가는 결국 주인이나, 주인의 자식, 혹은 주인의 친구를 물게 된다. 그러나 이들이 당연이 있어야 할 곳인 야생으로 가면 꼬리감기원숭이는 대단히 매력적인 존재다.

이들은 열에서 스무 마리씩 무리를 이루어 살고, 열매가 열린 나무를 찾아 숲속을 돌아다닐 때는 서로 눈에 보이거나 소리가 들리는 거리를 유지하는 경향이 있다. 꼬리까지 치면 팔다리가 5개나 되다 보니 민첩성이 좋아서 당신이 땅 위에서 쫓아갈 수 없을 정도로 나뭇가지 사이를 빠르게 움직일 수 있다. 성체 수컷들은 먹이와 짝짓기에 접근할 수 있는 명확한 지배위계를 갖고 있지만 무리의 영토를 방어할 때는 서로 협력한다. 암컷들은 가까운 친척인 경향이 있고 새끼를 합동으로 키우며, 다른 어미의 새끼에게 젖을 물리기도 한다. 암수 모두 야생에서 성체가 되기까지는 7, 8년 정도 걸린다(사육 상태에서는 몇 년 덜 걸린다). 그때가 되면 수컷은 보통 단체로 자신의 무리를 떠나 다른 무리를 찾아 나선다. 그리고 그 다른 무리에서 기존의 수컷들을 몰아내고 자신의 가족을 꾸리려 시도할 것이다.

꼬리감기원숭이는 체구에 비해 뇌가 크다(이들의 대뇌화지수는 3이 넘는다). 이들이 훈련이 잘 되는 이유도 이 때문일 것이다. 그리고 이들이 결국에는 이거 해라, 저거 해라 잔소리를 듣는데 지쳐서 당신을 물게 되는 이유도 분명 이 때문일 것이다. 이들의 지능과 손재주를 보면 이들이 다양한 도구를 이용해서 견과류를 깨먹는 방법을 발견한 것이 그리 놀랍지 않다. 꼬리감기원숭이의 지능은 침팬지와 오랑우탄만큼은 못하지만 그래도 놀랍다. 영장류학자 프란스 드 발Frans de Waal은 유인원은 생각을 통해 문제를 해결하고, 꼬리감기원숭이는 시행착오를 통해 문제를 해결한다는 말로 이들의 차이를 특징 지었다.

코스타리카에서는 1980년대 중반부터 이 원숭이들을 야생에서 연구해왔는데 이들이 장수라는 측면에서 그리 특출해보이지는 않는다. 수컷은 훨씬 수명이 짧다. 절반 이상이 성체가 되기 전에 죽고 일부만 십대 중반까지 살아남는다. 반면 암컷들은 보통 십대까지 살아남고, 가장 오래 산 개체는 적어도 20대 중반까지 살아남았다.[11] 이런 수치로만 보면 이들은 신세계 영장류 중에서 제일 오래 사는 종으로도 보이지 않는다. 그보다 몸집이 큰 무리퀴 혹은 양털거미원숭이는 야생에서 보통 20대 중반까지 살고, 제일 장수한 개체는 30대 중반까지도 살았다. 여기서 꼬리감기원숭이의 흥미로운 부분이 등장한다. 동물원에서 이들은 40대, 심지어 50대까지도 살아남는다. 기록상 최장수 개체는 야생에서 태어나 새끼 때 잡힌 개체로 어쩌면 54년을 살았을지도 모른다.[12] 이것을 장수지수로 환산하면 4.3으로 아마도 인간을 비롯해서 그 어떤 유인원보다도 높은 값이다. 여기서 '어쩌면'이라고 힘주어 말한 이유는 곧이어 설명하겠다.

여기에는 한 번 짚고 넘어갈 만한 패턴이 하나 작동하고 있다. 적어도 포유류에서는 야생에서의 수명과 동물원에서의 수명이 차이가 나는 이유가 체구 때문으로 보인다는 점이다. 현실에서 작은 포유류가 어떤 위험을 안고 사는지를 이것보다 잘 보여주는 것은 없다. 생쥐가 야생에서는 평균적으로 3, 4개월밖에 못 살지만 사육 환경에서는 3년까지 살 수 있음을 기억하자. 벌거숭이두더지쥐 일꾼은 야생에서보다 포획 상태에서 10배 넘게 오래 산다. 그리고 여왕은 2배 이상 오래 산다. 꼬리감기원숭이는 야생에서보다 동물원에서 2, 3배 정도 오래 사는 것으로 보인다. 하지만 침팬지와 오랑우탄은 동물원이라고 야생에서보다 더 오래 사는 것 같지 않다. 그리고 코끼리는 오히려 동물원에서 더 빨리 죽는다.

이번에는 '어쩌면' 54년을 살았을지도 모르는 그 꼬리감기원숭이에 대해 생각해보자. 한 종의 수명에 대한 특성을 파악할 때 가장 오래 살았던 개체를 이용하는 가장 큰 이유는 그 종이 이상적인 환경에서 살았을 때의 장수 잠재력을 보여줄 수 있기 때문이다. 하지만 장수 기록을 사용하는 데 따르는 단점은 지금까지 보아왔듯이 오류와 과장이 생기기 쉽다는 점이다. 나는 이것이 침팬지 리틀마마의 경우에도 해당되는 얘기일 거라 생각한다. 두 번째로 오래 산 침팬지보다 무려 11년이나 더 오래 산 것으로 보고되었다는 것이 큰 이유다. 이와 비슷한 일이 가장 오래 산 꼬리감기원숭이에서도 일어나고 있는 듯하다. 이 원숭이는 야생에서 태어나서 어린 새끼였던 1935년 1월에 미국 인디애나 주 에번즈빌의 메스커 공원 동물원Mesker Park Zoo에 도착했다고 한다. 그리고 1980년에는 연구소 실험실로 들어와 그곳에서 미국에 도착한 지 53년만인 1988년에 죽었다. 이 기록에서 우려스러운 부분이 2가지 있다. 첫째, 지금까지 보고된 두 번째로 오래 산 꼬리감기원숭이보다 6년을 더 살았다. 둘째, 이 얼마나 놀라운 우연인지 48년을 살아서 두 번째로 오래 살았다고 보고된 꼬리감기원숭이도 그중 47년을 메스커 공원 동물원에서 살았다는 것이다.

인디애나 에번즈빌이 장수하는 꼬리감기원숭이들에게 그렇게 천국 같은 안식처라는 것이 내게는 너무 놀랍고 약간은 억지스러워 보인다. 삶의 대부분을 메스커 공원 동물원에서 보내지 않았고, 어떤 추정된 날짜에 야생에서 태어나지 않은 꼬리감기원숭이(바꿔 말하면 한 동물원에서 태어나 그곳에서 평생을 산 꼬리감기원숭이) 중 가장 오래 산 원숭이는 시카고의 브룩필드동물원의 암컷이었다. 이 원숭이는 42년 10개월을 살고 죽었다.[13] 진짜 장수 기록, 즉 정확한 장수 기록이 40대 초중반 정도라면 꼬리감기원숭이의 장수지수는 3.6에 불과하다. 이 정도면 초라한 수준은 아니지만 우주선을 만드는 벌거숭이 침팬지만큼 극적인 수준은 아니다.

영장류는 왜 그렇게 오래 사는가?

원래의 질문으로 돌아와보자. 어째서 영장류는 그렇게 오래 살고, 영장류 종 사이에서 상대적으로 큰 뇌를 갖고 있으면 훨씬 더 오래 사는 것으로 보이는 이유는 무엇인가? 내가 지금까지 언급하지 않았던 것이 하나 있다. 그들의 대사율이다. 영장류는 전체적으로 볼 때 대사가 느린 편이다. 체구가 비슷한 다른 포유류와 비교했을 때 하루에 사용하는 에너지가 절반 정도밖에 안 된다. 오랑우탄의 경우라면 이것이 별로 놀랍지 않다. 모든 것이 느린 동물이니까 말이다. 하지만 보통 대단히 활발한 동물이라 여겨지는 침팬지나 원숭이도 마찬가지로 대사율이 느리다.[14] 그래서 나는 느린 대사율이 영장류의 장수에 기여하는 뜻밖의 요인이라고 말하고 싶다.

그럼 뇌 크기는 어떨까? 나는 더 나은 기억력과 의사결정 능력을 부여해주는 뇌 크기가 영장류의 환경적 위험을 줄이는 데 도움이 된다고 주장하고 싶다. 대부분의 영장류는 적어도 어느 정도는 나무 위 생활을 하는데 이것 자체도 환경적 위험에 대한 노출을 줄여준다. 예를 들면 홍수나 지상 포식자로부터의 위험은 확실히 줄어든다. 역시나 대부분의 영장류는 집단을 이루어 사는데 이것 역시 추가적으로 안전을 제공해준다. 복잡한 사회집단을 이루어 살려면 상당한 판단 능력이 필요하다. 뇌가 커지면 이런 부분이 더 용이해진다. 뇌가 크면 연중 어느 시기에 먹이를 찾을 수 있고, 자기를 쫓아올 수 있는 뱀이나 맹금류 등의 포식자를 나무 꼭대기에서 어떻게든 피할 수 있고, 숲 바닥 위로 높은 곳에 위치한 위험한 환경을 돌아다닐 때 판단의 오류를 어떻게 줄일 것인지에 대해 기억력과 의사결정 능력이 향상될 수 있다.

내가 영장류의 뇌 크기가 수명에 미치는 영향을 너무 과대평가하고 있는 걸까? 그럴지도 모른다. 사람의 큰 뇌에 대해서도 그 가치를 내가 과대포장하고 있는지도 모른다. 분명 큰 뇌가 장수의 필수조건은 아니다. 박쥐나 코끼리거북만 봐도 그렇다. 그렇지만 뇌가 크다고 장수에 불리한 것 또한 아니다.

다른 영장류를 이해하면 우리의 건강을 연장하는 방법에 대해 무엇을 배울 수 있을까? 아마도 배울 것이 그리 많지는 않을 것이다. 우리는 이미 그 어느 영장류보다도 건강하게 오래 살고 있기 때문이다. 체구와 비교하면 우리는 거의 꼬리감기원숭이만큼, 아니 어쩌면 그보다 더 오래 산다. 그럼에도 우리가 영장류의 장수 패턴을 연구하는 이유는 우리의 진화적 역사에 대해 더 잘 알기 위함이라는 걸 기억해두면 좋겠다.

3부

바다의 오래 사는 동물들

10장

⁑

성게, 관벌레, 백합조개

바다는 지구 표면의 71퍼센트를 덮고 있다. 하지만 그 사실만으로는 바다의 광대함이 잘 느껴지지 않는다. 그보다는 바다의 평균 깊이가 거의 3700미터로 미국의 그랜드 캐니언 협곡보다 2배나 깊다고 하면 감이 더 잘 올 것 같다. 바다 제일 깊은 곳은 지상에서 가장 높은 산의 높이보다 1600미터 더 깊다. 지상의 모든 개울, 모든 큰 강(아마존, 나일, 미시시피), 모든 작은 강, 모든 연못, 모든 늪, 모든 호수(슈피리어 호수, 빅토리아 호수, 바이칼 호수 등 크고 작은 것을 막론하고), 산 정상을 덮고 있는 모든 눈, 전 세계 빙하를 이루고 있는 모든 얼음, 그리고 남극과 북극의 빙원을 모두 합쳐도 바다에 있는 물의 고작 3퍼센트 정도에 불과하다. 생명체는 해수면에서 가장 어둡고 깊은 해저에 이르기까지 바다의 구석구석을 모두 차지하고 있기 때문에 바다는 지구의 전체 생물권 중 90퍼센트를 형성한다. 하지만 바다는 생물권 중 우리가 제일 모르는 영역이기도 하다. 해양학자들은 바다에서 지도가 작성된 곳은 20퍼센트에 불과하며 그곳에 살고 있는 생명체 중 90퍼센트 이상이 아직도 우리에게 발견될 날을 기다리고 있다고 추정한다.

바다는 오래 되기도 했다. 원래는 녹은 상태였던 지구의 표면이 약 40억 년 전부터 충분히 냉각되면서 물이 액체 상태로 존재할 수 있게 되자 그때부터 수백만 년 동안 비가 내리면서 초기 바다가 형성됐다. 이 바다가 대륙의 탄생에 앞서 지구 전체를 덮고 있었는지도 모른다. 바다가 생명을 탄생시킨 도가니였다는 데는 거의 모든 사람이 동의하고 있다. 한 유명한 이론에서는 생명이 해저의 열수분출공hydrothermal vent 주변에서 처음 진화해 나왔다고 주장한다. 열수분출공은 지각에 생긴 틈새로, 차가운 바닷물이 이 틈새를 타고 스며들어가 그 아래 맨틀에 있는 액체 상태의 마그마와 만난다. 차가운 것이 뜨거운 것과 만나면서 생긴 폭발성 혼합물이 다시 해저를 뚫고 솟아나오면서 지구 깊숙한 곳에 들어 있는 에너지, 가스, 미네랄을 함께 가지고 나온다. 미네랄이 풍부한 이 바닷물의 온도가 섭씨 400도까지 올라갔을 수도 있다. 이는 일반적인 물의 끓는점보다 훨씬 높은 온도다. 심해에서는 압력이 수백 기압까지 높아지기 때문이다. 에너지와 미네랄, 지구 핵에서 올라오는 물이 바로 생명의 3가지 전제조건이다.

첫 몇십억 년 동안은 미생물 형태의 생명체가 바다에만 존재했다. 그러다 생명의 큰 돌파구가 마련된다. 이 생명체 중 일부가 지구 내부에서 심해로 찔끔찔끔 방출되는 에너지에 의존하던 것에서 벗어나 해수면에서 풍부한 태양 에너지를 포획하는 방법을 발견한 것이다. 태양에너지를 이용해 이산화탄소와 물을 탄수화물로 전환하는 과정인 광합성이 스스로 태양에너지를 포획할 수 없는 생명체들에게 에너지가 풍부한 먹이를 공급해주었다. 광합성의 부산물인 산소는 광합성과 반대되는 화학적 과정인 호흡에 필수적인 화학적 자극제가 됐다. 호흡은 탄수화물을 다시 이산화탄소와 물로 되돌려 놓으며, 그 과정에서 탄수화물 속에 저장되어 있던 태양에너지를 사용 가능한 에너지 꾸러미로 방출해 생명 과정에 동력을 공급한다. 이 추가적인 에너지 덕분에 여러 세포로 이루어진 생명체의 진화가 가능했다. 그 후로 5억 년 동안 산소는 이산화탄소를 기반으로 이루어져 있던 지구의 대기를 바꿔놓았다. 산소가 생명 부여의 중요한 역할을 하는 대기로 변화한 것이다.

바다는 어마어마하게 거대하고 오래 되었으며 생명의 역사도 유구하지만, 미생물을 제외한다면 바닷속의 생물종은 지구 생물 종의 15퍼센트에 불과하다. 바다에 생명체가 이렇게 놀라울 정도로 결핍되어 있는 이유는 바다가 대부분 사막이기 때문이다.

여기서 내가 바다를 사막이라고 부른 이유는 물이 없어서가 아니다. 육지의 사막을 사막이라 부르는 이유는 태양으로부터 오는 에너지나 토양 속의 미네랄은 풍부하지만 생명의 세 번째 필수요소인 물이 부족하기 때문이다. 그래서 사막에는 대초원이나 숲보다 생물 종이 별로 없다. 대부분의 바다가 사막인 이유는 생명의 세 가지 요소가 한 자리에 모이는 곳이 몇 군데 없기 때문이다. 심해 바닥은 거의 황량한 모래와 침전물밖에 없다. 바다니까 물이야 당연히 어디에나 풍부하지만 태양에너지가 도달하는 영역은 해수면 근처로 제한되어 있다. 물은 태양에너지를 흡수한다. 햇빛을 이용해 광합성이 일어날 수 있는 수심은 200미터 정도로 얕다. 물이 흐려지면 이 수심은 더 얕아진다. 언젠가 흙탕물에서 스쿠버다이빙을 해본 적이 있는데 30미터 수심에서도 마치 동굴 속처럼 어두웠던 기억이 난다. 생명에 필요한 미네랄도 바다에서는 희귀하다. 이런 미네랄은 대부분 햇빛이 투과할 수 있는 수심보다 수천 미터 아래의 해저에 모여 있다. 바다에서 풍부한 햇살과 물, 미네랄이 한 자리에 모일 수 있는 곳은 크게 두 곳이 있다. 얕은 대륙붕, 그리고 상승류가 발생해 해저 침전물이 수면으로 솟아올라오는 곳이다. 이런 곳이 해양 생명체가 제일 풍부하다. 생명체는 해저의 열수분출공, 그리고 저온침투층cold seep이라는 또 다른 종류의 분출공 주변에도 풍부하고 다양하게 존재한다. 하지만 그 거대함에 비하면 이런 분출공은 가뭄에 콩 나듯 있다.

그런데 또 놀랍게도 지구에서 가장 장수하는 동물들은 모두 바다에 살고 있다. 지금까지 우리는 새에서 박쥐, 벌거숭이두더지쥐까지 체구나 대사율에 비해 장수하는 몇몇 종들을 만나보았다. 체구나 대사율 등을 고려하면 이들은 사람보다 더 오래 산다. 우리는 이런 종들에게서 대사에 의해 만들어지는 산소 유리기로 인한 손상 등, 손상으로부터 보호해주는 메커니즘에 대해 배워야 할 것이 많다. 한편 절대적인 햇수로만 따지면 지금까지 만나본 동물 중 사람보다 확실하게 오래 사는 동물은 코끼리거북, 그리고 잘 해야 투아타라 정도밖에 없다. 이들이 장수할 수 있는 이유는 대체로 외온성, 체구, 그리고 서식지의 시원한 온도 덕분이다. 외온성 동물은 조류나 포유류 같은 내온성 동물에 비해 대사속도가 느리다는 점을 떠올려보자. 그래서 사람과 체구가 비슷한 악어는 사람이 먹는 것보다 25분의 1정도만 먹어도 문제없이 살아간다. 체구가 커지고 온도가 내려가면 대사도 느려진다. 투아타라가 장수할 수 있는 것은 시원한 곳에서 사는 외온성 동물이고 섬이라 안전한 환경이 갖추어진 덕분이다. 코끼리거북이 장수할 수 있는 이유는 외온성, 체구, 섬이라는 안전한 서식지, 몸을 보호해주는 등껍질이 결합되어 생긴 결과다. 하지만 바다, 특히 그중에서도 생명의 요소들이 함께 갖추어져 있는 몇 안 되는 장소야말로 외온성, 시원함, 안전한 환경이 거듭거듭해서 한 자리에 모이는 곳이다. 자연에서 발견되는 가장 오래 사는 종들이 사실상 모두 바다에 살고 있는 이유도 그 때문이다.

삶의 속도가 제일 느린 차가운 외온성 동물이 수명도 제일 길다. 사실상 모든 해양 생물은 외온성이고, 사실상 모든 해양 생물이 차가운 곳에서 산다. 태양은 얕은 해수면의 물만 가열하고, 이렇게 가열된 물은 더 차갑고 밀도 높은 그 아래의 물 위로 떠 있기 때문이다. 바닷물 중 제일 깊은 곳에 있는 90퍼센트의 물은 영구적으로 어둡고 차가운 상태로 영하의 온도와 불과 몇 도밖에 차이가 안 난다. 또한 물은 뜨거운 물체에서 열을 아주 효율적으로 뽑아낼 수 있기 때문에 심해에서 내온성 동물로 살아가기는 불가능에 가깝다. 물이 차가워질수록 열을 빼내는 효율도 좋아진다. 미지근한 목욕물에만 가만히 누워 있어도 금방 몸에 냉기가 도는 것을 생각해보자. 몸을 쓰지 않고 가만히 있는 동안에는 우리 몸이 열을 생산하는 속도가 물이 열을 빼가는 속도를 따라잡지 못한다. 소형 내온성 동물은 체질량에 비해 표면적이 넓기 때문에 열을 훨씬 빨리 빼앗긴다. 그래서 차가운 물은 고사하고 미지근한 물이라도 그 안에서 계속 살 수는 없다. 바다에 사는 조류나 포유류 중에 생쥐만한 크기는 없다. 온전히 바다에서만 사는 포유류 중 제일 작은 동물은 아마도 15~45킬로그램 정도 나가는 해달 *Enhydra lutris*일 것이다. 해달이 내내 바다에서 살 수 있는 이유는 방수가 되는 두터운 털을 갖고 있고, 대부분의 시간을 물 위에서 배를 까뒤집고 누워서 체열을 지켜주는 털을 손질하며 보내기 때문이다. 그럼에도 불구하고 해달은 열을 생산하는 대사율이 같은 체구의 육상 포유류보다 2~3배 높고, 그에 따라 2~3배 정도 많은 먹이를 먹어야 한다. 쇠향고래Dwarf sperm whale의 새끼는 해달과 체구와 체중이 비슷하다. 이 새끼 고래도 대부분의 시간을 해수면 위에 떠서 보낸다. 그래야 등과 등지느러미를 햇볕에 따듯하게 덥힐 수 있기 때문이다. 완전히 물에서만 사는 새에 제일 가까운 존재라면 펭귄을 들 수 있다. 펭귄은 방수가 되는 깃털과 두터운 피부, 그리고 피부 밑에 단열 효과가 좋은 지방층을 갖고 있어서 물속에서도 몸을 따듯하게 유지할 수 있다. 하지만 소위 물새로 불리는 다른 새들과 마찬가지로 펭귄도 사실은 대부분의 시간을 육상에서 보낸다.

그럼 차가운 물에 사는 이 외온성 동물들은 얼마나 오래 살까? 경우에 따라서는 확실한 답이 나온 것도 있고, 기존 지식을 바탕으로 추측해야 하는 것도 있다. 눈에 쉽게 보이는 코끼리거북의 경우를 통해서도 보았지만, 사람보다 오래 사는 종의 수명을 엄격하게 입증하는 것은 만만치 않은 과제다. 게다가 수면 밑 수백, 수천 미터 아래 영원한 어둠 속에 잠겨 살아가는 동물이라면 그 어려움은 한층 커진다. 이런 생명체는 심해로 잠깐 찾아가 스냅사진 찍듯 짧게 관찰하고 나온 것이 전부다. 관벌레tubeworm의 일종인 에스카르피아 라미나타 *Escarpia laminata*가 백년 밖에 못 사는지, 아니면 몇천 년을 사는지 알 수 없는 것도 그 때문이다.

관벌레

관벌레는 지렁이와 친척관계이고 몸에서 분비한 딱딱하지만 유연한 관 속에 들어가서 사는 다양한 해양 생물종을 지칭하는 다소 부정확한 이름이다. 대부분은 에스카르피아와 마찬가지로 영어 일반명을 갖고 있지 않지만 그 친척들 중에는 화려한 일반명을 갖고 있는 것도 있다. 내가 좋아하는 것으로는 남색꽃갯지렁이feather duster worm, 크리스마스트리벌레Christmas tree worm, 그리고 뼈먹는콧물꽃the bone-eating snot flower 등이 있다.

우리가 관심을 갖고 있는 관벌레는 심해의 열수분출공이나 저온침투층 주변에 산다. 저온침투층은 그 이름이 암시하는 바와 같이 심해 바닥에 나 있는 틈새로, 이 틈새를 통해 기름과 천연가스가 지하 풀에서 새어나와 심해 동물 군집에 미네랄과 에너지를 공급해준다. 이곳이 주변 바닷물보다 더 차갑지는 않다. 해저 바닥의 바닷물은 거의 0도에 가깝다. 하지만 열수분출공과 달리 바닷물이 주변보다 더 따듯하지도 않다. 멕시코만은 저온침투층이 널려 있다 보니 저온침투층의 원천인 바다의 황금, 석유를 뽑아내는 굴착 장치도 여기저기 널려 있다.

열수분출공 근처에 사는 관벌레는 빨리 살고, 일찍 죽는다. 이들은 따듯한 바닷물이 성장과 대사를 가속하고, 이들의 에너지원인 열수분출공 자체가 수명이 짧기 때문에 오래 살지 못한다. 열수분출공은 지진, 화산분출, 지하 마그마의 흐름 변화 등으로 수십 년 단위로 멈춘다. 반면 저온침투층은 수천 년 지속될 수도 있다.

심해 관벌레는 무리를 이루어 살기 때문에 사막의 관목이나, 빨대를 해저에 여러 개 꽂아놓은 것처럼 보인다. 이들은 자신이 만든 관(튜브) 속에서 평생 살기 때문에 눈, 사지, 입, 항문 등이 없다. 소화관은 흔적도 없다. 소화관이 없다면 어떻게 먹는단 말인가?

사실 이들은 먹지 않는다. 조직 속에 들어 있는 미생물들이 그들을 먹여 살려준다. 이 미생물들은 산소, 이산화탄소, 그리고 물을 통해 흡수하는 다른 기체성 영양분을 사용하고(이 물은 관벌레가 안전하다고 느낄 때 관의 위쪽으로 내미는 술이 달린 끝부분을 통해 들어온다), 또 해저 침전물 속에 묻혀 있는, 반대쪽 끝으로 흡수하는 미네랄을 이용해 영양분을 만들어낸다.

동물이란 무엇인가?

일부 종은 기술적으로 따지면 동물에 해당하지만 우리가 알고 있는 동물의 여러 가지 특성들이 너무 많이 결여되어 있어 이들을 새, 박쥐, 꿀벌 등과 비교하는 것은 공정하지도 않고 흥미롭지도 않아 보인다. 나는 이런 종들은 이 책에서는 무시하고 있다. 엄청난 장수 종을 포함하고 있는 해면도 이런 집단 중 하나다. 또 다른 집단으로 산호가 있다. 산호초는 일종의 관벌레처럼 딱딱한 관 속에서 사는 촉수 달린 개별 폴립들이 군집을 이룬 것이다. 개개의 폴립들은 몇 년밖에 못 살지만 군집은 수백 년을 살기 때문에 특출하게 장수한다는 명성을 얻게 됐다.

나는 이것이 노르웨이의 가문비나무 올드 티코와 비슷한 이야기라고 생각한다. 올드 티코는 아주 오래된 뿌리 시스템에서 수명이 짧은 여러 개의 '나무'를 싹 틔워 왔다. 이는 내가 다루고자 하는 장수와는 다른 의미의 장수다. 그렇지만 관벌레는 눈도 없고 섭식기관도 없지만 박동이 뛰는 심장을 비롯해서(박동이 느리기는 한데 얼마나 느린지는 모른다) 순환계를 가지고 있고, 신경세포의 모음도 갖고 있어서 뇌라는 용어의 의미를 최대로 넓게 해석하면 이것을 뇌라고 부를 수도 있다. 그래서 나는 이들 종을 이 책에서 논의할 수 있는 대상으로 부족함이 없다고 판단했다.

에스카르피아나 다른 심해 관벌레에 대해 우리가 아는 것이 정말 없다. 아직까지 아무도 그 유충을 본 사람은 없지만 얕은 물에 사는 이들의 친척종을 보면 자유롭게 헤엄치며 사는 이들의 유충이 어떻게 생겼을지 대략 짐작은 할 수 있다. 이 유충이 크기가 작고, 성체와 달리 입, 항문 등 완벽한 소화관을 갖고 있다는 것은 안다. 하지만 이들이 유충 상태로 얼마나 오래 지내다가 해저에 정착하는지, 정착하고 얼마나 지난 후에 길어지기 시작해서 관을 처음으로 분비하는지, 소화관이 사라지기까지 시간이 얼마나 걸리는지에 대해서는 거의 아는 것이 없다. 그리고 성체로 자라서 자체적으로 번식을 시작할 때까지 얼마나 걸리는지도 알지 못한다.

하지만 이들의 수명에 대해서는 대략 알고 있다. 이들은 아주아주 오래 산다. 우리가 이 사실을 아는 이유는 이들의 관이 나이가 들면서 계속 길어지기 때문이다. 관의 길이를 측정하고 이들의 성장속도를 추정하면, 해양과학자들이 이들의 나이를 대략적으로 추정할 수 있다.

저온침투층 주변에 사는 몇몇 관벌레 종은 적어도 100년 이상 살 수 있는 것으로 보고되었지만 챔피언은 에스카르피아 라미나타로 보인다. 이들의 나이가 얼마나 되는지 추정하기 위해 연구자들은 심해잠수함을 이용해서 수심 2500미터의 해저에서 에스카프리아 관벌레 집단의 길이를 측정하고, 염색약으로 표시한 다음 1년 후에 다시 돌아와 이들이 얼마나 길어졌는지 기록했다. 평생 성장하는 다른 동물들처럼 관벌레도 커질수록 성장 속도가 느려진다. 크기와 짧은 기간 동안의 성장량을 이용해 나이를 추정하려면 기존의 지식을 바탕으로 하는 추측, 가정, 컴퓨터 시뮬레이션이 필요하다. 합리적인 가정을 통해 65센티미터짜리 집단의 평균 나이를 추정해보니 266년이 나왔다. 그리고 그 개체군 안에서 제일 장수한, 따라서 제일 긴 개체는 길이가 무려 1.5미터가 나와 나이가 7000살인 걸로 추정되었다. 또 다른 합리적 가정에서는 성장량을 좀 더 보수적으로 잡아보았더니 가장 나이 많은 개체의 나이가 겨우 1000살이 살짝 넘는 것으로 나왔다. 어느 쪽 가정을 사용하든 간에 그래도 이 정도면 시시한 수준은 아니다. 물론 수천 년 동안 완전한 어둠 속에서 관 속에 들어가 물의 흐름이나 느끼며 앉아 있다고 생각하니 그리 보람찬 존재 방식이란 생각은 들지 않지만 말이다.

'1000년에서 7000년 사이 어디쯤'이라는 표현이 아무래도 너무 두루뭉술하니 성장속도로 나이를 추정하는 방식에 대해 약간의 현실적인 확인이 필요할 것 같다. 이것은 추측에 의존하는 조잡한 추정이다. 가정을 통해 어떤 범위를 추정함으로써 실제 나이가 그 추정 범위 안에 들어가기를 바라는 것이다. 이런 방식을 경멸할 필요는 없다. 이것은 과학자들이 본질적으로 떠안을 수밖에 없는 불확실성을 보여줄 뿐이다. 총체적으로 보면 상대적 성장속도는 아마도 우리가 갖고 있는 평가기준 중 가장 신뢰하기 힘든 기준일 것이다. 그렇지만 일부 대단히 흥미로운 종에서는 우리가 갖고 있는 정보가 그것밖에 없다.

잠재적으로 7000년까지 살 수 있는 관벌레로부터 인간의 건강수명을 늘리는 방법에 대해 무엇을 배울 수 있을까? 이들의 삶의 속도가 초저속이라는 것 말고도 그들의 특출한 장수에서 무언가 주목할 만한 것이 있을까? 짧은 시간 안에 답할 수 있는 질문은 아닌 것 같다. 수천 미터 깊이, 우리들의 일반적인 대기압보다 수백 배나 높은 압력 속에서 살아가는 생명체를 연구하기는 쉽지 않다. 일반 대기압은 이들에게 치명적이다. 따라서 이들에 대해 좀 더 이해하기 위해서는 깊은 해저에 연구실험실을 건설할 수 있을 때까지 기다려야 한다. 그런데 장수하는 해양 생물들이 모두 심해에서만 사는 것은 아니다.

물고기란 무엇인가?

불가사리, 해파리, 패류 같은 동물은 영어 이름에 모두 물고기라는 뜻의 'fish'가 붙어 있지만 이 중에 진짜 물고기는 없다. 여기서 내가 말하는 진짜 물고기란 등지느러미와 척추를 갖고 있는 수생동물을 의미한다. 용어의 정확성을 소중히 여기는 사람이나 동물학에 대해 이해하고 있는 사람들의 입장에서는 이런 부절적한 명칭이 참으로 고민스럽다. 이런 용어들은 종들이 진화적으로 어떻게 연관되어 있는지 전혀 모르던 시절에 만들어졌다. 어느 수생동물이든 우리가 그에 대해 아는 것이 거의 없기는 마찬가지였기 때문에 무엇이든 만만하면 물고기fish라고 불렀다. 하지만 지금은 인간이 불가사리나 해파리보다는 전통적인 의미의 물고기와 더 가까운 친척관계라는 것을 알고 있다. 이런 식의 부적절한 명칭 중 최악의 것은 'shellfish(패류)'일 것이다. 이 용어는 새우부터 조개, 성게에 이르기까지, 인간과 불가사리의 관계보다 친척관계가 더 먼 동물들을 한꺼번에 아우르고 있기 때문이다.

성게

붉은성게red sea urchin, *Mesostrongylotus franciscanus*는 북미대륙의 서부 해안과 일본의 북부 해안을 따라 해수면 바로 아래서 약 100미터 수심에 이르기까지 비교적 얕은 물에서 살고 있다. 1000종 정도 되는 다른 성게 종 중에는 바위투성이 조수 웅덩이 같은 훨씬 얕은 물에서 사는 것도 있다. 어떤 종은 무려 5000미터 정도의 깊은 바다에서 산다. 그런데도 얕은 물에 사는 붉은성게가 성게 중 제일 장수하는 종이라니 이상할 만도 하다.

성게는 바늘방석 아니면 웅크린 고슴도치처럼 생겼다. 사실 이들의 영어 이름 'urchin'은 고슴도치를 의미하는 오래된 프랑스어 'herichun'에서 유래했다. 성게에서 한 가지 흥미로운 점은 성게(그리고 이들과 가장 가까운 친척인 해삼, 불가사리)가 그 어떤 무척추동물 집단보다도 인간 및 다른 척추동물과 진화적으로 가까운 친척관계라는 점이다. 예를 들면 오징어, 곤충, 지렁이 같은 동물보다도 가깝다.

성게를 잘못 밟았다가는 가시에 찔려 아주 고통스러운 부상을 입을 수 있다. 어떤 종은 가시에 독이 있어서 그냥 고통스러운 부상으로 끝나지 않을 수도 있다. 또한 이 가시들은 전함 위의 함포가 회전하듯이 서로 독립적으로 회전할 수 있다. 그리고 가시를 잃어버리면 재생도 가능하다. 성게는 또한 물체를 집을 수 있는 차극이라는 작고 날카로운 부속물을 갖고 있다. 차극 중에는 물속으로 발사해서 잠재적 포식자의 공격의지를 꺾을 수 있는 것도 있다. 성게는 또한 이동하고, 호흡하고, 적어도 얕은 물에 사는 종에서는 2.0 정도의 시력은 아니라도 앞을 볼 수 있게 도와주는 접착성의 관족이라는 것도 수백 개씩 갖고 있다. 나는 실험실 수조에 있던 얕은 물에 사는 성게 종이 누군가가 손에 저녁식사를 들고 수조 위로 어렴풋이 모습을 드러내자 수면으로 올라오는 것도 보았다. 적절한 동기만 부여되면 성게는 하루 50센티미터의 속도로 달려갈 수도 있다. 또한 이들은 심장도, 뇌도 없고, 항문은 위쪽에, 입은 아래쪽에 달려 있다. 섭식기관이라고 표현하는 것이 더 적절해보이는 이 입은 다섯 개의 단단하고 날카로운 이빨을 지지하는 복잡한 턱으로 이루어져 있다. 이 다섯 개의 이빨은 인형뽑기 기계에 달린 집게처럼 작동한다. 이 기관의 이름은 '아리스토텔레스의 등Aristotle's lantern'이다. 농담이 아니다. 아리스토텔레스의 등의 붙잡고, 긁고, 파고, 당기고, 찢는 능력에 큰 감명을 받은 공학자들은 달착륙선과 화성착륙선의 집게grasper를 설계할 때 영감을 받기도 했다.

성게의 나이를 판단할 때도 대부분 성장속도와 크기를 이용한다. 성게도 관벌레처럼 평생 성장을 계속하고, 마찬가지로 관벌레처럼 나이가 들면서 성장속도가 차츰 느려진다. 그래서 비슷하게 '측정-표시-대기-재측정' 방식을 이용해서 성게의 나이를 측정한다. 구체적으로 말하면 성게에게 항생제 테트라사이클린tetracycline을 주사해서 표시를 한다. 이 테트라사이클린은 아리스토텔레스의 등의 자라나는 턱을 비롯해서 뼈, 치아 같은 단단한 물질 속에 들어가는 칼슘에 달라붙는다. 나중에 이 성게를 다시 잡아서 턱을 제거하고 자외선 조명 아래서 살펴보면 테트라사이클린 표시를 눈으로 확인할 수 있다. 그럼 처음 주사를 했던 시간 이후로 턱이 얼마나 성장했는지 측정할 수 있다. 이 측정치를 성장 공식에 적용하면 성게의 추정 나이가 나온다.

붉은성게는 생식선이 맛있어서 상업적으로 채취된다. 때로는 완곡하게 성게의 '곤이(물고기의 뱃속에 든 알이나 새끼)'라고도 불리는데 사실 이것은 곤이나 정액을 생산하는 기관인 생식선이다. 그렇다. 성게는 남자도 있고, 여자도 있다. 일본에서는 우니라고 부르는 이 성게알은 주황색이나 누르스름한 색깔에 단단한 커스터드나 진흙 같은 농도를 갖고 있고, 정력제로 소문이 나 있다. 그 상업적 가치 때문에 붉은성게의 개체군을 현명하게 관리하기 위해서는 성게의 수명을 아는 것이 도움이 된다. 처음에 추정한 붉은성게의 수명은 7년에서 10년이었지만 1500마리가 넘는 개체에게 테트라사이클린 방법을 적용해본 오리건 주립대학교의 생물학자 토마스 에버트Thomas Ebert는 성게가 확실히 100년 이상 살 수 있다는 계산을 얻었다. 직경이 19센티미터에 이르는 가장 큰 성게들은 어쩌면 200년이나 살았을지도 모른다. 100년 이상 산 성게들은 성장속도가 너무 느려서 그 이후로 추가된 햇수를 추정하기가 어렵다. 한 개체군에서는 백 살이 넘은 성게가 열 마리당 한 마리 꼴이었다.[1] 그의 방식을 사람들이 의심하기도 했지만, 핵무기 실험 덕분에 그는 자신의 주장을 확인할 수 있었다.

동물의 나이를 확인하게 된 핵폭탄 실험

뒤에서도 다시 나올 얘기니까 여기서 설명하고 넘어가자. 지상 핵폭탄 실험을 해서 딱 한 가지 좋은 게 있다면, 장수하는 동물의 나이를 보정할 수 있게 도와준다는 점이다. 1950년대와 1960년대에는 이런 핵폭탄 실험이 수백 건 있었고, 이 때문에 대기에서 희귀 탄소 동위원소인 탄소-14가 1950년대 초반과 핵실험금지조약이 체결된 1963년 사이에 2배로 증가했다. 그리고 그 후로 대기중 탄소-14 수치는 핵폭탄 실험 이전의 수치로 차츰 되돌아왔다. 대기중의 탄소는 이산화탄소의 형태로 존재하기 때문에 식물이 광합성을 통해 자신의 조직 속에 그 탄소를 병합하게 된다. 그리고 그 식물을 먹는 동물, 그 식물을 먹는 동물을 먹는 동물도 자신의 조직에 그 탄소를 축적하게 된다. 그래서 뼈, 껍질, 치아 같이 단단하고 오래 가는 조직 속의 탄소-14 수치를 측정해보면 그 조직이 소위 탄소-14의 폭탄 파동bomb pulse 이전, 혹은 그 시기 동안, 혹은 그 이후에 형성된 것인지 판단할 수 있다.

말이 나온 김에 탄소-14에 대해 한 가지 더 짚어보자. 이는 다른 사물의 연대를 측정할 때 사용하는 것과 동일한 탄소 동위원소다. 사실은 장수한 동물의 나이보다 훨씬 더 오래 된 것을 측정할 때 사용된다. 탄소-14는 탄소-12 원자 1조 개당 하나 꼴로 대기 중에 자연적으로 발생한다. 탄소-12는 평범한 탄소 동위원소다. 따라서 이렇게 낮은 수준의 탄소-14가 여러 시대를 거치며 살아 있는 식물과 동물을 구성하는 물질에 병합되어 왔다. 탄소-14는 꾸준한 속도로 탄소-12로 붕괴되기 때문에(5760년마다 절반씩 사라진다) 정교한 장치를 사용하면 탄소-14 대 탄소-12의 비율을 측정해서 살아 있는 대상이나 기존에 살았던 대상이 얼마나 오래전에 형성되었는지 추정할 수 있다. 모든 측정법이 그렇듯이 여기서도 이 추정치를 중심으로 불확실성 구간(정치 여론조사에서 오차범위라 부르는 것)이 존재한다. 하지만 이 불확실성 구간도 계산이 가능하다. 이런 식으로 하면 예를 들어 일부 사람들이 예수의 시신을 감쌌던 수의라 믿고 있는 유명한 토리노의 수의가 2000년 전이 아니라 1260년에서 1390년 사이에 자란 아마flax plant로 만들어진 것임을 알 수 있다. 아마는 아마과에 속하는 한해살이풀로 껍질 줄기를 이용해서 리넨이라는 옷감을 만든다. 그리고 오랫동안 빙하 속에 묻혀 있다가 1991년에 빙하가 녹으면서 세상에 나온 냉동인간 외치Ötzi는 5100년에서 5400년 전에 살았었다는 것도 알 수 있다. 탄소-14가 살짝 방사성이 있어서 방사성탄소연대측정법이라 불리게 된 이 방법은 약 5만 년 전 정도까지의 시기만 신뢰할 수 있다. 그보다 더 오래된 것은 남은 탄소-14가 너무 적어서 측정이 불가능하다.

다시 성게 이야기로

그럼 핵폭탄 실험이 어떻게 에버트의 붉은성게 나이 추정치가 옳다고 입증해줄 수 있단 말인가? 에버트는 성게의 턱을 제일 최근에 자란 끝부분에서 그 뿌리 부분까지 얇게 절편으로 저며보면, 그 성게가 폭탄 파동이 생기기 전이나, 폭탄 파동 동안에 살아 있었던 경우에는 그전에 형성된 오래된 절편에서 탄소-14의 수치가 급격히 떨어지는 현상이 나타날 것이라 생각했다. 그리고 이런 급격한 감소가 나타나지 않는 경우라면 그 성게는 폭탄 파동 이후에 태어난 것이 분명했다. 에버트는 처음에 표시를 하고 1년 후인 1990년대 전후로 성게를 채집했다. 따라서 그의 나이 추정치가 정확하다면 성게의 크기로부터 어느 성게가 30세가 넘었는지 예측할 수 있어야 했다. 그리고 그의 테트라사이클린 표시 기법이 암시했던 대로 그렇게 됐다.

200세가 되었을지도 모를 이 붉은성게로부터 배울 수 있는 노화생물학이 얼마나 인상적인 것인지 잠시 생각해보자. 1000년 이상 사는 관벌레에 비하면 100~200년 정도 사는 것은 별것 아닌듯 보일 수도 있다. 하지만 성게는 수온이 영점에 가까운 수천 미터 깊이에서 사는 동물이 아니다. 에버트가 가장 오래 산 성게 개체군을 발견한 워싱턴 근해 얕은 바다의 평균 해수 온도는 비교적 따듯한 섭씨 10도였다. 따라서 온도 그 자체 때문에 대사율이 초저속으로 느려진 것은 아니었다. 하지만 붉은성게가 다른 성게에 비해 대사율이 현저히 낮다는 점을 지적해야겠다. 또 다른 연구에서는 비교적 아늑한 물에 사는 이 붉은성게의 대사율이 온도가 거의 어는점에 가까운 바닷물에 사는 남극 종과 유사하다는 것이 밝혀졌다. 따라서 느린 대사속도가 붉은성게의 장수에서 어떤 역할을 하고 있을 가능성이 높다. 물론 포식자로부터 안전하게 지켜주는 성게의 가시도 큰 역할을 할 것이다(해달에게는 속수무책으로 잡아먹히지만).

성게에서 대사율 말고도 대단히 흥미로운 특성이 또 있다. 흥미로울 뿐만 아니라 아주 희귀한 특성이기도 하다. 성게는 나이가 들어도 건강이 나빠지지 않는 것으로 보인다. 즉 나이 든 성게도 젊은 성게보다 사망 가능성이 더 높지 않고, 나이가 제일 많은 개체도 번식률이 떨어지지 않는다. 오히려 번식률이 올라간다. 나이가 많고 몸집이 큰 성게는 어린 개체보다 생식선도 더 크기 때문이다. 성게의 건강을 평가하는 방법으로 사망률과 번식률 말고는 다른 뾰족한 방법이 없다. 생쥐에서 하는 것처럼 실험실 수조에서 성게가 자발적으로 이동하는 거리가 얼마나 되는지 확인해볼 수도 있겠지만 아직까지는 이런 실험을 한 사람이 없다. 한편으로는 생물학자 안드레아 보드나르 Andrea Bodnar는 어린 성게와 나이 든 성게에서 가시와 관족 몇 개를 잘라내고 이것이 얼마나 빨리 다시 자라나는지 측정해보았다. 그 결과 나이 든 성게에서도 재성장 속도가 느려지는 일은 없었다. 지금까지 발견된 노화의 잠재적 징후는 딱 하나, 일부 종, 일부 조직에서 세포 교체 속도가 젊은 개체보다 나이 든 개체에서 살짝 느리다는 것이다.[2] 이는 나이 든 사람에서 머리카락이 자라는 속도가 느려지는 것과 비슷한 것인지도 모르겠다. 만약 사실이라면 이것이 우리가 지금까지 성게에서 찾아낸 유일한 노화의 징후다.

조개, 굴, 백합조개

어느 날 난데없이 웨일즈에 있는 두 명의 해양생물학자로부터 전화를 받았다. 내가 기억하기로는 우리 대화가 이런 식으로 진행되지 않았었나 싶다.

"안녕하세요, 어스태드 박사님. 저희는 아주 오래 사는 조개를 연구하는 해양생물학자들입니다. 혹시 이 조개들이 어떻게 그렇게 오래 사는지 저희와 함께 연구해보시지 않으시겠습니까?"

나는 영생하고 싶다거나, 영생하는 방법은 이미 알고 있고 그 비밀을 세상에 퍼뜨리고 싶으니 내게 도움을 받고 싶다고 말하는 장난전화나 이메일을 꽤 많이 받는다. 이런 사람들은 우주나 생명의 기원에 관해 개인적인 이론을 갖고 있어서 그 이야기를 함께 나누고 싶어

할 때도 많다. 나는 무조건 터무니없다는 반응 대신 이런 사람들을 최대한 정중하게 대하려고 노력하며 이 통화도 다음과 같은 식으로 이어나갔던 것 같다.

"안 될 것 없죠. 그런데 '아주 오래 산다'는 말이 무슨 의미인가요?"

"세기 단위로 산다는 말입니다."

나는 수화기에서 귀를 뗐다. 대서양 건너편과의 통화이니 만큼 어쩌면 내가 잘못 들은 걸 수도 있었다.

"죄송하지만 방금 '세기'라고 하신 것 같은데요."

"맞습니다. 세기요."

전혀 들어보지 못한 이야기였다. 몇 달 후에 뱅거대학교에서 크리스토퍼 리처드슨Christopher Richardson과 이언 리지웨이Iain Ridgway가 내 사무실로 찾아와 구체적인 내용을 설명해주었다. 리처드슨은 국제적으로 잘 알려진 해양학자로 장수하는 조개를 통해 고대의 기후에 대해 밝히는 것이 주된 관심사였다. 리지웨이는 조개가 어떻게 그렇게 오래 사는지 밝히는 일에 관심이 많은 박사 후 과정 연구자였다.

사실 나는 그들이 애초의 대화에서 '조개'라는 말을 쓰지 않았다고 확신한다. 아마도 좀 더 일반적인 동물학 용어인 쌍각류라고 말했을 것이다. 쌍각류는 경첩이 달린 두 개의 껍질로 몸을 둘러싸고 있는 연체동물을 말한다. 조개, 굴, 가리비, 홍합 등은 모두 쌍각류다. 이들은 맛도 좋다. 당시 내가 쌍각류에 대해 알고 있는 지식은 대략 그 정도였다.

연체류는 쌍각류 말고도 훨씬 많은 종을 포함하고 있다. 이들은 바다에서 가장 다양한 동물 집단이고 여러 시대에 걸쳐 존재해왔다. 이들은 아마도 제일 잘 알려진 화석 집단일 것이다. 껍질이 아주 잘 보존되기 때문이다. 달팽이는 규모가 큰 또 다른 껍질이 있는 연체동물 집단이다. 대부분의 달팽이는 바다에 살지만 사람들에게는 보통 정원에서 보이는 달팽이나 버터와 마늘과 함께 요리된 달팽이가 더 익숙할 것이다. 문어와 오징어도 연체동물이다. 쌍각류에는 뇌라고 부를 만한 것이 없지만 문어는 아주 잘 발달된 뇌를 가지고 있고, 무척추동물 중에는 가장 영리하다고 할 수 있다. 오랑우탄과 마찬가지로 문어도 퍼즐을 풀 수 있고, 밤에 정기적으로 우리를 탈출해서 장난을 치다가 아침이 되기 전에 돌아오는 것으로 알려져 있다. 하지만 문어는 그리 오래 살지 못한다. 문어는 성장해서 딱 한 번 번식을 하고 죽는다. 연어의 삶을 유명하게 만든 이야기와 비슷하다.

마침내 내 사무실에 자리한 이 조개 전문가들에게 처음 던진 질문은 다음과 같았다. "조개가 얼마나 오래 사는지 어떻게 알 수 있습니까?" 나는 방사성탄소연대측정법 같은 이야기나 "수명이 이 정도에서 저 정도 사이입니다" 같은 이야기가 나올 줄 알았다. 그런데 생각과는 달리 개별 조개의 정확한 나이를 연 단위로 알 수 있다는 얘기를 들었다. 그들은 이것을 경피연대학sclerochronology이라고 불렀다. 말 그대로 딱딱한 부분을 이용해 연대를 알아낸다는 의미였다. 엄밀하게 따지면 방사성탄소연대측정법으로 딱딱한 부분의 나이를 알아내는 것도 경피연대학에 해당하지만, 그것과는 차이가 있는 조금 더 정확한 방법이다. 경피연대학이라는 용어는 나이테로 나무의 나이를 측정하는 연륜연대학dendrochronology에서 따온 것이다. 계절에 따른 온도 혹은 먹이 가용성에 변화가 있는 물속에 사는 쌍각류들은 조개껍질에 나이테가 생기는 것으로 밝혀졌다. 리처드슨은 그 얘기를 하면서 들뜬 기분을 감추지 못했다. "쌍각류의 껍질은 사건 기록장치입니다. 수 세기에 걸친 바다의 환경을 엿볼 수 있죠." 계절에 따른 성장이 매년 달라지기 때문에 나이테가 어떨 때는 폭이 넓고, 어떨 때는 좁아서 바코드처럼 생겼다. 이 바코드를 이용하면 여러 개의 조개껍질을 이용해서 시간을 거슬러 올라갈 수 있다.

그 작동 방식은 다음과 같다. 해저에서 준설해서 퍼 올린 살아 있는 조개의 나이가 백 살로 밝혀졌다고 해보자. 이 준설물 속에는 빈 껍질도 있었다. 이 조개껍질의 나이테를 세보니 역시 100년을 산 조개였다. 그런데 이 빈 껍질 속에 들어 있던 조개는 언제 죽었을까? 작년에 죽었을 수도 있고 몇 세기 전에 죽었을 수도 있다. 하지만 이 조개가 현재 살아 있는 백 살짜리 조개와 살았던 시기가 겹친다면 폭이 넓고, 좁은 일련의 나이테들을 서로 겹치게 배열해서 이들이 태어난 시기와 죽은 시기를 소급해서 파악할 수 있을지도 모른다. 예를 들어 이 조개가 50년 전에 죽었다면 지금 살아 있는 조개와 50년이 겹친

4년생 조개*Chamelea gallina*의 껍질 바깥에 새겨진 성장선. 연간 나이테가 화살표로 표시되어 있다. 껍질에서 제일 오래된 부분은 꼭대기 혹은 각정殼頂 쪽이고, 제일 어린 부분은 가장자리 쪽이다. 나이테의 폭이 해마다 달라지는 점에 주목하자. 그래서 서로 나이가 다른 조개들의 연대를 겹쳐 볼 수 있다. 오래 산 쌍각류의 연간 나이테를 제일 정확하게 재보는 방법은 껍질을 반으로 잘라서 안쪽의 선을 세보는 것이다. (기준 막대의 길이는 1센티미터)

사진 제공: 미구엘 B. 가스파Miguel B. Gaspar

다. 그럼 조개껍질 성장 기록이 150년으로 확장된다. 이는 양쪽 중 어느 한 개체가 살았던 시간보다 더 긴 시간이다. 또 다른 빈 껍질은 두 번째 조개껍질과 겹치는 나이테를 갖고 있을 수도 있다. 그럼 더 먼 과거로 거슬러 올라갈 수 있다. 리처드슨과 그의 동료들은 이런 식으로 더 오래된 조개껍질들의 나이테들을 겹쳐보면서 무려 서기 649년에 태어난 조개의 껍질도 확인할 수 있었다.[3] 어떤가? 내가 정확하다고 했지 않은가. 그리고 개개의 나이테들을 화학적으로 분석하면 1000년이 넘는 세월 동안의 바다 수온 정보도 재구성할 수 있었다!

'살아 있는 조개'라고 말하려니 조금 유감스럽다. 쌍각류에게 경피연대학을 적용하려면 안타깝게도 껍질의 절단면을 조사해봐야 한다. 조개껍질을 톱으로 잘라서, 자른 표면을 연마하고, 식각한 다음, 식각된 나이테의 주형을 아세테이트 껍질에 떠서 현미경으로 그 아세테이트를 살펴보는 대단히 기술적인 작업이다. 물론 이는 그 껍질 안에 살고 있는 거주민을 제거한 후에 혹은 우리 생물학자들이 즐겨 사용하는 완곡한 표현으로는 희생시킨 후에야 가능하다. 조개를 희생시키지 않고는 그 나이를 판단할 수 없기 때문에 역사상 가장 유명한 조개인 밍Ming의 조직은 결코 분석해볼 수 없게 됐다.

밍은 대양백합조개ocean quahog, *Arctica islandica*였다. 마호가니백합조개mahogany quahog라고도 하는데 일단 아크티카Arctica라고 부르자. 이들을 연구한 지도 이제 10년이 넘었으니 편하게 이름으로 부를 수 있는 사이가 되지 않았나 싶다. 아크티카는 북대서양 양쪽으로 서쪽은 뉴펀들랜드에서 해터러스곶Cape Hatteras까지, 동쪽은 아이슬란드에서 스페인 해안가 지역과 발트해에 걸쳐진 대륙붕에서 살고 있다. 이 조개는 시원한 물이나 차가운 물을 좋아하지만 얼음처럼 찬 물은 좋아하지 않고, 해수온도가 너무 따듯한 곳, 즉 섭씨 16도가 넘어가는 곳에서는 절대로 살지 않는다. 이 조개는 엄청난 나이가 밝혀진 이후로 언론에서 연체동물 '밍(Ming, the Mollusk)'이라는 이름을 얻었다. 중국 명 왕조 시절에 태어난 조개로 밝혀졌기 때문이다. 밍은 1499년에 태어났다. 밍의 나이에 대해 대충 감을 잡아보자면 그가 태어났던 해는 레오나르도 다빈치가 '최후의 만찬'을 그리기를 갓 마무리한 때였다. 그리고 크리스토퍼 콜럼버스가 아메리카 대륙을 여전히 아시아로 착각한 채 세 번째로 찾아가던 때였고, 코페르니쿠스가 태양이 지구 주위를 도는 것이 아니라 지구가 태양의 주위를 돈다는 급진적인 이론을 아직 발표하지 않았던 때였다. 그리고 셰익스피어가 태어나기 65년 전이었고, 병에 담은 맥주가 발명되려면 거의 80년이 남은 때였다.

밍은 다른 모든 조개들과 마찬가지로 유년의 첫 시기를 물기둥 속에서 방향도 없이 방황하다가 마침내 아이슬란드 북쪽 해안에서 약간 떨어진 약 80미터 깊이의 물에 정착했다. 그리고 그곳에서 나머지 소빙기Little ice age[†]를 버티고, 아이슬란드가 걸핏하면 기근이 들던 몇천 명 규모의 나라에서, 전 세계적인 기술 강국으로 발돋움하는 기간에도 수 세기에 걸쳐 내내 살아남았다. 밍은 과학의 등장도 지켜보다가 결국 과학의 이름 아래 2006년에 죽었다. 그 안에 담긴 역사적 정보를 추출하려고 과학이 그에게 칼을 댄 것이다. 그의 유해는 바다에 매장됐다. 혹시나 그 나이를 세보지 못한 사람을 위해 덧붙이자면 당시 밍의 나이는 507세였고, 과학을 위해 희생하던 순간까지도 여전히 생생한 상태였다.

---

† 13세기 초부터 17세기 후반까지 비교적 추운 기후가 지속되었던 시기.

두 가지를 분명하게 짚고 넘어가자면, 먼저 밍의 성별은 알지 못한다. 그리고 아이슬란드 주변에 사는 아크티카는 밍을 찾아낸 연구선의 출신지인 영국 근처에 사는 것들보다 크기가 작기 때문에 크기만 봐서는 그의 나이를 짐작할 수 없었다. 그래서 사람들은 밍의 껍질을 갈라서 아무런 예도 갖추지 않고 그의 내장을 배 밖으로 버렸다. 나중에 조개껍질 안쪽을 세어보고 난 후에야 그 나이를 알게 된 것이다.

리처드슨은 밍과 굉장히 오래 산 다른 조개들에 대한 구체적인 이야기로 들어가기 전에 조개의 해부학에 대해 좀 배울 필요가 있다고 했고, 우리는 곧 슈퍼마켓으로 향했다. 거기서 여섯 마리의 양식 조개와 여섯 마리의 자연산 조개를 구입했다. 종류가 몇 가지 있어서 그중에 골라야 했다. 작은 새끼대합조개littleneck, 그보다 살짝 큰 북미 대서양산 대합의 일종인 체리스톤cherrystone, 그리고 제일 큰 종(아무래도 누군가의 조개 수프에 들어갈 운명으로 보였다)이 있었다. 내가 조개 전문가로부터 처음 배운 사실은 서로 다른 이 조개들이 모두 민무늬 백합조개*Mercenaria mercenaria*라는 단일종이라는 점이다. 단지 서로 다른 크기와 나이에서 채취되었을 뿐이다. 내가 배운 두 번째 사실은 시장에서 얼음 위에 올라와 있는 신선한 조개들이 보통은 살아 있는 상태라는 점이다. 몇 마리를 실험실로 데려가 해수어항에 던져 넣었더니 이 조개들은 바닥에 자리를 잡고 껍질을 열어 산소를 좀 공급받은 다음 먹이를 줄 때까지 기다렸다.

나는 항상 조개의 몸통은 특정한 형태가 없는 살덩어리에 불과하다고 생각했었다. 혀 위에 올라간 조개나 수프 속에 들어 있는 조개는 꼭 그런 느낌이다. 하지만 조개는 사실 발(껍질 밖으로 뻗어 나와 이동하고, 파고, 밀어내는 등의 행동을 돕는다), 폐각근adductor muscle(껍질을 닫는 역할을 한다) 등 몇몇 큰 근육을 비롯해서 복잡한 해부학을 가지고 있다. 외투막mantle이 몸 전체를 둘러싸고, 외투막에서 분비된 물질이 만들어낸 껍데기가 겉에서 내부를 감싸고 있다. 수관siphon은 2개가 있다. 하나는 물을 빨아들이는 용도고, 하나는 그 물에서 먹이 입자와 산소를 뽑아낸 후에 뱉어내는 용도다. 심지어 우리의 백혈구 세포와 비슷한 혈액세포hemocyte라는 것도 체액 속에서 순환하면서 면역 보호작용을 하고 상처의 회복을 돕는다. 때로는 이 세포가 통제를 벗어나 마구잡이로 증식하면서 쌍각류의 백혈병이라 할 수 있는 병을 일으킨다. 백혈병은 조개 종에서 보고된 몇몇 유형의 암 중 하나일 뿐이다. 사실 쌍각류의 암 중에서 한 유형은 전염성이 입증됐다.[4] 이 얼마나 무서운 이야기인가? 코로나에 감염될 수 있는 것처럼 다른 사람으로부터 암이 옮을 수 있다고 생각해보라. 이것은 전염성이 있는 암으로 알려진 것 중 세 번째 경우이고(나머지 2가지는 개와 태즈메이니아데빌Tasmanian devil[†]에서 생긴다) 종과 대륙의 경계를 뛰어넘을 수 있는 것으로 보이는 유일한 사례다. 언젠가는 이 쌍각류 연구를 통해 암과 그 예방에 대해 많은 것을 배울 수 있을지도 모른다.

마지막으로 심장이 있다. 조개가 세 개의 방으로 이루어져 박동하는 복잡한 심장을 갖고 있을 줄 그 누가 알았으랴? 물론 기관총처럼 두근거리는 벌새의 심장과는 다르다. 장수하는 아크티카의 경우 섭씨 15도에서 긴장을 풀고 있을 때는 분당 7회 정도 박동하지만 공황상태에 빠졌을 때는 분당 12번 정도로 속도가 붙을 수도 있고, 아크티카가 명상 비슷한 것을 하고 있는 동안에는 분당 2회까지 느려질

† 유대목 주머니고양이과의 포유류이고, 현존하는 육식성 유대류 중 가장 큰 동물이다. 생김새 때문에 악마라는 뜻의 이름을 갖게 됐지만 실제로는 포악하지 않다.

수도 있다. 밍의 심장이 생각난다. 그 심장은 세익스피어가 태어나기 65년 전부터 5세기가 지난 후에 누군가 조개껍질에서 파내어 갑판 위로 버릴 때까지 계속 박동했다. 그때 죽지 않았다면 이 심장은 얼마나 오래 박동했을까?

조개 전문가가 아닌 사람들은 밍의 크기를 보면 항상 놀라는 것 같다. 대부분의 사람은 장수한 조개라면 분명 거대할 것이라 상상한다. 열대에 사는 커피 탁자만 한 거대한 열대 조개처럼 말이다. 그런 조개들은 계절에 따른 온도 변화가 없는 따뜻하고 얕은 열대의 바다에서 살기 때문에 껍질에 나이테가 남지 않는다. 하지만 이들은 상업적으로 양식이 이루어지고 있기 때문에 그리 장수하지 않는다는 것이 알려져 있다. 기껏해야 50년에서 60년 남짓 산다. 이들은 자신의 조직 속에 들어와 사는 광합성 조류로부터 에너지를 받아 따뜻하고 얕은 바다 속에서 빠른 성장을 보인다. 반면 밍은 손바닥 위에 충분히 올려놓을 수 있을 정도의 크기였다.

장수한 쌍각류가 밍만 있는 것은 아니다. 집단으로 보면 이들은 가장 오래 사는 동물일지도 모른다. 100년이나 그 이상도 살 수 있는 것으로 기록된 종은 10종이 넘는다. 거기에 해당하는 종으로는 터무니없이 긴 수관을 갖고 있는 168년 된 코끼리조개, 민물진주홍합 freshwater pearl mussel, 그리고 최근에 발견된 거대 심해 굴Neopycnodonte zibrowii 등이 있다. 이 굴은 나이테가 없지만 방사성탄소연대측정법을 통해 불확실하나마 500년 넘게 살았다는 결론이 나왔다.[5] 후자의 경우 '거대'와 '심해'는 상대적인 표현이다. 이 '거대' 조개 중 제일 큰 것은 껍질의 길이가 30센티미터였다. 그리고 여기서 '심해'라는 표현은 400~500미터 수심을 의미한다. 아주 깊기는 하지만 관벌레에는 비할 바가 안 된다. 이들이 사는 곳이 관벌레의 서식지처럼 차갑지도 않다.

이들이 발견되는 수심에서의 평균 해수온도는 섭씨 12도 정도로 아늑한 편이었다.

지금쯤이면 쌍각류가 어째서 그리 오래 사는지 궁금해졌을지도 모르겠다. 부디 그랬기를 바란다. 목록을 한번 검토해보자. 외온성 동물인가? '그렇다'에 체크. 대사율이 낮은가? 대부분의 쌍각류는 성체가 되면 쪼그리고 앉아 좀처럼 움직이지 않는다. 따라서 여기서도 '그렇다'에 체크. 아크티카는 쌍각류 중에서도 특히나 대사율이 낮고, 지금까지 알려진 종 중 대사율이 제일 낮은 종 중 하나다. 이 조개는 낮은 산소 수치에서도 살아남는 능력이 쌍각류 중에서도 특출해 보인다. 두더지쥐보다도 훨씬 낫다. 이들은 산소가 완전히 결핍된 상황에서도 2개월을 살아남았다. 자신의 대사를 정상 수준보다 한참 낮은 수준(어쩌면 1퍼센트에 불과한 수준)으로 일주일까지 떨어뜨릴 수 있는 능력이 적어도 한몫했을 것이다. 두더지쥐의 경우에서처럼 여기서도 저산소에서 생존할 수 있는 능력이 특출한 장수에서 역할을 하고 있을까? 아직 확신은 할 수 없지만 나라면 그쪽에 돈을 걸겠다.

추운 곳에 사는가? 그렇다고도 할 수 있으니 반쪽짜리 체크. 밍은 섭씨 6도에서 7도 정도의 물에서 살았다. 차갑긴 하지만 심해처럼 차갑지는 않다. 다만 따듯한 물에서는 수명이 짧아지는 것으로 보인다. 예를 들어 발트 해에서는 이 조개의 수명이 50년을 넘기지 못하는 것으로 보인다. 하지만 이것이 발트 해의 따듯한 수온 때문인지(섭씨 12도에서 14도), 유럽의 강들이 모두 흘러드는 바람에 염도가 낮아지고, 변동이 심해진 것 때문인지, 이 강들로부터 오는 다른 종류의 오염물질 때문인지, 물이 얕기 때문인지(평균 수심 55미터), 이런 것에 수반되는 온갖 환경적 불안정성 때문인지는 확실치 않다. 앞서 말했듯이 500년을 사는 거대 심해 굴은 섭씨 12도에서 산다. 한편 극단적인 저온이 도움이 될 가능성도 무시할 수는 없다. 어쩌면 저온침투층이나 남극해의 바닥에는 밍을 애송이처럼 보이게 만들 조개들이 살고 있을지도 모른다. 현재까지는 알 수 없는 사실이지만 말이다.

안전한 환경에서 살고 있는가? 아, 이제 그 얘기를 해보자. 바다는 일단 표층을 벗어나고 나면 살기에 상대적으로 안정적인 장소다. 깊이 들어갈수록 안정적이다. 여기서 안정적이라 함은 급격한 환경 변화로부터 안전하다는 의미다. 바다의 수온은 몇천 년 단위로 보면 몇 도 정도 변할 수는 있지만 육상과 해수면에서의 기후 변화와 비교하면 아주 사소한 수준이다. 쌍각류 조개껍질 내부도 살기에 편안하고 안전한 장소다. 쌍각류는 오래 살수록 껍질도 더 크고 두꺼워지기 때문에 껍질을 뚫고 들어올 수 있는 잠재적 포식자의 수도 점차 줄어든다. 상황을 더 안전하게 만들어주는 세 번째 요인은 쌍각류 중 많은 종이 부분적으로, 혹은 완전히 해저의 진흙 속에 몸을 파묻고 산다는 점이다. 이들은 그 속에서 수관을 스노클처럼 물속으로 뻗어 먹이를 먹고, 산소도 보충할 수 있다. 쌍각류에서는 섭식과 호흡, 즉 물에서 먹이 입자와 산소 분자를 뽑아내는 두 활동이 하나의 행위나 마찬가지다. 해저에 몸을 파묻을 수 있었던 것이 쌍각류가 페름기 대멸종에서 살아남는 데 도움을 주었는지도 모른다. 페름기 대멸종은 2억 5000만 년 전에 찾아와 지구 위 모든 동물 종의 95퍼센트를 쓸어버린 대재앙이다. 연체동물도 적어도 그와 비슷한 비율로 사라졌지만 해저에 몸을 웅크리고 있었던 쌍각류는 예외였다. 쌍각류 종 중 거의 절반 정도가 그 사건에서 살아남았다.

이런 요인들이 일부 쌍각류 종들의 특출한 장수를 설명하는 데 도움이 된다면 그 반대의 경우에는 수명이 짧아지리라 예상할 수 있다. 예를 들어 따듯하고, 얕고, 덜 안정적인 수면 가까이 살고 활발하게 헤엄을 치거나(그럼 대사율도 높아야 할 것이다) 해서 자신을 위험에 노출시키는 쌍각류 종이 있다면 수명이 짧을 거라 예상할 수 있다. 사실이다. 그런 조개가 존재한다. 해만가리비bay scallop, *Argopecten irradians*는 따듯하고 얕은 바다에서 살고 실제로 껍질을 캐스터네츠처럼 열었다 닫았다 하면서 헤엄을 친다. 해만가리비는 1, 2년밖에 못 산다. 그렇지만 그 덕에 우리가 먹는 부분인 폐각근이 기막히게 맛있어진다.

장수하는 쌍각류와 수명 짧은 쌍각류를 모두 실험실로 데려와 동료들과 연구한 지 좀 됐다. 아직은 이들의 500년 수명의 비밀을 발견했다고 주장할 수 없지만 언급할 만한 두 가지 발견이 있다.

첫 번째는 수명이 산소 유리기로부터의 손상에 대한 저항력과 관련이 있다는 점이다. 우리는 노화의 분자생물학 여름 교육과정에서 이것을 발견했다. 이 교육과정은 하버드대학교의 유전학자 게리 러브컨Gary Ruvkun과 함께 10년 동안 지도했고 케이프코드에 있는 유명한 매사추세츠 우즈홀 해양생물연구소Marine Biological Laboratory in Woods Hole에서 열렸다. 우즈홀 해양생물연구소는 1888년에 문을 연 이후로 여름이면 생물학자들의 메카로 자리잡았다. 어떤 사람은 가르치기 위해, 어떤 사람은 연구를 하기 위해, 어떤 사람은 자신의 우아한 여름별장에서 긴장을 풀기 위해 그곳을 찾아온다. 언제라도 이 연구소의 구내식당에 오면 과거, 현재, 미래의 노벨상 수상자들을 얼마든지 만나볼 수 있다. 2018년 현재 58명의 노벨상 수상자가 학생으로, 교사로, 연구자로 이 연구실과 연관되어 있기 때문이다. 어떤 해에는 장래의 노벨상 수상자 4명이 한 여름교육과정에서 교육을 담당한 적도 있었다.

우즈홀 해양생물연구소에는 쌍각류를 유지할 수 있는 정교한 해

수 시설이 마련되어 있고, 선창에는 어선들이 매일 갓 잡은 수산물들을 실어와 쌍각류를 얼마든지 공급받을 수 있었기 때문에 어느 여름에 나는 이 과정에 참여한 학생들과 함께 서로 다른 쌍각류 종들이 산소 유리기 스트레스에서 얼마나 잘 살아남는지 조사해보기로 마음먹었다. 우리는 어선으로부터 아크티카를 샀다. 우리는 이 조개가 500년까지 살 수 있음을 알고 있었다. 그리고 민무늬백합조개도 몇 마리 샀다. 이제 이 조개는 100년까지 살 수 있는 것으로 밝혀졌다. 그리고 20년 정도 살 수 있는 몇몇 다른 종과 1, 2년밖에 못 사는 해만가리비도 샀다. 그런 다음 우리는 산소 유리기 발생 화학물질을 수조에 넣고 무슨 일이 일어나는지 기록했다. 그 결과는 놀라웠다. 일반적으로 수명이 짧은 가리비는 모두 이틀 안으로 죽었다. 20년을 사는 조개들은 5일째 죽었다. 100년을 사는 민무늬백합조개는 11일 후에 절반이 죽었고, 아크티카는 전혀 동요하지 않는 것 같았다. 2주가 지난 후에도 이들은 여전히 살아 있었고, 아주 행복해보였다. 우리는 다양한 방식으로 세포에 손상을 입히는 다른 몇몇 화학물질도 시도해보았는데 결과는 비슷했다. 이 관찰 결과는 표준의 실험실 동물에서 보이는 내용을 다시금 확인해주었다. 더 오래 사는 동물들은 산소 유리기처럼 손상을 일으키는 생명의 부산물의 공격에 내성이 더 강했다.[6] 이런 내성의 본질에 대해 이해하면 건강하게 장수하는 법에 대해 배울 것이 있을지도 모른다.

우리는 아크티카에 관해 한 가지 더 발견했다. 그 안에 담긴 역설이 재미있었다. 조개에는 뇌라고 부를만한 것이 없음에도 아크티카가 알츠하이머병의 치료의 열쇠를 쥐고 있을지 모른다는 발견이었다.

오래 살 때 직면해야 하는 중요한 도전 과제 중 하나는 세포 안에서 정확하게 접힌 단백질을 유지하는 것이다. 단백질이 적절한 기능을 수행하기 위해서는(단백질은 세포 안에서 거의 모든 기능을 제공한다) 종이접기 놀이처럼 복잡하고 정확한 접힘이 필요하다는 것을 기억하자. 시간이 지나면서 단백질은 이런 정확한 접힘을 잃게 된다. 이들이 잘못 접히게 되면 더 이상 정상적인 세포 기능을 수행할 수 없을 뿐 아니라 끈적끈적해져서 서로 뭉치게 된다. 알츠하이머병의 전형적 특징인 신경반plaque과 신경섬유다발tangle은 잘못 접혀 끈적끈적해진 단백질들이 뭉친 덩어리다.

이런 것을 알고 있던 내 동료 단백질 생화학자 아시시 차우두리Asish Chaudhuri와 그의 대학원생 스티븐 트리스터Stephen Treaster, 그리고 나는 아크티카가 단백질 잘못 접힘에 얼마나 저항할 수 있는지 확인하는 쪽으로 시선을 돌렸다.

우리는 7년밖에 못 사는 조개 종, 그리고 30년을 사는 종, 100년을 사는 종, 그리고 500년을 사는 아크티카에 이르기까지 다양한 조개 종의 액상 세포추출물에 의도적으로 단백질 잘못 접힘을 유도하는 몇 가지 방법을 적용해보았다. 그 결과 아무리 다양한 방법을 시도해도 아크티카의 단백질은 잘못 접힘을 유도하려는 시도를 매번 이겨냈다. 그 이유는 아크티카의 단백질 자체가 근본적으로 잘못 접힘에 저항성이 있기 때문일 수도 있다. 또는 더 흥미로운 다른 이유가 있을 수 있다. 아크티카의 광범위한 단백질 보호 장치 속에는 이 장치를 다른 종보다 더 우수한 것으로 만들어주는 분자가 포함되어 있을지도 모른다는 것이다. 이것이 사실이라면 다른 조개 종, 심지어 사람의 단백질이라도 잘못 접힘에 대한 저항성을 높여줄 수 있을지도 모른다. 어쩌면 알츠하이머병처럼 단백질 잘못 접힘에 의한 질병을 예방하는 데 사용할 수도 있다.

후자의 아이디어는 사실로 밝혀졌는데 아크티카의 단백질 보호 장치는 다른 어떤 조개 종보다도 잘 작동했다. 사실 우리가 대상으로 삼았던 어느 단백질에서도 사람의 조직에서 뽑아낸 비슷한 추출액보다 더 잘 작동했다.[7] 우리는 심지어 알츠하이머병의 신경반을 만드는 사람의 베타-아밀로이드A-beta 단백질에도 시험해보았다.

여기까지 온 후로 우리는 아주 흥분하기 시작했다. 만약 우리가 아크티카의 단백질 유지 장치 안에서 잘못 접힘에 저항하는 정교한 능력을 만들어내는 분자를 추출할 수 있다면 그 지식을 이용해서, 알츠하이머병이나 파킨슨병 같이 단백질 잘못 접힘에 의한 질병과 관련된 치료법을 개발할 수 있을지도 모르기 때문이다.

이제는 당신도 솔깃해졌을지 모르겠다. 지난 7년 동안 우리는 단백질 잘못 접힘을 예방하는 아크티카의 비밀을 찾아 연구를 진행해왔다. 여러 가지 사실을 밝혀냈지만, 안타깝게도 그 비밀 자체는 찾아내지 못했다. 하지만 우리는 연구를 계속 이어갈 것이다. 과학의 문제가 손쉽게 해결되는 경우는 아무래도 드무니까 말이다.

11장

⁑

물고기와 상어

바다에는 물고기가 왜 그렇게 적을까? 아마도 이런 의문을 가져본 사람은 거의 없을 거라 생각한다. 일반적으로 우리는 바다에 물고기가 무한히 많다고 가정하기 때문이다. 인간이 어류들을 깡그리 남획하며 종을 멸종시키고 있는 모습만 봐도 그렇다. 내가 이런 물음을 던진 진짜 의미는 따로 있다. 바로 바다는 지구 위 모든 물 중 97퍼센트를 담고 있는데 어째서 그 안에 들어 있는 어류의 종은 절반에도 살짝 못 미치는 수준인가 하는 것이다.[1] 게다가 99퍼센트가 넘는 민물 대부분이 빙하나 만년설에 묶여 있다는 점을 생각하면 더더욱 얘기가 이상해진다. 그렇다면 강, 호수, 개울 등 물고기가 살 수 있는 민물은 바닷물의 1퍼센트에도 한참, 아주 한참 못 미친다는 것인데 그럼에도 민물고기 종이 바닷고기 종보다 조금 더 많다. 대체 무슨 일일까?

해답은 어종의 수명을 이해하는 일과 관련이 있다. 여기서는 물고기나 어류라는 단어를 상어와 가오리를 포함하는 전통적인 포괄적 의미로 사용하고 있으니 부디 이해해주길 바란다. 바다는 오랜 세월 거의 변함이 없기 때문에 육지의 호수, 강, 개울 등이 지질학적 시간을 거치는 동안 기후 변화와 지각판의 이동 등으로 생겨나고 사라지는 것에 비하면 굉장히 안정적이다. 바다의 나이는 수십 억 년이나 된다. 반면 대부분의 호수는 아무리 오래된 것도 몇천 살 정도이고, 가장 오래된 것도 몇백만 살에 불과하다. 보통 강과 개울은 이보다도 훨씬 젊다. 개울과 호수는 수천 년의 가뭄으로 크기가 줄어들거나 사라지게 된다. 그리고 큰 비가 내리는 동안에는 물이 불고, 깊어지고, 서로 합쳐지며 새로운 호수를 형성하기도 한다. 천만 년 전에는 사하라 사막이 습지였다. 2000년 전에는 미국의 5대호가 오늘날의 남극대륙처럼 몇킬로미터의 두꺼운 얼음 아래 묻혀 있었다. 세계에서 제일 오래 되고 깊은 호수인 시베리아의 바이칼 호수도 겨우 2500만 살밖에 안 된다. 바다에 비하면 핏덩어리 애송이다.

새로운 종의 출현에 있어서 안정은 적이고, 변화는 친구다. 바다에 사는 어종은 1만 5000종이 살짝 안 된다. 대부분 해안가에 살고 있다. 앞에서 보았듯이 공해는 영양의 사막이나 다름없기 때문이다. 전 세계 호수, 강, 개울에 사는 어종은 1만 5000종을 살짝 넘는다. 아프리카의 빅토리아 호수 하나만 놓고 봐도 최근에 인간에 의해 대량으로 멸종이 일어나기 전에는 500종 이상의 어류가 살고 있었다. 빅토리아 호수는 겨우 40만 살밖에 안 되지만 그 시간 동안 안정과는 한참 거리가 있었다. 어떤 때는 호수의 크기가 줄어들면서 여러 개의 작은 호수와 연못으로 쪼개졌다가, 비가 다시 오면 규모를 키워 작은 호수와 연못들이 다시 합쳐지기를 반복했다. 반면 빅토리아 호수보다 물은 10배나 많고 나이는 50배나 많은 바이칼 호수는 지질학적으로 훨씬 안정적이었지만 어종은 65종밖에 안 된다.

개체군이 분열되면 종이 형성된다. 고립된 개체군은 시간이 흐르면서 필연적으로 특이한 방식으로 사이가 멀어진다. 그리고 마침내 고립됐던 두 개체군이 다시 연결되어도 서로 너무 달라져 더 이상

상호교배가 불가능해진다. 그럼 한때는 고립된 개체군이었던 것이 이제는 새로운 종으로 자리잡게 된다. 섬은 종 형성의 도가니다. 섬의 개체군은 정의상 고립된 개체군이기 때문이다. 섬으로 이루어진 군도는 새로운 종 형성의 보고다. 물고기의 관점에서 생각하면 수천 년의 가뭄 동안 빅토리아 호수에 생겼던 물웅덩이와 연못들은 섬으로 이루어진 군도나 마찬가지였다. 그러다 다시 비가 오고 나서야 새로 진화한 종들이 처음으로 서로를 만나게 됐다. 안정성은 새로운 종 형성에게는 적이지만, 느린 노화에게는 친구다. 따라서 바다가 민물보다 어종은 적을지언정 제일 장수하는 물고기의 고향이라는 점은 그리 놀랍지 않다. 그렇다고해서 장수하는 민물고기가 없다는 얘기는 또 아니다.

짚고 넘어가자면 야생 물고기의 나이를 추정하는 방법을 개발하기 위해 그간 수많은 노력들이 있었다. 21세기가 시작될 당시 어류는 사람이 섭취하는 동물성 단백질의 6분의 1을 차지했다. 그리고 지난 20년 동안 전 세계 인구가 15억 명 이상 증가했고 그 비율은 빠른 속도로 커졌다. 전 세계 식량 안보를 지키기 위해서는 지속가능한 어업 관행이 필요하다. 지속가능한 어업 전략을 실행에 옮기려면 정확한 개체군 모형이 필수적이고, 정확한 개체군 성장 모형을 개발하려면 물고기가 얼마나 오래 사는지 아는 것이 중요하다.

어류는 성게나 쌍각류 연체동물처럼 나이가 들면서 계속 성장을 이어간다. 따라서 제일 큰 물고기가 제일 나이 많은 물고기인 경우가 많다. 한편으로 한 어류 종 안에서는 맞는 얘기지만 종 간에도 반드시 적용되는 이야기는 아니다. 일반적인 추세를 보면 체구가 큰 종이 더 오래 살기는 하지만 이는 일반적인 패턴일 뿐 만고불변의 법칙은 아니라는 것을 알고 있다. 예를 들어 거대한 열대 조개 종들은 그보다 훨씬 작은 대양백합조개보다 훨씬 수명이 짧다. 그리고 7그램짜리 박쥐는 그 어느 개보다 오래 산다.

이런 식으로 무한성장을 하는 종들은 예외 없이 나이가 들어 체구가 커질수록 성장 속도가 점차 느려진다. 따라서 체구가 아주 큰 개체는 분명 작은 개체보다 나이가 많겠지만 개체 간의 성장 속도 편차가 아주 심하다. 체구가 아주 큰 개체 중에서 어느 것이 나이가 제일 많은지 판단하기는 아주 어렵다. 여기서 물고기 비늘이 등장한다. 물고기가 성장하면서 그 비늘과 다른 단단한 부위들도 함께 계속 성장한다. 성장이 계절에 따라 바뀌는 경우 조개껍질처럼 1년 나이테나 반년 나이테가 보이는 경우가 많다. 비늘의 나이테를 세는 것은 물고기에게 해를 가하지 않으면서 쉽게 물고기의 나이를 판단할 수 있는 오래된 방법이다. 하지만 모든 나이테가 1년 나이테는 아니다. 나이테가 월주기나 일주기를 따라 변화는 영양 파동을 따르거나, 구조적으로 다른 목적을 갖고 있어 예측 불가능한 간격으로 나타날 수도 있다. 나이테를 이용해서 나이를 판단하려면 나이가 잘 기록된 개체를 이용해서 나이테의 수를 보정할 수 있어야 한다. 이런 기준이 확보되지 않으면 아주 엉뚱한 나이가 나올 수 있다. 1년 나이테가 있는 경우라도 나이가 아주 많아지면 성장이 너무 느려지기 때문에 나이테들끼리 촘촘히 붙어 구분이 어려울 수 있다. 이런 복잡함 때문에 처음에는 밍의 나이가 겨우 400세밖에 안 된 것으로 판단했었다. 밍의 진짜 나이를 판단하기 위해서는 나이테 감지 기술의 개선과 함께 몇 세기 전에 죽은 어린 개체들의 나이테를 중첩해서 비교하는 과정이 필요했다.

민물고기 중에 장수로 제일 유명한 것은 뭐니 뭐니 해도 잉어다. 1939년에 나온 올더스 헉슬리Aldous Huxley의 소설 『수많은 여름이 지나고After Many a Summer』는 할리우드 백만장자들의 젊음에 대한 집착을 풍자한 소설이다. 이 책에서 사람들은 잉어의 내장을 날것으로 먹으면 노화를 늦출 수 있음을 알게 됐다. 내장을 날로 먹은 잉어와 인간은 200년까지 살 수 있었다. 하지만 한 가지 안타까운 부작용이 있었다. 잉어 내장을 먹은 사람은 아주 오래도록 장수를 누리는 동안 결국에는 유인원 태아를 닮은 생명체로 모습이 변한 것이다. 내가 만나본 사람 중에는 장수를 누릴 수만 있다면 그 정도의 대가는 감당할 수 있다는 사람도 있었다. 어쨌거나 결국 우리 자신도 한때는 유인원 태아였으니까 말이다.

나는 잉어를 의미하는 영어 'carp'를 의미 있는 이름인 것처럼 사용하고 있다. 이는 사실 대형 민물어종 수십 가지를 지칭할 수 있는 동물학적으로 모호한 단어다. 제브라피시zebrafish와 피라미minnows도

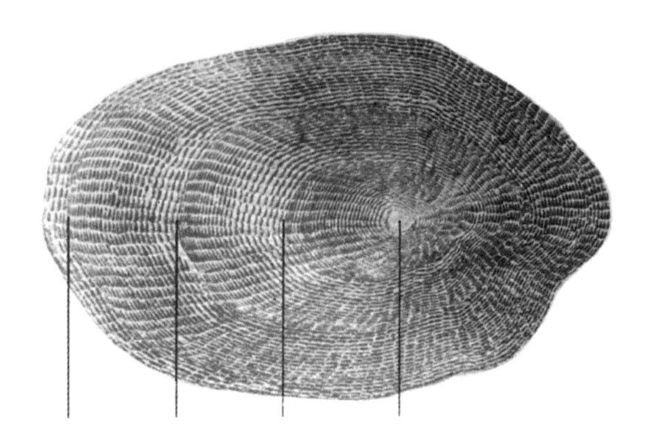

물고기 비늘의 나이테. 나이가 알려진 물고기가 있어서 나이테의 의미를 보정할 수 있는 경우에는 비늘 나이테를 이용해 물고기의 나이를 판단할 수 있다. 하지만 이런 보정 과정이 없다면 엉뚱한 나이가 나올 수 있다. 예를 들어 이 사진에 나온 물고기 비늘은 약 90개 정도의 나이테를 가지고 있다. 이 물고기의 진짜 나이를 모른 상태에서 이것이 모두 1년 나이테라고 가정한다면 나이를 크게 과장하게 될 것이다. 사진에서 선이 그어진 부분이 1년 나이테에 해당한다. 이 비늘은 네 살 된 45센티미터짜리 해덕의 것이다. 출처: F. E. Lux, "물고기의 연령 결정", 미국 어류 및 야생 동물 서비스. 어업 전단 번호 488, 미국 어류 및 야생 동물 관리국, 1959.

같은 어류과에 해당하기 때문에 'carp'라 부를 수 있다. 그런데 일반 잉어*Cyprinus carpio*를 개량해서 만든 아름다운 비단잉어koi carp가 사람들의 특별한 관심을 받게 됐다. 1000년도 전부터 중국에서 시작되어 다양한 종의 잉어들이 가축화됐다. 즉 식량용과 관상용으로 인공 연못에서 의도적으로 사육되었다. 금붕어는 그런 관상용 사육의 한 산물이다. 19세기에 일본에서는 잉어를 선별 사육해 다양한 색상과 다양한 무늬를 만들어냈다. 오늘날 비단잉어는 전 세계 애호가들에 의해 사육되고 있으며 붉은색, 파란색, 크림색, 노란색, 검은색, 하얀색, 혼합색의 변종들이 다양하게 나와 있다. 2018년에는 특히나 아름다운 개체가 200만 달러에 팔려 유명해졌다.

비단잉어는 길이로는 1미터, 무게로는 15킬로그램까지 자랄 수 있다. 이들은 섭씨 15도에서 25도 사이의 상대적으로 따듯한 물을 좋아한다. 그렇다면 이들에게 특별한 장수를 기대하기는 어려울 것 같다. 실제로 이들은 일반적으로 20년에서 30년을 살고, 경우에 따라서는 무려 50년까지 살기도 하는 것으로 잘 밝혀져 있다. 이 정도면 따듯한 물에 사는 민물고기치고는 나쁘지 않은 성적이다.

수많은 비단잉어 사육자들이 긴 세월에 걸쳐 예쁜 비단잉어의 수명이 20년에서 30년 정도라고 밝혀놓은 상태인데, 그럼 1977년에 알 수 없는 질병으로 226세에 죽었다고 소문이 난 다홍색 비단잉어 하나코Hanako의 이야기는 대체 어떻게 이해해야 할까?

증거들을 살펴보자. 첫 번째 증거는 하나코의 마지막 소유자인 코시하라 코메이Komei Koshihara가(물론 그 사이에 수를 알 수 없는 여러 소유자를 거쳤고, 최근에는 코시하라 가족의 구성원들의 소유였다) 그렇게 말했다는 것이다. 1966년에 그는 일본의 전국 라디오방송에 나와 하나코가 1751년에 부화했다고 주장했다. 1966년에 하나코는 길이는

70센티미터, 무게는 7.5킬로그램이었다. 당시 215세였던 암컷 비단잉어치고는 생각만큼 체구가 크지 않다. 두 번째 증거는 나고야 여자대학교 동물과학 연구소의 히로 마사요시Masayoshi Hiro가 하나코의 비늘 두 개에 있는 나이테를 세어봤다는 것이다. 한 가지 짚고 넘어갈 것이 있는데 하나코의 소유주인 코시하라가 그 대학의 총장이었다. 그러니까 히로의 상사였다는 의미다. 그 방송이 나가자 비단잉어 동호인의 세계에서 코시하라와 하나코는 하룻밤 사이에 유명해졌다.

여기서 잠깐, 과학계에서는 비상한 주장에는 그를 입증할 비상한 증거가 필요하다는 것이 정설이다. 원래 나왔던 라디오 방송의 필기록을 보니 히로가 비늘을 가지고 하나코의 나이를 판단하는 데 두 달이 걸렸다고 한다. 경험이 있는 사람의 입장에서 보면 상사를 위해 물고기 비늘을 세는 단순한 일을 하는 데 들어간 시간치고는 꽤 길어 보인다. 사실 히로가 물고기 나이를 판단할 수 있는 전문 지식을 갖고 있었다는 증거는 전혀 없다. 그리고 앞의 사진에 나온 나이테에서 보듯이 나이를 비교해볼 대상이 없는 경우에는 나이테만으로 판단한 나이가 지나치게 과장될 가능성이 농후하다. 그리고 코시하라에게 연못에 있는 나머지 잉어들의 나이를 판단해달라고 했을 때 그는 두 마리는 139세이고 나머지 세 마리는 각각 149세, 153세, 169세이라고 했다. 그 전에도, 그 이후에도 50살을 넘긴 잉어에 대한 보고가 전혀 없었던 것으로 보아 이것이 의미하는 바는 코시하라의 연못 환경이 어마어마하게 좋았거나, 히로가 자기가 보는 것이 무엇인지 몰랐거나 둘 중 하나다. 세 번째 가능성은 말을 꺼내기가 좀 망설여지기는 하지만, 자기 물고기의 어마어마한 나이를 증명해달라고 비늘을 가져온 상사의 요청에 히로가 그를 비단잉어계에서 유명인으로 띄워 비위를 맞춰주고 싶었는지도 모른다는 것이다. 여러 정보를 참고해

보면 비단잉어의 평균 나이는 25년 정도인데, 한 연못에서 평균보다 9배나 오래 산 개체뿐만 아니라 평균보다 5배에서 7배 정도 오래 산 개체들까지 몇 마리가 더 나올 가능성이 얼마나 되겠는가? 이것은 동네 사교모임에서 700세 노인을 한 명 만났는데 알고 보니 그 노인의 이웃 다섯 명이 400세에서 600세 정도의 나이로 아직까지 살아있더라는 말이나 마찬가지다.

다시 말하지만 제일 장수하는 물고기들은 모두 바다에 살고 있다. 그런데 바닷고기 중에는 민물에 사는 것도 있다. 그럼 제일 장수하는 반민물고기인 철갑상어에 대해 알아보자.

철갑상어

철갑상어가 민물고기라고 했던 말에 단서를 달고 넘어가야 할 것 같다. 정확히 말하면 철갑상어는 민물에서 살 수 있는 물고기다. 이들은 알을 민물에 낳아야 한다. 하지만 기회만 주어지면 이들은 평생 대부분을 강물과 바닷물이 뒤섞이는 해안가 만과 강어귀의 기수에서 살 것이다. 이들은 북미대륙의 동쪽과 서쪽 해안, 그리고 유라시아대륙의 여러 해안과 내륙에서 그런 식으로 살아간다. 다만 알을 낳을 때는 연어처럼 강을 거슬러 올라 얕은 물에 바위와 자갈이 깔린 맑고 신선한 물을 찾아야 한다. 이들은 그곳에서 성별에 따라 알을 낳거나 정자를 뿌리고 다시 바다로 돌아간다. 장구한 세월을 거치면서 해수면이 올랐다 내렸다 하고, 지각판이 움직이면서 일부 철갑상어가 육지로 둘러싸인 내륙의 큰 호수에 붙잡혔다. 이들은 이미 민물에서 생존할 수 있는 능력이 있었기에 그냥 그곳에 머물렀다. 그리고 알을 낳을 시간이 찾아오면 호수로 유입되는 맑은 개울을 따라 올라가면 됐다. 수면의 넓이로는 세계 최대의 호수이고, 살짝 소금기가 있는 카스피해에는 전 세계 대략 25종의 철갑상어 종 중 6종이 살고 있다.

철갑상어는 중앙아시아에 사는 길이 27센티미터, 무게 50그램의 난쟁이 철갑상어dwarf sturgeon, *Pseudoscaphirhynchus hermanni*부터 세계에서 가장 큰 민물고기인 길이 3.5미터, 무게 1톤의 벨루가 철갑상어Beluga sturgeon, *Huso huso*에 이르기까지 크기가 다양하다. 요즘에는 벨루가 철갑상어가 대부분 카스피해와 흑해에서 발견된다. 벨루가 철갑상어의 곤이, 즉 알을 소금에 절여서 벨루가 캐비어로 팔면 요즘 가격으로 1온스(28.4g)에 1,000달러 정도 할 것이다. 알을 밴 암컷 벨루가 철갑상어는 체중의 8분의 1까지 곤이로 이루어질 수 있기 때문에 이 고기가 세상에서 상업적으로 제일 가치 있는 물고기라는 데는 의문의 여지가 없다.

그건 그렇고 벨루가 철갑상어를 영어 이름이 비슷하다고 흰고래Beluga whale(벨루가 고래)와 혼동해서는 곤란하다. 흰고래는 캐비어도 만들지 않고, 바다에만 살고, 벨루가 철갑상어처럼 오래 살지도 않는다. 벨루가는 하얗다는 의미의 러시아 단어가 영어화된 것이다. 두 종 모두 색깔이 주로 흰색이기 때문이다.

캐비어가 벨루가 철갑상어에서만 나오는 것은 아니다. 사실 캐비어가 부자들만 맛볼 수 있는 진미로 자리잡기 전이었던 20세기 초반에는 미국산 캐비어가 유럽 시장을 장악했었다. 당시에는 캐비어가 호수에 사는 코가 짧은 대서양 철갑상어Atlantic sturgeon로 만들어져 남아돌 정도로 풍부하고 저렴했다. 요즘 술집에서 공짜 안주로 땅콩을 내주는 것처럼 그 당시 술집에서는 손님들을 목마르게 만들려고 캐비어를 무료로 제공했었다. 하지만 남획, 댐 건설에 의한 산란터 접근 차단, 산업용수와 농업용수로 인한 수질 오염 등으로 모든 종의 철갑상어들이 위기에 처하게 됐다. 철갑상어는 어업 규제가 세계에서 가장 심한 어종이지만 아직도 위태로운 상황에 처해 있다. 요즘에는 대부분의 캐비어가 부화장에서 태어나 야생으로 방류한 철갑상어로부터 만들어진다.

그리고 캐비어 산업 덕분에 우리는 철갑상어가 얼마나 오래 사는지에 대해 알게 됐고, 또 슬프게도 그들의 놀라운 수명을 이해할 기회를 잃어버렸다는 것도 알게 됐다. 포유류와 마찬가지로 종의 체구가 중요한데 난쟁이 철갑상어는 6년까지 살 수 있기 때문에 수명을 판단하기가 쉽다. 벨루가 철갑상어나 기타 체구가 큰 철갑상어들은 오래 산다. 그것도 아주 오래.

안타깝게도 철갑상어는 비늘이 없기 때문에 비늘로 나이를 판단할 수가 없다. 하지만 이들에게도 체구가 커지면서 함께 자라는 딱딱한 부위가 존재하고, 이 딱딱한 부위도 비늘처럼 나이테를 갖고 있다. 거의 100년 동안 철갑상어들의 나이를 측정할 때는 가슴지느러미 기조fin ray의 절단면에서 나이테를 조사했다. 기조는 물고기의 지느러미를 뻣뻣하게 지탱해주는 뼈처럼 딱딱한 가시를 말한다. 이것은 나이가 알려진 물고기와 폭탄 파동으로 모두 보정이 된 꽤 정확한 방법이다. 나이테를 셀 때는 오히려 나이테끼리 합쳐질 듯 너무 가까이 붙어 있어서 나이를 과소평가하게 되는 경우도 있다.[2]

지금까지 종을 불문하고 지느러미 기조로 나이를 판단했을 때 제일 장수한 철갑상어는 152세의 호수 철갑상어lake sturgeon, *Acipenser fulvescens*였다.[3] 미네소타, 온타리오, 매니토바에 걸쳐져 섬들이 점점이 박혀 있는 호수인 우즈호에서 1953년에 잡힌 이 개체는 꽤 크기는 했지만 이 종에서 아주 거대한 개체는 아니었다. 길이는 2미터가 조금 넘고 체중은 98킬로그램이었다. 이 152세의 철갑상어에 대해 알아보기 전에 이 물고기가 토머스 제퍼슨이 존 아담스와 애런 버를 물리치고 3대 미국 대통령이 되던 해에 태어났을 거라는 점을 지적하고 싶다. 그러니까 호수 철갑상어 중 적어도 한 개체는 토머스 제퍼슨이 대통령을 하던 시절부터 드와이트 아이젠하워가 대통령을 하던 시기에 한 어부에게 살해당할 때까지 살았다는 말이다. 이 수명을 포유류의 관점에 놓고 보면 야생에서의 152년 수명은 장수지수로 박쥐와 아주 비슷한 8.5에 해당한다.

철갑상어는 달팽이, 거머리, 곤충의 유충, 홍합, 심지어 작은 물고기들까지 퇴적물에서 빨아들여 잡아먹는 바닥 고기bottom feeder다. 우즈호는 제일 깊은 곳도 수심이 65미터 정도에 불과하기 때문에 겨울에는 얼음으로 뒤덮이고, 여름에는 수면의 물이 섭씨 20도까지 따듯해진다. 호수 철갑상어는 샘물의 수온이 섭씨 13도에서 18도 사이인 강에서 알을 낳는다. 따라서 이 종은 차가운 물 때문에 대사율이 느려져서 수명이 길어진 것 같지는 않다.

예상했겠지만 호수 철갑상어는 삶의 모든 단계를 천천히 진행한다. 이들은 성장도 느리고, 처음 산란을 하는 시기도 수컷과 암컷이 각각 15세와 25세 정도다. 이들은 번식도 느리다. 암컷은 4년에서 9년마다 알을 낳는다. 그리고 물론 노화도 느리다. 흥미롭게도 152세의 호수 철갑상어는 체구가 크기는 했지만 벨루가 철갑상어의 체구에는 비할 바는 아니었고, 아마 일부 벨루가 철갑상어가 도달하는 나이에도 비할 바가 아니었을 것이다.

벨루가 철갑상어도 삶의 속도가 느리다. 수컷이 처음 산란에 참여하는 나이는 열다섯 살 정도고, 암컷은 스무 살 정도다. 요즘에 상업적으로 수확되는 벨루가 철갑상어는 길이는 1.5~3미터, 체중은 20~250킬로그램 사이로 역사적 기준으로 보면 체구가 작다. 내가 앞에서 이 종에 대해 설명하면서 말했던 것보다 체구가 작다는 점에 주목하자. 앞에서 말했던 것은 지난 50년 동안의 평균 크기다. 제일 큰, 따라서 제일 나이가 많은 철갑상어를 선별적으로 포획하다 보니 나이 많은 벨루가 철갑상어를 보기가 점점 더 어려워진다. 요즘 벨루가 철갑상어 성체의 평균 나이는 35세 정도고, 제일 나이가 많은 것도 50세에서 55세 정도밖에 안 된다. 하지만 러시아 어부들의 말을 들어보면 20세기 초만 해도 백 살이 넘는 벨루가 철갑상어가 흔했다고 한다.[4] 사실 지느러미 기조로 분석해서 나온 가장 오래된 나이는 118세다. 그렇다면 거의 2세기 전에 잡힌 벨루가 철갑상어 최대어의 나이는 얼마나 됐을지 궁금하다. 이 암컷 상어는 당시에 유명세를 치렀다. 이 개체는 지느러미 기조 분석법이 나오기 전, 그리고 어획 규제가 이루어지기 한참 전인 1827년에 잡혔다. 길이는 7.2미터, 체중은 1571킬로그램이었다. 2세기 전이었는데도 측정이 이렇게 정확하게

1924년에 볼가 강Volga River에서 잡힌 벨루가 철갑상어 세 마리. 다양한 크기에 주목하자. 가장 큰 벨루가 철갑상어만 선택적으로 어획하다 보니 이제 사진에 나온 것처럼 크고 나이가 많은 개체들은 더 이상 존재하지 않는다.

이루어진 것을 보면 당시에도 벨루가 철갑상어가 얼마나 값진 존재였는지 알 수 있다. 간단하게 계산해봐도 이런 크기의 벨루가 철갑상어라면 곤이가 7천 온스(약 200kg) 정도 들어 있을 것이다. 이것으로 고품질의 벨루가 캐비어를 만들었다면 요즘 가격으로 대략 700만 달러(한화로 약 90억 원) 정도에 팔렸을 것이다. 하지만 안타깝게도 이제는 벨루가 철갑상어가 얼마나 살아야 그 정도 크기로 자랄 수 있는지 알아낼 길이 없다.

대형 철갑상어들은 어째서 그렇게 오래 살까? 이들은 아주 안정적인 환경에서 사는 건 아니지만 적어도 포식자의 형태로 다가오는 외부의 위험으로부터는 보호를 받는다. 코끼리거북의 경우처럼 이들의 큰 덩치와 철갑이 이들을 보호해준다. 철갑상어의 철갑은 작은 이빨처럼 생긴, 뼈처럼 단단하고 뾰족한 등딱지가 측면과 등을 덮고 있는 형태로 생겼다. 그리고 이들은 당연히 대사율이 낮은 외온성 동물이다. 성장 속도가 느린 것을 봐도 대사율이 낮다는 것을 알 수 있다. 하지만 대사율이 전부가 아니다. 철갑상어는 얕고 따듯한 바다에서 꽤 많은 시간을 보내기 때문에 그런 곳에서는 대사속도가 올라갈 것이다. 철갑상어의 장수에 관한 이야기에는 분명 더 많은 내용이 담겨 있을 것이다. 우리가 아는 한 철갑상어는 노화가 일어나지 않으며 제일 크고 나이 많은 암컷도 여전히 알을 생산하고 있다. 체구가 커질수록 알도 많이 생산한다. 제일 나이가 많은 개체로 기록된 수컷도 여전히 정자를 만들어내고 있다. 이렇게 나이가 아주 많은 철갑상어를 두 번 다시 보기는 힘들 거라 생각하니 참 안타까운 일이다.

볼락

내가 나이가 제일 많은 물고기가 바다에 살고 있다고 말했을 때

염두에 두고 있던 물고기는 알려진 어류 중 제일 나이가 많은 물고기인 한볼락rougheye rockfish, *Sebastes aleutianus*이었다(지금 당장은 상어를 무시하겠다). 볼락은 영어로 'rockfish', 즉 '바위 물고기'다. 그 이름이 암시하는 대로 볼락은 해저의 바위틈에서 살아간다. 한볼락 같은 종은 거의 900미터 수심에서 살아가고, 어떤 종은 내가 퓨젓사운드Puget Sound에서 스쿠버다이빙을 했을 때 10미터도 안 되는 수심에서 나와 나란히 헤엄치기도 했다. 볼락이라는 집단을 연구하면 노화에 대해 상당히 많은 것을 배우고, 인간의 건강수명을 연장하는 방법도 발견할 수 있을지 모른다.

약 100종의 가까운 친척 종으로 이루어진 이 집단은 모두 볼락과Sebastes에 속함에도 그 수명이 10년을 간신히 넘기는 것에서 200년 넘게 사는 것까지 워낙 다양하기 때문이다. 단명하는 종과 장수하는 종의 생물학적 토대를 이해하면, 노화 생물학 그 자체를 이해할 수 있는 놀라운 도구가 되어줄 수 있다. 100년 이상 사는 볼락 종은 적어도 6종이 있고 그러면서 수명이 짧은 종도 아주 많다. 지금쯤이면 당신의 머릿속에서도 볼락이 얼마나 오래 사는지 어떻게 알 수 있느냐는 질문이 제일 먼저 떠올랐기를 바란다. 그 답은 이렇다. 경골어류의 나이를 파악하는 제일 정확한 기법은 비늘이나 지느러미 기조가 아니라 이석otolith에 있는 나이테를 세는 것임이 밝혀졌기 때문이다. 이석은 물고기의 내이에 떠다니는 자갈 비슷한 구조물로 중력과 움직임을 감지할 수 있게 도와준다. 사람에게도 귀마다 2개씩 이석이 있다. 대부분의 어류는 3개를 갖고 있다. 중력에 대한 감각을 잃어보기 전까지는 그것이 얼마나 중요한지 알지 못한다. 나는 언젠가 내이에 문제가 생겨 세상이 미친 듯이 빙빙 도는 느낌을 받은 적이 있다. 서 있든, 침대에 누워 있든, 방이고, 천정이고 모든 것이 빙빙 돈다. 다행히도 몇 주 동안 약을 먹어가며 멀미와 싸우고 나니 증상이 사라졌다. 그 경험을 하고 나서 나는 내 이석에 평생 고마운 마음을 갖게 됐다.

어류의 경우 이석이 몸을 똑바로 세우게 도와주고, 청각에도 관여하는 것으로 생각된다. 물고기가 자라면 이석도 같이 자라고, 어류의 나이를 추정할 때는 비늘이나 지느러미 기조의 나이테보다 조금 더 신뢰할 수 있는 것으로 보인다. 이 점은 나이가 알려진 물고기를 대상으로 탄소-14 폭탄 파동을 비롯한 몇몇 방사 측정 방법에 의해 확인됐다.[5] 여느 경피연대학과 마찬가지로 나이테를 셀 수 있게 이석을 준비하려면 어느 정도 전문지식이 필요하지만 이제는 수산생물학 분야에서 흔히 이루어지고 있다.

눈 밑에 난 가시 때문에 영어로 'rougheye rockfish(거친 눈 볼락)'라는 이름이 붙은 한볼락은 색깔은 분홍색, 황갈색, 갈색 등이고, 길이는 60~90센티미터까지 자랄 수 있다. 분명 스쿠버다이빙을 할 때 보았던 볼락 중 하나는 아니다. 이들은 스쿠버다이빙으로는 도달할 수 없는 깊은 해저에서 살기 때문이다. 대부분은 수심 150~450미터에서 발견되지만, 그보다 꽤 깊은 곳에서 잡히는 개체들도 있다. 이들은 적어도 50종의 다른 볼락 종과 함께 캘리포니아에서 알래스카에 이르는 북동 태평양 지역에 산다. 한볼락이 사는 깊이의 수온은 섭씨 0도에서 5도 사이이다. 205년을 사는 한볼락은 제일 오래 사는 볼락이다. 포유류로 치면 장수지수가 14로 그 어떤 포유류보다도 높다. 과거 미국 대통령들의 재임시기와 다시 한번 비교해보자면, 지금 해저 바위틈에 도사리고 있는 한볼락은 뉴올리언스 전투가 벌어지던 미국 4대 대통령 제임스 매디슨의 재임시절에 태어났을 가능성이 있다. 한볼락을 보카치오볼락Bocaccio rockfish, *Sebastes paucispinis*과 비교해보면 노화에 대해 무언가를 밝힐 수 있을지도 모른다. 보카치오볼락은 한볼락과 크기는 대략 비슷하지만 50년밖에 못 산다. 한볼락보다 3분의 1 정도 크기가 작은 퀼백볼락quillback rockfish, *Sebastes maliger*이나 18센티미터 크기의 푸젓사운드볼락Puget Sound rockfish, *Sebastes emphaeus*과 비교해 봐도 흥미로울 것이다. 두 종 모두 내가 스쿠버다이빙을 하면서 분명 보았던 종이다. 이 종들은 각각 95년과 22년을 산다. 물론 이들의 수명은 번식 시작 나이에도 반영되어 있다. 한볼락은 20세 정도에 번식 체구에 도달하고, 퀼백볼락은 11년, 보카치오볼락은 8년, 푸젓사운드볼락은 1, 2년 만에 번식에 뛰어든다.

최근에는 볼락 88종의 유전체에 대해 조사가 이루어져 수명이 짧은 종과 장수하는 종 사이에서 일종의 비교가 가능해졌다.[6] 장수 종에서만 자연선택의 영향을 받은 흔적이 보이는 유전자 세트가 발견됐는데 DNA 복구에 관여하는 유전자였다. DNA 복구 유전자가 코끼리거북의 유전체에서도 확인되었다는 것을 기억하는 독자도 있을 것이다. 따라서 DNA 복구 능력이 장수에서 필수적인 특성이라고 이론적으로, 실제로 생각할 만한 충분한 이유가 있는 셈이다. 하지만 내가 유전체 염기서열 분석이 특출한 장수 능력을 이해하기 위해 반드시 필요한 첫 걸음이지만, 그저 첫 걸음에 불과하다고 말한 이유도 이 때문이다. 우리는 장수하는 볼락이나 코끼리거북이 실제로 사람보다 자신의 DNA를 더 잘 복구하는지 알지 못한다. 더군다나 실제로 그렇게 한다고 한들, 대체 어떻게 그렇게 하는 것인지도 알지 못한다. 더 깊은 수준으로 이해하기 위해서는 더 깊은 생물학적 조사가 필요하다. 하지만 안타깝게도 유전체를 연구하거나, 그 세포를 배양접시 위에 놓고 연구하는 것 말고는 한볼락을 연구할 방법이 없을지도 모른다. 이들은 압력이 무려 150기압이나 되는 깊은 물에 살고 있기 때문에 수면 가까이 끌어올렸을 즈음에는 이미 기압 장애로 부레가 터져서 죽어있을 것이기 때문이다.

상어

바다에서 체구가 제일 큰 어류에 해당한다는 것을 감안하면 상어가 제일 장수하는 어류라는 사실이 크게 놀랍지는 않을 것이다. 사실 고래상어whale shark, *Rhincodon typus*는 크기로는 압도적인 1위다. 한 개체는 길이가 20미터, 무게는 34톤에 도달해서 제일 큰 철갑상어보다 길이는 거의 3배 길고, 무게는 20배 이상 많았다. 고래상어는 여과섭식자로 한 입에 막대한 양의 물을 꿀꺽 삼킨 후에 어쩌다 그 안에 함께 들어온 오징어, 크릴새우, 물고기 같은 작은 생명체들을 걸러 먹는다. 사람이 이런 식으로 고래상어에게 삼켜진 적은 한 번도 없었다. 다만 성경 이야기에서 요나Jonah를 삼켰던 것이 고래가 아니라 고래상어였을 것이라 추측하는 사람도 있다. 고래상어는 지중해에 살기 때문에 지리학적으로는 말이 된다. 그러나 고래상어가 입을 벌리면 사람이 들어갈 정도로 크기는 해도 식도의 넓이가 고작 몇 센티미터에서 몇십 센티미터밖에 안 된다. 따라서 요나가 위까지 들어가려면 엄청 고생했을 것이고, 그 안에서 3일을 살다가 고래가 그를 다시 토해냈을 때 다시 그 좁은 통로를 지나 빠져나오기는 무척 힘들었을 것이다.

위에서 언급한 크기는 고래상어 중에서도 극단적인 경우에 해당한다. 평균적인 개체의 길이는 6에서 7미터 정도다. 장수 기록보다도 크기 기록, 특히 어류의 크기 기록, 그중에서도 카리스마 있는 어류의 크기 기록은 과장이 많이 일어난다.[7] 그럼에도 이것이 바다에서 제일 큰 물고기라면 그 나이는 대체 얼마나 될까 궁금해지기는 한다.

상어의 나이를 판단하는 것은 만만치 않은 과제다. 상어는 비늘도, 이석도, 뼈로 된 지느러미 기조도 없기 때문이다. 사실 상어는 뼈로 된 것이 아무것도 없다. 이들의 골격은 온전히 연골로만 이루어져 있다. 이들의 지느러미 기조는 연골 섬유다. 진미로 취급되는 샥스핀 스프에서 보이는 힘줄 같이 생긴 것들이 바로 이 연골 섬유다. 연구자들은 초기에는 상어의 나이를 측정할 수 있는 검증된 방법이 없었지만 근래에 들어서는 전부는 아니어도 일부 상어 종에서 나이를 비교적 정확하게 측정할 수 있는 검증된 방법을 만들어냈다. 척추의 나이테다. 이 경우도 역시 탄소-14 폭탄 파동에 맞추어 나이를 보정했다.[8]

근거 없는 추측으로 고래상어가 무려 80년, 100년, 심지어 150살까지 산다는 얘기가 나왔다. 하지만 20마리 정도의 소규모 표본을 대상으로 척추 나이테 분석을 해보니 50세를 넘긴 개체가 한 마리도 없었다. 반세기를 산 한 개체는 길이가 10미터, 무게는 7000킬로그램의 암컷으로 그물에 얽혀서 죽었다. 이것을 장수지수로 환산하면 0.9로 외온성 동물치고는 대단히 수명이 짧은 것이다. 그런데 제일 큰 고래상어는 길이가 거의 2배 가까이 되기 때문에 이들이 실제로 살 수 있는 수명을 50년으로 잡는 것은 지나친 과소평가가 될 가능성이 크다. 이들이 50년 넘게 산다는 것을 보여주는 결정적인 증거는 고래상어가 8미터에서 9미터 길이에 도달한 후에야 번식을 시작한다는 것이다. 따라서 이 불행한 암컷은 어린 성체였을 가능성이 있다. 20마리의 나이만 알고 있다는 것은 이 종의 수명에 대해 아는 것이 별로 없다는 뜻이다. 길거리에서 무작위로 20명을 뽑아서 나이를 물어봤을 때 아주 장수한 사람을 우연히 만나게 될 확률이 얼마나 되겠는가? 그렇다면 우리는 고래상어의 수명을 아직 잘 모르는 것이다. 지금까지는 이 종이 특출하게 장수한다는 그 어떤 증거도 나와 있지 않다는 말밖에 할 수 없다.

백상아리*Carcharodon carcharias*는 영화 등에서 전해지는 크기와 달리 평균 길이는 4미터 정도, 무게는 1000킬로그램 정도밖에 안 한다. 일부 신뢰할 만한 보고서에 따르면 이보다 길이는 2배, 무게는 3배에 이르는 개체도 있었다고는 한다. 세상에 부정적인 이미지일지언정 카리스마가 철철 흘러넘치는 어류가 있다면 그것은 바로 백상아리일 것이다. 백상아리는 사람을 잡아먹는다는 부당한 평판 때문에 부정적인 카리스마를 얻었다.

이런 부당한 평판에 대해 한 마디 해보려고 한다. 나는 이 종에게 확실히 매력을 느낀다. 데이비드 아텐버러David Attenborough의 다큐멘터리 〈살아 있는 지구Planet Earth〉 시리즈를 보면 백상아리가 물 밖으로 폭발하듯 뛰어오르며 물개를 잡는 잊지 못할 장면이 나온다. 백상아리가 보고만 있어도 무서운 무시무시한 포식자인 것은 사실이다. 하지만 이들이 사람을 잡아먹는다는 사실을 객관적으로 한번 살펴보자. 이들이 다른 어느 상어 종보다 사람을 자주 공격하는 것은 사실이다. 아마도 사람을 다른 것으로 잘못 알아보고 그런 것일 테다. 그래도 그런 공격은 아주 드문 편이다. 상어가 사람을 공격하는 경우는 전 세계적으로 1년에 80건 정도에 불과하고, 그중에서도 치명적인 공격은 아주 드물다. 예를 들어 상어 공격이 줄었던 2019년에는 전 세계적으로 64건이 일어났고, 그중 사망 사고는 2건에 불과했다. 미국에서 상어 공격으로 사람이 사망하는 경우는 1년에 1건 미만이다. 그럼 상어 때문에 죽을 확률보다 번개, 벌, 소, 사슴 때문에 죽을 확률이 훨씬 높다는 의미다.

백상아리는 얼마나 오래 살까? 이번에도 역시 방사성탄소연대측정법으로 검증된 척추 나이테를 이용해서 각각의 성별로 4마리의 백상아리를 대상으로 나이를 측정해보았다.[9] 제일 나이가 많은 개체는 수컷으로 73세였다. 장수지수로는 1.1이다. 제일 나이가 많은 암컷은 40세로 장수지수는 0.9였다. 이는 고래상어와 섬뜩할 정도로 비슷한 수치다. 양쪽 개체 모두 길이는 대략 5미터였다. 이는 적어도 이 상어들이 포획된 대서양 북서쪽 지역에서는 암컷이 수컷보다 상당히 성장속도가 빠름을 의미한다. 그리고 무려 7미터까지 자랄 수 있는 제일 큰 백상아리들은 훨씬 나이가 많을 수 있다는 점도 암시하고 있다. 또 다른 연구에서는 상어 81마리의 척추와 이들이 포획될 당시의 번식능력 상태를 살펴보았는데 수컷 백상아리는 대략 26세, 암컷은 대략 33세에 번식을 시작하는 것으로 나왔다. 이는 이들의 수명이 아주 길 수도 있음을 암시한다.[10] 이 정도면 청소년기가 엄청 길어 보이지만 이제 곧 만나게 될 것과 비교하면 아무것도 아니다.

현재까지 어류들 사이에서는 그린란드 상어*Somniosus microcephalus*가 장수의 왕으로 통한다. 그린란드 상어는 다른 상어들보다 차가운 물에서 산다. 이들은 또한 어느 상어보다도 북쪽에 분포하고 있어서 가끔은 북극해의 극빙 아래서 헤엄을 치다 발견될 때도 있다. 남쪽으로 멀게는 멕시코만에서 발견된 적도 있다. 한편 걸프만에서 수영하는 사람 중에 상어 걱정이 많은 사람들을 위해 한마디 하자면 이들이 걸프만에서 목격된 장소는 수온이 섭씨 4도에 불과한 1.6킬로미터 이상의 수심이었다. 그린란드 상어는 제일 큰 상어 중 하나이기도 하다. 평균적으로 길이는 3미터, 무게는 320킬로그램으로 백상아리의 뒤를 바짝 쫓고 있고 그 길이의 2배가 넘는 기록도 있다.

수명과 관련해서 그린란드 상어는 한 가지 핵심 특성에서 고래상어, 백상아리와 차이가 있다. 훨씬 차가운 물에서 산다는 것이다. 다른 두 종은 모두 상대적으로 따듯한 물에서 살고, 더 활동적이다. 이는 그린란드 상어에 비해 상대적으로 대사율이 높다는 의미다. 고래상어는 섭씨 21도보다 차가운 물에서 발견되는 경우가 드물고, 백상아리는 섭씨 12도에서 24도 사이의 물에서 자주 나타난다. 거기에 더해서 백상아리는 어느 정도 내온성을 띠는 몇 안 되는 어류 중 하나다. 백상아리는 필요하면 내부 장기의 온도를 주변 물보다 섭씨 5도에서 10도 정도 더 따듯하게 만들 수 있다.[11] 백상아리는 또한 먼 거리를 이동한다.

그린란드는 순수하게 외온성인 대형 어종으로 일 년 내내 어는 점에서 몇 도 안짝의 물에서 보낸다. 체구가 큰 외온성 동물이 차가운 물에서 산다는 건 대사율이 낮다는 의미다. 실제로 이들은 고통스러울 정도로 움직임이 느리다(잠재적인 먹잇감이 된 경우가 아니라면). 노르웨이 앞바다에서 연구자들이 정교한 가속도계로 야생 그린란드 상어의 활동을 추적한 결과 섭씨 2~3도의 바다에서 이들의 평균 수영 속도가 초당 3분의 1미터 정도임을 알아냈다. 그리고 24시간 중 가장 빠른 속도는 초당 3분의 2미터 정도였다.[12] 이 속도가 대체 어느 정도의 수준인지 생각해보자. 노인의학과에서는 노쇠 정도를 평가할 때 건강한 80대의 평균 걸음 속도를 기준으로 이용한다. 그 기준이 얼마인가 하니 무려 초당 1미터다.[13] 그렇다. 정상적인 80대라면 그린란드 상어의 수영 속도보다도 더 빨리 걷는다. 이제 고통스러울 정도로 느리다고 한 말이 무슨 뜻인지 알겠는가?

그린란드 상어도 명색의 육식동물인데 그렇게 느려서야 어떻게 먹이를 잡겠는가 하는 의문이 들 것이다. 그린란드 상어의 뱃속에서는 오징어, 상어, 물개 등 다양한 어류와 무척추동물이 발견되었다. 이들이 훌륭한 청소동물scavenger이라는 것이 그 의문에 부분적인 해답이 되어줄 것이다. 한 그린란드 상어의 위에서 북극곰의 몸 일부와 순록 한 마리가 통째로 발견된 이유도 마찬가지 맥락으로 설명할 수 있다. 물개가 물속에서 잠을 잔다는 것 역시 또 하나의 부분적 해답이다. 초저속으로 헤엄치면 잠자는 먹잇감에서 스텔스 모드로 접근할 수 있을지도 모른다. 대사율이 낮아서 좋은 점은 어린 물개 한 마리만 먹어도 무려 1년을 버틸 수 있다는 것이다. 물개 한 마리는 백상아리가 1년을 버티는 데 필요한 먹이와 비교하면 새 발의 피 수준이다.

그린란드 상어는 항상 차가운 물에서만 헤엄치기 때문에 척추에 나이테가 남지 않는다. 그래서 이들의 나이를 추정하기 위해서는 혁신적이고 독특한 방법이 필요했다. 이들의 나이는 수정체 핵을 이용해서 추정한다. 상어와 다른 종들의 수정체 핵은 태어나기 전에 형성된다. 상어가 자라면서 수정체도 핵 주변으로 양파처럼 새로운 층을 추가하면서 자란다. 하지만 핵은 태어났을 때와 화학적으로 동일한 상태로 남아 있다.

여기서 사용한 혁신적인 나이 판정 기술은 그린란드 상어의 수정체 핵에서 탄소-14 폭탄 파동의 증거를 찾아보는 것이었다.[14] 연구자들은 2010년부터 2013년까지 과학표본조사를 하는 동안에 포획된 28마리 암컷 그린란드 상어의 수정체를 분석해보고 깜짝 놀랄 결론에 도달했다. 그중 2마리가 300세가 훨씬 넘는 것으로 보였다!

이런 깜짝 놀랄 주장이 나왔으니 그 정보에 돋보기를 들이대고 꼼꼼히 따져보자. 이 28마리 그린란드 상어는 길이가 1미터도 안 되는 것에서 5미터에 이르는 것까지 크기가 다양했다. 이 표본 중 한 마리는 길이가 2.2미터, 크기는 중간크기였다(나머지는 모두 이 상어 한 마리가 기준이 됐다). 이 상어의 수정체를 화학적으로 분석해보니 1960년대 초반 폭탄 파동의 정점과 아주 가까운 시기에 태어났음이 확인됐다. 그럼 잡혔을 당시 50세 정도였다는 의미다. 연구자들이 2.2미터가 50세 정도 먹은 그린란드 상어의 크기라 가정하고, 성장속도, 출생시 크기, 바다와 더 큰 상어들의 수정체 속 탄소-14 수치 등에 대해 수학적으로 일련의 가정을 해서 계산한 결과 제일 큰 상어 2마리의 나이가 각각 335세와 392세 전후 100년이라는 결론을 얻었다. 오차범위가 그렇게나 컸다. 그럼 장수지수가 11.7이다. 큰 값이긴 하지만 볼락처럼 크지는 않다. 그 정도로는 별로 놀랍지 않다면 이건 어떨까? 포획될 당시 번식 중이었던 제일 작은 암컷 그린란드 상어의 크기를 가지고 연구자들이 계산해본 결과 이 종은 약 156세 정도에 번식을 시작하는 것으로 나왔다. 여기서도 몇십 년 정도의 오차범위가 있다. 하여간 거기서 더 짧아지든, 길어지든 청소년기 하나는 정말 끝내주게 길다!

앞에서 말했듯이 과학계에서 비상한 주장에는 그를 입증할 비상한 증거가 필요하다. 그린란드 상어가 알려진 다른 어떤 척추동물보다도 거의 2세기나 더 산다고 추정하는 것은 분명 특별한 주장이다. 이렇게 나이를 추정하기 위해 필요한 일련의 가정을 놓고 보면, 폭탄 파동의 정점에 태어난 것으로 보이는 상어 한 마리를 기준으로 보정한 것을 가지고 특별한 증거라고 하진 못 하겠다. 그보다는 합리적인 증거라고 부르는 것이 맞아 보인다. 개체의 나이와 크기가 결정론적으로 얽혀 있다는 가정이 다른 어종에는 적용되지 않는다는 것을 우리는 알고 있다. 사실 각각 335세와 392세로 추정된 두 상어의 길이 차이는 불과 9센티미터였다. 내가 보기에 이것은 57년의 나이 차이를 뒷받침하기에는 너무 작은 차이로 보인다. 어쩌면 이것은 그저 습관적으로 머리를 내미는 나의 과학적 회의주의가 작동한 것인지도 모르겠다. 그리고 증거가 아닌 논리를 바탕으로 생각했을 때 내가 받아들이기 제일 어려운 측면은 어떤 동물이 번식할 때까지 자연이 과연 150년이나 기다려주겠느냐는 것이다. 하지만 우리는 나와 있는 최선의 증거를 따라야 하고, 지금까지는 이것이 이 장수 종에 대한 최선의 증거다.

이런 추정치는 많이 에누리해서 들어야 한다는 연구자들도 있지만, 추운 환경에서 살아가는 체구가 크고 굼뜬 외온성 동물이라면 수명이 이렇게 길다고 해도 예상되는 대사 프로필metabolic profile과 결이 어긋나지는 않는 것 같다. 그래서 더 나은 증거가 나올 때까지는 그린란드 상어가 실제로 가장 오래 살고, 제일 느리게 성숙하고, 제일 느리게 헤엄치는 척추동물이라는 주장을 잠정적으로 받아들이려고 한다.

이 대형 상어 종을 뒤로 하기 전에 한 가지 상기하고 싶은 내용이 있다. 이렇게 거대한 동물이 오래 살기까지 하면 필연적으로 암의 위험이 높아질 수밖에 없다는 것이다. 몸속에 세포가 많을수록 결국 그중 하나가 치명적인 결과를 낳을 수 있는 암세포로 전환될 가능성도 높아진다. 그리고 이런 일이 일어날 수 있는 시간이 길어질수록 위험도 커진다.

예를 들어 코끼리의 세포가 생쥐의 세포처럼 암으로 쉽게 변했다면 모든 코끼리가 1, 2년 안에 암으로 죽게 될 것이다. 그런데 아무래도 자연은 이런 내재적 위험에 대한 해결책을 찾아낸 것으로 보인다. 코끼리가 여러 개의 TP53 종양억제 유전자 복사본으로 세포를 보호하는 것이 그런 사례다. 이것을 한번 생각해보자. 고래상어는 몸집이 코끼리보다 5배까지 자라기 때문에 세포의 숫자도 대략 5배 많다. 그 정도면 우리 인간보다 세포의 수가 500배 이상 많은 것이다. 지금까지 발견된 제일 오래 산 고래상어의 나이는 50세에 불과하지만 이것을 그 종의 수명으로 보기에는 너무 짧다. 따라서 고래상어, 심지어는 사람보다 대략 6배 정도 세포가 많지만 4배나 오래 사는 그린란드 상어도 연구를 통해 장수의 비결을 알아낼 수만 있다면 암을 피하는 방법에 대해 많은 것을 배울 수 있을 것이다.

12장

⁑

고래 이야기

거대한 소행성이 충돌하며 공룡, 익룡, 그리고 대다수의 종들을 쓸어버린 이후로 포유류는 1500만 년 이상 육지에서 큰 성공을 거두고 있었다. 그런데 사슴 같은 발굽이 달린 늑대 비슷한 포식자였던 한 이상한 포유류가 육지를 버리고 다시 물로 돌아갔다. 왜 그랬을까? 이는 우리가 결코 이해하지 못할 미스터리로 남을지도 모른다. 어쩌면 먹잇감이 풍부해서 그랬는지도 모른다. 어류는 대멸종 사건으로부터 신속하게 회복했으니까 말이다. 이 어류들이 육지보다 경쟁이 덜한 환경에서 신속하고 손쉽게 잡아먹을 수 있는 먹이가 되어주었을 것이다. 어쩌면 오늘날 아프리카 물아기사슴fanged deer의 경우처럼 물속이 육지의 위험으로부터 피할 수 있는 은신처가 되어주었는지도 모른다. 물속에서 포착한 기회가 무엇이었든 간에 일단 물의 부력 덕분에 중력의 구속에서 자유로워지자 그 이상한 포유류 종의 후손들은 그 후로 수천만 년에 걸쳐 크나큰 변화를 겪었다. 뒷다리는 사라지고, 앞다리는 지느러미발로 변하고, 꼬리는 추진력 있는 고래 꼬리로 변했다. 콧구멍은 머리 꼭대기 쪽으로 이동했다. 귀는 공기가 아닌 물속으로 전파되는 소리를 포착하기 위해 새로 바뀌었다. 일부 종은 이런 변경 과정에서 박쥐처럼 반향정위에 사용하는 고음을 들을 수 있는 능력을 발전시키기도 했다. 육식을 좋아하는 특성은 절대 사라지지 않았음에도 어떤 종은 아예 치아를 모두 버리고 고래수염이라는 유연한 필터를 사용해서 작은 먹잇감들을 대량으로 삼키는 법을 배웠다. 어떤 종은 지금까지 존재했던 그 어떤 종보다도 큰 동물이 되어 나타나기도 했다.

이 발굽 달린 포식자의 진화적 후손들은 이제 90가지 정도의 종을 이루고 있다. 과학자들은 이들을 고래목cetacean이라고 부르고, 일반인들은 이들을 돌고래, 참돌고래, 고래 등의 다양한 이름으로 부른다. 그중 제일 작은 히비사이드돌고래Heaviside's dolphin, *Cephalorhynchus heavisidii*는 작은 사람만 한 체구다. 가장 큰 대왕고래blue whale, *Balaenoptera musculus*는 무게가 아프리카코끼리 30마리에 해당하며, 몸길이는 지금까지 기록된 가장 큰 고래상어보다 1.5배 크다. 그리고 자동차만 한 크기의 심장을 갖고 있다. 고래목 중 일부는 강기슭에 살기도 하지만 대부분은 바다에 산다. 어떤 종은 해안가를 돌아다니고 어떤 종은 공해에서 발견된다. 이곳에서 이들은 먹이를 찾아 1600미터 이상의 수심까지 들어갈 수 있다. 하지만 어느 종도 생명을 유지해주는 산소를 물이 아니라 공기로부터 뽑아내야 한다는 사실과 내부로부터 몸을 가열해서 체온을 주변 물보다 수십도나 높게 유지해야 한다는 사실로부터 자유로워지지 못했다. 이런 제한 요소가 이들의 수명에 중요하게 작용했다.

고래보다 카리스마 넘치는 동물 집단은 없을지도 모른다. 사람들은 이국적인 동물들을 가까이서 보기 위해 기꺼이 돈을 내지만, 혹시나 먼 거리에서 잠깐 바다 위로 얼굴을 내미는 고래를 볼 수 있을지 모른다는 가능성에만 1년에 20억 달러 이상의 돈을 쓰고 있다. 나는 몇 년 동안 매사추세츠 참고래 자문위원회에서 일한 적이 있다. 매사추세츠 주는 선박이 참고래에게 500야드(457미터) 이내로 접근하는 것을 불법화한 최초의 주라는 것이 자랑스럽다. 사람들이 얼마나 열정적으로 고래를 사랑했는지 기억난다. 이 위원회에서 특히나 헌신적이었던 한 민간위원 한 명은 500야드 이내 접근 금지 규칙을 어기는 것을 중범죄로 다루어야 한다고 정말 진지하게 제안하기도 했었다.

고래는 동물학자들이 제일 좋아하는 동물이다. 고래는 역사상 가장 큰 종(대왕고래), 가장 긴 내장(300미터)과 사상 최대의 뇌(일부는 우리 뇌보다 4배나 크다)를 갖고 있는 이빨 달린 사상 최대의 포식자(향유고래)를 포함하고 있다. 북극고래bowhead whale는 사상 최대의 입을 갖고 있고, 참고래right whale는 사상 최대의 고환을 갖고 있다(500킬로그램).

고래는 단연코 체구가 가장 큰 포유류 종이고, 일부는 역사를 통틀어 가장 큰 동물 종이고, 큰 체구와 장수는 일반적으로 서로 함께 가기 때문에 특출한 장수가 왜, 어디서, 어떻게 진화했는지 고려할 때 고래는 특별한 자리를 차지하고 있다.

앞에서도 보았듯이 야생 동물의 수명을 결정하려고 하면 여러 난관에 부딪히게 된다. 해당 종이 접근이 어려운 서식지에 살거나, 희귀하거나, 이동성이 높거나, 사람에 비해 오래 사는 경우에는 그런 어려움이 배가된다. 야생에서 종의 수명을 판단하는 제일 직관적이고 신뢰할 만한 방법은 출생 날짜가 확실한 어린 개체를 찾아내어 죽을 때까지 추적관찰하는 것이다. 하지만 연구자들이 이렇게 추적할 수 있는 장소와 고래목 종은 전 세계적으로 손에 꼽을 정도로 적다.

큰돌고래

그런 종 중 하나가 큰돌고래common bottlenose dolphin, *Tursiops truncatus*다. 그리고 그런 장소 중 하나가 플로리다 중서부 해안의 새러소타만Sarasota Bay이다.

돌고래는 3000년 전부터 인간의 의식 속에 각인되어 있었다. 돌고래는 그리스 예술작품에서 인간을 구조하는 존재로 종종 묘사되었다. 아마도 돌고래 조련사들이 2000년 후에 발견한 것과 같이 돌고래는 사람을 비롯해서 여러 대상을 주둥이로 밀어 물 밖으로 꺼내기를 좋아하기 때문일 것이다. 이는 암컷 돌고래들이 갓 태어난 새끼에게 처음 호흡을 시킬 때처럼 무언가를 수면으로 밀어내는 본능이 있기 때문일 가능성이 크다. 하지만 나는 항상 속으로 이런 고전적인 이야기들이 과학자들이 말하는 확인편향†에 해당한다고 생각해왔다. 물에 빠진 뱃사람 중에 살아남아 자신의 이야기를 전할 수 있는 사람은 우연히 돌고래가 위로 밀어준 사람밖에 없다. 다른 방향으로 밀어낸 사람들은 아무 이야기도 남기지 못했을 것이다.

돌고래는 우리보다 큰 뇌를 갖고 있어서 지능이 대단히 높다. 이들은 자기인식 거울검사를 통과한다. 이들은 미숙한 언어를 이용해 서로 소통한다. 돌고래는 훈련을 잘 받기 때문에 텔레비전 드라마에서 영웅으로 등장할 수 있는 몇 안 되는 동물 중 하나가 됐다. 1964년에서 1967년까지 방영됐던 〈플리퍼Flipper〉를 생각하며 한 얘기다. 이 드라마는 아직도 낮이나 밤에 일부 케이블 티비에서 시청할 수 있다. 1963년과 1966년에 나온 동명의 영화도 2편 있었다. 개인적으로 동

† 확인편향은 연구나 분석을 위해 데이터를 수집할 때 모집단의 일부 구성원이 다른 구성원보다 분석 대상에 포함될 가능성이 낮은 경우에 발생한다.

물에 대한 어린 시절의 기억 중 가장 인상적인 것은 플로리다 마린랜드Marineland에서 보았던 돌고래가 아닌가 싶다. 훈련을 받은 돌고래가 물 밖으로 폭발하듯 솟구쳐 올라 수조 위로 몇 층 높이에 매달려 있던 생선을 낚아채는 장면을 보며 충격과 경외감을 느꼈다.

우리는 그 어느 고래목 종보다 돌고래에 대해 훨씬 많이 알고 있다. 이 종은 상대적으로 체구가 작아서 평균 체중이 300킬로그램 밖에 안 된다. 이는 얼룩말과 비슷한 크기다. 이들은 전 세계적으로 해안을 따라 따듯한 온대 바다에서 산다. 북미대륙 해안가를 따라서는 섭씨 10도의 차가운 물에서도 발견되고, 목욕탕처럼 따듯한 섭씨 32도의 물에서도 발견된다. 돌고래는 해안가를 따라 얕은 물에서도 잘 지내고, 이런 곳이 돌고래를 제일 쉽게 연구할 수 있는 장소지만, 공해에서도 발견된다. 이런 곳에서는 필요하면 수심 1000미터까지 잠수한 후에 칠흑 같은 해저에서 반향정위를 이용해 물고기, 오징어, 새우 등을 찾아낸다. 이렇게 할 때는 시속 32킬로미터까지 나오는 폭발적인 수영 속도에 의존한다. 이들은 체구가 크기는 하지만 다른 포식자의 공격에 여전히 노출되어 있다. 그리고 성체의 절반 정도는 상어의 공격으로 난 흉터를 몸에 갖고 있다. 상어의 공격에서 살아남은 개체가 이렇게 많다는 것은 상어와 싸워 물리치는 것이 꽤 성공적이라는 암시이기도 하다.

현재 새러소타 돌고래 연구 프로그램을 책임지고 있는 랜디 웰스Randy Wells는 고등학생이었던 1970년부터 새러소타만 돌고래들을 연구해왔다. 길이는 30킬로미터, 제일 넓은 곳의 폭은 8킬로미터인 이 만은 새러소타와 브레이든턴의 도시들과 접하고 있다. 이 둘을 합치면 인구가 10만 명이 넘는다. 이 만은 대부분의 장소에서 수심이 3, 4미터에 불과하고 수온도 계절에 따라 섭씨 20도와 30도 사이를 오가기 때문에 사람이 수영하기에 딱 적당하다. 이 만과 그 주변 바다에는 150마리 이상의 돌고래가 붙박이로 살고 있다. 웰스가 연구 초기에 돌고래를 개별적으로 알아볼 수 있게 되면서 한 가지 발견한 것이 있다. 자신이 본 돌고래들 중 90퍼센트 이상이 이 지역 붙박이라서 지속적인 관찰이 가능하다는 것이었다. 이 만에서 이제 6세대에 걸쳐 수천 마리의 돌고래를 추적관찰해 온 웰스는 이들이 살고 있는 복잡한 사회 집단에 대해 많은 것을 배웠다. 아마 이런 복잡한 사회 때문에 이들이 상대적으로 큰 뇌를 발달시킨 것인지도 모른다. 돌고래의 대뇌화지수는 3.3 정도로 대부분의 원숭이보다 체구에 비해 뇌가 크다. 웰스는 그 개체군의 암컷들이 약 여덟 살에서 열 살이 되었을 때 처음 새끼를 낳고, 그 새끼는 2년 동안 젖을 물며, 무려 6년이나 어미로부터 보살핌을 받는다는 것을 알아냈다. 웰스와 그의 동료들은 또한 수컷이 열 살밖에 안 된 어린 나이에도 아빠가 될 수 있음을 알아냈다. 더군다나 50년이라는 세월도 제일 장수하는 돌고래가 태어나서, 늙고, 죽을 때까지 모두 추적하기에는 부족한 시간임을 알게 됐다.[1]

코끼리와 침팬지에서도 살폈듯이 연구된 기간보다 더 오래 사는 동물의 최소 수명을 결정하는 것은 가능하다. 예를 들어 돌고래의 경우 암컷 한 마리가 50년의 연구 기간 초기에 자기 새끼와 함께 헤엄치고 있는 것이 발견됐다면, 그 암컷이 당시에 적어도 새끼를 밸 수 있는 나이가 됐다는 얘기고(새끼를 밸 수 있는 최소의 나이는 여덟 살 정도), 그 후로 그 암컷을 50년 동안 지켜보았으니 최소 58세가 되었다고 추측할 수 있다. 아마도 그보다 나이가 상당히 더 많을 것이다. 암컷 돌고래는 40대까지 번식을 할 수 있으니까 말이다. 하지만 현재까지 알려진 제일 장수한 야생 돌고래인 웰스의 FB15번 돌고래 닉클로Nicklo의 수명은 그런 식으로 밝혀낸 것이 아니다. 바로 치아를 통해 밝혀냈다.

육상포유류의 나이를 치아 마모도를 보고 추정하기도 한다. 거친 먹이를 갈아먹고 씹을 때 치아끼리 갈리다 보면, 세월의 흐름에 따라 치아가 마모된다. 앞에서 보았듯이 코끼리의 수명은 치아 마모 때문에 제한될 수도 있다. 그런데 치아 마모는 대단히 다양하게 일어나기 때문에 그저 젊었느냐, 중년이냐, 늙었느냐 정도의 애매한 추정만 가능하다. 한편 돌고래의 나이는 치아 마모도가 아니라 치아에 난 나이테를 통해 추정한다. 이런 나이테를 처음 인식한 것은 19세기 중반이었지만 돌고래의 정확한 나이를 판단하는 데 그것이 이용된 것은 1980년대에 웰스의 새러소타만 연구에서 나이가 알려진 돌고래들을 이용해 그 정확성이 입증된 이후의 일이었다. 이 연구에는 독특한 측면이 있었다. 이 돌고래 중 일부를 얕은 물에서 그물을 이용해 정기적으로 포획한 것이다. 이렇게 포획한 돌고래를 특수 설계된 수의학 검사선으로 올려서 체중을 재고, 신체 측정을 하고, 꼼꼼하게 수의학 검사를 한 후에 다시 만으로 풀어주었다. 초기부터 가끔은 돌고래의 나이를 판단하기 위해 검사를 하는 동안 치아를 발치하기도 했다. 해당 종의 보존에 초점을 맞춰 이루어지게 되는 일로, 그 과정이 상상하는 만큼 과격하지는 않다. 돌고래는 최고 100개까지 작은 치아들이 나 있는데 그중 하나(정확히는 하악 좌측 15번 치아)를 발치하게 된다. 이렇게 하는 것이 해당 동물에게 그 어떤 지속적인 영향을 미친다는 증거가 나오지는 않았다.

껍질의 나이테로 조개의 나이를 결정할 때나 척추의 나이테로 상어의 나이를 결정할 때 보았듯이 동물은 나이가 들수록 성장이 느려지기 때문에 나이테의 선도 더 촘촘히 붙어서 세기가 어렵고, 오류도 많아진다. 하지만 다행히도 닉클로의 생일은 그리 나이가 많지 않았던 1984년에 측정되었다. 당시 닉클로는 34세의 중년 엄마였다. 그 후로 33년 동안 닉클로는 총 80번 이상 계속 발견되었다. 새러소타만의 모든 돌고래들처럼 닉클로도 등지느러미에 생긴 자국, 긁힌 자국, 기타 표식 등을 이용해 사진으로 알아볼 수 있었다. 닉클로는 48세였을 때 낳은 이브Eve를 비롯해서 적어도 네 마리의 새끼를 성공적으로 낳았다. 닉클로가 마지막으로 관찰된 것은 2017년으로, 67세의 나이에 죽었거나 죽임을 당한 것으로 추정된다.[2]

닉클로는 자신의 종에 비해 예외적인 존재였음을 지적해야겠다. 백 살까지 산 사람이 예외적인 것과 비슷하다고 볼 수 있다. 이 개체군에서 암컷은 50을 넘어서까지 사는 경우가 드물고, 수컷은 40을 넘기는 경우가 드물다. 현재까지 새러소타만에서 기록된 수컷 중 제일 오래 산 것은 52세까지 살았다. 닉클로의 나이를 이용하면 이 종과 이 개체군의 장수지수를 계산할 수 있다. 그 값은 약 2.2로 체구가 같거나 더 큰 어느 육상포유류보다도 큰 값이고, 대부분의 원숭이와 비슷한 값이다. 내가 '이 종과 이 개체군'이라고 말한 것에 주목하자. 이 돌고래들은 인구밀도가 높은 지역과 접한 얕고 따듯한 바다와 그 주변에서 살고 있기 때문에 낚시, 수상스키, 제트스키 같은 인간의 수상활동에 교란당하거나, 배에서 나오는 배기가스, 흘러나온 휘발유, 도시에서 흘러 들어오는 빗물 등의 오염에 노출되어 있어 자신의 종을 대표하지 못할지도 모르기 때문이다. 이들은 다른 곳이나 공해에 사는 돌고래들보다 수명이 짧을 수도 있고, 오히려 훨씬 더 길 수도 있다. 아크티카 조개의 수명이 개체군에 따라 극적으로 달라졌었던 것을 기억하자.

반면 우리 생각보다 더 대표성이 있을 수도 있다. 사실 또 다른 장기적인 돌고래 연구가 자연이 훨씬 잘 보존된 지역에서 진행되고 있다. 호주의 샤크만Shark Bay은 따듯하고 얕은 바다가 광활하게 펼쳐진 덕에 이름 붙여진 유네스코 지정 세계유산이다. 그 안에 있는 커다란 페론 반도Peron peninsula는 만 안으로 손가락을 곧장 들이밀고 있는 것처럼 조금은 외설적인 몸짓을 하고 있다. 샤크만은 인적이 드문 호주 서부 해안을 따라 중간쯤에 있다. 이 만은 독특한 동물군으로 크게 주목받고 있다. 특히 그 섬에 있는 동물군이 독특해서 이런 섬들은 샤크만쥐Shark Bay mouse, 샤크만반디쿠트Shark Bay bandicoot, 줄무늬토끼왈라비banded hare-wallaby, 붉은허리토끼왈라비rufous harewallaby 같은 멸종 위기 종들의 피난처가 됐다. 그리고 부디boody, *Bettongia lesueur*도 여기에 해당한다. 부디는 웃자란 쥐처럼 생겼지만 사실은 유대목 동물marsupial이다. 그래서 캥거루쥐Lesueur's rat-kangaroo라는 더 적절한 이름으로도 불린다. 어쨌거나 우리는 호주에 와 있다. 이 만에는 풍성한 돌고래 개체군이 상주하고 있고, 혹등고래도 계절에 맞춰 찾아온다. 그리고 전 세계 듀공 중 8분의 1이 이곳에 살고 있다. 그나저나 듀공은 진화적으로 제일 가까운 친척인 매너티와 혼동하기 쉽다. 양쪽 종 모두 코끼리와의 공통 선조로부터 내려온 포유류로 바다에서 살며 해초를 먹는다. 유사점에 방점이라도 찍듯 매너티는 새러소타만에 흔하다.

샤크만은 길이 160킬로미터, 폭 80킬로미터로 새러소타만보다 훨씬 크다. 샤크만의 평균 수심은 9미터로 새러소타만보다 2배 깊지만 미지근한 수온은 대략 비슷하다. 새러소타만과의 한 가지 큰 차이점은 샤크만 주변에 사실상 사람이 살지 않는다는 것이다. 이 만에는 한 번에 300~400마리씩 무리 지어 다니는 돌고래만 넘쳐난다. 사실 이곳은 길들여진 돌고래들이 해안을 따라 얕은 물가에서 물을 튀기며, 해변을 찾아온 몇몇 사람들이 나눠주는 것을 열심히 받아먹는 것 때문에 1960년대부터 사람들에게 알려져 있는 곳이었다. 물가까지 찾아오는 이 길들여진 돌고래를 가까이서 지켜볼 수 있다는 점이 미국의 행동생물학자 리처드 코너Richard Connor와 레이첼 스몰커Rachel Smolker의 관심을 끌었다. 이들은 이 인적 없는 해변에서 캠핑을 하면서 1982년부터 이들의 행동을 연구하기 시작했다. 그리고 2년 후에는 장기 연구를 시작했고, 그 연구가 지금까지도 이어지고 있다.[3]

샤크만 돌고래는 큰돌고래common bottlenose dolphin와는 다른 남방큰돌고래Indo-Pacific bottlenose dolphin, *Tursiops aduncus*다. 아주 많이 닮았기 때문에 몇십 년 전까지만 해도 같은 종으로 여겼었다. 양쪽 종 모두 비슷한 나이에 번식 가능한 성숙도에 도달하고, 새끼가 어미에게 의존하는 기간도 비슷하다. 샤크만 돌고래들은 적어도 40대 후반이나 50대 초반까지 플로리다의 돌고래만큼 오래 사는 것으로 보인다. 하지만 이 연구가 더 최근에 시작됐고, 연구를 위해 치아를 발치하지 않았기 때문에 닉클로처럼 특출하게 오래 산 개체가 있는지는 알 수 없다. 샤크만의 수컷 돌고래들이 소규모로 연합해서 가임기의 암컷 돌고래를 사회 집단으로부터 떼어내어 짝짓기를 하려든다는 것은 알고 있다. 그리고 소규모 집단의 암컷들이 독특한 수렵 도구를 발명했다는 것도 알고 있다. 이들은 해저에서 바다해면을 뜯어내서 자기 코 위에 붙인다. 솔직히 조금은 우스꽝스러운 모습이지만 이들은 해저를 뒤져 바닥에 반쯤 몸을 파묻고 있는 먹이를 찾아낼 때 이 해면으로 자신의 주둥이를 보호한다. 이곳의 해저는 날카로운 바위나 부서진 조개껍질로 뒤덮여 있기 때문이다. 듣자하니 질 좋은 해면을 찾기가 어렵다고 한다. 무언가를 먹을 때는 그 해면을 내려놓아야 하는데, 이 돌고래들은 내려놓았던 해면을 다시 회수해서 재사용하거나, 다른 곳으로 먹이를 찾아 이동할 때 함께 가져가기도 한다. 이것은 문화적인 행동이다. 즉 엄마가 딸에게 물려주는 행동이다. 그리고 어린 돌고래가 이 기술을 완전히 연마하는 데는 몇 년이 걸린다. 마지막으로 암컷이 꽤 이른 시기에 생식능력에 노화가 찾아온다는 것이 여기서 확실하게 입증됐다. 이는 생리학적인 생식 절정기가 보통 20대 중후반에 찾아왔다가 그 이후로 쇠퇴하는 사람의 여성을 연상시킨다. 샤크만 돌고래의 생식능력 노화는 나이가 많은 돌고래 어미의 새끼가 젊은 어미의 새끼와 비교할 때 생존 확률이 떨어지고, 암컷의 나이가 많아지면서 출산과 출산 사이의 시간 간격도 늘어나는 것에서 확인할 수 있다.[4] 보아하니 새끼를 낳고 키우는 일이 나이가 많은 암컷에게서 더 많은 것을 앗아가는 것으로 보인다.

따라서 야생의 돌고래는 노화의 흔적을 보이기는 하지만 그래도 동물원에서 보호를 받으며 잘 먹고, 잘 사는 비슷한 체구의 육상포유류보다 2배 정도 오래 산다. 언뜻 보기에는 별것 아닌 것 같겠지만 내게는 인상적으로 다가왔다. 돌고래는 포유류고 다른 포유류와 마찬가지로 섭씨 37도 정도의 체온을 유지한다. 이들은 체온보다 훨씬 차가운 물속에서 살면서 이런 체온을 유지하고 있다. 물은 공기보다 27배나 빠른 속도로 체열을 빼앗아가기 때문에 비슷한 기온에 있는 얼룩말보다 훨씬 빠른 속도로 체온을 잃는다. 여기에 외온성 상어, 내온성 돌고래, 고래의 중요하고도 현저한 차이가 있다. 수온이 찬 곳에 가면 상어의 대사는 느려지지만, 돌고래의 대사는 늘어난다. 돌고래는 물에게 잃는 열과 균형을 이루기 위해 충분한 열을 생산해야 한다. 이는 수생포유류가 직면해야 하는 근본적인 생리학적 문제다. 그래서 이들은 몸집이 아주 커지거나(그럼 열을 생산하는 체중 대비 표면적의 넓이가 유리해지기 때문에 열 손실을 제한할 수 있다), 단열을 아주 잘하거나(모피나 지방층을 두텁게 해서), 대사율을 크게 높이거나 해야 한다. 여담이지만 지방층은 수생포유류에게 정말 쓸모가 많다. 단열 효과와 부력을 제공해줄 뿐 아니라 효율적인 에너지 저장 방식이기도 하다. 우리 인간의 몸은 이 점을 너무 잘 알아서 탈이지만.

그래서 돌고래 성체는 피부 아래로 2.5센티미터 정도의 지방층을 고치처럼 두르고 있다. 이 정도면 체중의 5분의 1 정도를 차지하는 양이다. 이들은 또한 같은 체구의 육상포유류보다 대사율이 2, 3배 높다. 그럼 2, 3배 정도 많은 칼로리를 섭취해야 한다는 의미다. 그리고 대사를 하면 산소 유리기와 다른 해로운 부산물이 만들어진다는 것을 기억하자. 내가 장수지수가 2를 넘는 것을 보고 깊은 인상을 받은 이유가 바로 그 때문이다.

범고래

고래목에 속하는 종 중에 카리스마 넘치는 종이 하나 더 있다. 범고래killer whale, *Orcinus orca*다. 영어로는 'killer whale', '살인 고래'라는 아주 적절한 이름을 갖고 있다. 큰돌고래가 얼룩말 크기라면, 범고래는 코끼리 크기다. 이름은 고래이지만 범고래는 사실 돌고래이고 돌고래과 중 제일 큰 종이다. 야생에서 이들은 신경 쓰일 정도로 큰 동물이면 사실상 무엇이든 가리지 않고 잡아먹고, 탁월한 지능과 협동사냥 능력이 있기 때문에 자기보다 훨씬 큰 고래를 비롯해서 거의 모든 것을 잡아먹을 수 있다. 심지어는 지구에서 가장 큰 육식동물인 향유고래도 이들의 공격으로부터 자유롭지 못하다. 범고래가 거대한 수염고래를 잡아먹었다는 기록이 있고, 상어, 심지어 백상아리도 이들을 피하고, 물개, 바다사자, 바다코끼리, 일각고래, 그리고 펭귄과 여러 종의 어류까지도 이들을 피한다. 하지만 범고래는 그저 자연이 자기를 설계한 대로 할 일을 하고 있을 뿐이라는 점을 지적하고 싶다.

이들이 아직까지 잡아먹었다는 기록이 없는 종이 하나 있다. 바로 사람이다. 야생 범고래가 사람을 공격해 죽음에 이르게 했다는 기록은 아직까지 없다. 다만 사육되어 훈련을 받은 범고래는 사정이 다르다. 이런 범고래는 조련사 몇 명을 죽인 적이 있고, 때로는 많은 사람이 지켜보는 상황에서 일이 벌어지기도 했다. 하지만 이것은 잡아먹기 위한 공격이 아니었다. 그보다는 '나 오늘 기분 진짜 별로니까 건들지 마'라는 식의 공격에 가까웠다.

이미 말했지만 범고래는 정말 카리스마가 넘친다. 이들은 전 세계 해안 토착문화의 신화 속에서는 중요한 역할을 담당하고 있지만, 산업화된 세계에서는 그다지 존중받지 못했다. 예를 들어 범고래는 제2차 세계대전 동안에 캐나다 왕립공군의 폭격 연습에서 표적으로 사용되었었다. 그리고 상업적으로 가치 있는 연어 자원을 고갈시키는 범인으로 비판도 받았다. 최근에는 이들의 대중적 이미지가 극적인 반전을 맞이했는데 아마도 이들을 '살인 고래' 대신 '오르카'orca로 부르게 된 덕이 클 것이다. 1993년에 나온 〈프리윌리Free Willy〉라는 영화는 곤경에 빠진 열두 살짜리 사내아이와 역시 곤경에 빠진, 얼마나 늙었는지 알 수 없는 범고래 사이의 우정을 다루었다. 이 영화는 전 세계적으로 1억 5000만 달러의 수익을 벌어들여 세 편의 후속 영화가 제작되기에 이르렀고, 영화 제목과 같은 이름의 이 스타 범고래를 야생으로 되돌려 보내려는 무분별한 시도도 이루어졌다. 해상공원에서 수십 년 동안 범고래 샤무Shamu[†] 스타일의 쇼가 진행된 것에도 분명 기여했을 것이다. 이렇게 크고 지능이 높은 종을 사육하는 것에 대

† 미국 씨월드에서 1960년대 중후반에 쇼에 등장했던 범고래

해 대중의 우려가 있음에도 불구하고 해상공원의 범고래 쇼는 대단히 인기가 높다. 범고래 쇼는 돈이 되는 장사다.

이들의 대중적 이미지는 예전에는 안 좋았다가 지금에 와서 나아졌지만 그와는 별개로 범고래는 정말 매력적인 동물이기 때문에 몇몇 야생 개체군을 대상으로 1970년대 초반부터 워싱턴 주와 브리티시컬럼비아 앞바다에서 연구가 이루어졌다.[5]

범고래는 북극해와 남극해, 그리고 그 사이의 사실상 어느 곳에서나 발견된다. 심지어 북서 태평양 연안 지역의 컬럼비아 강Columbia River 같은 큰 강에서 상류로 무려 160킬로미터나 올라온 곳에서도 가끔 발견된 적이 있다. 사실상 그 어떤 수온도 이들에게는 문제가 되지 않는 것 같다. 이들은 향유고래의 뒤를 이어 지구에서 두 번째로 큰 뇌를 갖고 있고, 그 큰 뇌를 가지고 포드pod라는 다세대 집단을 이루어 사회적으로 복잡하게 상호작용을 하면서 산다. 포드는 일반적으로 늙은 암컷 한 마리와 그 암컷에서 나온 몇몇 세대의 암수 후손으로 이루어져 있다. 범고래는 양쪽 성별 모두 자기가 태어난 집단에 남는 몇 안 되는 포유류 중 하나다. 대부분의 포유류에서는 성적으로 성숙하면 어느 한쪽 성이 다른 집단으로 옮겨간다. 다른 돌고래들처럼 범고래도 복잡한 딸깍 소리와 휘파람 소리로 소통한다. 이들은 폭넓은 학습 능력을 갖고 있어서 어미는 새끼에게 다양한 사냥 기술도 가르친다. 수십 년 동안 범고래는 단일종으로 여겨졌지만 최근의 유전자 연구에 따르면 이들이 별개의 몇몇 종으로 분화하는 과정에 있을지도 모른다는 암시가 나왔다.

하지만 다른 돌고래들과 마찬가지로 우리가 이 야생 범고래에 대해 갖고 있는 정보는 거의 대부분 해안 가까이서 살아서 연구하기가 상대적으로 쉬운 토박이 개체들로부터 나온 것이다. 그리고 우리가 알고 있는 다른 돌고래들과 마찬가지로 이동성이 더 강해서 바다로 나가는 다른 개체군들이 있고, 우리는 이들에 대해서는 아는 것이 거의 없다. 해안지역의 붙박이 범고래들은 먹이로 물고기, 특히 연어를 좋아한다. 이들은 연어 사냥꾼으로 명성이 자자하다. 이동하는 범고래들은 물개, 바다사자, 가끔은 다른 고래 등 다른 포유류를 전문적으로 사냥한다. 그리고 마지막으로 다른 돌고래들과 마찬가지로 범고래도 연구기간이 거의 50년에 이르렀지만, 그 정도로는 가장 오래 사는 개체들을 태어날 때부터 죽을 때까지 추적관찰하기에 충분하지 않았다.

지금은 고인이 된 범고래 연구의 선구자 마이클 비그Michael Bigg는 브리티시컬럼비아 연구 초기에 상주형과 이주형, 이렇게 두 유형의 범고래가 있음을 확인했다. 넓은 지역을 이주하며 물개를 잡아먹고 사는 범고래들은 이제 '비그의 범고래'라 불리고 있다. 다른 돌고래들처럼 범고래도 수면으로 올라왔을 때 촬영한 특징적인 표시를 통해 개체를 확인할 수 있다. 이 개체군에서 특정 개체들에 대해 첫 15년 동안 수백 회의 관찰을 통해 연구한 끝에 연구자들은 암컷이 10세까지 자라고, 첫 새끼는 15세 정도에 낳고, 마지막 새끼는 대략 40세에 낳는다고 이미 결론을 내렸다. 수컷들은 8세 정도에 성체 크기의 하방 한계에 접근하지만 십대 말까지 성장을 계속 이어간다. 연구자들은 또한 수컷이 평균적으로 30년 정도 살고, 제일 나이가 많은 개체는 50세에서 60세까지 사는 반면, 암컷은 평균 35세까지 살지만 극단적인 경우에는 80세에서 90세까지 산다고 결론 내렸다. 이것은 극값이었고, 여기에 해상공원 전시를 위해 이 개체군에서 68마리의 범고래가 생포됐다는 사실이 더해져 의견의 불일치를 촉발시켰다.

극단적으로 오래 산 범고래의 이야기가 알려진 지는 꽤 오래 됐다. 호주 투폴드만Twofold Bay의 '올드 톰Old Tom'의 이야기도 그런 이야기 중 하나다. 호주 동남부 구석에 위치한 투폴드만은 혹등고래와 흰수염고래right whale가 열대바다의 번식지와 남극의 먹이터를 오갈 때 거치는 이동 경로 위에 자리잡고 있다. 19세기 포경산업의 호황기에 이 두 종은 모두 비싸게 팔리는 지방층 때문에 귀하게 여겨졌다. 이 지방층에서 기름을 뽑아내어 등의 연료나 윤활제로 사용됐다. 산업혁명 동안에는 이런 것들이 점점 더 많이 필요해졌다. 이들의 딱딱하면서도 유연한 수염도 요즘에는 플라스틱이나 유리섬유를 이용하는 코르셋 후프, 우산살, 마차 채찍과 같은 물건을 제작하는 데 요긴하게 사용됐다. 하지만 범고래 산업이 존재했던 적은 없다. 이들은 너무 작고, 너무 빠르고, 너무 영리하고, 너무 위험한데다가 지방층도 너무 적고 고래수염도 없었기 때문이다.

투폴드만에서는 소규모 해안 포경업이 성장했다. 고래를 찾아 먼 바다를 누비는 대신 포경업자들이 노를 저어 앞바다로 나가서 고래를 찾아 작살로 잡은 다음 연안으로 끌고 들어와 가공했다는 의미다. 그 동네 범고래들은 이런 배들을 따라다니면 배에 끌려가는 죽거나 죽어가는 수염고래에서 혀나 입술 같은 맛있는 부위를 차지할 수 있음을 알게 됐다. 일부 더 똑똑한 범고래들은 수염고래를 투폴드만으로 몰아넣은 다음 포경업자들에게 이 수염고래의 존재와 위치를 알려주면 곧 맛난 혀과 입술을 포상으로 받을 수 있음을 배웠다. 이로 인해 포경업자와 범고래 사이에 공생관계가 발전했다. 심지어 이 범고래들에게는 쿠퍼, 험피, 후키, 지미, 킨치, 스키너, 스트레인저, 티피, 워커, 빅벤, 빅잭, 리틀잭 같은 애칭도 생겼다.[6]

증거에 따르면 암컷이었던 것으로 보이는 톰은 포경업자들을 특히나 잘 도와줬다. 톰은 포경 기지 앞에 자리잡고 꼬리로 철썩이며 포경업자에게 수염고래 소식을 알리는 것으로 유명했다. 그래서 포경업자들이 톰을 따라가보면 포드에 속한 나머지 범고래들이 수염고래 한 마리를 포위하고 있었다. 1846년부터 투폴드만에서 포경업에 종사했던 데이비슨Davidson 가문 사람들은 등지느러미에 난 독특한 표시로 확인 가능했던 톰과 3대에 걸쳐 알고 지냈다. 결국 톰은 올드 톰으로 이름이 바뀌었다. 1930년 9월 17일에 올드 톰의 시체가 파도에 밀려 바닷가로 올라왔다. 지역 사람들에게는 안타까운 비극이었다. 데이비슨 가문에서 전해오는 이야기를 바탕으로 계산해보면 톰은 분명 적어도 90세였다. 톰의 골격은 숭배하듯 보존되었고, 그 뼈를 전시하고 투폴드만의 포경산업 역사를 전하기 위해 박물관도 만들어졌다. 지금도 투폴드만의 에덴 범고래 박물관Eden Killer Whale Museum에 가면 그 뼈들을 볼 수 있다. 90살짜리 범고래의 이야기는 이렇게 해서 역사에 남게 된 것이다.

두 명의 포경업 전문가 에드워드 미첼Edward Mitchell과 앨런 베이커Alan Baker는 올드 톰의 실제 나이를 밝히는 것을 자신의 사명으로 삼았다. 이들은 역사적 기록을 샅샅이 뒤져봤지만 데이비슨 가문을 통해 전해 내려오는 이야기 말고는 올드 톰에 대한 구체적인 증거를 찾을 수 없었다. 그러다가 완전히 성체로 자란 톰이 등장한 1910년의 홈 비디오의 존재를 발견했다. 거기서 독특한 등지느러미로 톰을 바로 알아볼 수 있었다. 성체 크기에 도달하는 데 15년이 걸린다고 치고, 톰이 1930년에 사망한 것을 알고 있으니까 그럼 톰이 적어도 35세라는 의미가 된다. 톰은 거기서 얼마나 더 나이를 먹었을까? 미첼과 베이커는 1977년에 박물관을 찾아가 톰의 6.7미터짜리 골격을 꼼꼼하게 조사해보았다. 그리고 톰의 치아 중 세 개가 빠져 있고, 두 개는 심한 농양이 있었다는 것을 알게 됐다. 두 사람은 허락을 받아

투폴드만의 포경업자들을 돕고 있는 올드 톰. 이 사진은 올드 톰에 대한 1910년 다큐멘터리 영화에서 가져왔다. 이제 막 작살로 잡혀 끌려가는 수염고래는 사진에서 빠져 있다. 톰과 포경배 사이에 범고래 새끼가 있다는 점에 주목하자. 이는 톰이 암컷이었을지도 모른다는 증거다. 이 범고래는 90세가 넘는 나이까지 살다 죽은 것으로 유명해졌지만 그 치아를 보면 1930년에 바닷가로 떠밀려온 시체는 올드 톰이 아니었거나, 그동안 포경업자들을 도왔던 다른 범고래들의 뒤를 이은 후계자였음을 암시하고 있다.

톰의 아래턱에서 치아를 뽑아 나이테를 검사해보았다. 그 증거와 홈비디오의 내용을 토대로 두 사람은 톰의 실제 나이는 전해지는 이야기와 달리 35세라고 결론을 내렸다.

겨우 15년의 연구 후에 브리티시컬럼비아 범고래가 90년까지 살 수 있다고 한 초기 추정치로 보아서는, 올드 톰의 이야기가 그와 관련이 있는지 여부가 확실치 않다. 다만 이 추정치들 사이에 상당한 불일치가 존재한다는 것은 확실하다. 이 불일치는 수의사 토드 로벡Todd Robeck과 씨월드SeaWorld 출신의 동료들이 자기들이 사육하던 범고래의 생활사 분석 연구를 발표하면서 시작됐다. 이들은 1965년에서 1978년 사이에 야생에서 포획한 19마리와 사육 상태에서 태어난 또 다른 65마리를 대상으로 분석했다.[7] 이들의 논문은 사육 범고래의 성장, 번식, 생존을 야생의 브리티시컬럼비아 범고래들과 비교해 보았다. 그 결과 씨월드에서 잘 먹으면서 편안하게 생활하는 범고래들은 야생의 범고래보다 조금 빨리 성장하고, 조금 이른 시기에 성숙한다는 것을 알게 됐다. 놀라운 결과는 아니었다. 이들은 또한 범고래가 2000년 이전에는 야생의 범고래에 비해 잘 살아남지 못했지만 2000년 이후로 사육방식이 개선되면서 사육 상태에서의 생존이 적어도 야생에서의 생존만큼 좋아졌다고 결론 내렸다. 마지막으로 이들은 씨월드의 개체군과 야생 개체군(의문의 여지없이 확실한 출생 기록을 가진 개체들)에서 제일 나이가 많다고 알려진 범고래의 수명이 50년 이하라고 지적했다. 이들은 범고래 중 그 나이까지 살아남은 것으로 알려진 개체는 불과 3퍼센트에 불과하다고 말했다. 이것이 사실이라면 현재 100세가 넘는 것으로 추정되고 있는 가장 오래 산 야생 범고래의 나이 추정치는 심각하게 과대평가되어 있을 가능성이 크다. 이들은 암컷 범고래가 아마도 70세를 넘기지는 못할 것이고, 수컷은 그보다 수명이 10년 짧다고 결론 내렸다.

이런 결론은 사육 범고래가 야생에서 자유로이 사는 범고래보다 분명 생존에 불리하다고 확신하는 범고래 연구자나 동물권리 활동가들의 결론과 부합하지 않는다.[8] 뒤에 나오는 내용을 이해하려면 야생동물의 나이 평가를 좀 구분해서 이해할 필요가 있다. 내가 앞에서는 이 부분에 대한 언급을 피했었지만 이제는 이 부분이 중요해진다. 직접적인 관찰을 통해 태어난 해가 알려져 있는 동물을 연령확인known-age 동물이라고 부르자. 그리고 연령추정estimated-age동물은 다 자라지 않았을 때 처음 목격되어 실제 나이와 몇 년 혹은 몇 퍼센트 이내의 오차범위로 나이를 추정할 수 있는 동물을 말한다. 이들의 나이는 젊은 연령확인 동물의 체구로부터 역산하면 추정할 수 있다. 제일 장수한 침팬지와 코끼리에 대해서 이미 이렇게 했던 적이 있다. 다음으로는 연령짐작guesstimated-age 동물이 있다. 이들의 나이는 다양한 가정을 바탕으로 짐작한 것이다. 만약 가정이 틀렸을 경우에는 나이가 100퍼센트나 그 이상으로 엉뚱하게 달라질 수 있다. 그린란드 상어의 나이는 연령짐작에 해당한다. 그렇다고 이런 연령짐작을 비난하려는 의도는 아니다. 다만 그 불확실성을 감안하자는 얘기다. 연구자들은 자기에게 주어진 정보를 가지고 최선을 다하고 있다.

가상의 사례를 통해 그 불확실성의 정도가 얼마나 되는지 확인해보자. 세 마리의 암컷 범고래로 이루어진 집단이 처음으로 발견됐다고 해보자. 한 마리는 젖먹이 새끼고, 또 한 마리는 그 새끼에게 젖을 물리는 어미다(이 어미를 '수유 어미'라 부르자). 세 번째 범고래는 아직 완전히 다 자라지는 않았지만 거의 다 자란 개체다. 이 개체는 '주비'라 부르자. 범고래는 다세대로 가족을 이루어 살기 때문에 이 세 마리가 모두 가족 관계라 가정할 수 있다. 엄마와 두 딸일 가능성이 높다. 체구가 작고 아직 젖을 먹고 있다는 사실로 보아 젖먹이 새끼의 나이는 확실하다. 이 새끼를 한 살이라고 해보자. 주비는 젖먹이 새끼의 언니라고 가정할 수 있다. 이 개체군의 암컷들은 5년마다 새끼를 낳는다는 것을 알고 있고, 거기에 체구까지 고려하면 주비는 여섯 살 전후로 많아야 1, 2년의 나이라 추정할 수 있다.

이제 나이 짐작을 시작해보자. 수유 어미는 새끼를 적어도 두 마리 낳았다. 이 두 마리가 처음 낳은 새끼들이라고 가정할 때, 첫 출산이 대략 15세에 이루어지고, 출산과 출산 사이에 5년의 간격이 있고, 거기에 젖먹이 새끼의 한 살 나이를 더해서 역산해보면 이 어미는 21세 정도의 젊은 개체일 수 있다. 물론 이 어미가 처음 낳았던 새끼 한두 마리를 잃었을지도 모른다. 그럼 지금 있는 새끼 두 마리는 그 뒤에 낳은 것이고 어미는 나이가 상당히 더 많을 수도 있다. 범고래가 40세 이후로는 번식을 하는 경우가 드물다는 것을 알기에 수유 어미는 41세나 그보다 더 많을 수도 있다. 46세에 출산한 개체의 기록이 있으니 극단적으로 생각하면 이 어미의 나이가 47세일 수도 있다. 따라서 가정하기에 따라서는 이 모든 것이 합리적인 짐작이 될 수 있다. 수유 어미의 나이는 21세에서 47세로 그리 정확한 값은 아니다. 내가 이것을 짐작이라 부르는 이유도 그 때문이다.

이렇게 장황한 사례까지 들어가며 설명한 이유는 다양한 합리적인 가정에 따라 짐작한 연령이 대단히 큰 차이가 날 수 있음을 보여주기 위함이다. 연구 기간이 길어질수록 연령짐작 개체는 줄어들고, 연령확인 개체와 연령추정 개체가 많아질 것이다.

그럼 다시 씨월드와 브리티시컬럼비아 범고래 연구자들 사이의 나이 추정 불일치 문제로 돌아가보자. 씨월드의 범고래들은 대부분 사육 상태에서 태어난 연령확인 개체들이다. 여기서는 정말 나이가 많은 개체가 있다는 주장이 나오지 않았다. 브리티시컬럼비아에서 제일 나이가 많은 것으로 추정되는 야생 범고래는 초기 연구에서 나온 연령짐작 개체다. 이 초창기의 짐작에 따르면 제일 오래 산 개체는 과학문헌에서는 'J2', 대중적으로 '그래니Granny'라는 이름으로 알려진 범고래였다. 그래니는 1971년에 촬영된 사진에서 'J1', 혹은 '러플스Ruffles'라는 이름으로 알려진 다 자란 수컷과 함께 확인이 됐다. 이들의 행동을 통해 러플스는 그래니의 아들로 추정됐다. 그래니는 그 후로 16년 동안 다른 새끼를 낳지 않았기 때문에 연구자들은 그래니가 가임기를 지났고, 러플스가 그의 마지막 새끼라고 가정했다. 그럼 연령짐작은 다음과 같이 이루어진다. 수컷은 약 20세에 완전한 성체 크기에 도달하고, 암컷은 40세 이후로는 번식을 거의 하지 않는다. 따라서 러플스가 20세이고, 그래니가 가임기를 지난 상태라면 그래니는 그보다 적어도 60년 전인 1911년에 태어난 것이 된다. 그래니가 1971년에 60세였다면 사람들이 연구 동물의 나이를 추정하기 시작한 1987년에는 76세가 된다. 그리고 마지막으로 목격된 2016년에는 그래니의 나이가 105세였을 수 있다.

3퍼센트의 개체만 50세까지 살아남는 종에서 한 개체가 백 살 넘게 살 가능성이 극히 희박하다는 것도 문제지만 그래니의 연령을 짐작할 때의 문제가 그것만은 아니다. 그나저나 이것은 산업화 이전 시대의 사람이 적어도 150세까지 살았다는 것과 비슷한 경우다. 이 정도면 당시 인구의 3퍼센트가 살았던 나이의 대략 2배에 해당한다. 또 다른 문제는 러플스가 나중에 유전자 분석을 해보니 그래니의 아들이 아니었다는 점이다.[9] 그래니에게 어떤 새끼도 없다면(그리고 이후의 유전자 분석에서 그래니의 새끼는 한 마리도 나타나지 않았다) 그래니가 1971년 이후로는 살아남은 새끼를 전혀 남기지 않았다는 사실이 남는다. 따라서 만약 그래니가 당시에 정말로 가임기를 지난 후였고, 원래부터 불임이 아니고 환경적 위험 때문에 새끼를 모두 잃은 것이라면 그래니가 1971년에 적어도 40살이었으며 따라서 1931년에 태어난 것이고, 마지막으로 목격되었을 때는 적어도 85세였다고 가정하는 것이 합리적이다. 반면, 만약 그래니가 불임이었거나 새끼가 사람들 눈에 띄기 전에 모두 죽어버린 것이라면(범고래의 새끼는 생후 6개월이 될 때까지 눈에 띄지 않는 경우가 많다), 25마리 정도의 개체로 이루어진 그래니의 무리에서 유전적으로 그래니의 새끼로 밝혀진 개체가 없었기 때문에 그래니는 1971년 당시 스무 살 정도로 젊은 나이였는지도 모른다(당시 그래니는 완전한 성체 크기였기 때문에). 그럼 그래니가 사라질 무렵의 나이가 65세쯤이었다는 의미가 된다. 하지만 그래니가 자신의 무리에서 일찍부터 리더 역할을 맡은 것으로 보이고, 리더 역할은 보통 무리에서 제일 나이가 많은 암컷이 맡는다는 점을 고려할 때 이 마지막 추정치는 가능성이 아주 낮다고 할 수밖에 없다.

그래서 범고래가 도달할 수 있는 최대수명은 여전히 미스터리로 남아있다. 내 입장에서 합리적으로 추측을 해보자면, 그래니는 1971년에 40세 정도였고, 따라서 마침내 영원히 사라졌을 때의 나이는 85세 정도였던 것으로 보인다. 이렇게 하면 범고래의 장수지수는 1.6이 나온다. 체구로 따지면 그래니는 평균적인 5000킬로그램짜리 포유류보다는 오래 살았지만 대부분의 영장류처럼 오래 살지는 못했다. 이것은 크기가 비슷한 종인 야생 아프리카코끼리에서 추정된 최고로 장수한 나이보다 살짝 긴 값이다.

야생에서 범고래를 연구하는 사람들은 그래니의 나이에 의심스러운 부분이 있고, 직접적인 증거가 결여되었음에도 여전히 암컷이 80세에서 90세까지 살 수 있다고 주장한다. 합리적인 주장으로 보인다. 씨월드의 연구자들은 60세에서 70세, 많게는 75세까지 살 가능성이 더 높다는 추정을 이어가고 있다. 암컷이 40세 정도까지만 번식을 한다는 점에는 양쪽 모두 동의하고 있다. 그럼 가임기가 지난 후로 20년에서 25년, 아니면 40년에서 50년을 추가로 더 살 수 있다는 말이니 인간 여성처럼 완경 이후에도 상당히 오래 사는 것이다. 여성은 약 50세 정도에 생리학적으로 생식 능력을 잃게 되는데, 그 시점에서의 기대수명은 산업화 이전 시기에도 수십 년 정도였다. 그렇다면 범고래가 사람의 완경과 관련해서 흥미로운 사례가 되어줄 수 있을까?

완경은 진화적 수수께끼다. 그에 관해서는 다음 장에서 살펴보겠다.

수염고래

진화를 통해 15종의 고래에서 치아가 사라졌다. 이런 종들은 먹이를 물어뜯는 게 아니라 한입에 엄청난 물을 꿀꺽 삼킨 다음, 그 안에서 새우나 크릴새우 같은 작은 먹잇감들을 치아 대신 생긴 수염을 이용해서 걸러 먹는다. 이런 종 중에서 1년 내내 상대적으로 얕은 만이나 해안가에 편하게 머무는 종은 없다. 그래서 수십 년 동안 가까이서 지속적으로 관찰할 수도 없다. 이들은 잘라서 나이테를 세어볼 치아도 없는데 그 수명에 대해 우리가 아는 것이 있을까? 그리고 있다면 대체 어떻게 아는 것일까?

수염고래는 모든 고래 종 중 제일 크다. 19세기 말 포경산업의 전성기에 제일 활발하게 사냥이 이루어진 대상도 이들이었다. 대왕고래 혹은 흰수염고래는 그중에서도 제일 커서 범고래 30마리를 모은 것보다도 무겁다. 수염고래는 전 세계 곳곳의 바다에서 발견되지만 상당히 많은 시간을 북극해나 남극해에서 보낸다. 이들은 체구가 크고 지방층이 두터워 얼음장 같은 물에서도 저체온증에 빠지지 않는다. 북극의 토착민들은 19세기의 포경산업 이전부터 고래를 사냥해서 고기를 먹고, 지방층으로 기름을 만들고, 수염을 이용해서 바구니, 덫, 썰매 날, 그리고 생활에 필요한 유용한 도구들을 다양하게 만들었다.

대부분의 대형 수염고래들은 계절에 따라 따듯한 바다와 추운 바다 사이를 이동한다. 여름에는 크릴새우와 다른 먹잇감들이 풍부해지는 차가운 북극해와 남극해에서 먹이 활동을 하고, 가을과 겨울에는 플로리다, 하와이, 바하칼리포르니아 등의 따듯한 바다로 찾아와 새끼를 낳는다. 이곳에서는 행여 먹이활동을 하더라도 대단히 드물다. 이들은 체구가 거대해서 대사가 상대적으로 느리고, 지방층에 풍부한 에너지가 저장되어 있기 때문에 먹지 않고 여러 달을 버틸 수 있다. 이렇게 먹이철과 번식철, 그리고 에너지 저장기와 에너지 고갈기가 분리된 덕분에 이들의 수명에 대해 배울 수 있었다. 당신도 추측했겠지만 계절에 따른 이런 주기가 귀지 생산에 영향을 미치기 때문이다.

이것은 귀마개earplug로 불린다. 귀마개는 주로 귀지로 이루어져 있다. 영어로 귀지의 학술명은 'cerumen'이지만 굳이 기억할 필요는 없다. 이도耳道, auditory canal는 바깥 세계로 열려 있는 작은 구멍에 불과하지만, 결국에는 귀 밖으로 밀려나가 빠지는 사람의 귀지와 달리 고래의 귀지는 이도에서 빠져나오지 않는다. 고래의 귀지는 평생 축적되면서 계절에 따라 어둡고, 밝은 색의 나이테를 만든다. 이 색깔은 귀지가 만들어지는 동안 먹이를 먹었느냐, 먹지 않았느냐에 따라 달라진다. 계절에 따라 생산된 귀지에는 그 고래가 살아온 삶에 관한 다양한 양상이 담겨 있다. 귀마개는 나이를 알려줄 뿐만 아니라, 그 화학적 조성을 조사해보면 귀지가 형성될 당시의 호르몬 프로필이 어땠고 어떤 환경 오염물질에 노출되었는지도 드러난다. 귀지 층을 조사하면 삶의 서로 다른 시기에 바다의 수온이 어땠고, 어떤 먹이를 먹었는지도 재구성할 수 있다.

하지만 수십 년 동안 사람들은 이 귀마개를 주로 수염고래의 나이를 추정하는 데 사용했다.[10] 귀마개의 큰 단점은 당연한 얘기지만 죽은 고래에서만 얻을 수 있다는 점이다. 이제는 고래가 국제적으로 보호를 받고 있기 때문에 지금 남은 귀마개는 과거에 수집된 표본이나, 육지로 밀려왔다 돌아가지 못해 죽은 고래 시체에서 채취한 표본 혹은 고래 사냥 허가를 갖고 있는 소수 토착민으로부터 나오는 표본 밖에 없다. 이 귀마개를 통해 제일 큰 고래들은 장수한다는 것을 알게 됐다. 관벌레처럼 어마어마하게 장수하는 것은 아니지만 적어도 제일 장수한 사람만큼은 오래 산다. 예를 들어 대왕고래의 경우 귀마개 분석을 통해 적어도 110년, 참고래fin whale는 적어도 114년을 사는 것으로 보고됐다. 하지만 사람보다 100배 이상 큰 체구 때문에 이들의 장수지수는 1.0에서 1.5 사이 정도밖에 안 나온다. 수염고래 중에 장수와 관련해 특별히 언급할 만한 가치가 있는 종은 북극고래다. 이 종이 고래목 중에서는 장수 챔피언으로 보인다.

북극고래

북극고래Bowhead whale, *Balaena mysticetus*는 번식을 하러 따듯한 바다로 이동하지 않는다. 이들은 일 년 내내 북극해와 그 주변 바다에 산다. 하지만 해빙이 확장되고 줄어드는 데 따라서 동서로 상당한 거리, 그리고 남북으로는 약간의 거리를 이동한다. 북극고래는 길이는 약 16미터, 무게는 7만킬로그램 정도로 두 번째로 무거운 고래다. 지금까지 알려진 종 중 제일 북쪽에 사는 종이며, 평생을 수온이 0도에 가까운 물에서 산다. 그린란드 상어를 떠오르게 하는 대목이다. 북극고래를 그린란드고래Greenland whale라고도 종종 부르고 영어로는 뱃머리라는 뜻의 'bowhead'라고도 부르는데 북극고래는 이 머리를 이용해서 두께가 무려 60센티미터에 이르는 북극해의 해빙을 뚫고 나간다. 북극고래는 이런 능력을 이용해서 유일한 천적인 범고래로부터 탈출하기도 한다. 두꺼운 얼음 밑으로 헤엄치는 것이다. 북극고래만이 이 두꺼운 얼음을 뚫고 숨을 쉴 수 있기 때문이다. 아주 찬 물에서 살기 때문에 이들은 단열을 해주는 지방층이 대단히 두텁다(50센티미터).

어찌나 두터운지 이들도 참고래처럼 죽고 나면 물 위로 뜬다. 북극고래는 20세기 초반까지 계속 이어진 상업적 포경 때문에 개체수가 심각하게 줄었었지만 다행히도 근래에는 많이 반등했다. 또한 북극고래는 1970년대 이후로 국제법으로 보호받고 있어 요즘에는 특별 허가를 받은 북극 토착민들만 이 고래를 사냥할 수 있다.

안타깝게도 추운 바다와 따뜻한 바다를 오가는 종과 달리 북극고래는 귀마개에 나이테가 생기지 않는다. 소수의 동일한 개체를 여러 해 동안 추적하며 반복적으로 사진을 촬영하고, 사냥된 고래의 시체를 조사해본 결과 이 고래는 길이가 13미터 정도 됐을 때 사춘기에 도달하는 것으로 보인다. 그럼 이때의 나이는 10대 후반이나 20대 중반 정도가 된다. 사춘기가 이렇게 늦게 찾아온다는 것은 특출하게 장수할 가능성을 암시한다. 1980년대와 1990년대에는 그 가능성이 더 높아졌다. 몇몇 북극고래를 잡아보니 상아, 점판암, 돌로 만들어진 작살 촉이 지방층 속에 묻혀 있었던 것이다. 연구자들은 이런 작살 촉을 스미스소니언 박물관에 인류학 유물로 보관된 것들과 비교해본 후에 적어도 백 년 동안은 그런 작살 촉이 사용된 적이 없었다고 판단했다. 따라서 이 고래들은 적어도 그 기간 동안은 살아 있었던 것이다.[11]

알래스카 야생동물 관리부의 고래 연구가 존 크레이그 조지John "Craig" George는 '적어도 백 년'이라는 표현보다는 더 정확하게 북극고래의 나이를 짐작해보고 싶었지만, 표본에 더 정확한 나이를 추측할 수 있게 도와줄 귀마개나 치아 나이테가 없었다. 그럼 어떻게 했을까?

그는 캘리포니아 샌디에이고의 스크립스 해양연구소Scripps Institution of Oceanography의 화학자 제프리 바다Jeffrey Bada와 연락해보았다. 바다가 주로 관심을 갖고 있는 분야는 지구나 다른 곳에서의 생명의 기원에 대한 화학적 연구였다. 그의 전문 분야는 단백질의 기본구성요소인 아미노산이다. 단백질은 살아 있는 생명체의 전형적인 특성이다. 바다는 열수분출공 주변 심해에서 발견되는 아미노산도 조사해보고, 운석을 타고 지구에 도착한 아미노산도 조사해보았으며 화성에서 생명체의 흔적을 찾는 장치의 설계도 도운 바 있다. 그러한 연구에서 나온 한 가지 파생물이 바로 아미노산 라세미화amino acid racemization를 이용해서 단백질의 나이를 추정하는 방법에 대한 바다의 선구적 연구였다.

어려운 전문용어로 허풍을 떠는 이름처럼 들리지만 원칙적으로 이것은 대단히 직관적인 기술이다. 야구 투수처럼 아미노산은 왼손잡이나 오른손잡이의 형태로 존재할 수 있다. 거의 모든 생명체는 왼손잡이 형태만 생산한다. 이것은 19세기에 루이 파스퇴르Louis Pasteur가 광견병 백신을 발견하거나 세균이 질병을 일으킨다는 사실을 발견하느라 바쁘지 않을 때 발견한 자연의 기벽이었다. 시간이 지나면서 왼손잡이 형태가 자발적으로 오른손잡이 형태로 바뀌는데 이를 라세미화라고 한다. 라세미화는 20가지 서로 다른 아미노산에서 각각 다른 속도로 일어난다. 따라서 왼손잡이 형태와 오른손잡이 형태의 비율을 측정하면 관심이 있는 특정 단백질이 처음 형성된 후로 얼마나 시간이 지났는지 측정할 수 있다.

바다는 아미노산 라세미화를 이용해서 고대 인류의 뼈에서 해양침전물에 이르기까지 온갖 것의 나이를 추정해보았다. 이 기법은 사람이나 고래의 한평생에 걸친 시간 척도에서 단백질의 나이를 평가하는 데도 유용하다. 이런 방법은 라세미화 나이를 사람의 치아에서 알아낸 달력 나이와 비교해서 확립되었다. 다행히도 여기에 사용된 사람의 치아는 일부러 뽑은 것이 아니라 치과의사와 환자 진료기록을 통해 수집한 것이었다. 수정체 핵은 그린란드 상어의 나이를 짐작할 때 사용했던 것처럼(수정체 핵은 자궁 속에 있을 때 만들어져 동물이 살아 있는 동안에는 계속 유지된다) 북극고래의 나이를 추정하는 데도 사용할 수 있다. 그래서 조지는 토착 사냥꾼에 의해 합법적으로 사냥된 북극고래 42마리의 수정체를 바다에게 제공해서 그것이 고래의 나이에 대해 무엇을 밝혀줄지 확인해보았다. 다행히도 그 결과는 북극고래가 20대 중반에 사춘기에 도달한다는 다른 추정치들과 일관성이 있는 것으로 나왔다. 수정체 연구를 통해 북극고래가 50세에 근접할 때까지 계속 성장한다는 것도 드러났다. 그런데 여기서 깜짝 놀랄 결과가 하나 나왔다. 이 표본에 포함된 성체들은 대부분 사냥을 당할 당시 20세에서 70세 사이였던 것으로 추정되었지만, 모두 수컷이었던 그중 세 마리는 라세미화로 추정해보니 150세가 넘는다고 나온 것이다. 제일 나이 많은 개체는 211세라는 판단이 나왔다. 이는 다른 어느 고래 종보다도 거의 2배 가까이 오래 산 것이다.[12]

고래 연구자들 스스로는 이런 추정치를 대단히 보수적으로 해석해서 '백 살이 넘는 수명은 가능하지 않아 보인다'라는 결론을 내렸다. 하지만 항상 특출한 장수의 사례를 찾아다니고 있는 나 같은 연구자들은 이 211세라는 추정치를 움직일 수 없는 절대적 사실로 받아들였고, 이런 경우는 그 논문이 1999년에 발표된 이후로 이 분야에서 흔한 일이 됐다. 나는 그 후로 노화학술대회에서 200년 넘게 살 수 있는 북극고래야말로 가장 장수하는 포유류라고 분명하게 말해왔다. 북극에 사는 내온성 고래의 장수지수로 2.6이면 합리적인 값이었다. 하지만 북극고래가 정말로 이렇게 오래 살 수 있는 걸까?

여기에는 상황을 복잡하게 만드는 요소가 있다. 아미노산 라세미화의 속도는 온도에 좌우된다. 많은 화학 과정, 생물학 과정과 마찬가지로 이 과정도 추울 때는 속도가 느려지고, 따듯할 때는 빨라진다. 따라서 라세미화 기법을 사용해서 나이를 추정할 때는 그 단백질이 처음 합성된 이후로 어떤 온도를 겪었는지에 대해 가정해야 한다. 만약 고래가 사는 동안 수정체의 온도가 가정한 것보다 낮았다면 고래의 나이가 과소평가될 것이다. 모든 고래는 내부 체온이 섭씨 37도 정도로 대략 비슷하기 때문에 치아의 경우에는 별로 복잡할 것이 없다. 어쨌거나 구강은 몸의 다른 구멍에 접근하기 어려울 때 체온 측정에 자주 사용되는 곳이니까 말이다. 하지만 수정체는 어떨까?

북극고래는 평생을 얼음장처럼 차가운 북극해에서 살기 때문에 일반적인 포유류보다 체온이 어느 정도는 낮다. 북극고래의 내부 체온을 누구도 측정해보지 않았을 때 발표된 원래의 논문에서는 나이를 계산할 때 북극고래의 체온이 대부분의 포유류보다 몇 분의 1도 정도 낮거나, 사람과 참고래의 중간 정도일 것이라고 보수적으로 가정했다. 그리고 14년 후에 추가로 북극고래 41마리의 수정체를 분석했을 때는 북극고래의 심부체온이 대부분의 포유류보다 섭씨 3도 이상 낮은 것으로 밝혀졌고, 나이 추정치도 그에 따라 바뀌었다. 이 표본에서도 역시 13마리의 성체 고래 대부분은 20세에서 90세 사이의 상대적으로 젊은 나이였지만, 한 수컷은 146세라는 판정이 나왔다. 그런데 실제로 측정된 북극고래 체온을 이용해서 원래의 나이 추정치를 새로 평가해보니 211세의 수컷 북극고래의 나이는 250세가 넘는다는 추정치가 나왔다. 혹시나 해서 말하지만, 이 수치는 북극고래 연구자들의 주장이 아니라 내가 직접 계산해본 값이다.

북극고래의 수명을 여느 때보다도 더 놀라워 보이게 만드는 것이 한 가지 더 있다. 최근의 한 연구에서는 전반적인 수염고래의 대사율이 기존에 체구만으로 계산했던 값보다 훨씬 높은 것으로 밝혀졌다. 연구자들이 대사율 자체를 측정해본 것은 아니었다. 자유롭게 살아가는 이 거대한 생명체에서 그것을 측정하기는 거의 불가능하기 때문이다. 대신 이들은 거대한 고래가 얼마나 먹는지 계산하는 새로운 정교한 방법을 사용했다. 그 결과 북극고래를 비롯한 수염고래들이 기존에 추측했던 것보다 최고 3배나 많이 먹는 것으로 나왔다.[13] 그렇다면 북극고래의 대사율도 3배 더 높고, 해로운 유리기도 예상보다 3배 더 많다는 의미다.

여기 북극고래의 수명에 관해 나의 최종적인 생각 두 가지를 말하겠다. 첫째, 나는 당신이 211세와 250세 어느 쪽 주정치를 더 좋아하든 간에 이 수치는 제일 장수한 북극고래의 실제 나이를 심각하게 과소평가한 것일지도 모른다고 생각한다. 내가 이렇게 말하는 이유는 연구자들이 수정체의 온도가 북극고래의 내부 체온과 대략 비슷할 것이라고 보수적으로 가정했었기 때문이다. 나는 어는점에 거의 가까운 물에서 불과 몇 센티미터 떨어진 위치에 자리잡고 있는 북극고래의 수정체가 내부 체온과 가까운 온도를 유지하리라는 주장을 받아들이기 어렵다. 둘째, 앞에서 나는 한 종 안에서 극단적인 이상치로 나온 동물 나이에 대해서는 회의적인 태도를 보였었다. 하지만 북극고래의 경우는 덜 회의적이다. 20세기 초반에 상업적인 포경업자들에 의해 이 종이 광범위하게 착취를 당했기 때문이다. 따라서 상업적 포경이 중단되기 전부터 살아남은 개체는 적을 거라고 예상해야 한다. 그리고 대부분의 종에서는 수십만 마리를 대상으로 실제 나이와 나이 추정치들이 쏟아져 나왔다. 반면 북극고래의 경우는 40마리도 안 되는 성체를 대상으로 나온 나이 추정치밖에 없기 때문에 나이의 간극이 있으리라 예상해야 한다. 이 종은 우리가 현재 추측하고 있는 것보다 훨씬 탁월한 수명을 보여줄지도 모른다. 물론 거대한 체구로 장수한다는 것은 북극고래와 다른 대형 고래에게 탁월한 암 저항 능력이 있음을 암시한다. 흥미롭게도 최근의 고래 유전체 조사에서 이들에게 특별한 종양억제 유전자가 존재한다는 암시가 나왔다. 종양생물학자라면 가까이 들여다볼 만한 가치가 있을 것이다.[14]

4부

인간의 장수

13장

⁑

인간의 수명 이야기

언젠가 용감한 침팬지 한 무리가 안전하고 익숙한 숲을 뒤로 하고 탁 트인 아프리카 사바나에서 영원히 살아가겠노라고 마침내 마음을 먹었던 날이 분명 있었을 것이다. 사바나에는 먹을 것이 정말 많았다. 그리고 위험도 그만큼 많았다. 그리고 지상에서 활동하는 포식자를 피해 달아날 수 있는 나무는 적었다. 이들이 안전한 나무에서 자는 것을 마침내 중단함으로써 이제는 돌이킬 수 없이 사바나 생활에 온전히 전념하게 됐는지도 모른다.

이들은 침팬지, 보노보, 인간 이렇게 오늘날 존재하는 세 침팬지 종의 선조였다. 이들의 생김새가 어땠는지는 알 수 없다. 그 당시에도 특이한 침팬지였는지도 모른다. 어쩌면 사바나 생활에 어울리게 어떤 독특한 유전적 변화를 거쳤을지도 모른다. 어쩌면 기후가 건조해지면서 숲의 면적이 줄어들자 어쩔 수 없이 사바나로 내몰렸을 수도 있다. 우리가 아는 것은 이 침팬지의 후손들이 그 후로 600만 년에 걸쳐 엄청난 성공을 거두었다는 것이다. 이들은 여러 종으로 분화하여 아프리카 전체로 퍼져 나갔다. 400만에서 500만 년 전에 이들은 손가락 마디로 걷는 방식을 버리고 직립보행을 진화시켰다. 이들은 이제

두 다리로 걷고, 달렸다. 아마도 탁 트인 사바나에서는 이런 이동 방식이 에너지 측면에서 더 효율적이고, 걷거나 달리는 동안 손과 팔을 다른 활동에 자유롭게 사용할 수 있었기 때문일 것이다.

이들의 뇌는 200만 년 전부터 커지기 시작해서 결국 다른 침팬지보다 3배 더 큰 지금 우리의 뇌가 됐다. 일부 초기 인류는 아프리카를 벗어났다. 어쩌면 처음 사바나로 나왔을 때처럼 기후변화로 인해 어쩔 수 없이 밀려났거나, 모험심에 새로운 도전을 찾아 나선 것일지도 모른다. 사실 그 후로 200만 년 동안 우리 종을 포함한 몇몇 인간 종이 아프리카 밖으로 나갔다. 현재 우리가 알고 있는 바에 따르면 우리 종은 다른 종들이 떠나고 시간이 많이 지난 후에 떠났다. 현재 우리 종인 호모 사피엔스가 처음 아프리카를 벗어난 것은 약 10만 년 전 즈음으로 여겨지고 있다.

이 초기 호미닌hominin(이것은 우리 선조들을 다른 침팬지들과 분류학적으로 구분하기 위해 만든 용어다)에 대한 진술은 어떤 것이든 그 앞에 '현재 우리가 알고 있는 바에 따르면'이라는 말을 덧붙여야 한다. 초기 인류의 진화에 대해 한 달이 멀다하고 새로운 발견이 쏟아져 나오고 있기 때문이다. 비교적 최근까지도 해부학적인 현대인류가 10만 년 전에야 등장했다고 생각하고 있었다. 그러다 새로운 화석이 발견되면서 그 추정시기를 20만 년 전으로 앞당겨 놓았고, 지금은 30만 년 전으로 더 당겨졌다.[1] 당시에는 지구 어디선가 무려 9종이나 되는 호미닌이 살았을 수도 있다.

그 과정에서 이 다양한 호미닌 종들은 일련의 석기를 발전시키고 불로 음식을 익혀 먹는 법에 통달했다. 그리고 어쩌면 사냥이 쉬워지도록 불을 놓아 풍경을 탁 트이게 열어젖히는 방법에도 통달했는지 모른다. 우리 자신 말고도 우리가 꽤 잘 알고 있는 한 종이 있다.

네안데르탈인Neanderthal이다. 이들은 밧줄을 꼬아 만들고, 옷감을 짜고, 보석을 만들고, 먹을 것을 저장하고, 음악을 연주하고, 자기가 사냥하는 동물들의 그림을 동굴 벽에 그리는 법을 알았다. 이들이 밤에 모닥불을 피우고 그 주변에 둘러 앉아 음식을 익히며 서로에게 이야기를 들려줄 수 있을 만큼 정교한 언어를 발달시켰었는지는 알 수 없으나, 그런 장면을 어렵지 않게 머릿속에 그려볼 수 있다.

현대 인류는 아프리카를 떠나면서 초기에 이주한 네안데르탈인 같은 호미닌들과 접촉했다. 그 즈음에는 비아프리카계 호미닌이 적어도 4종으로 다양해졌고, 지구의 상당 부분을 차지하고 있었다. 이런 만남에서 무슨 일이 벌어졌는지는 정확히 알지 못한다. 다만 우리가 이들 종 가운데 적어도 2종, 즉 네안데르탈인과 데니소바인Denisovan과 종종 짝짓기를 했다는 것은 알고 있다. 이런 짝짓기의 흔적이 오늘날에도 우리 유전자 안에 살아남았기 때문이다. 다른 인류 종이 남긴 뼈와 치아에서 고대의 DNA를 복구할 수 있는 기적에 가까운 능력과 저렴한 DNA 염기서열분석 기법이 발전한 덕분에 나도 내 유전자 중 2퍼센트 정도가 네안데르탈인에서 기원한 것임을 알 수 있게 됐다. 우리가 아는 또 한 가지는 3만 년 전 경에는 호미닌 중 우리만 남게 됐다는 것이다. 우리가 경쟁자들을 제거한 것일까, 아니면 자연이 우리를 대신해서 제거해 준 것일까?

5만 년 전까지는 우리의 수명이 네안데르탈인과 크게 달랐다고 생각할 이유가 별로 없다. 네안데르탈인은 골격 유해가 수백 구 발견되어 수명이 끔찍하고 야만적으로 짧았다는 것이 알려져 있다. 이 비극적인 운명의 네안데르탈인 사촌들의 나이 추정치를 보면 20세까지 간신히 도달한 사람 중 80퍼센트 정도는 마흔 살이 되기 전에 죽었고, 스무 살에 도달할 확률이 50 대 50을 넘지 못했다.[2] '끔찍하고 야만적'

이라는 표현은 말 그대로다. 초기 인류 골격 10구 중 9구에서는 큰 외상의 흔적이 남아 있었다. 다만 이것이 인간에 의한 것인지 대형 동물의 공격에 의한 것인지에 대해서는 논란이 있다. 백 구가 넘는 유해를 분석해본 한 연구에서는 우리 선조 친척의 3분의 2 정도는 곰, 늑대, 고양이과 동물 같은 대형 육식동물에게 공격당한 흔적이 보인다는 결론이 나왔다. 보아하니 우리만 일방적으로 고대의 육식동물들을 사냥한 것은 아니었나 보다. 먹잇감과 보금자리를 차지하기 위한 경쟁이 분명 격렬했을 것이다.

우리가 아메리카 대륙을 제외한 지구 대부분의 지역으로 퍼져 있고, 네안데르탈인과 다른 호미닌 종들이 수가 줄어들거나 사라져 있었던 약 4만 년 전을 즈음해서 갑자기 골격 유해의 나이 분포가 바뀐다.[3] '젊은 성인'에 비해 '나이 든 성인'의 비율이 더 흔해진 것이다. 이것은 인간생물학의 변화 때문일 수도 있고, 어떤 문화적 발전 때문일 수도 있다. 아마 우리가 그 이유를 알 수는 없을 것이다. 이것은 정교한 장신구의 발달 같은 문화적 복잡성의 증가와 시기적으로 일치한다. 이유야 어쨌건 간에 약 4만 년 전, 우리의 문화나 생물학에 다른 뚜렷한 변화가 보이지 않았던 때부터 우리는 네안데르탈인 사촌보다 더 오래 살기 시작한 것으로 보인다.

해부학적 현대 인류의 수명에 관해 할 이야기가 두 가지 있다. 첫째는 우리가 도시와 마을에 모여 살기 전, 우리가 다른 사람에게 돈을 주어 음식을 재배하고, 옷을 만들고, 예술을 하라고 시키기 전, 우리가 전 세계 유행병에 취약해지기 전 자연 그대로의 상태였다고 할 수 있는 시절에 얼마나 오래 살았었느냐는 것이다. 즉 우리 종이 존재하던 대부분의 시기에 수명이 얼마였는지를 묻는 이야기다. 이것은 우리가 견뎌온 환경의 변화와 수십만 년 동안 상호작용하면서 빚어진 우리의 생물학적 설계에 관한 이야기다. 이 이야기를 통해 우리는 우리의 노화 생물학을 아직도 야생에 살고 있는 다른 종들과 비교해볼 수 있다. 또 하나의 이야기는 우리가 스스로를 사육하기 시작한 이후로 현재 우리가 얼마나 오래 살고 있느냐에 관한 이야기다. 즉 우리가 환경을 필요가 아니라 희망에 맞춰 고치고, 과학을 발전시키고, 위생과 건강 증진 방법을 발견한 이후의 수명 이야기다. 이 변화는 참으로 극적이었다. 특히 지난 한두 세기 동안의 변화가 눈부시다. 지난 150년 동안 기술적으로 발전된 국가에서의 기대수명은 10년마다 2.5년이라는 입이 떡 벌어지는 속도로 늘어났다. 하루에 6시간씩 수명이 늘었다는 말이다.[4]

우리의 '자연 수명'

30만 년에 이르는 인류의 역사 대부분에서 우리가 얼마나 오래 살았는지 보여줄 수 있는 구체적이고 확실한 증거는 골격 유해로 추정한 나이밖에 없다. 경찰들은 오랫동안 묻혀 있어서 뼈에 살이 거의 남지 않은 희생자의 시신을 발견하면 보고서에 성별과 희생자의 예상 연령대를 기재한다. 성별은 대부분 골반의 형태를 보고 결정한다. 하지만 요즘에는 DNA 분석을 통해 식별하는 경우가 많다. 나이는 희생자의 체구, 치아, 머리뼈, 골반, 갈비뼈, 관절, 그리고 척추 등을 나이가 알려진 개인의 골격과 비교해서 판단한다. 대부분의 나이 추정 기법과 마찬가지로 이것도 아동, 청소년, 젊은 성인에서는 효과적이지만 대상의 나이가 많아질수록 정확도가 떨어진다. 수천 년에서 수만 년이 되었을지도 모르는 인류학적 유해의 나이를 추정할 때는 시간, 사후 손상, 퇴화가 뼈에 어떤 영향을 미쳤는지 등의 추가적인 문제가 존재한다. 네안데르탈인을 연구할 때 나이를 그냥 신생아, 아동,

청소년, 젊은 성인(적어도 만 20세인 성인), 나이 든 성인(40세 이상) 등의 단순한 범주로 나누어 추정하는 이유도 그 때문이다. 1300구가 넘는, 약 천 년 전에 살았던 아메리카 토착원주민의 유해를 대상으로 진행한 한 대규모 연구를 보면 당시에는 50세에서 55세를 넘어서까지 살았던 사람이 거의 없었던 것으로 나온다.[5] 일부 인류학자는 50세에서 55세가 당시의 가장 긴 수명에 해당한다고 믿고 있다. 현재는 침팬지도 야생에서 그보다 더 오래 살 때가 있다는 것을 알고 있기에 이런 의견을 그대로 받아들이기는 어렵다. 그보다는 고대의 뼈가 전하는 이야기 때문에 이런 나이제한이 생겨났을 가능성이 더 높다. 55세와 80세의 고대 인류의 뼈를 구분하기가 불가능하기 때문인지도 모른다.

우리의 현대생물학이 진화하기까지의 유구한 세월 동안 고대 인류의 수명이 얼마나 됐었는지 이해하기 위해서는 필연적으로 고대와 비슷한 환경에서 살고 있는 현대인을 연구해야 한다.

수십 년 동안 인류학자들은 농업이 널리 확산되기 전에 흔했을 환경과 크게 다르지 않은 환경에서 살고 있는 인구집단을 찾아 나섰다. 아주 먼 과거를 생각할 때는 4만 년 전에 현대인류가 아프리카, 유럽, 아시아 등 아메리카 대륙을 제외한 모든 지역에 살고 있었다는 사실을 잊고 판에 박힌 인간의 존재방식이 존재했다고 가정하기 쉽다. 하지만 당시에 인류는 고온다습한 숲뿐만 아니라 춥고 건조한 숲에서도 살았었다. 그리고 초원지대, 살을 에는 듯이 추운 시베리아 툰드라, 몹시 건조한 사막에서도 살았었다. 먹을 것도 많고 기후도 온화해서 살기 편한 곳도 있었지만 먹을 것은 근근이 먹고 살만한 수준밖에 없고 기후가 가혹한 곳도 있었다.

고대와 비슷한 환경에서 살아가는 현대인류를 연구해서 수명의 생물학에 대해 배우려 할 때는 두 가지를 명심해야 한다. 첫째, 과학자들이 이들을 연구할 즈음이면 가장 고립된 상태로 살아가던 사람들이라도 우리가 확인할 수 있는 방식으로든, 추측만 할 수 있는 방식으로든 현대생활의 영향을 받은 상태라는 점이다. 일반적으로 선교사나 무역업자들이 과학자들보다 한 발 먼저 이들과 접촉해서 아이디어, 상품, 도구, 그리고 때로는 질병을 그들에게 전파한다. 전염성 질병은 그것과 처음 접하는 인구집단을 신속하게 황폐화해서 연령구조를 크게 왜곡시켜 놓을 수 있다. 16세기에 유럽이 아메리카 대륙을 식민지화하는 동안에 이런 점이 분명하게 드러났다. 일부 연구자에 따르면 이때 도입된 질병 때문에 무려 90퍼센트의 토착원주민이 사망했다고 한다.[6] 선교사가 먼저 도착하지 않은 경우에도 인접 지역에 사는 다른 집단 사람들과의 짧은 접촉을 통해 상품이나 도구가 먼저 도착하기도 한다. 둘째, 오늘날 이런 외딴 지역에 사는 사람들은 현대사회에서 일부러 무시해버린 변방의 거주지에서 살고 있다. 현대사회가 무시한 데는 다 이유가 있을 것이다. 고대에는 대부분의 사람이 그보다 더 살기 좋은 지역에서 살았을 것이다.

솔직히 고백하면 이런 인류학적 연구들에 대한 개인적 해석은 내가 파푸아뉴기니의 미얀민Miyanmin 족과 보낸 몇 달 간의 경험에 강하게 영향을 받은 것이다. 나의 대학원생 제자였던 케이트 피셔는 그곳에서 몇 년을 살았었다. 우리는 호주와 뉴기니에 사는 유대동물인 쿠스쿠스cuscus라는 동물과 나무타기캥거루tree kangaroo의 삶에 관심이 있었다. 이 동물들은 다른 우림이었다면 원숭이가 차지했을 생태적 지위, 즉 과일과 이파리를 먹으며 나무에 사는 포유류의 지위를 차지하고 있었다. 우림으로 뒤덮여 있음에도 불구하고 사람 말고는 어떤 영장류도 뉴기니의 섬으로 퍼져나간 적이 없다. 우리는 원숭이와 대응하는 이 유대목 동물들이 원숭이처럼 느린 발달 속도, 느린 번식, 그리고 상대적으로 긴 수명을 진화시켰을지 궁금했다. 우리 두 사람 모두 사람 자체에는 특별히 관심이 없었다. 인류학자들이 이미 그들에 대해 연구를 했었기 때문이다. 우리는 그저 우리의 연구를 위해 미얀민 사람들의 도움이 필요했을 뿐이다. 솔직히 우리는 그저 생존을 위해서라도 그들의 도움이 필요했다.

뉴기니 해안은 16세기부터 유럽의 뱃사람들에게 알려져 있었지만 20세기로 접어들고 한참이 될 때까지도 그 안에 있는 산악지역 대부분은 바깥세계 사람들에게 미스터리로 남아 있었다. 심지어 오늘날에도 뉴기니 내륙 지역에는 도로가 거의 없고, 거의 수상용 경비행기를 통해서만 접근이 가능하다.

미얀민 사람들은 섬의 지리적 중심 근처에 있는 중앙산맥central cordillera의 외딴 계곡에 살고 있다. 그들은 1960년대에 땅을 밀고 작은 활주로를 지으면서 이 활주로가 마법처럼 바깥세상으로부터 부를 가져다줄지도 모른다는 희망을 품었다. 공사가 마무리 되자 주변 지역에 살던 사람들이 그 근처로 자리를 옮겼다. 부는 현실화되지 않았지만 그 덕에 인류학자 조지 모렌George Morren이 그곳에 찾아갈 수 있었다. 미얀민 사람들과 그 근처 산에서 번성하는 쿠스쿠스 개체군을 찾을 가능성에 대해 처음 우리에게 말해준 사람이 그였다. 쿠스쿠스는 활주로 공사로 땅을 개간하면서 개체수가 줄어든 상태였다. 케이트와 내가 1990년대 초에 그곳을 방문했을 때는 활주로 근처로 대략 200명 정도의 사람이 텃밭에서 감자, 타로토란taro, 바나나 같은 것을 키우며 근근이 살아가고 있었다. 절반 정도 길들여진 소중한 돼지들이 대부분의 단백질을 제공해주고 있었다. 마을의 개들은 사람들이 먹고 남은 음식을 먹고 살면서 사냥을 도왔다. 남자들은 여전히 대나무 창과 화살로 사냥을 하고 있었다. 텃밭에서 쥐나 작은 유대목 동물을 만난 여성들도 막대기를 이용해서 효율적으로 그런 동물들을 처리하고 있었고, 숲으로 사냥을 나선 남성들만큼이나 많은 고기를 제공하는 듯 보였다. 우리는 열 명 남짓한 미얀민 사람들을 가이드로 고용해서 고지대 산악 숲으로 찾아갔다. 그곳은 쿠스쿠스가 사냥으로 사라지지 않은 곳이었으며 일상적으로 사냥을 다니기에는 활주로에서 너무 멀었다. 몇 주에 걸쳐 산속을 트레킹하는 동안 이 남자들을(여자들은 대부분 우리와 함께 일하는 것이 금지되어 있었다) 관찰하며 겸손해지는 경험을 했다. 우리는 최첨단 기술이 적용된 가벼운 텐트를 가져갔는데 일꾼들이 매일 밤 직접 나뭇가지와 이파리를 엮어서 만든 뽀송뽀송한 보금자리에는 견줄 수도 없었다. 그들은 우리가 복잡한 로프와 슬링을 이용하는 것보다 막대기와 덩굴을 이용해 나무를 훨씬 더 빨리 올라가기도 했다. 또한 이들이 숲을 읽는 능력은 정말 놀라웠다. 어느 날 밤 나는 쿠스쿠스를 무선 추적하다가 해가 저물자 완전히 방향감각을 상실해서 캠프로 돌아가는 길을 잃어버렸다. 알아볼 만한 장소가 있을까 해서 모든 방향을 뒤져보았지만 수포로 돌아갔고, 나는 밝아지면 길을 찾을 수 있을지 모른다는 희망을 가지고 거대한 나무뿌리에 자리를 잡고 침울하게 앉아 있었다. 내가 돌아오지 않자 케이트는 소규모 수색 팀을 보냈고, 그들은 어둠 속에서 숲을 뚫고 추적해 자정이 되기 직전에 나를 찾아냈다. 그 후로 일주일 정도 이 지역을 탐험하는 동안 우리가 쿠스쿠스를 찾고 있으면 가이드들이 가끔 가던 길을 멈추고 주변을 둘러보더니 이렇게 말했다. “그 길을 잃어버렸던 날 이곳을 통과하셨나 보네요.” 아무래도 길을 잃고 자포자기한 상태로 있던 과학자가 숲속에 흔적을 남겨 놓은 게 아닌가 싶다.

당시는 내가 노화의 생물학에 대해 막 관심을 갖기 시작하던 때였기 때문에 미얀민 사람들이 얼마나 오래 사는지에 대해서는 생각을 거의 안 해봤다. 지금 생각해보면 아마도 말라리아, 결핵, 사냥하다 당하는 사고, 개인 간의 폭력, 우글거리는 회충과 다른 기생충 같은 것 때문에 수명이 길지 않을 거라 추측했을 것 같다. 그들의 문화에는 숫자나 셈 같은 것이 존재하지 않았기 때문에 나이를 물어보는 것도 아무런 의미가 없었다. 누군가의 나이를 해독하려고 한 번 시도해 본 적은 있었다. 나는 우리의 제일 가까운 친구이자, 최고의 쿠스쿠스 사냥꾼이자, 마을에서 나이가 많은 노인 중 한 명이었던 크웨키압에게 다른 사람을 먹어본 적이 있는지 물어보았다. 미얀민 사람들은 과거에 가끔씩 다른 마을을 급습해서 사냥하던 것으로 알려져 있었다. 뉴기니의 이쪽 지역에서는 단백질 공급이 항상 부족했기 때문이다. 인류학자 모렌에 따르면 이런 급습이 적어도 1950년대까지는 남아 있었다고 했다. 크웨키압이 이 질문에 재미있다는 듯 빙그레 웃더니 명확한 대답을 교묘하게 피하며 이렇게 말했다. "걱정 말아요. 백인은 한 번도 먹어본 적이 없으니까."

우리는 미얀민 사람들이 현대적인 삶에 전혀 영향을 받지 않았을 거라고 생각하지는 않았다. 이들은 여전히 대나무 창과 화살로 사냥하고 있었지만 또 어떤 사람은 대단히 값비싼 금속 마체테 칼을 갖고 있었다. 활주로를 따라서는 작은 초등학교도 하나 있었고, 1, 2주마다 들리는 선교사의 수상비행기와 통신할 수 있는 송수신 겸용 무전기도 있었고, 그 수상비행기에 실려 들어오는 몇 가지 물품을 파는 작은 가게도 있었다. 마을에서 영어를 조금 할 줄 알았던 찰스는 단파 통신 라디오로 BBC를 들으며 영어를 익혔다. 이렇듯 현대적인 삶과 접촉이 있다 하더라도 그 마을에 70세가 넘은 사람이 한 명이라도 존재했다면 나는 놀랐을 것이다. 또 한편으로는 내 생각이 틀렸어도 놀라지 않을 것이다. 앞에서도 말했지만 사람은 내 관심사가 아니었기 때문이다.

이 책에서 다루었던 다른 동물 종의 경우와 마찬가지로 수의 개념이 도입되지도 않은 이렇게 작고 고립된 인구집단에서 노화를 연구하는 인류학자가 사람의 나이를 어떻게 판정 혹은 추정할 수 있는지 짚어볼 필요가 있다. 일반적으로는 상대적 나이를 알아내는 데서 시작한다. 말하자면 나이의 연쇄를 확인하는 것이다. 사람들끼리 평생 서로를 잘 알고 지내는 작은 마을이라면 "당신은 저 사람보다 먼저 태어났나요, 나중에 태어났나요?", "자식(혹은 형제자매) 중에 누가 나이가 제일 많습니까?", "이 사람들 중 누가 더 나이가 많습니까(혹은 젊습니까)?" 등의 질문에 보통 거의 모든 사람이 대답할 수 있다. 일치하지 않는 경우도 몇 건 나올 수 있지만 결국에 가서는 사람들의 상대적인 나이를 꽤 잘 파악할 수 있다. 이런 방법을 사용하면서 어린 아이들의 실제 나이를 추정하거나, 사람들에게 잘 기록되어 있는 특정 사건(첫 비행기가 도착했던 때나 자연 재해가 폭넓게 일어났던 해)을 기억하는지 여부를 확인해보면 결국에는 모든 사람의 나이를 꽤 정확하게 추정해볼 수 있다. 여기서 말하는 '모든 사람'이란 상대적으로 소수의 사람을 의미한다. 정의상 이곳은 작고 고립된 인구집단이니까 말이다. 이것은 사소한 문제가 아니다. 표본의 수가 적으면 편향 가능성도 크기 때문이다. 나이가 제일 많은 사람의 나이가 평가하기 제일 힘들지만 제일 큰 자식이 아직 살아 있는 경우, 그 자식의 타당한 나이 추정치가 나와 있으면 도움이 된다.

이 기본적인 방법론을 생각해낸 사람은 낸시 하웰Nancy Howell이다. 그는 이런 전통 사회에서 사람들이 얼마나 오래 살았는지 관심을 두었던 최초의 인류학자다. 당시 박사학위 학생이었던 하웰은 어빈 드보어Irven DeVore와 리처드 리Richard Lee가 이끄는 하버드대학교의 대규모 연구진에 소속되어 있었다. 이 연구진은 1960년대에 아프리카 칼라하리 사막 남서부의 물웅덩이 주변에 살았던 !쿵!Kung† 수렵채집인 인구집단을 연구했다. 그는 자신이 연구했던 !쿵 부족도 미얀민족과 마찬가지로 원시적인 인간의 본성을 보여주는 사례로 여겨서는 안 된다는 점을 지적했다. 적어도 1900년 이후로는 외부인들이 정기적으로 그 지역을 찾아왔었기 때문이다. 그들은 소를 키우는 이웃이 있었고, 금속 냄비, 플라스틱 물병, 신발, 탈것에도 익숙했다. 그럼에도 그들은 한 곳에 정착하기를 거부하고 거의 수렵과 채집만으로 살아가는 삶을 계속 이어갔다.

!쿵 부족의 수명에 대해 알고 있는 부분을 서로 아주 다른 두 곳의 현대 수렵채집인들, 즉 파라과이 동부의 숲에 살고 있는 아체Ache족과 탄자니아 사바나에 살고 있는 하드자Hadza 족에 관한 지식과 삼각으로 비교해보면 고대 인류의 삶이 어떤 모습이었을지 짐작해볼 수 있을 것이다.[7] 이들이 거주하는 환경에는 극적인 차이가 있음에도 이 세 집단 간에는 놀라운 유사점들이 존재한다. 세 집단 모두 사람들이 상대적으로 체구가 작다. 키를 보면 남성은 평균 160센티미터, 여성은 150센티미터 정도다. 세 집단 모두 여성이 초경을 경험하는 나이가 만 15세에서 16세 정도이고, 모두 첫 아기를 만 19세 정도에 낳는다. 비교를 해보자면, 육체노동을 하는 경우가 드물고 고칼로리 음식이 흔한 요즘의 미국과 유럽에서는 초경이 보통 만 12~13세에 찾

† '!'는 흡착음을 나타내는 표시다.

아온다. 다른 동물 종의 경우와 마찬가지로 일용할 양식을 구하려면 힘들게 노동해야 하는 야생의 환경에서 사는 사람들은 길들여진 환경에서 사는 사람들에 비해 인생 초기의 이정표들을 조금 느리게 거쳐 간다.

하지만 이 집단들 간의 명확한 차이점도 존재한다. 사막에서 살아가는 !쿵 부족은 삶이 고달프다. 생존하기 위해서는 아주 열심히 일해야 한다는 의미다. 이들이 모두 군살 없이 여위었으며, 집단 내 저출산 현상을 보이는 것만 봐도 알 수 있다. 이 두 가지 현상 모두 집단이 에너지 스트레스를 받고 있음을 말해주는 믿을 만한 신호다. 여윔 혹은 비만의 정도는 체질량지수(BMI)로 간단하게 측정할 수 있다. 이 지수는 키와 비교해서 체중이 얼마나 되는지를 측정한 값이다. 현재 세계보건기구(WHO)의 가이드에서는 18.5에서 25 사이의 BMI를 정상적인 건강 체중으로 보고 있다. 환산해보면 175센티미터의 남성은 57~76킬로그램, 163센티미터의 여성은 50~66킬로그램이 된다. 이것을 기준으로 잡으면 1960년대 말 !쿵 부족 여성의 평균 BMI는 18.0이다. 그럼 현대적인 기준에서 살짝 저체중에 해당한다. 이들의 출산율도 에너지 스트레스를 반영하고 있다. 하웰이 이들을 연구했던 1960년대에 이 여성들의 가임기간 출산율은 평균 4.7로 아주 낮았다. 이 수치를 현대와 비교해보면, 잘 먹으면서 피임을 삼가는 메노파 Mennonite 종교 집단은 여성의 가임기간 평균 출산율이 그 2배가 넘는다.[8]

에너지 스트레스 측면에서 그 다음은 탄자니아의 하드자 족이다. 이들은 사냥감이 풍부하고 유명한 응고롱고로 분화구Ngorongoro crater와 호화로운 관광객 캠프에서 그리 멀지 않은 동부 아프리카 사바나에서 수렵과 채집을 하며 살아간다. 그럼에도 이들 중 일부는 현대적인 삶의 유혹을 뿌리치고 대체로 전통적인 생활방식을 유지하고 있다. 하드자 족의 여성들은 !쿵 부족 여성들보다 덜 여위었고(BMI 21), 출산율도 높다(평생 정상 출산율 6.2). 수렵채집인의 기준에서는 사치스러운 생활을 하는 일부 아체 족은 1970년대와 1980년대에 여전히 파라과이의 숲에서 수렵과 채집 활동을 했다. 반면 일부 아체 족은 보호구역으로 들어오라는 유혹에 넘어가서 좀 더 현대적인 환경에서 생활하고 있다. 여전히 숲에 사는 아체 족 여성들의 평균 BMI는 24이고, 평생 평균 여덟 명의 아이를 출산한다.

구할 수 있는 먹거리도 다르고, 동물과 사람의 포식자로부터 오는 위험도 다르고, 바깥세상과 상호작용하는 유형과 정도도 다른 다양한 거주지에서 살고 있는 이 수렵채집인들의 수명이 모두 비슷한 것은 원시적인 환경 아래서의 인간의 수명에 관해 무언가 중요한 것을 반영하고 있다는 것이 나의 가정이다. 이 집단의 삶이 4만 년 전 우리 종의 삶을 어느 정도까지 대표할 수 있는지는 결코 알 수 없을지도 모르나 지금의 우리로서는 이것이 최선이다.

현대 수렵채집인들의 첫 출산이 야생의 침팬지, 오랑우탄, 코끼리, 범고래보다 몇 년 늦다는 사실을 눈치챈 사람도 있을 것이다. 이들 동물 종은 모두 사람보다 4, 5년 이른 시기에 첫 출산을 한다. 사람은 생식을 시작할 때까지 시간이 좀 걸린다. 하지만 일단 시작하고 나면 우리는 그 잃어버린 시간을 만회한다. 사람의 경우 먹을 것으로 스트레스를 받는 수렵채집인들의 경우도 출산과 출산 사이의 간격이 3, 4년밖에 안 된다. 우리와 제일 가까운 영장류 친척인 침팬지(5.5년)나 오랑우탄(8년)보다 눈에 띄게 짧다. 서로 육아를 돕는 것이 사람에게 생식상의 이점을 제공한 것으로 보인다. 우리가 다른 유인원에 비해 생태학적으로 성공을 거둔 이유, 즉 우리가 지구에 급속하게 퍼지게 된 이유를 이것으로 설명할 수 있을지도 모르겠다.

이 현대의 수렵채집인들이 얼마나 오래 사느냐는 문제에 뛰어들기 전에 사람의 수명을 특징지을 때 제일 흔히 사용되는 측정방법인 기대수명에 대해 다시 한마디 하고 싶다. 기대수명은 현대의 산업사회에서 전형적인 수명을 쉽고 빠르게 특징지을 수 있는 방법으로 비교적 최근에 개발된 방법이다. 흔히 기대수명은 '출생시 기대수명'을 의미하고 이는 본질적으로 사람이 죽는 평균 나이를 의미한다. 유아와 아동의 사망률이 높았을 때는 이런 평균값으로는 성인의 수명을 대표할 수 없다. 예를 들어 1900년의 프랑스는 출생과 사망 기록이 잘 남아 있는데 유아와 아동의 사망률이 높아서 기대수명이 45세로 나왔지만, 성인이 제일 흔히 사망하는 나이는 70대 초반이었다.[9] 결론적으로 연구 대상이었던, 기술이 발전하지 않은 이 소규모 인구집단 모두에서 유아 사망률이 높게 나왔다. 생태학적으로 차이가 있음에도 불구하고 세 집단 모두 아동 중 40퍼센트가 10살을 넘기지 못하고 죽었다.

아동기 사망률 문제를 피해서 성인의 수명을 특징지을 수 있는 더 나은 측정법은 성인이 될 때까지 살아남은 사람들의 기대수명이다. 성인기가 대략 만 15세부터 시작한다고 치면 세 집단 모두에서 여성은 그 후로 43~45년을 더 살 수 있을 것으로 기대할 수 있다. 모두 합치면 성인은 평균 58~60년을 산다는 의미다. 다시 이 수치를 더 넓은 맥락에서 살펴보면, 현재 미국에서 같은 측정치(15세 여성의 기대수명)는 67년, 즉 모두 합치면 82년으로 나온다. 동물 데이터와 마찬가지로 이 수렵 집단에서 제일 오래 산 사람에 대한 추정치는 믿을 것이 못 되지만 이 수렵 집단 모두에서 몇몇은 80세까지도 사는 것으로 보인다. 그리고 일부는 80대 중반까지 살기도 한다. 그럼 야생 환경에서 사는 사람이 코끼리보다 살짝 더 오래 사는 것이기 때문에 야생에서의 장수지수가 3.8이 나온다. 이는 다른 침팬지들보다는 나은 값이지만 박쥐나 벌거숭이두더지쥐 같은 동물에게는 비할 바가 못 된다. 대부분의 사람이 짐작하고 있듯이 우리는 야생 상태에서도 가장 오래 사는 육상 포유류다.

이 현대 수렵채집인들의 건강과 수명과 관련해서 중요한 발견이 있다. 현대인들에게 찾아오는 주요 노인성 질병이 이들에게는 피해간다는 사실이다. 특히 가장 흔한 노인성 질환인 심혈관질환과 골다공증을 수렵채집인들 사이에서는 사실상 찾아볼 수 없다. 분명 신체 활동 수준이 높고 지속적으로 저지방 식단을 하기 때문일 것이다. 이 인구집단 모두 콜레스테롤 수치와 혈압이 대단히 낮고, 심장에 혈액을 공급하는 동맥인 관상동맥에도 석회화가 거의 보이지 않는다. 심지어 서구사회에서 심혈관 질환과 알츠하이머병의 위험을 증가시키는 것으로 알려진 유전자 변이(ApoE4)가 세계에서 제일 높은 빈도로 등장하는 파푸아뉴기니에서도 전통적인 수렵 생활을 하는 사람에서는 사실상 심혈관질환을 찾아볼 수 없다.

미얀민 마을 출신 한 남성의 이야기를 들은 적이 있다. 이 남성은 운 좋게 호주의 한 회사에 고용되어, 헬기를 타고 조금 가면 있는 광산에서 중장비의 운전을 담당하게 됐다. 그는 몇 달에 걸쳐 중장비 운전 교육을 받고(그는 그전에는 운전은 고사하고 중장비를 구경한 적도 없었다) 회사의 숙소에 거주하면서 기름기가 많은 소고기와 감자, 고기를 익힐 때 나온 육즙에 밀가루 등을 넣어서 만든 소스인 그레이비 등이 풍부하게 들어 있는 전통적인 영국식 혹은 호주식 식단을 먹으며 살다가 만 45세에 갑자기 심장마비로 쓰러졌다. 그의 마을에서는 그 광산 회사를 고소했다. 그 나이의 마을 사람 누구도 그전에는 별 다른 이유 없이 이렇게 갑자기 쓰러져 죽은 적이 없었기 때문이다.

연구자들은 수렵채집인들에게서 보이는 탁월한 골밀도가 그들을 골다골증으로부터 보호해준다는 것을 발견했다. 이것은 고대 수렵채집인들의 골격 유해에서도 확인되는 부분이다. 북미대륙의 한 연구에서는 여전히 수렵과 채집을 하고 있던 7000년 전 토착민의 골격이 그로부터 약 6000년 후에 같은 지역에서 농사를 지으며 살던 사람들보다 골밀도가 20퍼센트 더 높게 나왔다.[10] 현대의 개와 야생의 늑대 사이에서도 비슷한 골밀도 차이가 보인다. 나는 파푸아뉴기니에서 나이가 들어서 허리가 휜 노인을 단 한 명도 보지 못했다. 관절염이 있어서 다리를 절뚝거리는 사람은 있을지언정 그들의 뼈와 척추는 놀라울 정도로 튼튼했다. !쿵 부족, 아체 족, 하드자 족의 노인을 촬영한 사진을 보면 그 사실을 확인할 수 있을 것이다.

완경

여성은 일반적으로 30대 말이나 40대 초반에 마지막으로 출산을 하고, 50세 정도에는 생리적으로 생식을 할 수 없게 되며, 그 후로도 30년 정도 살아갈 날이 남아 있다. 완경의 직접적인 이유는 난소에서 난자가 고갈되어 배란이 중단되기 때문이다. 현대의 수렵채집인 사회에서도 완경에 접어든 여성은 그 후로 10~20년 정도는 더 살 것으로 기대할 수 있다. 진화적인 관점에서 보면 자연은 번식을 극대화하는 것을 선호한다. 하지만 여성들은 살아갈 날이 수십 년이나 남은 상황에서 난자가 고갈되도록 진화했으니, 그 이유가 당혹스러운 수수께끼로 남아 있다. 이게 어찌나 당혹스러운 일이었는지 그것을 이해하려 노력하는 과정에서 가내수공업 같은 학문 분야가 발전해 나오기도 했다. 다른 포유류 종도 완경과 비슷한 것을 경험하는지, 한다면 어떤 종인지에 관해서도 의견들이 많이 엇갈리고 있다. 사실 나는 범고래의 수명에 관해 의견이 엇갈리는 이유도 범고래가 일상적으로 완경 비슷한 것을 경험한다는 것을 연구자가 믿느냐, 안 믿느냐에 따라 의견이 달라지기 때문이라 생각한다.

일부 연구자들은 자연선택이 완경을 선호한다고 확신한다. 이들의 논리는 다음과 같다. 여성은 나이가 들면서 남은 생존 시간도 짧아지고, 임신을 성공적으로 마무리할 확률도 떨어진다. 그러다 보면 결국 여성은 마지막 자식을 키우는 일에 전념하거나, 자기 자녀들이 손자를 키우는 것을 돕는 것이, 즉 도와주는 엄마나 할머니 역할을 하는 것이 자신의 유전자를 성공적으로 후대에 전달하는 데 더 유리해지는 나이에 도달하게 된다. 사실 일부 사람들은 번식 성숙도의 지연, 상대적으로 이른 나이에 이루어지는 젖떼기, 다른 침팬지에 비해 짧은 출산 간격 등과 함께 이 할머니 효과를 믿고 있다. 현대 수렵채집인 사회를 비롯해서 모든 사회의 엄마들은 마지막 자식을 최선을 다해 돕고, 성인이 된 딸의 육아도 최대한 돕는다. 육아에서 가장 큰 부분은 먹을 것을 나누는 것이다. 이 부분에 대해서는 아무런 논란도 없다. 다윈주의의 논리에 따르면 여성은 자신의 유전적 후손을 최선을 다해 돕는 것이 옳다. 야생의 환경에서도 가임기 이후로 굉장히 오래 산다는 점에서 보면 인간의 여성이 영장류 중에서는 유일하고, 포유류 사이에서도 유일하지는 않을지언정 대단히 특별하다는 점에 대해서도 논란이 거의 없다. 하지만 머나먼 진화적 과거에 할머니란 존재가 그렇게 흔했는지, 그리고 자신의 번식 중단을 보상할 수 있을 정도로 충분한 도움을 제공할 수 있었을지에 대해서는 상당한 논란이 있다.

그리고 나는 이런 논란이 과연 올바른 수수께끼에 초점은 맞추고 있는 것인지 확신이 들지 않는다. 내가 보기에 진짜 수수께끼는 여성들이 어째서 이른 시기에 생식을 중단하느냐가 아니다. 완경은 스위치를 끄는 것처럼 갑작스럽게 일어나지 않는다. 이는 그저 생식 능력 노화에서 마지막으로 거치는 단계일 뿐이다. 이런 노화가 여성에서 수명에 비해 상대적으로 굉장히 이른 시기에 일어나는 것이다. 그렇다면 진화의 진짜 수수께끼는 완경이 일어나는 이유가 아니라, 여성의 난소가 나머지 신체 부위에 비해 그렇게 빨리 노화되는 이유여야 한다. 심장, 폐, 근육, 콩팥 같은 다른 기관들은 모두 느리게 노화된다. 여성의 경우 수렵채집인들 사이에서도 이르게는 20대말부터 생식 능력이 떨어지기 시작한다. 완경기 전에는 갱년기라는 시기가 찾아온다. 이때 여성들은 생리 주기가 불규칙해지면서 배란에 실패한다. 에너지 스트레스를 받는 !쿵 부족의 여성들이 마지막 아이를 낳는 평균 나이는 34세다. 그렇다면 완경은 수십 년에 걸쳐 점진적으로 임신 가능성은 줄어들고, 유산 가능성은 늘어나고, 임신에 문제가 생기거나 비정상적인 아이를 낳을 가능성은 높아지는 과정의 마지막 단계에 불과하다.

물론 남성도 생식 능력의 노화가 일어난다. 정자의 수와 질이 떨어지고, 발기부전도 늘어난다. 나이가 많은 아빠도 선천성 결함이 있는 아이를 낳을 가능성이 높아진다. 그렇지만 남성의 생식 능력 노화는 나머지 몸의 노화 속도와 좀 더 발을 맞추어 더 느린 속도로 이루어진다. 남성이 70대와 80대에 아이를 낳았다는 기록도 많다. 예를 들어 찰리 채플린과 믹 재거Mick Jagger는 모두 73세에 자식을 보았다.

사실 생식 능력 노화에서 나타나는 성차나 여성의 생식 능력 노화와 나머지 신체 부위의 노화에서 나타난 차이는 그다지 특이할 것이 없다. 이것은 생쥐와 쥐에서도 항상 보이는 부분이다. 하지만 여기에는 중요한 차이가 있다. 이런 현상이 실험실에서만 나타나지 야생에서는 그렇지 않다는 것이다. 생쥐와 쥐의 야생 수명은 몇 달 정도다. 이들의 난자 수와 생식 능력은 이 기간 동안 충분히 지속된다. 다만 실험실 수명인 2, 3년을 버틸 정도는 못 된다. 실험실 생쥐 암컷은 총 실험실 수명에 비하면 사람보다 조금 이른 시기에 완경이 찾아온다. 사람과 비슷하게 실험실 생쥐의 생식 능력 노화 속도는 심장, 근육, 폐, 콩팥보다 훨씬 빠르다. 그리고 수컷 생쥐의 생식 능력은 나머지 신체 부위와 좀 더 비슷한 속도로 떨어진다.

인간의 완경에 관한 한 나는 완경이 할머니 효과 때문에 자연선택되어 적응에 유리해진 것이라 생각하지 않는다. 만약 그런 것이었다면 자연이 완경이 일어나기 10여 년 전부터 생식의 수도꼭지를 천천히 잠그지는 않았을 것이다. 그리고 열감, 수면 장애 등 완경에 따라오는 부작용들 역시 적응에 유리한 인생 단계에 동반되는 현상으로는 어울리지 않는다. 나는 그보다는 인간의 수명이 근래 들어 갑자기 도약한 것이 완경의 원인이라 생각하고 싶다. 옛날 뼈들을 보면 수명의 도약은 약 4만 년 전에 일어났던 것으로 보인다. 이때부터 우리는 네안데르탈인과 침팬지보다 확실히 더 오래 살게 됐다. 그리고 우리의 난소 노화가 아직 이런 현상에 적응하지 못한 것일 수도 있다. 이런 해석을 뒷받침하는 사실이 있다. 사람과 침팬지의 난소에서 난자의 고갈이 대략 비슷한 속도로 이루어진다는 것이다.[12] 그냥 지난 수만 년 동안 사람이 침팬지보다 더 오래 살게 된 것뿐이다. 이런 해석에 따르면 우리의 생식 생물학이 근래 들어 늘어난 인간의 수명을 따라잡으면서 완경이 찾아오는 나이도 점진적으로 높아지리라 예측할 수 있다. 완경 시기가 늦어지고 있다는 증거는 애매한 상태이고, 실제로 늦어지고 있다 해도 엄청나게 느린 속도로 진행되고 있다. 따라서 나에게 있어서 아직 풀리지 않은 수수께끼는 여성에게 왜 완경이 찾아오느냐가 아니라, 여성의 생식 시스템이 나머지 신체 부위보다 더 신속하게 노화되는 이유가 무엇이냐는 것이다. 그리고 어째서 남성에게는 그와 비슷한 일이 일어나지 않을까?

공평하게 말하면 이런 내 의견을 반박하는 설득력 있는 반론도 나와 있다. 솔직히 내 의견은 내가 실험실 설치류에 익숙해서 거기에 영향을 받은 것일 수도 있다. 인간이 아닌 일부 포유류 종에서도 암컷이 야생에서 가임기를 지나서도 오래 산다는 반론이 있다. 몇몇 고래 종이 이런 범주에 들어간다. 이런 고래 종들이 지난 수천 년 동안 수명이 갑자기 늘어났다는 증거는 없다. 그리고 이런 고래 종들은 전부는 아니어도 대부분의 경우 암컷이 여러 세대로 이루어진 집단에서 함께 살아가기 때문에 암컷이 자기 자식의 육아를 돕는 것이 이론상 가능하다. 다만 그 도움의 성격이 어떤 것인지는 확실하지 않다. 그리고 열감이나 불면증 같은 완경기의 부작용이 고래에서도 비슷하게 일어나는지도 확실하지 않다. 기회만 된다면 이에 대해 알아보고 싶다.

인간은 얼마나 오래 살 수 있을까?

추측만 해 볼 수 있는 고대 인류와 달리 현대 인류는 현대적인 환경 아래서 얼마나 오래 살았는지 날짜 단위까지 정확히 알 수 있다. 여기서 '현대적인 환경'이라 함은 정부의 기록 관리 기반시설이 사실상 모든 개인의 출생 날짜와 사망 날짜를 확인할 수 있을 정도로 광범위하고 신뢰성을 갖추게 된 시간과 장소를 의미한다. 이런 일은 생각보다 더 최근에야 일어났다. 스웨덴이 그 모범적 사례다. 스웨덴의 출생 및 사망 기록은 1750년 정도부터 잘 유지되어 왔으며 1860년 이후로는 흠 잡을 곳이 없이 완벽해졌다. 지방 인구가 많은 큰 나라에서는 이런 과정이 뒤늦게 이루어졌고, 기술 발전이 덜한 국가에서는 아직도 이루어지지 않았다. 미국에서는 출생신고가 1933년에 가서야 보편화됐다. 때로는 전쟁이나 자연재해 때문에 기록이 소실되기도 한다. 일본은 제2차 세계대전 동안 출생기록을 많이 잃어버렸다. 그래도 현재 우리는 수십 억 건의 출생 기록과 사망 기록을 갖고 있으며 현대 인류의 수명에 대한 대체적인 윤곽을 확실하게 보고할 수 있다.

이 대체적인 윤곽을 살펴보면 인간의 수명이 기술적으로 발전된 국가에서는 산업혁명의 시작 이후로 극적으로 증가했음을 알 수 있다. 한 연구에 따르면 인구집단의 수명을 측정하는 가장 흔한 방법인 기대수명이 세계 최장수 국가들에서는 1840년 이후로 10년마다 2.5년씩 증가했다고 한다. 하지만 유아 사망률이 높은 곳에서는 기대수명(이것은 출생시 기대수명을 줄여 말하는 것이다)이 성인의 수명에 대해 오해를 불러일으킬 수 있음을 기억하자. 최근까지도 어디서든 유아 사망률이 높았다. 우리가 위생, 깨끗한 상수도, 오염되지 않은 음식의 중요성을 깨닫고 아동 예방접종을 개발한 이후에야 선진국에서 유아 사망률이 줄어들기 시작했다. 스웨덴의 경우 오늘날의 유아 사망률이 1900년보다 50배 이상 낮다. 요즘에는 스웨덴을 비롯한 다른 선진국에서도 유아 사망률이 워낙 낮아졌기 때문에 기대수명에 사실상 아무런 영향도 미치지 않는다. 1900년에는 영향을 미쳤었다. 1900년에 스웨덴의 출생시 기대수명은 52년에 불과했지만 15세에 도달한 경우에는 64세까지 살 것으로 기대됐었다. 요즘에는 스웨덴과 나머지 선진국의 기대수명이 출생시와 만 15세에서 모두 사실상 동일하다. 그 기대수명은 80세 정도다. 이런 국가들 중에서 기대수명이 제일 낮은 곳은 미국이다. 미국은 코로나 바이러스 이전의 기대수명이 79세였다. 그리고 제일 높은 곳은 일본이다. 일본의 기대수명은 84.5년이다.

이 대략적 윤곽을 보면 여성들이 남성보다 더 오래 산다는 것도 알 수 있다. 기록이 잘 남아 있는 경우를 보면 어느 때, 어느 장소든 어김없이 여성이 남성보다 오래 산다는 것을 확인할 수 있다. 예를 들어 19세기 아이슬란드의 기대수명은 악성 전염병이 창궐하던 시기에는 무려 18세까지 낮아지기도 했고, 1970년대와 1980년대의 일부 시기에는 세계 최장수 국가에 등극하기도 했다. 하지만 호시절이었든, 아니든, 아니면 기대수명이 짧았든, 길었든 한 해도 빠짐없이 아이슬란드의 여성이 남성보다 오래 살았다. 때로는 그 차이가 상대적으로 작아서 몇 퍼센트 정도였지만, 때로는 차이가 크게 벌어지기도 했다. 오늘날 미국에서는 여성이 남성보다 6퍼센트 더 오래 산다. 1990년대 러시아에서는 여성이 남성보다 20퍼센트 더 오래 살았다. 오늘날 유럽 몇몇 국가에서는 기대수명의 차이가 줄어들고 있지만 일본에서는 오히려 차이가 벌어지고 있다. 상위권을 차지하고 있는 사망 원인 중 딱 한 가지만 빼고 모든 부분에서 나이와 상관없이 여성이 남성보다 사망률이 낮다(예외적인 경우는 알츠하이머병이다) 그 이유는 아직 밝혀지지 않았다. 여성은 말년에도 남성보다 오래 살아남지만, 출생 이후 만 5세까지의 시간에도 잘 살아남는다.[13] 전 세계 코로나 바이러스 유행에서도 역시나 더 잘 버티고 있다. 심지어는 출생 전에도 더 잘 살아남는 것으로 보인다. 조산아의 성별이 남성이면 사망 위험요소로 여겨진다. 이것은 사람생물학중 제일 확실하지만, 또 제일 이해하지 못하고 있는 특성 중 하나다.

현대 인류의 수명에 대해 이 모든 것을 알고 있음에도 여전히, 근거 없는 미신과 잘못된 정보들이 넘쳐나고 있다. 특히 극단적인 장수와 관련해서 그렇다. 누군가에게 나이를 물어보면 정확한 대답을 들을 수도 있지만, 그러지 못할 수도 있다. 예를 들어 내 경험으로 보면 할리우드 스타들에게 정확한 대답을 듣기를 기대하기는 어렵다. 사람들이 자기 나이를 몰라서 일어나는 일이 아니다. 젊은 것이 더 좋다는 이상한 형태의 허영심 때문에 생기는 일이다. 어떤 나이까지는 그렇다가 그 후로는 허영심의 방향이 뒤바뀌는 것 같다. 그때부터는 자신의 나이를 과장해서 말하는 경우가 많아진다. 특히나 남성이 이런 종류의 허영심에 잘 빠진다. 그 이유는 어렵지 않게 이해할 수 있다. 그저 또 한 명의 영감태기가 되느니 차라리 놀라운 생존자가 되는 것이 낫기 때문이다. 백 살이 넘으면, 그러니까 백 살이 넘었다고 주장하면 그 동네 명사가 될 수도 있다. 기자들은 놀라운 장수의 비밀을 알고 싶다며 인터뷰 요청을 할 것이다. 적어도 최근까지는 그랬다. 지금은 백 살이 넘은 사람이 하도 많아서 명사가 되려면 105세나 110세 정도는 돼야 할지도 모르겠다.

이런 이상한 허영심 때문에 출생 기록과 사망 기록이 정확한 곳에서는 때와 장소에 상관없이 백세인을 찾아보기가 힘들어진다. 미국은 이것을 아주 잘 보여주는 사례다. 신뢰하기 힘든 1850년 공식기록을 보면 미국에 1000명당 11명의 백세인이 있다고 했지만, 여전히 신뢰하기 힘든 1910년 기록을 보면 1000명 중에 그렇게 오래 사는 사람은 4명밖에 안 된다고 했다. 동일한 정부 기록에서 더욱 신뢰하기 힘든 이야기가 나온다. 그 자료에 따르면 1910년에 아프리카계 미국인들은 가난하고 박해받고 또 평균 수명이 백인보다 15년 정도 낮았음에도 불구하고 백 살까지 살 확률은 오히려 20배나 더 높았다고 나온다. 다른 국가의 공식 정부 기록들도 마찬가지로 신뢰하기 어렵다. 예를 들어 공식 기록에 따르면 1900년에 아르헨티나, 볼리비아, 불가리아, 아일랜드, 러시아에 살았던 사람들은 오늘날 세계 최장수 국가인 일본인들보다 백 살까지 살 가능성이 더 높은 것으로 나온다.[14] 따라서 특출하게 장수했다는 주장은 항상 조심스럽게 들여다볼 필요가 있다.

아주 오랜 세월 동안 인간을 몹시 괴롭혀 온 질문이 하나 있다. 인간의 수명에 한계가 있는가? 있다면 그 한계는 몇 년인가? 나는 캠브리지대학교의 이집트학자 존 베인스John Baines와 대화를 나눌 기회가 있었는데 약 5000년 전 고대 이집트에서는 110년을 인간 수명의 한계로 생각했었다는 것을 알게 됐다. 17세기 영국인들은 자신의 의견을 돌에 새겨 놓았다. 영국에서 왕과 왕비에게 왕관수여식을 하고 제일 유명한 시인, 정치인, 과학자들을 묻는 곳인 웨스트민스터 사원에는 토머스 파Thomas Parr가 잠들어 있다. 그의 출생년도와 사망년도

반 다이트가 그린 토머스 파의 초상화. 실물을 보고 그린 것으로 추정. 파가 자기 나이가 152세라고 주장해서 잠깐 유명세를 탔을 때 반 다이크도 런던에 있었다.
출처: 퍼킨스 맹학교 기록보관소Perkins School for the Blind Archives, Watertown, MA.

는 각각 1483년과 1635년으로 알려져 있다. 무려 152년을 산 것이다. 올드 파Old Parr라는 별명이 붙은 그는 80세까지 독신이었고, 100세에 혼외정사를 벌였고, 120세에 두 번째로 결혼해서 얼마 후에 아이를 보았다는 등 휘황찬란한 인생사를 꾸며냈다. 루벤스Ruben와 반 다이크Van Dyck는 그의 초상화를 그리기도 했다. 오늘날 토머스 파는 사람이 받을 수 있는 가장 위대한 찬사를 받았다. 그의 이름을 딴 '올드 파'라는 위스키가 나왔으니 말이다.

물론 파는 152세까지 살지 않았다. 그에게 마지막으로 찾아온 명예는 당시 영국에서 가장 유명한 의사였던 윌리엄 하비William Harvey에게 부검을 받는 것이었다. 그 부검 보고서에 따르면 그의 기관들은 특별히 나이가 많아 보이지 않았다. 파가 죽기 전에 그와 함께 대화를 나눠본 하비는 그가 왕족의 이름, 전쟁의 발발, 빵의 가격 등 자신의 어린 시절에 대해 사실상 아무런 기억도 없었다고 했다. 사실 그의 나이를 뒷받침하는 증거는 그의 주장과 늙어 보이는 외모밖에 없었다. 요즘 사람들은 순진하게 남의 말에 속아 넘어갔던 17세기 영국인들을 보며 한심하다 생각할지도 모르겠으나 최근에도 그와 비슷한 거짓 주장과 그와 비슷하게 의심스러운 증거들을 사실로 받아들이는 경우가 많다. 《라이프》 잡지에서는 1966년에 사람이 160대까지 산다는 아제르바이잔의 한 마을에 대한 이야기를 소개했다. 하버드대학교의 의사 알렉산더 리프Alexander Leaf는 에콰도르 남부 외딴 안데스 계곡에 있는 빌카밤바Vilcabamba에서는 여성도 아니고 남성이 130대까지 산다고 보고했다가 나중에야 자신이 잘못된 정보의 피해자가 되었다는 사실을 알게 됐다. 사실 외딴 지역에서 특출하게 장수하는 사람들에 관한 현대의 모든 보고서를 관통하는 한 가지 주제가 있다. 장수하기 위해서는 고된 육체노동을 하고, 강력한 사회적 지지의 네

트워크 속에서 살며, 접근 가능한 의료시설이 거의 없는 곳에서 살고, 특히 입증 가능한 출생 기록이 없는 남성이어야 한다는 것이다.

정말 오래 살았던 경우는 어떨까? 극단적인 주장에 대해서는 회의적일 필요가 있고, 극단적인 주장에는 극단적인 증거가 필요하다는 것을 알고 있으니 이번에는 완전히 입증된 세계 최장수 노인 잔 칼망Jeanne Calment에 대해 생각해보자.

잔 칼망은 1875년 2월 21일에 프랑스 남부의 아를Arles이라는 작은 도시에서 태어났다.[15] 그해는 율리시스 그랜트가 미국 대통령으로 이제 막 두 번째 임기를 시작했을 때다. 그리고 프랑스의 작곡가 모리스 라벨Maurice Ravel이 태어난 해고, 미국을 비롯한 17개 국가가 파리에 모여 1미터의 길이와 1킬로그램의 질량에 대해 국제적으로 합의를 보았던 해다. 칼망 여사는 아를의 명문가 출신이다. 당시 아를의 인구는 2만 5천명 정도였다. 그의 아버지는 조선업자로 97세까지 살았다. 그는 21세의 나이에 돈 많은 이중사촌(이들의 아버지 쪽 할아버지들끼리는 형제, 할머니끼리는 자매였다) 페르낭 칼망Fernand Calment과 결

120세였던 당시의 잔 칼망. 이때도 이미 세상에서 제일 나이가 많은 사람이었지만, 여기서 2년을 더 살았다. 사진 출처: 미헬 피사노Michel Pisano, 프랑스 아를

혼했기 때문에 결혼 전 이름과 결혼 후의 이름이 똑같다. 돈이 많은 집안이었기 때문에 그는 한 번도 일을 할 필요가 없었고, 그의 인생은 하인과 취미활동으로 채워졌다. 그는 1997년에 122년 164일을 살고 사망했다. 내가 북 투어를 다니다가 텔레비전 전국방송에 나와 사람들에게 조금만 서두르면 빈센트 반 고흐와 악수했던 손과 악수할 기회가 있을 거라고 말한 지 며칠 만에 사망했다. 반 고흐는 1888년과 1889년에 아를에서 16개월을 보냈다. 그 기간 동안 그는 300점 이상의 작품을 그렸고, 그중에는 그의 제일 유명한 그림들도 상당수 포함되어 있다. 그리고 그 시기에 그는 조울증으로 분노에 휩싸여 왼쪽 귀를 잘랐었고, 적어도 몇 번은 젊은 잔과 우연히 만났었다. 당시 그는 유명과는 거리가 멀었고, 유명했다고 해도 기이한 행동 때문에 그 동네에서만 유명했을 것이다. 그는 자른 귀를 어린 매춘부에게 보냈었다. 잔 여사는 고흐를 더럽고, 냄새나고, 꾀죄죄한 옷을 입고, 전반적으로 호감이 가지 않는 인물로 기억했다.

나는 살아 있는 최고령자로 명성을 얻는 것이 세상에서 제일 위험한 일이라고 생각한다. 아무도 그 일에서 살아서 나가지 못하고, 보통은 그 일을 하다가 몇 달 안으로 죽는다. 잔 칼망은 6년 반 넘게 세계 최고령자 자리를 지키는 동안에 유명해졌다. 그의 명성은 1988년에 시작됐다. 그해에 아를 시에서는 반 고흐의 100주년을 기념했다. 그리고 시 행정 담당자들은 반 고흐를 만났던 누군가가 아직 살아있다는 사실을 알고 깜짝 놀랐다. 그 후로 잔 칼망은 장수하는 사람들에게 강박적으로 집착하는 인구통계학자들의 레이더에 포착됐다. 이들은 그의 나이를 의심했다. 110세(초백세인이라고 한다)가 넘었다고 주장하는 사람들을 제대로 조사해보면 그렇지 않은 경우가 대부분이었기 때문이다. 이들은 상상 가능한 모든 방법을 동원해서 그의 뒷배경을 캐보았고, 그의 나이를 확인해 줄 기록을 30건 넘게 찾아냈다. 그들은 잔 칼망을 인터뷰하면서 그가 말했던 어린 시절의 구체적인 내용들을 팩트체크해보았다. 모든 증거가 일치했다. 잔의 나이는 진짜였고 잔 칼망을 인간의 최고령 대표로 세운다면 사육 인간의 장수지수는 5.5나 나온다. 벌거숭이두더지쥐만큼 높지는 않지만 말이다.

그는 체구가 작아서 말년에는 일어선 키가 132센티미터, 체중은 40킬로그램에 불과했다. 젊은 시절에는 키도 더 크고 체중도 더 나갔을 것이다. 잔은 인생 대부분을 건강하게 살았다. 그는 100세에 낙상으로 다리가 부러지기 전까지만 해도 자전거를 탔다. 다리는 그 어떤 물리 치료 없이도 신속하고 완전하게 회복됐다. 다만 115세가 되었을 때는 다시 낙상사고를 당해서 고관절과 팔꿈치가 부러져 나머지 인생을 휠체어에 앉아서 보냈다. 마지막 말년에는 사실상 눈도 보이지 않고 귀도 들리지 않았지만 잔은 보청기 착용이나 백내장 제거 수술을 거부했다. 의사, 기자, 인구통계학자들은 질문을 던지려면 그의 귀에 대고 소리를 질러야 했지만, 그는 끝까지 재치를 잃지 않았다. 그가 남긴 말 중에는 어록이 되어 그보다 오래 살아남은 것도 있다. "내 몸에는 주름살이 하나밖에 없어요. 지금 그걸 깔고 앉아 있지"†

그의 슬하에 자식은 이본Yvonne이라는 딸 한 명밖에 없었다. 딸은 건강과 거리가 멀어서 36세에 폐렴으로 사망했다. 이본의 외동아들 프레데릭Frédéric도 마찬가지로 36세에 자동차 사고로 사망했다. 그래서 역사상 제일 오래 산 이 사람의 후손 중에 살아남은 자가 없다. 살아남은 상속인이 없었기에 잔 칼망은 90세에 자신의 저택을 요즘의

---

† 나이가 들면 온몸에 주름살이 많겠지만, 자기 몸에 있는 주름살이라고는 좌우의 엉덩이를 나누는 큰 주름 하나밖에 없다고 재치 있게 말한 표현.

역모기지론에 해당하는 조건으로 47의 변호사 안드레-프랑수아 라프레André-François Raffray에게 팔기로 동의했다. 그는 그가 사망하고 난 후에 그 저택을 물려받는 조건으로 매달 2,500프랑을 지불하는 데 동의했다. 그리고 잔 칼망이 아직 살아 있던 29년 후에 그 변호사는 사망하고 만다. 거의 30년 동안이나 돈을 지불했음에도 그 저택에서는 단 하루도 살아보지 못한 것이다.

잔 칼망은 전형적인 이상점에 해당한다. 그는 다른 누구도 접근하지 못한 무언가를 달성한 사람이다. 그의 사망 이후로 21년의 기간 동안 전 세계적으로 백세인과 초백세인의 수가 폭발적으로 증가했지만, 120년을 살았다고 입증된 사람은 나오지 않았다. 딱 한 사람, 미국의 사라 크나우스Sarah Knauss가 119번째 생일까지 살고서 1999년에 사망했다. 또 한 사람, 다나카 가네라는 이름의 일본 여성이 지금 내가 글을 쓰고 있는 2021년 3월 현재 118세의 나이로 살아있다†. 이 세 사람 뒤로 117세까지 산 11명의 여성이 알려져 있다. 그중에는 116세의 나이에도 코로나 바이러스에 감염된 후에 살아남은 뤼실 랑동Lucile Randon도 있다. 현재까지 알려진 최장수 남성은 일본인 기무라 지로에몬이다. 그는 116번째 생일을 보내고 며칠 더 살았다.[16]

잔 칼망의 장수에 대한 의혹이 두 명의 아마추어 러시아 연구자로부터 제기된 적이 있다. 이들은 2019년에 칼망의 나이가 사기라고 주장해서 과분한 주목을 받았다. 그의 장수를 입증하는 일련의 문서들은 난공불락이었기 때문에 이들은 잔 칼망이 말년에 얘기했던 이야기 중에 사소하게 어긋나는 부분들을 꼬투리 잡아 1934년에 사망

† 이 여성은 2022년 4월 19일에 119년 107일의 나이로 사망했다.

한 사람이 실제로는 그의 딸 이본이 아니라 잔이었다고 주장했다. 이 기이한 공상의 이야기에 따르면 이본이 그 후로 63년 동안 자기 어머니 행세를 한 셈이 된다. 물론 이런 주장이 사실이라면 잔의 오빠인 프랑수아François, 이본의 남편, 그리고 이본의 7살 난 아들까지도 함께 이 사기극을 공모했어야 한다. 그리고 이 저명한 가문과 알고 지내던 수많은 친구와 지인들 그리고 그와 거래하던 모든 상인들에게 그들이 알고 지내던 59세의 여성이 하룻밤 사이에 외모가 바뀌고 23년이나 젊어졌다고 설득할 수 있었어야 한다.

세상에서 제일 오래 산 사람이 사망한 지 20년이 넘었고, 그 후로 백세인의 숫자가 폭발적으로 늘었음에도 아직까지 그 나이까지 산 사람이 아무도 나오지 않았다는 사실을 어떻게 해석해야 할까? 한 가지 합리적인 생각은 잔 칼망의 나이가 인간의 수명 한계를 나타내는 것이며, 다른 그 누구도 그 나이를 뛰어넘을 수 없거나, 뛰어넘는다한들 그가 이미 최고의 장수 유전자, 더할 나위 없이 건강에 이로운 환경, 약간의 운이 어우러졌을 때 사람 몸이 버틸 수 있는 최대 한계에 도달했기 때문에 그 나이를 크게 뛰어넘지는 못한다는 것이다.

나는 이것이 사실이 아니기를 진심으로 바라고 있다. 그럼 나, 혹은 적어도 내 자식들이 10억 달러라는 거금을 날릴 수도 있기 때문이다. 그 이유는 다음 장에서 설명하겠다.

14장

⁑

므두셀라 동물들의 미래

지구 어디서든 평균으로 따지면 사람들은 그 어느 때보다 오래 살고 있다. 증가 속도가 제일 빠른 연령집단은 백세인이지만 백 살까지 사는 것은 여전히 흔치 않은 성취다. 오늘날 최장수 국가인 일본에서도 그렇게까지 오래 사는 사람은 1000명당 1명도 안 된다. 여전히 희귀하기는 해도 오늘날 살아 있는 백세인의 숫자는 1997년에 잔 칼망이 사망한 이후로 거의 4배로 많아졌다. 이렇게 숫자는 늘어나고 있지만 그녀의 사망 이후로 24년 정도가 지났는데도 아직까지 잔 칼망의 장수 기록에 다가선 사람이 아무도 없다. 사실 그런 문제라면 사라 크나우스의 119년 장수 기록을 뛰어넘은 사람도 없다. 그리고 코로나 바이러스 이후에도 세계 최장수 국가들의 기대수명 증가 속도가 눈에 띄게 느려졌다는 사실을 무시하기도 힘들다. 예를 들어 미국의 기대수명은 2015년 이후로는 정체되어 있다.

인구통계학 학회에 가서 사람들을 싸움 붙이고 싶으면 인간 수명의 한계라는 주제를 꺼내면 된다. 기대수명에 한계가 있을까? 앞으로 그 누구도 뛰어넘을 수 없는 수명의 한계가 존재할까? 이 두 질문 중 하나라도 던지면 십중팔구 어느 인구통계학자 한 명이 먼저 펀치를 날릴 것이다.

1980년에 스탠퍼드의 의사 제임스 프라이스James Fries는 조금은 낙관적이고, 조금은 비관적인 이상한 예측을 내놓았다.[1] 그는 기대수명의 한계는 85년 정도라고 주장했고 아직까지도 그렇게 주장하고 있다. 이것이 그의 예측에서 비관적인 부분이다. 낙관적인 부분은 과학이 우리를 더 건강하고 오래 살게 해줄 방법을 찾아낼 것이기 때문에 그 85년을 점점 더 좋은 건강 상태로 지내게 되리라고 예측했다는 점이다. 많은 사람이 겪는 건강 악화 기간이 점점 더 짧은 시간으로 압축되리라고 본 것이다. 그 반대의 경우는 생각만 해도 끔찍하다. 점점 더 많은 사람이 점점 더 오래 살게 되면서 인간 수명의 한계를 넓혀간다면 점점 더 많은 의료 지원이 필요해지고, 점점 더 많은 시간을 치매와 장애, 그리고 고통 속에 보내게 될 것이다. 현재 우리는 전 세계 보건의료 시스템이 노인 돌봄의 부담에 짓눌려 신음하게 될 디스토피아적인 미래를 향해 달려가고 있다고 말할 사람도 있을 것이다.

10년 후에 일군의 전문 인구통계 전문가들이 프라이스의 이런 예측을 이어받았다. 그중에서도 시카고 일리노이대학교의 제이 올샨스키S. Jay Olshansky가 이 문제에 목소리를 높였다.[2] 올샨스키는 최대 수명의 길이에 대해서도 한마디 했다. 그는 그때나 지금이나 앞으로 그 누구도 잔 칼망의 장수 기록을 많아야 몇 년 정도밖에 능가하지 못할 것이라 생각하고 있다. 인간의 수명에 제한이 없다고 생각하는 다른 인구통계 전문가들도 자신의 의견을 소리 높여 주장해왔다. 이들은 예측할 수 있는 미래에 기대수명이 계속해서 높아질 것이며 장수 기록이 거듭해서 깨질 거라 생각한다. 한 집단에서는 2000년 이후에 태어난 사람들은(내가 요즘 가르치는 학생들도 모두 여기에 해당한다) 기대수명이 100년을 넘길 것이라 예측한다.[3] 그냥 내 생각이지만 프라이스가 예측을 내놓고 40년 정도가 지난 현재, 일본의 기대수명은 84.5년이다. 한계가 존재한다는 사람들은 이를 보며 히죽거릴 것이다. 그럼 한계가 없다고 하는 사람들은 일본의 기대수명은 남성들이 갉아먹고 있는 것이라 주장할 것이다. 일본의 여성들은 이미 프라이스가 말한 한계를 뛰어넘었다. 이제 일본 여성들의 기대수명은 87.5년이다.

내가 올샨스키와 10억 달러 내기를 한 것은 건강하게 오래 사는 법에 대해 자연이 우리에게 가르쳐줄 수 있는 교훈에 감사한 마음을 갖고 있기 때문이다. 그 내기에 대해서는 곧 얘기하겠다. 자연이 새, 박쥐, 두더지쥐 같은 특정동물을 통해 해로운 유리기에 지금의 인간보다 훨씬 잘 대처하는 법을 거듭해서 발견했음을 기억하자. 그리고 코끼리나 고래 같은 종들은 사람보다 탁월한 암 저항성을 발전시켰다. 친애하는 백합조개와 같은 동물들은 수백 년 동안 강한 근육과 심장을 유지하는 방법을 진화시켰다. 나는 언젠가는 모든 생의학 연구 분야가 총동원되어 건강을 보존하고 연장하는 방법에 대한 자연의 교훈을 연구하고, 결국 이해하게 되리라 확신한다.

생명의 기원에 대한 연구로 유명한 생화학자 레슬리 오겔Leslie Orgel은 지금쯤이면 이 책의 모든 독자들에게 너무 빤하게 느껴질 무언가를 즐겨 지적했었다. 그가 이것을 하도 자주 지적하는 바람에 지금은 '오겔의 제2법칙'으로 알려지게 됐다. 바로 진화는 당신보다 똑똑하다는 것이다. 오겔의 제2법칙이 뜻하는 바는 수십억 년에 걸쳐 수십억 종의 종들을 만지작거리며 빚어낸 진화가 어떤 문제에 대해 인간은 상상도 못 할 해결책을 찾아내리라는 것이다. 우리의 건강 수명을 연장한다는 맥락에서 보면 이것이 의미하는 바는 자연이 유리기에 의한 손상이나 단백질 잘못 접힘 등 본질적으로 파괴적인 생명

과정과 싸울 여러 가지 방법을 발견하게 되리라는 것이다. 이런 저명한 과학자가 이런 빤한 진리를 수십 년 전에 지적했음에도 불구하고 생의학 연구학계에서는 이런 과정과 싸우는 데 실패한 동물만 고집스럽게 연구하고 있으니 참 놀랄 일이다.

의학 연구 실험의 주 대상은 여전히 생쥐다. 생쥐는 알려진 포유류 중 수명도 제일 짧고 암도 제일 잘 걸리는 종 중 하나다. 어떤 면에서 보면 그 이유가 이해되기도 한다. 생쥐의 생물학에 개입할 도구를 개발하는 데 워낙에 많은 노력이 투입되었기 때문에 생쥐를 이용하면 그 어떤 포유류보다도 정교한 실험이 가능하기 때문이다. 생쥐의 한평생 어느 때든, 어느 신체 부위에서든 개별 유전자를 고의로 켜거나 끌 수 있다. 그리고 사람, 고래, 박쥐 혹은 다른 종의 유전자를 생쥐에게 삽입해서 우리가 원할 때, 원하는 곳에서 켜거나 끌 수도 있다. 하지만 유전자는 단독으로 작동하지 않는다. 고래 유전자를 생쥐에 삽입하면 원래 고래 속에 있을 때 맡았던 역할을 우스꽝스럽게 흉내 내게 될지도 모른다. 오케스트라에서 아름다운 음악을 만들어내려면 악기들이 모두 조화를 이루어야 하듯이 유전자의 활성도 서로 조화를 이루어야 한다. 자동차 경적은 원래 있어야 할 자리에서는 대단히 유용하게 사용되지만, 그것을 오케스트라에 도입한다고 음악이 더 좋아질 것 같지는 않다.

생쥐는 수명도 짧기 때문에 특정 유전자 변이나 새로운 약물이 생쥐의 건강이나 생명을 보존해주는지 여부도 신속하게 판단할 수 있다. 사실 노화의 생물학에 초점을 맞추고 있는 연구자들은 쥐를 건강하게 더 오래 살게 만들어주는 약물을 이미 수십 가지 발견했다. 그리고 이 글을 쓰고 있는 동안에도 이 약들 중 일부는 사람을 대상으로 초기 실험이 진행 중이다. 이런 약들의 이름을 여기서는 공개하지 않으려 한다. 장수를 간절하게 바라는 사람들이 이런 약이 안전한지, 사람에게 효과가 있는지 미처 확인하기도 전에 이 약을 복용하려들 가능성이 있기 때문이다. 생쥐에게 효과가 있다고 해서 꼭 사람에게도 효과가 있으리라는 보장은 없다.

분명 이 약 중에 장수의 돌파구가 될 약이 있을 수도 있다. 두고 보면 알 일이다. 하지만 생쥐는 건강수명의 게임에서 패자라는 사실을 기억하자. 다리를 절뚝이는 사람의 보행을 개선하기 위해 디자인된 운동이 이미 몸이 완성되어 있는 단거리 선수의 속도를 끌어올려줄 리는 만무하다. 생쥐가 다리를 절뚝이는 사람이라면 인간은 이미 완성된 단거리 선수에 비유할 수 있다. 따라서 생쥐가 2년이 아니라 3년을 살 수 있게 해주는 약(혹은 초파리가 2개월이 아니라 3개월을 살 수 있게 해주는 약)이 사람의 건강수명을 늘여줄 가능성은 높지 않다. 생쥐의 수명을 제한하고 있는 문제가 무엇이든, 인간의 생물학은 이미 그 문제를 해결했는지도 모른다. 우리는 이미 가장 오래 사는 육상 포유류임을 잊지 말자. 오히려 우리를 연구하면 생쥐가 자신의 건강을 개선하고 연장하는 방법에 대해 많은 것을 배울 수 있을지도 모른다. 이런 관점에서 보면 생쥐에서 효과를 본 10가지 암 치료법 중 단 하나만 사람에서 효과를 본 것이 그리 놀랍지도 않다. 10가지 중 1개라도 감지덕지라 생각할 수 있겠지만 건강을 연장할 진화적으로 더 합리적인 접근방법이 있지 않을까? 알츠하이머병의 경우 생쥐에서는 300번 넘게 성공을 거두었지만 사람에서는 그중 한 가지도 성공을 거두지 못했다.

의학 연구는 기독교의 위계질서처럼 본질적으로 보수적이어서 전통에 얽매이기 쉽다. 연구자금은 전통적인 실험 패러다임 안에서 연구의 결점을 찾고 불확실성을 감지하도록 훈련된 과학자들의 의견에 따라 배분된다. 나도 그런 위원회에서 일을 많이 해봐서 잘 안다. 그런 결점과 불확실성을 들춰내며 끼어들었던 것에 대해서는 나의 주제넘음을 인정한다. 그래도 이런 과학적 보수주의가 나쁜 것만은 아니다. 이런 방식은 구제가 불가능할 정도로 방향이 잘못된 연구에 쓸데없이 돈이 낭비되는 것을 막아주기 때문이다.

하지만 과학적으로 모험적이면서 정상적인 범주를 벗어난 연구가 맡아야 할 역할도 있는 법이다. 터무니없고 미친 소리로 들리는 아이디어가 사실로 밝혀질 수 있고, 그런 경우에는 혁명이 일어나기 때문이다. 내가 아는 지인 중에 노벨상 수상자가 있는데 자기에게 노벨상을 안겨준 연구가 정부의 검토단에게 거절당했던 연구 제안서의 일부였다고 말하며 아주 고소해 하기도 했다.

나는 건강 연구에 대한 완고한 접근 방식에 변화가 일어나고 있다고 생각한다. 존경 받는 연구자들도 실험해볼 수 있는 종이 늘어나고 있다. 벌거숭이두더지쥐와 눈먼두더지쥐도 이제 연구 가능한 동물의 범주 속에 안전하게 자리를 잡고 있다. 이런 진보가 가능했던 것은 또 다른 종류의 한계 때문인지도 모른다. 수명이 짧고 암에 잘 걸리는 실험실 동물을 연구해서 배울 수 있는 것의 한계 말이다. 근본적인 노화 과정에 사람보다 더 성공적으로 맞서 싸우는 동물의 사례가 자연에 많이 존재한다는 사실을 깨닫는 사람이 많아지면서 그런 종으로부터 우리가 배울 수 있는 것이 무엇인지 확인하려는 압력이 생겨날 것이다. 그런 압력이 민간 영역에서 나올 수도 있다. 일부 부유한 사람들 중에도 건강하게 더 오래 사는 방법에 개인적으로 흥미를 느끼는 이들이 있어 보이니까 말이다. 뉴스 헤드라인을 관심 있게 살펴보면 이런 일이 일어나고 있는 것을 느낄 수 있다.

우리가 가까운 미래의 실험실에 그린란드 상어, 북극고래, 한볼락, 브란트박쥐같은 동물들을 모아놓고 실험할 일은 없어 보인다. 다만 고래를 실험실에서는 키울 수 없는 대신, 배양접시에서는 키울 수 있다. 요즘에는 실험실에서 고래의 세포를 키우면서 아주 세부적인 부분까지 연구할 수 있다. 2012년 노벨생리의학상은 피부, 간, 혈구 등 사실상 어떤 유형의 세포라도 줄기세포로 바꿀 수 있는 방법을 발견한 야마나카 신야에게 돌아갔다. 배양접시 속에 들어 있는 줄기세포는 다시 심장세포, 근육세포, 뇌세포, 심지어는 미니 기관으로 다시 키울 수 있다. 야마나카의 기술을 보면 어떤 용도가 떠오를 것이다. 노화된 신체 부위를 자기 세포를 키워서 만든 기관으로 대체하는 것이다. 이 기술을 이용해 당뇨병이나 파킨슨병 같은 질병을 완치할 날이 멀지 않았다. 또한 새, 박쥐, 고래, 상어의 뇌세포나 근육세포가 어떻게 해로운 유리기에 대처하고, 어떻게 암 세포로 바뀌는 것을 피하고, 백합조개의 세포가 수백 년 동안 어떻게 단백질의 잘못 접힘을 피할 수 있는지 연구하는 데도 활용될 것이다.

나는 므두셀라 동물들이 인간의 건강수명을 연장하는 열쇠를 쥐고 있다고 믿는다. 급진적인 소리로 들릴 수도 있겠지만, 이 개념이 이제 빛을 발할 때가 왔는지도 모른다. 진화가 당신보다 똑똑하다는 사실을 이제 인정하기로 하자. 이런 생각이 결국 10억 달러 내기로 이어진 것이다. 때는 2001년이었다. 나는 UCLA 캠퍼스의 작은 회의실에서 십여 명의 과학자 그리고 《뉴욕타임스》의 한 기자와 함께 앉아 있었다. 우리는 인간의 건강이 마주하게 될 미래에 대해 함께 얘기를 나누게 됐다. 그 기자가 질문을 하나 던졌다. "150세인 인간이 처음 등장할 날이 언제일까요?" 우리들 사이에서 불편한 기색이 돌았다. 누구도 그 위험한 주제를 들먹이고 싶어 하지 않았지만 나는 예외였다. 무심결에 나는 이렇게 말했다. "저는 그 최초의 인간이 지금 이미 어딘가에 살고 있다고 생각합니다." 돌이켜 생각해보면 그 질문은 아주 적절했고 놀랍게도 나 역시 아주 적절한 대답을 한 것 같다.

그저 암, 뇌졸중, 치매 같은 개별 질병을 진단하고 치료하는 실력이 나아져서 잔 칼망보다 거의 30년이나 오래 산 150세의 장수인을 보게 되리라고 생각하는 사람은 없을 것이다. 나도 그렇게 생각하지는 않는다. 그런 일은 우리가 노화 자체를 마치 하나의 질병처럼 치료해서 이 모든 질병을 동시에 뒤로 늦추거나 제거하는 법을 배울 때라야 가능할 것이다.

특출한 장수에 대해 공개적으로 회의적인 시각을 표해왔고, 내가 이미 잘 알고 지내며 존경해온 과학자 제이 올샨스키가 이 학술모임에 관한 글을 읽고 반박하기 위해 내게 전화를 걸었다. 그는 내게 대체 얼마나 확신하고 있는 것인지 따지면서 내기를 제안했다.

우리가 실제로 각자 5억 달러씩 판돈을 건 것은 아니다. 우리 서로가 대학에서 받는 연봉으로 감당할 수 있는 돈도 아니었다. 우선 우리는 각각 150달러씩 판돈을 걸기로 했다. 150세까지 산 사람이 있는지 150년 동안 지켜보는 데 각자 150달러씩을 건 것이다. 올샨스키가 간단하게 계산을 해보니 미국 주식시장의 역사적 성장률을 적용하면 우리의 돈 300달러가 150년 후에는 약 5억 달러가 될 수 있다. 12년이 지나도 잔 칼망의 나이에 다가선 사람이 아직까지 나오지 않자 한 기자가 우리에게 각자 내기에 이길 거라 확신하는지를 다시 물어왔다. 그리고 우리 둘 다 확신하고 있었다. 그 확신을 증명하기 위해 우리는 각자 다시 150달러씩 더 내서 판돈을 두 배로 올렸다. 그래서 이제는 우리가 10억 달러짜리 내기를 하고 있다고 자신 있게 얘기할 수 있게 됐다. 게다가 올샨스키가 우리 돈을 잘 굴린 덕분에 내기를 시작한 지 20년 정도가 지난 지금 우리의 판돈은 미국 주식시장의 역사적 성장률보다 상당히 빠른 속도로 커지고 있다.

내기의 내용을 정확히 얘기하자면 이렇다. 만약 2150년이 되었을 때 완벽한 기록이 남은 150세의 사람이 한 명이라도 존재하거나 존재했었고, 그 150세의 사람이 단순한 대화가 가능할 정도의 정신 상태를 유지하고 있다면 내 후손, 아니면 최고의 시나리오를 따르자면 내가 직접 그동안 쌓여있던 돈을 차지하게 된다. 그렇지 않으면 올샨스키의 후손이 그 돈을 물려받게 될 것이다. 나는 내기 계약서를 안전한 장소에 보관하고 있다. 내 딸들한테도 미래에 들어올 그 목돈에 대해 다 일러두었다.

공개 토론을 하거나 개인적으로 대화를 해보면 올샨스키와 나는 많은 부분에서 의견이 일치한다. 먼저 전통적인 의학 연구가 우리를 150세로 이끌어주지 않을 것이라는 데 우리는 의견이 일치한다. 또한 이를 달성할 방법은 단 하나, 노화 자체를 하나의 질병으로 대하고 치료하는 것이라는 데도 의견이 일치한다. 상대적으로 소수의 과학자들이 노화과학geroscience이라는 새로운 전문분야에서 바로 이런 것을 연구하고 있다. 올샨스키와 내가 의견이 엇갈리는 점은 딱 하나, 노화 치료의 커다란 돌파구가 얼마나 빨리 찾아올 것이냐는 점이다. 노화과학에 종사하는 내 동료들 대부분은 아직도 확실히 검증된 실험동물만을 고집한다. 하지만 거기서 벗어나는 사람들도 생기고 있다. 노화에 탁월한 저항성을 갖고 있는 동물 종 다수가 이제는 유전체 염기서열 분석이 마무리됐고, 이들의 세포도 실험실에 안전하게 보관되어 있다. 이제 연구자들이 그들의 비밀을 밝혀나갈 것이다. 언젠가 우리가 90세에서 100세까지 건강하게 살고, 어디선가 150세나 그 이상 사는 사람들도 나오게 된다면 그것은 다 므두셀라 동물들 덕분일 것이다.

부록

등장하는 동물들의 최대 장수 기록

종	수명(년)	야생(W)/사육(C)	장수지수	정확도	처음 새끼를 낳는 나이(년)
실험실 생쥐	3	C	0.7	K	0.2
참새	20	W	3.6	K	0.5-1
메이저미첼유황앵무	83	C	9.7	K	3-4
레이산 알바트로스	70	W	5.2	K	7-8
맨섬슴새	55	W	6.0	K	5-7
야생 칠면조	15	W	1.0	K	1
작은갈색박쥐	34	W	7.5	K	1
흡혈박쥐	30	C	5.5	K	1
흡혈박쥐	18	W	3.3	K	1
인도왕박쥐	44	C	4.1	K	2
브란트박쥐	41	W	10.0	K	1
코끼리거북	175	C	해당 없음	E	20-25
투아타라	110	C	10.3	E	10-20
벌거숭이두더지쥐	39	C	6.7	E	진사회성
눈먼두더지쥐	21	C	2.9	K	1
북방슬라이미도롱뇽	20	C	5.3	K	3
동굴도롱뇽붙이	102	W	21.0	G	16
아프리카코끼리	74	W	1.6	E	11-14
아시아코끼리	80	C/W	1.7	E	7-17
침팬지	69	W	3.3	E	13
오랑우탄	59	C	2.6	E	15

종	수명(년)	야생(W)/사육(C)	장수지수	정확도	처음 새끼를 낳는 나이(년)
꼬리감기원숭이	54	C	4.3	K	6-7
사람	86	W	3.8	E	19
사람	122	C	5.5	K	11-17
호수 철갑상어	152	W	8.5	E	15-25
벨루가 철갑상어	118	W	알 수 없음	E	15-20
한볼락	205	W	14.0	K	20
그린란드 상어	392	W	11.7	G	156
큰돌고래	67	W	2.2	K	8
범고래	85	W	1.6	E	15
대왕고래	110	W	1.0	E	10
참고래	114	W	1.5	E	6-12
북극고래	211	W	2.6	G	18-25

* 벌거숭이두더지쥐는 진사회성 동물이기 때문에 첫 새끼를 낳는 나이가 이미 새끼를 낳고 있는 여왕의 존재 여부에 따라 달라진다. 따라서 처음 새끼를 낳는 나이를 정의할 수 없다.
* 정확도: K(Known) = 직접 관찰을 통해 확인된 값, E(Estimated) = 몇 퍼센트 오차범위 내로 정확하게 추정한 값, G(Guesstimate) = 가능한 기술로 최선을 다해 짐작을 했으나 크게 틀릴 수도 있는 값.
* 야생: W(Wild), 사육: C(Captive)

주석

서론 | 더넷 박사의 풀머갈매기

1 W. I. Lane and L. Comac, *Sharks Don't Get Cancer* (New York: Avery, 1992).

2 Lane and Comac, *Sharks Don't Get Cancer.*

3 S. L. Murphy, J. Xu, K. D. Kochanek, et al., "Mortality in the United States, 2017," *NCHS Data Brief*328 (2018): 1–8.

4 S. N. Austad, "The Geroscience Hypothesis: Is It Possible to Change the Rate of Aging?," in *Advances in Geroscience*, ed. F. Sierra and R. Kohanski (New York: Springer, 2015), 1–36.

5 S. N. Austad and K. E. Fischer, "Mammalian Aging, Metabolism, and Ecology: Evidence from the Bats and Marsupials," *Journal of Gerontology* 46, no. 2 (1991): B47–53.

1장 | 비행의 기원

1 J. B. S. Haldane, *On Being the Right Size* (Oxford: Oxford University Press, 1985).

2 Mayflies are an exception that proves the rule. They are the only insects in

which subadults have functional wings. The one-to two-day mayfly life stage (subimago) just preceding final molt does have wings, although it flies poorly.

3 F. Z. Molleman, B. J. Zwann, P. M. Brakefield, and J. R. Carey, "Extraordinary Long Life Spans in Fruit-Feeding Butterflies Can Provide Window on Evolution of Life Span and Aging," *Experimental Gerontology* 42, no. 6 (2007): 472–482.

2장 익룡 | 하늘을 난 최초의 척추동물

1 R. W. Coulson, J. D. Herbert, and T. D. Coulson, "Biochemistry and Physiology of Alligator Metabolism *in Vivo*," *American Zoologist* 29 (1989): 921–934.

2 G. M. Erickson, P. J. Makovicky, P. J. Currie, M. A. Norell, S. A. Yerby, and C. A. Brochu, "Gigantism and Comparative Life-History Parameters of Tyrannosaurid Dinosaurs," *Nature* 430 (2004): 772–775.

3 F. Rimblot-Baly, A. de Ricqles, and L. Zylberberg, "Analyse paléohistologique d'une série de croissance par-tielle chez *Lapparentosaurus madagascariensis* (Jurassiquemoyen): Essai sur la dynamique de croissance d'undinosaure sauropode," *Annales de paleontologie* 81 (1995): 49–86.

3장 새 | 가장 오래 산 공룡

1 "European Longevity Records," Longevity List, Euring: Co-ordinating Bird Ringing throughout Europe, April 5, 2017, https://euring.org/data-and-codes/longevity-list.

2 F. Bacon, *The Historie of Life and Death* (Kessinger, 1638).

3 D. B. Botkin and R. S. Miller, "Mortality Rates and Survival of Birds,"

American Naturalist 108, no. 960 (1974): 181–192.

4 J. A. Clark, R. A. Robinson, D. E. Balmer, S. Y. Adams, M. P. Collier, M. J. Grantham, J. R. Blackburn, and B. M. Griffin, "Bird Ringing in Britain and Ireland in 2003," *Ringing and Migration* 22, no. 2 (2004): 85–127.

5 J. E. Cardoza, "A Possible Longevity Record for the Wild Turkey," *Journal of Field Ornithology* 66, no. 2 (1995): 267–269.

6 W. A. Calder and L. L. Calder, "Broad-Tailed Hummingbird: *Selasphorus platycercus,*" in *The Birds of North America,* no. 16, ed. A. Poole, P. Stettenheim, and F. Gill (Philadelphia:American Ornithologists' Union, 1992), 1–16.

4장 박쥐 | 가장 오래 산 포유류

1 W. H. Davis and H. B. Hitchcock, "A New Longevity Record for the Bat *Myotis lucifugus,*" *Bat Research News* 36, no. 1 (1995): 1–6.

2 G. S. Wilkinson, ""Vampire Bats," *Current Biology* 29, no. 23 (2019): R1216–R1217.

3 J. Maruthupandian and G. Marimuthu, ""Cunnilingus Apparently Increases Duration of Copulation in the Indian Flying Fox, *Pteropus giganteus,*" PLOS ONE 8, no. 3 (2013): e59743.

4 Beth Autin (associate director of library services) and Melody Brooks (registrar), San Diego Zoo, personal communication with the author, 2020.

5 A. J. Podlutsky, A. M. Khritankov, N. D. Ovodov, and S. N. Austad, ""A New Field Record for Bat Longevity," *Journals of Gerontology A: Biological Science Medical Science* 60, no. 11 (2005): 1366–1368.

6 G. S. Wilkinson and D. M. Adams, "Recurrent Evolution of Extreme Longevity

in Bats," *Biology Letters* 15, no. 4 (2019): 20180860.

7 P. Kortebein, B. Symons, A. Ferrando, D. Paddon-Jones, et al., "Functional Impact of 10 Days of Bed Rest in Healthy Older Adults," *Journals of Gerontology: Medical Sciences* 63A, no. 10 (2008): 1076–1081.

8 K. Lee, J. Y. Park, W. Yoo, T. Gwag T, et al., "Overcoming Muscle Atrophy in a Hibernating Mammal Despite Prolonged Disuse in Dormancy: Proteomic and Molecular Assessment," *Journal of Cellular Biochemistry* 104 (2008): 642–656.

9 D. D. Moreno Santillàn, T. M. Lama, Y. T. Gutierrez Guerrero, et al., "Large-Scale Genome Sampling Reveals Unique Immunity and Metabolic Adaptions in Bats," *Molecular Ecology* (June 19, 2021), epub ahead of print.

10 D. Jebb, Z. Huang, M. Pippel, G. M. Hughes, et al., "Six Reference-Quality Genomes Reveal Evolution of Bat Adaptations," *Nature* 583, no. 7817 (2020): 578–584.

5장 땅거북과 투아타라 | 섬의 장수 생물들

1 J. D. Congdon, R. D. Nagleb, O. M. Kinney, R. C. van Loben Sels, et al., "esting Hypotheses of Aging in Long-Lived Painted Turtles *(Chrysemys picta)*," *Experimental Gerontology* 38 (2003): 765–772.

2 L. Hazley, personal communication with the author, 2020.

6장 개미 | 일생을 여왕으로 살기

1 L. Keller, "Queen Lifespan and Colony Characteristics in Ants and Termites," *Insectes Sociaux* 45 (1998): 235–246.

2 K. D. Bozina, "ow Long Does the Queen Live?," *Pchelovodstvo* 38 (1961): 13.

3 G. P. Slater, G. D. Yocum, and J. H. Bowsher, "Diet Quantity Influences Caste

Determination in Honeybees," *Proceedings of the Royal Society* B 287 (2020): 20200614.

4 V. Chandra, I. Fetter-Pruneda, P. R. Oxley, A. L. Ritger, et al., "Social Regulation of Insulin Signaling and the Evolution of Eusociality in Ants," *Science* 361, no. 6400 (2018): 398–02.

7장 두더지쥐, 휴먼피시 | 터널, 동굴에서의 분투

1 J. U. M. Jarvis, "usociality in a Mammal: Cooperative Breeding in Naked Mole-Rat Colonies," *Science* 212 (1981): 571–573.

2 Personal communication from Rochelle Buffenstein. The oldest animal reported in peer-reviewed literature was thirty-seven years old, but that animal was still alive—now thirty-nine years old-at the time of this writing.

3 S. Braude, S. Holtze, S. Begall, J. Brenmoehl, et al., "urprisingly Long Survival of Premature Conclusions about Naked Mole-Rat Biology," *Biological Reviews of the Cambridge Philosophical Society* 96, no. 2 (2021): 376–393.

4 S. Liang, J. Mele, Y. Wu, R. Buffenstein, and P. J. Hornsby, "esistance to Experimental Tumorigenesis in Cells of a Long-Lived Mammal, the Naked Mole-Rat *(Heterocephalus glaber)*," *Aging Cell* 9, no. 4 (2010): 626–635.

5 X. Tian, J. Azpurua, C. Hine, A. Vaidya, M. Myakishev-Rempel, et al., "High Molecular Weight Hyaluronan Mediates the Cancer Resistance of the Naked Mole-Rat," *Nature* 499, no. 7458 (2013): 346–349.

6 B. Andziak, T. P. O'onnor, Q. Wenbo, E. M. DeWall, et al., "High Oxidative Damage Levels in the Longest-Living Rodent, the Naked Mole-Rat," *Aging Cell* 5 (2006): 463–471.

7 I. Manov, M. Hirsh, T. C. Iancu, A. Malik, et al., "ronounced Cancer Resistance

in a Subterranean Rodent, the Blind Mole-Rat, *Spalax: In Vivo and in Vitro* Evidence," *BMC Biology* 11 (2013): 91.

8 V. Gorbunova, C. Hine, X. Tian, J. Ablaeva, et al., "Cancer Resistance in the Blind Mole Rat Is Mediated by Concerted Necrotic Cell Death Mechanism," *Proceedings of the National Academy of Sciences USA* 109, no. 47 (2021): 19392–19396.

9 D. R. Knight, D. V. Tappan, J. S. Bowman, H. J. O'eill, and S. M. Gordon, "ubmarine Atmospheres," *Toxicology Letters* 49 (1989): 243–251.

10 C. M. Ivy, R. J. Sprenger, N. C. Bennett, B. van Jaarsveld, et al., "he Hypoxia Tolerance of Eight Related African Mole-Rat Species Rivals That of Naked Mole-Rats, Despite Divergent Ventilator and Metabolic Strategies in Severe Hypoxia," *Acta Physiologica* 228, no. 4 (2020): e13436.

11 I. Shams, A. Avivi, and E. Nevo, "xygen and Carbon Dioxide Fluctuations in Burrows of Subterranean Blind Mole Rats Indicate Tolerance to Hypoxic-Hypercapnic Stresses," *Comparative Biochemistry and Physiology, Part A* 142 (2005): 376–382.

12 Y. Voituron, M. de Fraipont, J. Issartel, O. Guillaume, and J. Clobert, "xtreme Lifespan of the Human Fish *(Proteus anguinus):* A Challenge for Ageing Mechanisms," *Biology Letters* 7 (2011): 105–107.

13 J. Issartel, F. Hervat, M. de Fraipont, and Y. Voituron, "igh Anoxia Tolerance in the Subterranean Salamander, *Proteus anguinus*, without Oxidative Stress nor Activation of Antioxidant Defenses during Reoxygenation," *Journal of Comparative Physiology* B 179 (2009): 543–551.

8장 코끼리 | 거대한 동물의 생

1 I. McComb, G. Shannon, K. N. Sayialel, and C. Moss, "Elephants Can Determine Ethnicity, Gender, and Age from Acoustic Cues in Human Voices," Proceedings of the National *Academy of Sciences* 111, no. 14 (2014): 5433–5438.

2 L. J. West, C. M. Pierce, and W. D. Thomas, "Lysergic Acid Diethylamide: Its Effects on a Male Asiatic Elephant," *Science 138*, no. 3545 (1962): 1100–1103.

3 F. Thomas, R. Renaud, E. Benefice, T. De Meeüs, and J.-F. Guegan, "International Variability of Ages at Menarche and Menopause: Patterns and Main Determinants," *Human Biology* 73, no. 2 (2001): 271–290.

4 Much of my account of elephant life and use in the Burmese logging industry comes from a very nice unpublished PhD thesis by Khyne U. Mar, University College London, 2007.

5 R. Clubb, M. Rowcliffe, P. Lee, K. U. Mar, C. Moss, and G. J. Mason, "Compromised Survivorship in Zoo Elephants," *Science* 322 (2008): 1649.

6 The vast majority of information on African elephants is taken from various chapters in C. J. Moss, H. Croze, and P. C. Lee, eds., The *Amboseli Elephants* (Chicago: University of Chicago Press, 2011).

7 M. Sulak, L. Fong, K. Mika, S. Chigurupati, et al., "TP53 Copy Number Expansion Is Associated with the Evolution of Increased Body Size and an Enhanced DNA Damage Response in Elephants," eLIFE 5 (2016): e11994.

9장 영장류 | 뇌 크기와 수명의 관계

1 S. N. Austad and K. E. Fischer, "rimate Longevity: Its Place in the Mammalian Scheme," *American Journal of Primatology* 28 (1992): 251–261.

2 S. Herculano-Houzel, *The Human Advantage: A New Understanding of How Our Brain Became Remarkable* (Cambridge, MA: MIT Press, 2016).

3 I should note that Herculano-Houzel has published data (not including bats) suggesting that in birds and mammals, a species'number of cortical neurons correlates with longevity, age at maturity, and length of postreproductive life. S. Herculano-Houzel, "Longevity and Sexual Maturity Vary across Species with Number of Cortical Neurons, and Humans Are No Exception," *Journal of Comparative Neurology* 527 (2019): 1689–705. The meaning of this correlation, if any, would be greatly strengthened by measuring cell numbers of other organs to determine whether this is some special feature of the cortex.

4 K. Havercamp, K. Watanuk, M. Tomonaga, T. Matsuzawa, and S. Hirata, "Longevity and Mortality of Captive Chimpanzees from 1921 to 2018," *Primates* 60 (2019): 525–535.

5 H. Pontzer, D. A. Raichlen, R. W. Shumaker, C. Ocobock, and S. A. Wich, "Metabolic Adaptation for Low Energy Throughput in Orangutans," *Proceedings of the National Academy of Sciences USA* 107, no. 32 (2010): 14048–14052.

6 S. A. Wich, H. de Vries, M. Ancrenaz, L. Perkins, et al., "rangutan Life History Variation," in Orangutans: *Geographic Variation in Behavioral Ecology and Conservation*, ed. S. A. Wich, S. S. Utami-Atmoko, T. Mitra Setia, and C. P. Van Schaik (Oxford: Oxford University Press, 2009), 65–5. This chapter summarizes the survival of zoo orangutans.

7 R. Weigl, *Longevity of Mammals in Captivity: From the Living Collections of the World* (Stuttgart: Schweizerbart, 2005). This book by Weigl is a compendium of zoo longevity records.

8 S. A. Wich, S. S. Utami-Atmoko, T. Mitra Setia, H. D. Rijksen, et al., "Life History of Wild Sumatran Orangutans *(Pongo abelii)*," Journal of Human Evolution 47 (2004): 385–98. This paper summarizes what is known about orangutan survival in the wild.

9 Weigl, *Longevity of Mammals in Captivity.*

10 S. A. Wich, R. W. Shumaker, L. Perkins, and H. De Vries, "Captive and Wild Orangutan (Pongo sp.) Survivorship: A Comparison and the Influence of Management," *American Journal of Primatology* 71 (2009): 680–686.

11 A. M. Bronikowski, J. Altmann, D. K. Brockman, M. Cords, et al., "Aging in the Natural World: Comparative Data Reveal Similar Mortality Patterns across Primates," *Science* 331 (2011): 1325–1328.

12 Weigl, *Longevity of Mammals in Captivity.*

13 H. Pontzer, D. A. Raichlen, A. D. Gordon, K. K. Schroepfer-Walker, et al., "Primate Energy Expenditure and Life History," *Proceedings of the National Academy of Sciences USA* 111,no. 4 (2014): 1433–1437.

14 Debbie Johnson, registrar, Brookfield Zoo, personal communication with the author, August 2021.

10장 | 성게, 관벌레, 백합조개

1 T. A. Ebert and J. R. Southon, "Red Sea Urchins (Strongylocentrotus franciscanus) Can Live over 100 Years: Confirmation with A-Bomb Carbon," *Fisheries Bulletin* 101, no. 4 (2003): 915–922.

2 A. Bodnar and J. A. Coffman, "aintenance of Somatic Tissue Regeneration with Age in Short-and Long-Lived Species of Sea Urchins," *Aging Cell* 15 (2016): 778–787.

3 P. G. Butler, A. D. Wanamaker Jr., J. D. Scourse, C. A. Richardson, and D. J. Reynolds, "Variability of Marine Climate on the North Icelandic Shelf in a 1,357-Year Proxy Archive Based on Growth Increments in the Bivalve *Arctica islandica*," *Palaeogeography, Palaeoclimatology, Palaeoecology* 373 (2013): 141–151.

4 M. A. Yonemitsu, R. M. Giersch, M. Polo-Prieto, M. Hammel, et al., "A Single Clonal Lineage of Transmissible Cancer Identified in Two Marine Mussel Species in South America and Europe," eLIFE 8 (2019): e47788.

5 M. Wisshak, M. López Correa, S. Gofas, C. Salas, et al., "Shell Architecture, Element Composition, and Stable Isotope Signature of the Giant Deep-Sea Oyster *Neopycnodonte zibrowii sp.* n. from the NE Atlantic," *Deep-Sea Research I* 56 (2009): 374–407.

6 Z. Ungvari, D. Sosnowska, J. B. Mason, H. Gruber, et al., "Resistance to Genotoxic Stresses in *Arctica islandica*, the Longest Living Noncolonial Animal: Is Extreme Longevity Associated with a Multi-stress Resistance Phenotype?," *Journals of Gerontology Biological Sciences & Medical Sciences* 68, no. 5 (2013): 521–529.

7 S. B. Treaster, A. Chaudhuri, and S. N. Austad, "Longevity and GAPDH Stability in Bivalves and Mammals: A Convenient Marker for Comparative Gerontology and Proteostasis," *PLoS One* 10, no. 11 (2015): e0143680.

11장 | 물고기와 상어

1 V. G. Carrete and J. J. Wiens, "Why Are There So Few Fish in the Sea?," *Proceedings of the Royal Society London B* 279 (2012): 2323–2329.

2 R. M. Bruch, S. E. Campana, S. L. Davis-Foust, M. J. Hansen, and J. Janssen,

"Lake Sturgeon Age Validation Using Bomb Radiocarbon and Known-Age Fish," *Transactions of the American Fisheries Society* 138 (2009): 361–372.

3 "152-Year-Old Lake Sturgeon Caught in Ontario," *Commercial Fisheries Review* 6, no. 9 (1954): 28.

4 G. I. Ruban, and R. P. Khodorevskaya, "Caspian Sea Sturgeon Fisher: A Historic Overview," *Journal of Applied Ichthyology* 27 (2011): 199–208.

5 G. M. Cailliet, A. H. Andrews, E. J. Burton, D. L. Watters, D. E. Kline, and L. A. Ferry-Graham, "Age Determination and Validation of Studies of Marine Fishes: Do Deep-Dwellers Live Longer?," *Experimental Gerontology* 36 (2001): 739–764.

6 S. R. R. Kolora, G. L. Owens, J. M. Vazquez, A. Stubbs, et al., "Origins and Evolution of Extreme Life Span in Pacific Ocean Rockfishes," *Science* 374 (2021): 842.

7 C. R. McClain, M. A. Balk, M. C. Behfield, T. A. Branh, et al., "Sizing Ocean Giants: Patterns of Intraspecific Size Variation in Marine Megafauna," *PeerJ* (2015): e715.

8 J. J. L. Long, M. G. Meekan, H. H. Hsu, L. P. Fanning, and S. E. Campana, "Annual Bands in Vertebrae Validated by Bomb Radiocarbon Assays Provide Estimates of Age and Growth of Whale Sharks," *Frontiers in Marine Science* 7 (2020): 188.

9 L. L. Hamady, L. J. Natanson, G. B. Skomal, and S. R. Thorrold, "Vertebral Bomb Radiocarbon Suggests Extreme Longevity in White Sharks," *PLOS ONE* 9, no. 1 (2014): e84006.

10 L. J. Natanson and G. B. Skomal, "Age and Growth of the White Shark, *Carcharodon carcharias*, in the Western North Atlantic Ocean," *Marine &*

Freshwater Research 66, no. 5 (2015): 387–398.

11 Y. Y. Watanabe, N. L. Payne, J. M. Semmens, A. Fox, and C. Huveneers, "Swimming Strategies and Energetics of Endothermic White Sharks during Foraging," *Journal of Experimental Biology* 222 (2019): jeb185603.

12 Y. Y. Watanabe, C. Lydersen, A. T. Fisk, and K. M. Kovacs, "he Slowest Fish: Swim Speed and Tail-Beat Frequency of Greenland Sharks," *Journal of Experimental Marine Biology and Ecology* 426–27 (2012): 5–11.

13 S. Studenski, S. Perera, K. Patel, C. Rosano, et al., "Gait Speed and Survival in Older Adults," *Journal of the American Medical Association* 305, no. 1 (2011): 50–8.

14 J. Nielsen, R. B. Hedehohn, J. Heinemeier, P. G. Bushnell, et al., "Eye Lens Radiocarbon Reveals Centuries of Longevity in the Greenland Shark *(Somniosus microcephalus)," Science 353* (2016): 702–704.

12장 | 고래 이야기

1 R. S. Wells, "Social Structure and Life History of Bottlenose Dolphins near Sarasota Bay, Florida: Insights from Four Decades and Five Generations," in Primates and Cetaceans: *Field Research and Conservation of Complex Mammalian Societies*, ed. J. Uamagiwa and L. Karczmarski, Primatology Monographs (Kyoto: Springer Japan, 2014).

2 R. Wells, personal communication with the author, 2020.

3 R. C. Connor, *Dolphin Politics in Shark Bay: Journey of Discovery* (New Bedford, MA: Dolphin Alliance Project, 2018).

4 C. Kamiski, E. Kryszczyk, and J. Mann, "Senescence Impacts Reproduction and Maternal Investment in Bottlenose Dolphins," *Proceedings of the Royal*

Society B 285 (2018): 20181123.

5 P. K. Olesiuk, M. A. Bigg, and G. M. Ellis, "Life History and Population Dynamics of Resident Killer Whales (Orcinus orca) in the Coastal Waters of British Columbia and Washington State," *Report of the International Whaling Commission*, special issue 12 (1990): 209–244.

6 E. Mitchell, and A. N. Baker, "Age of Reputedly Old Killer Whale, Orcinus orca, 'Old Tom' from Eden, Twofold Bay Australia," *Report of the International Whaling Commission*, special issue 3 (1980): 143–154.

7 T. R. Robeck, K. Willis, M. R. Scarpuzzi, and J. K. O'rien, "Comparisons of Life-History Parameters between Free-Ranging and Captive Killer Whale (Orcinus orca) Populations for Application toward Species Management," *Journal of Mammalogy* 96, no. 5 (2015): 1055–1070.

8 J. Jett and J. Ventre, "Captive Killer Whale (Orcinus orca) Survival," *Marine Mammal Science* 31, no. 4 (2015): 1362–377. This paper by a former killer whale trainer and a physician attempted to undercut Robeck and colleagues'claim that captive killer whales survived as well as wild killer whales did, leading to a rebuttal by Robeck and colleagues that effectively dismantled the data and analysis used by Jett and Ventre. T. R. Robeck, K. Jaakkola, G. Stafford, and K. Willis, "Killer Whale *(Orcinus orca)* Survivorship in Captivity: A Critique of Jett and Ventre," Marine Mammal Science 32, no. 2 (2016): 786–792. Field biologists interested in the postreproductive life of killer whales, analogizing it to human menopause, also weighed in on the greater longevity of their wild whales, also provoking a response from Robeck and colleagues. T. R. Robeck, K. Willis, M. R. Scarpuzzi, and J. K. O'rien, "Survivorship Pattern Inaccuracies and Inappropriate Anthropomorphism in Scholarly Pursuits of Killer Whale (Orcinus orca) Life History: A Response to Franks et al. (2016)," *Journal of Mammalogy* 97, no. 3 (2016): 899–909. The feud caught the attention of the wider scientific community when it was highlighted in one of the highest-profile science journals in the world. E. Callaway, "Clash over Killer-Whale Captivity," *Nature* 531 (2016): 426–427.

9 F. L. Read, A. A. Hohn, and C. H. Lockyer, "A Review of Age Estimation Methods in Marine Mammals with Special Reference to Monodontids," NAMMCO *Scientific Publications* (2018): 10, https://doi.org/10.7557/3.4474.

10 Read, Hohn, and Lockyer, "A Review of Age Estimation Methods in Marine Mammals with Special Reference to Monodontids."

11 J. C. George, and J. R. Bockstoce, "Two Historical Weapon Fragments as an Aid to Estimating the Longevity and Movements of Bowhead Whales," *Polar Biology* 31 (2008): 751–754. This paper nicely summarizes the history of estimating age in bowhead whales.

12 J. C. George, J. Bada, J. Zeh, L. Scott, et al., "Age and Growth Estimates of Bowhead Whales *(Balaena mysticetus)* via Aspartic Acid Racemization," Canadian Journal of Zoology 77 (1999): 571–80.

13 M. S. Savoca, M. F. Czapanskiy, S. R. Kahane-Rapport, W. T. Gough, et al., "Baleen Whale Prey Consumption Based on High-Resolution Foraging Measurements." *Nature* 599, no.7883 (2021): 85–90.

14 D. Tejada-Martinez, J. P. de Magalhaes, and J. C. Opazo, "Positive Selection and Gene Duplications in Tumour-Suppressor Genes Reveal Clues about How Cetaceans Resist Cancer," *Proceedings of the Royal Society B* 288, no. 1945 (2021): 20202592.

13장 | 인간의 수명 이야기

1 A. Bergström, C. Stringer, M. Hajdinjak, E. M. Scerri, and P Skoglund, "Origins of Modern Human Ancestry," *Nature* 590 (2021): 229–237.

2 E. Trinkaus, "Neanderthal Mortality Patterns," *Journal of Archaeological Science* 22 (1995): 121–142.

3 R. Caspari and S.-H. Lee, "lder Age Becomes Common Late in Human Evolution," *Proceedings of the National Academy of Sciences USA* 101, no. 30 (2004): 10895–10900.

4 J. Oeppen and J. W. Vaupel, "Broken Limits to Life Expectancy," *Science* 296 (2002): 1029–1031.

5 C. O. Lovejoy, R. S. Meindl, T. R. Pryzbeck, T. S. Barton, K. G. Heiple, and D. Kotting, "Paleodemography of the Libben Site, Ottawa County, Ohio," *Science* 198, no. 4314 (1977): 291–293.

6 A. Koch, C. Brierley, M. M. Maslin, and S. L. Lewis, "Earth System Impacts of the European Arrival and Great Dying in the Americas after 1492," *Quaternary Science Reviews* 207, no. 1 (2019): 13–36.

7 My account of the !Kung is taken largely from Nancy Howell' book *Demography of the Dobe Area !Kung* (New York: Academic Press, 1979). Similarly for the Ache, most of my information is from the book by Kim Kill and A. Magdalena Hurtado, *Ache Life History* (Hawthorn, NY: Aldine De Gruyter, 1996), and for the Hadza, from Nicholas Blurton Jones' book *Demography and Evolutionary Ecology of the Hadza Hunter-Gatherers* (Cambridge: Cambridge University Press, 2016).

8 J. P. Hurd, "The Shape of High Fertility in a Traditional Mennonite Population," *Annals of Human Biology* 33, no. 5/6 (2006): 557–569.

9 Details of modern and documented historical demography in this book are all taken from the outstanding Human Mortality Database maintained by the University of California, Berkeley (USA), and the Max Planck Institute for Demographic Research (Germany), and they are available at www.mortality.org or www .humanmortality.de.

10 T. M. Ryan and C. N. Shaw, "Gracility of the Modern Homo sapiens Skeleton Is the Result of Decreased Biomechanical Loading," *Proceedings of the National Academy of Sciences USA* 112, no. 2 (2015): 372–377.

11 K. Hawkes, J. F. O'onnell, N. G. Jones, H. Alvarez, and E. L. Charnov, "Grandmothering, Menopause, and the Evolution of Human Life Histories," *Proceedings of the National Academy of Sciences USA* 95, no. 3 (1998): 1336–1339.

12 K. P. Jones, L. C. Walker, D. Anderson, A. Lacreuse, S. L. Robson, and K. Hawkes, "Depletion of Ovarian Follicles with Age in Chimpanzees: Similarities to Humans," *Biology of Reproduction* 77 (2007): 247–251.

13 V. Zarulli, J. A. Barthold Jones, A. Oksuzyan, R. Lindahl-Jacobsen, K. Christensen, and J. W. Vaupel, "Women Live Longer Than Men Even during Severe Famines and Epidemics," *Proceedings of the National Academy of Sciences USA* 115, no. 4 (2018): E832–840.

14 I discuss this issue more extensively in my book *Why We Age: What Science Is Discovering about the Body's Journey through Life* (New York: Wiley, 1997).

15 The life of Jeanne Calment is wonderfully told in the book *Jeanne Calment: From Van Gogh's Time to Ours* by Michel Allard, Victor Lebre, and John-Marie Robine (New York: Freeman, 1998).

16 The world' oldest people (those who have lived at least 110 years) are age-

validated and monitored by several groups of people interested in extreme longevity. One such group even keeps a Wikipedia page with lists. "Oldest People," Wikipedia, https://en.wikipedia.org/wiki/Oldest_people.

14장 | 므두셀라 동물들의 미래

1 J. F. Fries, "Aging, Natural Death, and the Compression of Morbidity," *New England Journal of Medicine* 303, no. 3 (1980): 130–135.

2 S. J. Olshansky, B. A. Carnes, and C. Cassel, "In Search of Methuselah: Estimating the Upper Limits to Human Longevity," *Science* 250 (1990): 634–640.

3 K. Christensen, G. Doblhammer, R. Rau, and J. W. Vaupel, "Ageing Populations: The Challenges Ahead," *The Lancet* 374 (2009): 1196–1208.

지은이 스티븐 어스태드Steven N. Austad

앨라배마대학교 생물학과 교수이자 생물학자다. 영문학을 전공하고 우연히 동물 조련사 일을 하다가 동물 행동에 관심을 갖게 되면서 대학에 다시 들어가 생물학을 전공하였다. 하버드대학에서 생태학 교수로 있을 때, 야외생물학자로서는 드물게 노화 연구를 시작하여 세포생물학자나 생화학자들이 독점하다시피 했던 노화 연구를 진화생물학의 관점에서 분석하는 데 몰두하였다. 노화 과정에 대한 생태학적 이해를 바탕으로 노화를 조절하는 약물 개발이 가능할 거라 기대하며, 일리노이대학교 스튜어트 제이 올샨스키 교수와 인간의 최장수명을 두고 내기를 한 것으로도 유명하다. 저서로 『인간은 왜 늙는가』가 있다.

옮긴이 김성훈

치과 의사의 길을 걷다가 번역의 길로 방향을 튼 엉뚱한 번역가. 중학생 시절부터 과학에 대해 궁금증이 생길 때마다 틈틈이 적어온 과학 노트가 지금까지도 보물 1호이며, 번역으로 과학의 매력을 더 많은 사람과 나누기를 꿈꾼다. 현재 바른번역 소속 번역가로 활동하고 있다. 『단위, 세상을 보는 13가지 방법』, 『아인슈타인의 주사위와 슈뢰딩거의 고양이』, 『어떻게 물리학을 사랑하지 않을 수 있을까?』 등을 우리말로 옮겼으며, 『늙어감의 기술』로 제36회 한국과학기술도서상 번역상을 수상하였다.

동물들처럼 | 진화생물학으로 밝혀내는 늙지 않음의 과학

펴낸날 초판 1쇄 2022년 11월 30일

지은이 스티븐 어스태드

옮긴이 김성훈

펴낸이 이주애, 홍영완

편집장 최혜리

편집3팀 김하영, 유승재, 이소연

편집 양혜영, 박효주, 박주희, 문주영, 홍은비, 장종철, 강민우, 김혜원, 이정미

디자인 김주연, 박아형, 기조숙, 윤소정, 윤신혜

마케팅 김지윤, 최혜빈, 김태윤, 김미소, 정혜인

해외기획 정미현

경영지원 박소현

펴낸곳 (주)윌북 **출판등록** 제2006-000017호

주소 10881 경기도 파주시 광인사길 217

전화 031-955-3777 **팩스** 031-955-3778

홈페이지 willbookspub.com **전자우편** willbooks@naver.com

블로그 blog.naver.com/willbooks **포스트** post.naver.com/willbooks

페이스북 @willbooks **트위터** @onwillbooks **인스타그램** @willbooks_pub

ISBN 979-11-5581-560-1 03400

• 책값은 뒤표지에 있습니다.

• 잘못 만들어진 책은 구입하신 서점에서 바꿔드립니다.